中国农业大学教育基金会“大北农教育基金”资助

生态循环养殖模式

暨畜禽养殖废弃物资源化利用技术

孙振钧　编著

中国农业大学出版社
·北京·

内 容 简 介

生态循环养殖主要是依据生态学原理、生态经济学原理、生态工程原理和系统科学原理等设计和建造的人工生态系统。它是以动物养殖为主，在一定边界内，通过动物、植物、微生物与环境资源的最佳配置，有机组合而成的高效农业生态系统。

本书系统地介绍了生态循环养殖模式设计的原理和方法以及常见的生态循环养殖模式，详细介绍了蚯蚓养殖等生态接口技术，并以大量实例介绍了生态循环养殖与区域农业可持续发展的模式典型。本书主要供从事生态养殖、循环农业、生态农业与区域发展、畜禽粪便资源化利用、田园综合体设计等涉农企业、农村科技人员使用，对高校和科研单位有关人员也有参考价值。

图书在版编目(CIP)数据

生态循环养殖模式暨畜禽养殖废弃物资源化利用技术/孙振钧编著.
—北京：中国农业大学出版社，2018.6(2024.12 重印)
ISBN 978-7-5655-1969-7

Ⅰ.①生… Ⅱ.①孙… Ⅲ.①生态养殖 ②畜牧业—资源利用
Ⅳ.①S964.1 ②X713

中国版本图书馆 CIP 数据核字(2017)第 331315 号

书　　名　生态循环养殖模式暨畜禽养殖废弃物资源化利用技术
作　　者　孙振钧　编著

策划编辑　何美文　潘晓丽　　**责任编辑**　田树君
封面设计　郑　川　李尘工作室
出版发行　中国农业大学出版社
社　　址　北京市海淀区圆明园西路 2 号　　**邮政编码**　100193
电　　话　发行部 010-62818525,8625　　读者服务部 010-62732336
　　　　　编辑部 010-62732617,2618　　出　版　部 010-62733440
网　　址　http://www.cau.edu.cn/caup　　**E-mail** cbsszs @ cau.edu.cn
经　　销　新华书店
印　　刷　河北虎彩印刷有限公司
版　　次　2018 年 6 月第 1 版　　2024 年 12 月第 3 次印刷
规　　格　185 mm×260 mm　　16 开本　　20.5 印张　　505 千字
定　　价　65.00 元

序

农业作为一种复合的人工生态系统，不仅受自然因素的影响，同时也受到社会和经济条件的制约。人类在对农业生态系统进行调控和管理的过程中，为追求短期的产量和经济利益的最大化，忽视了农业生态系统的生态健康维持和环境质量管理，并引发了包括物种多样性丧失、水土流失、土地退化、环境污染等一系列具有全球特点的生态与环境问题。20 世纪 80 年代以来，人们开始反思农业发展的方向与道路，并逐渐认识到要彻底解决这些问题，实现农业的可持续发展，就必须从根本上转变农业生产方式，采取新的发展模式。为此，提出了自然农业、生物农业、有机农业和生态农业等一系列的生产模式，这些模式的内涵和应用方向各不相同，但基本出发点都是通过对农业生态系统进行精细化设计和管理，实现物质、能量和资源的多层次、多级化的循环利用。其中，生态循环农业在以畜禽养殖为主的农业生产中应用广泛。

畜牧业作为农业的重要组成部分，具有向人们提供食品，为轻工业提供原料等多方面的重要作用。然而，随着畜牧场规模不断扩大，集约化和机械化程度逐步提高，以养殖小区为代表的规模化养殖造成了环境污染严重、畜产品质量降低等一系列问题。要实现畜牧业的可持续发展，必须改善生态环境，实现资源利用、动物生产与环境保护的综合管理。生态循环养殖应用生态学、生态经济学与系统科学的基本原理，以畜牧业为核心，通过对植物、动物、微生物等生物种群进行组合，形成高效、稳定、持续发展的农业生态系统，不仅有效避免环境污染，同时合理利用废弃物等各种农业资源，实现经济、社会、生态效益的统一，是一种值得发展和不断完善的生产模式。

《生态循环养殖模式暨畜禽养殖废弃物资源化利用技术》一书，不仅介绍了生态循环养殖的理论和概念，同时也着重介绍了生态循环农业接口技术，生态循环养殖模式，以及对农业可持续发展的重要意义。特别值得一提的是，作者孙振钧教授结合自己多年来的实际工作所取得的成果，对农业有机废弃物的转化与产品开发、蚯蚓养殖技术在农业生态系统中的作用进行了详细的介绍。孙振钧教授结合其大量的实践工作，系统地总结了各地不同类型的生态循环养殖模式经验，采用理论分析与实际案例探讨相结合的方法，为不同自然与经济条件地区的生态循环养殖模式提供了宝贵的案例。在工作中，孙振钧教授强调发挥农业生态系统的整体功能，从大农业的整体思想出发，按照“整体、协调、循环、再生”的原则，全面规划及调整系统结构，使农、林、牧、副、渔各业综合发展，一二三产业相互衔接，相互支持，不仅提高了生产力，同时也达到保护环境和提高生态系统服务功能的效果。

我与孙振钧教授相识已久，特别是他到中国农业大学加入辛德惠院士的团队工作以来，我有机会接触到他进行的科研工作，并由此建立了良好的友谊和合作。在我主编的《生态农业——中国可持续农业的理论与实践》一书中，也专门约请他参与有关章节的撰写工作，利用这个机会也向他表示感谢。《生态循环养殖模式暨畜禽养殖废弃物资源化利用技术》一书作为他多年工作的结晶，具有较高的理论水平与应用价值，对生态循环养殖的推广与发展具有重要意义。

李文華

2017 年 9 月 13 日

前　言

农业是国民经济和社会发展的基础，而生态环境又是农业发展的基础。农业无论作为一个最古老的传统产业，还是作为一个知识密集、技术集成最强的现代产业，都与大自然密不可分，并在人与自然的关系中占有最基础、最核心的地位，是人类社会发展的基石。党的二十大报告指出，大自然是人类赖以生存发展的基本条件。尊重自然、顺应自然、保护自然，是全面建设社会主义现代化国家的内在要求。作为国民经济的基础产业，农业正经历着由传统农业向现代农业的过渡，以石油农业为特征的现代常规农业已经暴露出诸多弊端，水资源、耕地资源的不断减少直接影响到农业的生产水平和发展状况，现代农业开始面临成本激增、效率下降的挑战。要彻底解决这些问题，实现农业的可持续发展，就必须从根本上转变农业生产方式，世界各国纷纷尝试新的农业发展模式，从 20 世纪 80 年代开始，世界上一些农业发达国家出现了生态农业，引起了各国普遍重视，且发展很快，大有不可阻挡之势。之后其他的替代农业模式应运而生，如自然农业、生物农业、有机农业、可持续农业等，但由于这些模式过于崇尚自然和低投入，从而又出现产出低、经济效益差等问题，不能满足人类对农产品日益增长的需求。在面对农业生产方式转变的挑战中，生态循环农业经过十几年的理论探讨和生产实践，在我国已经取得了明显成效，并显示了巨大的发展潜力和生命力，它是一种把农业生产发展、农村经济增长和生态环境治理、资源培育和高效利用融为一体的新型综合农业体系。生态循环农业是在循环经济理念和可持续发展思想指导下出现的一种新型农业，它通过农业生态经济系统设计和管理，实现物质、能量、资源的多层次、多级化的循环利用，达到农业系统的自然资源利用效率最大化、购买性资源投入最低化、可再生资源高效循环化、有害生物和污染物可控制化的产业目标。它集中体现了我国农民和领导干部及科技人员的创造力，为我国农业可持续发展展示了广阔的前景，代表了我国农业可持续发展的根本方向。

现代生态循环农业与我国 20 世纪 90 年代开展的生态农业最大的不同，是农业产业化和区域可持续性发展。仅仅以种植业、养殖业、加工业和微生物（有机废弃物的转化）组成的生态循环圈已经不适用于当前的农业产业化。农业产业化与区域可持续性发展是以人为核心，以市场为导向，以经济效益为中心，以主导产业和产品为重点，优化组合各种生产要素，实行区域化布局，专业化生产，规模化建设，系列化加工，企业化管理。它追求的不仅仅是经济效益，而是经济效益、社会效益、生态效益三个效益的高度统一，使整个农业生产步入可持续发展的良性循环轨道，生产出健康安全的食品，把“绿水青山变成金山银山”，使国人尽快步入小康社会。所以，生态循环农业是一种全新的理念和策略，是针对人口、资源、环境相互协调发展的农业经济增长新方式，其核心是运用可持续发展思想、循环经济理论与产业链延伸理念，通过农业技术创新，调整和优化农业生态系统内部结构及产业结构，延长产业链条，提高农业系统物质能量的多级循环利用，最大程度地利用农业生物质能源，利用生产中每一个物质环节，倡导清洁生产和节约消费，严格控制外部有害物质的投入，提高农业废弃物转化利用率，最大程度地减轻环境污染，实现农业生产各个环节的价值增值和生活环境优美，使农业生产和生活真正纳入农业生态系统循环中，实现生态的良性循环与农村建设的和谐发展。

动物养殖是生态循环农业重要的组成部分。我国各级政府往往把种植业和畜牧业划分为不同的部门，而不是一个农业整体。在各类大中型涉农企业中，农牧兼顾的也不多。当前规模化养殖场粪污的处置正面临着越来越大的挑战，环保部门的要求也越来越严格。解决规模化养殖场粪便资源化问题最好的途径就是种养结合，走生态循环养殖之路。通过畜禽粪便的生物转化高效利用，打通养殖业与农业生态系统的循环链接。从生态学角度看，畜禽等养殖动物属于初级消费者的范畴，初级消费者的功能在于将生产者(绿色植物)所同化的有机物和能量转化为动物产品并赋予更高的能量，通过食物链输送给次消费者(人和其他食肉动物)；与此同时，家畜又可将部分未被利用的有机物通过排泄物返回土地，由分解者(微生物)分解还原后重新投入系统的再循环。畜禽的这种初级消费者地位决定了它在整个农业生态系统物质与能量转化和传递过程中的动力作用。生态循环养殖的作用意义在于畜禽在利用人可直接食用的植物产品的同时，还可利用那些人所不能直接利用的植物副产品，并将它转化成乳、肉、蛋等高级营养食品供消费者(人或食肉动物)之需，当然在这植物到动物的能量转化与物质循环流动过程中，家畜不仅为人类转化生产出大量高档食品，还生产了皮、毛、羽等产品供人类消费。同时又以二氧化碳和粪尿等形式为植物提供养料，为微生物等分解者提供物质与能量。因此，在农业生态循环中，畜牧业是有机物质循环的主要通道之一，是农业环境与生态工程建设的重要组成部分。畜牧业对整个系统能量与物质转化效率的高低影响极大。

畜禽的初级消费者地位也决定了畜禽必然受生产者的量和质的影响，决定了家畜生态系统的特殊性。从生产者到初级消费者再到次级消费者，能流和物流的量是逐级减少的，能量大约按 1/10 的规律向下一级传递。因此，从生产角度看，畜牧业的基本环节是土壤→饲料牧草→家畜→畜产品，饲料牧草是其中最基本的环节。因此，生态循环养殖系统包括农田、草地、森林等绿色植物组分所生产的植物产品，这是畜牧系统存在和发展的保障。绿色植物通过光合作用固定于植物体内的太阳能，只有 25%的能量可为人类直接利用。其余约 75%为植物副产品。因此畜禽对植物副产品的这种再转化作用就显得尤为重要。但畜禽在利用秸秆、糠麸等副产品时，通常只能将其中所含能量和其他营养物质的 25%消化、吸收与利用，其余 75%又作为“副产品”沿食物链(网)向下传递与循环。畜禽与周围环境中的层次关系主要是通过这种食物链与食物网络而保持直接或间接的联系。畜禽在食物链中的地位，使畜牧业与种植业有着密不可分的相互依存关系。畜禽是人类由野生动物选择进化而来的。现代的畜禽生活环境已不同于野生动物。畜牧业已成为将植物产品转化为动物产品为主要目的的生物再生产部门，这既包含自然再生过程，也包括经济再生过程。因此除各种非生物和生物的自然环境因素影响畜禽外，社会与经济因素的影响极大。如社会与市场对畜产品的要求，政策、价格、加工技术与工艺、畜产品贮存运输、社会经济形态，甚至社会意识形态等均可能对畜禽生产产生影响。因此，生态循环养殖与传统动物养殖不同的是它是按照一定的目的将自然生态科学与社会经济科学相结合的生产系统，它包含生物学、经济学、管理学和社会学的内容。

高效生态循环养殖农业系统是应用生态学、生态经济学与系统科学基本原理，采用生态工程方法，吸收现代科学技术成就与传统农业中的精华，以畜禽养殖为中心，并将相应的植物、动物、微生物等生物种群及非生物因素优化组合成高效益的综合生产系统，并按清洁生产原理与管理方式，对该综合生产系统的全过程和农畜产品实行资源的最有效转化和废弃物的最小量化。由此形成合理有效开发利用多种资源,减少农业环境污染,实现经济、生态和社会效益三统一的高效、稳定、持续发展的综合农业模式。高效生态循环养殖的主要标志表现在资源合理配置,综合经营,废弃物再资源化利用,少废的清洁生产,高生产效率与高资源利用的统一。我国地域辽阔,地势复杂多样,自然资源丰富,各地的自然条件与资源不同,而不同畜禽及不同品种适应的自然条件也不相同。生态循环养殖模式以各地自然资源的合理配置与优化利用为原则。我国除辽、吉、黑、川、甘、宁六省(自治区)的部分地区和蒙、新、青、藏四省(自治区)以畜牧业为主,家畜饲草主要来源于天然牧草外,大多数省(区)的农业以种植业为主,且不同省(区)水热条件,作物品种和布局不尽相同,畜禽品种资源及饲料资源也有差异。高效生态循环养殖模式强调根据各地的自然环境和资源特点,以畜牧系统内部及外部资源的合理组合,发挥各种资源的最适功能,使整个生态系统的物质循环与能量交换高效进行,同时使其适应当地的社会经济条件与社会发展的需要。生态循环养殖的明显优越性之一,就是以养殖业为主,综合经营,采取各种形式连接成复合生产系统,本身具有灵活性,风险较小,较好地利用了全部资源且更为经济高效,强调资源开发利用的局部利益与整体利益的统一,使经济、社会与生态效益同步实现。

废弃物转化(资源化)是生态循环圈的原点(出发点)和源动力。生态循环农业圈涉及生产者(绿色植物)、初级消费者(草食家畜和草食性鱼类)、次级消费者(肉食动物及人类)和分解者(腐生动物与微生物)等不同营养级所组成的不同食物链,涉及各种动物的排泄物与农副加工业的下脚料和各种废弃物。系统的物质交换与能量循环越显著,代谢废物就越多,就容易导致环境的污染。随着现代经济的迅猛发展,各种资源相对短缺。因此,废弃物再资源化及废弃物的最小量化,具有更重要的意义。根据各种再生资源特点与性质及食物链中各营养级的特点,废物的转化再生可以分为三种途径:副产品转化、废弃物转化和生物能转化。用于副产品转化的主要有各种畜禽鱼类(它们也能用于废弃物的转化再生)。用于废弃物转化再生的主要是多种微生物和食用菌等。据联合国粮农组织研究,动物粪便中的粗蛋白质含量,约比动物采食饲料中的粗蛋白质含量高 50%,大多数粪便的维生素含量均高于它们采食的基础食料。草食动物瘤胃里的微生物,几乎能分解来自动物粪便的全部代谢物。因此,将粪便适当处理(青贮、消毒、干燥等),以 20%～40%的比例与其他饲料混合再作饲料,可收到很好的饲养效果,并大大降低饲料成本。以“渔”生态循环农业模式为例,首先充分利用水面发展鱼、虾、蟹、贝类水生生物,将人们不能食用的麦、稻草、蔗叶、菜叶、田间杂草和农产品加工后的副产品,以及人畜粪便用作塘鱼的饵料,经草鱼食用后,其碎屑和草鱼粪便可促使浮游生物的生长,并可促进鲢鱼(白鲢和花鲢)的生长。鱼、虾是冷血动物,具有维持消耗低、繁殖率高的特点,比陆生温血动物的能量转化效率高 2 倍以上。

利用腐生食物链发展生产是生态循环养殖的另一个重要特征。腐生生物能充分利用植物的光合产物,把对它们的“浪费”减少到最低限度。例如蜗牛、蚯蚓、蝇蛆的养殖,食用菌的培养等。农田中放养蚯蚓,可使土壤疏松,蓄水保肥,可加快有机残体腐殖化和促进微生物的活动。放养蚯蚓的农田中,小麦、棉花、玉米增产 11%～18%,蔬菜增产 35%～50%。蚯蚓含有丰富的动物蛋白,养 1 亩(1 亩$=666.7\ m^2$)蚯蚓,年产鲜蚓 4 000～5 000 kg。鲜蚓中含粗蛋白质 15%～17%,干蚓含粗蛋白质 65%～72%。用蚯蚓养鸡和猪,增重效果显著。利用废料、粪便养蝇蛆,蝇蛆可喂鸡。利用棉籽屑、稻草及其他作物秸秆等培养食用菌,是营养丰富的高档食品,生产食用菌后的菌糠,富含氨基酸和多糖等,是良好的饲料,可用来喂牛、养鱼等。

畜禽粪便富含各种营养元素。畜禽混合喂养，再辅之以蚯蚓养殖、沼气发酵等，可使饲料能和饲料蛋白质得到有效利用，使能量利用率提高。鸡粪喂猪，猪粪入沼池发酵，产生沼气后的沼渣养食用菌，使饲料中可利用的代谢能(用于猪、鸡)由 61.5%提高到 80.7%，饲料中的氮素利用率提高到 93.6%。通过沼气发酵把畜禽粪便变成燃料和肥料是政府力推的粪便资源化方式之一。沼气是一种无污染的能源，产生的沼气作燃料，热效率可提高到 30%～40%，同时可避免氮素的损失。秸秆中的氮素，经沼气发酵后损失率仅 2%～10%，而常规堆沤方式的损失率为 15%～30%。发酵产气后的沼渣、沼液是优质肥料，不仅氮、磷、钾含量丰富，且较好地保存了有机质。还可利用沼渣培养食用菌，生产蛋白质食物。在制取过程中可将有机污水、污物收集起来发酵净化，有利于环境卫生的改善。各种可再生生物资源相互结合，通过食物链转化物质和能量，并在这种不断转移物质和能量的过程中，使资源得到再生。但这种资源的再生能力是有限的，当人类开发利用这些资源的种类与数量合理时，就能使其再生能力得以保持，使得资源生生不息；反之则将导致资源衰退与枯竭。例如传统农业的典型发展模式，就是畜多肥多，肥多粮多，粮多畜多，这种生产模式维持了几千年，在这种生产模式中，生物资源不断循环再生。这种模式虽然生态是平衡的，但粮食与家畜的产量都有限，原因是循环过程中，每个生产环节都有效率和能量的损失。

我国畜禽养殖每年产生粪污 38 亿 t，折合氮 1 423 万 t、磷 246 万 t，而目前综合利用率不足 60%，导致了严重的农业面源污染。据行业统计，2014 年规模畜禽养殖化学需氧量、氨氮排放量分别为 1 049 万 t、58 万 t，占当年全国总排放量的 45%、25%，占农业源排污总量的 95%、76%。畜禽养殖废弃物具有强烈的两面性，即矛盾对立的两个方面：一方面是“污”，如果无害化处理及资源化利用不妥，畜禽废弃物就是严重的环境污染源；另一方面是“宝”，如果无害化处理及资源化利用得当，畜禽废弃物就是宝贵的自然资源。通过种养结合和废弃物资源化利用等多种生态循环养殖模式，既可以实现零污染、零排放，促进农业全产业链清洁生产；也可以实现废弃物的资源化，促进有机肥对化肥的有效替代，真正做到“变污为净”“变废为宝”和绿色生产。

作者从 1989 年开始对生态工程在养殖业上的应用进行了系统研究。从 1990 年主持科技部国家“八五”科技攻关课题《库湾水陆复合种养生态工程建设与推广》以来，就按生态循环的基本原理，在山东省莱阳沐浴水库完成了我国第一个“生态水库”的建设。自 1995 年加入辛德惠院士的生态农业团队至今，先后参加和主持了“高产粮区农业生态系统内生资源培育机制及调控途径研究”“我国华北、西南典型农区高效生态农业技术体系研究与示范区建立”“农业、畜禽废弃物资源的系列高值化产品的研究与开发”“黄淮海平原高产区优质高效农业结构模式与技术研究(废弃物部分)”“节水型区域工农业复合循环经济系统集成关键技术体系研究及示范”“基于蚯蚓生物技术的有机农业新型抗菌肥料的研发及产业化”“社会主义新农村建设关键技术集成研究与示范”“利用秸秆畜禽粪便开发生物有机肥技术研究”和“循环农业科技工程”等 20 多项国家和北京市等地方课题。本书将向读者介绍生态循环养殖模式设计的基本原理、设计方法和实用技术；介绍不同类型、不同规模生态循环养殖典型模式；以蚯蚓养殖技术为主的生态接口技术；基于生态循环养殖的区域生态循环农业建设经验。本书内容不仅有作者多年工作的总结，也包含中国农业大学承担的国家课题的部分科研成果，尤其是介绍了李国学教授主持的国家“十二五”科技支撑重点项目“循环农业科技工程”中关于区域循环农业模式与技术的新成果。另外，也有一部分案例是从 20 世纪末生态农业县建设典型中筛选出来的，但对当前的区域农业可持续发展仍然有参考价值。及时地总结这些成功经验，有助于各地在现代生态农业、农业产业化、畜禽废弃物资源化、田园综合体实施过程中，更自觉地利用生态工程原理，创造出更多的经济、生态、社会三大效益协调发展的典型，促进我国包括养殖业在内的大农业可持续发展。这也是本书编者的心愿。

本书分三部分，十章内容。第一部分：生态循环养殖概论，包括生态循环养殖概念与模式设计、生态循环养殖技术两章内容；第二部分：生态循环养殖农业接口技术，包括有机废弃物的蚯蚓转化、堆肥和沼气处理、食用菌转化模式及其他资源化利用方式等四章内容；第三部分：区域生态循环养殖模式与农业可持续发展，从企业、农场、生态敏感区及县域等不同层面介绍了生态循环养殖模式及布局，以大量实例和典型介绍了生态循环养殖农业模式及技术。

本书出版得到了大北农教育基金的资助，得到了中国工程院院士李文华研究员的支持与鼓励，并欣然为本书作序。本书写作过程中参阅了大量著作、文章和资料。因篇幅所限，不能一一列举，在此一并表示衷心的感谢。

孙振钧

2023 年 7 月

目　　录

第一部分　生态循环养殖概论

第二部分　生态循环养殖农业接口技术

第三部分　区域生态循环养殖模式与农业可持续发展

第一部分

生态循环养殖概论

第一章　生态循环养殖概念与模式设计

第一节　生态循环养殖概念

畜牧业作为农业的一个重要组成部分，是国民经济的基础，它不仅为人们提供食品，而且为轻工业提供原料。我国的畜牧业总产值一直保持持续增长的态势。2016 年畜牧业总产值为 3 122.99 亿元，同比增长 2.6%。2016 年我国肉类总产量达 8 430.13 万 t，禽蛋 3 095 万 t，牛奶产量 3 697.33 万 t。极大地丰富了我国城乡居民的畜产品及副产品的供应。我国的肉类和禽蛋产量多年保持世界第一位。畜牧业占农林牧渔业总产值的 28.6%。畜牧业已成为中国农村经济中最活跃的增长点和主要的支柱产业。我国正由畜牧大国向畜牧强国迈进。

然而，随着畜牧场规模越来越大，集约化和机械化程度的提高，畜牧村、规模养殖小区及千头牛场、万头猪场、百万只鸡场等规模化养殖场引起的环境问题已引起人们的关注。这些规模化养殖场往往建在大中城市的近郊和城乡的结合部，由于环境法规不健全和资金短缺，绝大多数养殖场在建场初期未考虑畜禽粪便处理。环境问题致使不少养殖场粪便随地堆积，污水任意排放，严重污染了周围的环境，也直接影响着养殖场本身的卫生防疫，降低了畜产品的质量。

人类和动物都要有良好的生长环境。要实现畜牧业可持续发展，必须改善生态环境，无害化处理及资源化利用畜禽废弃物，保持畜牧业生产与环境保护的协调。生态畜牧是畜牧业生产发展到一定阶段和一定社会经济条件下出现的一个新的学科。它不仅要解决畜牧场自身污染和外部环境污染对畜牧业生产的影响问题，即防止畜牧场本身对周围环境的污染，同时又要避免周围环境对畜牧业生产的危害，以保证畜牧业生产健康持续的发展，又要有效利用各种农业资源，包括农业废弃物资源。因此，资源利用、动物生产与环境保护的综合管理已成为实现畜牧业持续发展的重要措施。

自 20 世纪 80 年代以来，中国的农业取得了举世瞩目的成就，以占世界 7%的土地，养活了占世界 22%的人口。但中国农业的发展正受到土地锐减、水及其他资源短缺的限制。我国的各种自然资源的人均水平均低于世界平均水平。除了短缺的农业资源外，农业环境正面临日益污染的问题，生态条件不断恶化。每年有大量化肥、农用化学品及塑料薄膜应用于农业，同时，大量来源于生活与养殖业、当地工业与加工业的污水等排入农田。据统计，不同程度污染的农田已超过 1 000 万 hm^2，损失粮食 1 亿 kg 和 3 000 万美元。每年至少有 100 件死鱼事件是由水体和湿地污染引起的。损失 5 万 t 养殖水产品和 10 万 t 天然水产品。自然植被的退化导致 150 万 km^2 面积的土壤受到沙化的威胁，由于土壤的过度利用和投入不足，可耕农田的有机质含量逐渐下降，79%的土壤营养元素不平衡，受损的农业生态环境使自然环境更加恶化。如果不及时对上述问题采取有效的措施，中国将在农村生态环境问题上处在一个十分危机的境地，从而影响整个国家可持续发展战略的顺利实施。因此，生态农业作为一个新的农业发展模式和技术体系自20世纪80年代初以来开始在我国实施，根据农业部信息，全国有29个省市、168个县、732个城镇、1 200个村庄建有生态示范点，示范规模逐步扩大，从生态农业村、乡镇到县域，甚至到地区、省级水平。1994年，51个县（市）被确定为国家级生态农业示范县，到目前为止，全国已有六分之一强的县以生态学和生态工程学原理规划农业发展计划，从10个生态农业示范县结果来看，粮食总产量比项目实施前三年的平均数提高18.7%，单位面积产量提高15%，是同期国家平均增长数的5.4倍；人均收入比同期国家平均增长水平提高1.26倍（张壬午等，2000）。

生态循环农业模式是现代生态农业体系中的重要组成部分，生态循环农业模式是特别设计的生产过程体系，它应用农业生态系统中物种共生和物质循环再生的原理，结合系统工程的最优化方法和优良的传统农业生产措施，形成一个物质的多级利用的生产工艺系统（马世骏，1987）。生态循环养殖模式设计是生态循环农业建设规划的重要组成部分。本章主要讨论生态循环养殖的定义、特点及分类，设计原理和方法将在下章介绍。

一、生态循环养殖的概念

生态循环养殖就是应用生态学、生态经济学与系统科学基本原理，采用生态工程方法，吸收现代科学技术成就与传统农业中的精华，以畜牧业为中心，并将相应的植物、动物、微生物等生物种群匹配组合起来，形成合理有效开发、利用多种资源，防治和治理农村环境污染，实现经济、生态和社会效益相统一的高效、稳定、持续发展的人工复合生态系统。生态循环养殖是生态工程原理在动物养殖这一特定领域的应用，是模拟生态系统原理而建成的以动物养殖为主体的生产工艺体系。它的全过程是畜牧业内部多畜种或牧、农、渔、副、加工等多产业的优化组合，是相对应的多种技术的配套与综合，是一个完整的工艺流程。所以，生态循环养殖作为一个新的领域，研究范围又如此广泛，其定义、内容等需要较长时期的完善与充实。许多工作刚刚开始，以上仅是我们在目前水平上的初步认识。

二、生态循环养殖的特点

"家畜生态学"和"生态循环养殖"有着密切的联系。但"家畜生态学"和"生态循环养殖"是两个不同的概念。家畜生态学是生态学的一个分支，是研究家畜与其生存环境间在不同层次上的相互关系及其规律的科学。它和草原生态学、海洋生态学一样，属生态学研究的一个专门学科。通过对牧业生态系统结构与功能的研究，给人类调控提供科学依据，它侧重于原理探索与规律研究。生态循环养殖、是一种生产工艺体系，属于一个产业。通过低投入、高产出地生产农、畜产品。其指导思想与理论是以生态学，尤其是家畜生态学的基础原理和研究成果为基础的。二者是理论与实践的有机联系。

生态循环养殖包括传统畜牧业的内容，一些成功的单项饲养技术与新方法的筛选与应用。但不是简单的多项技术叠加，它们是两个不同的概念，其主要区别有下列几方面：

(1)生态循环养殖所涉及的领域，不仅包含畜牧业的范畴，而且包括种植业、林业、草业、渔业、农副产品加工、农村能源、农村环保等，实际是农业各业的综合。

(2)从追求目标上看，传统养殖重于单一经济目标的实现，而生态循环养殖不只是考虑经济效益，而是经济、生态、社会效益并重，谋求生态与经济的统一，从而使生产经营过程既能利用资源，又有利于保持良好的生态环境。

(3)以指导理论看，生态循环养殖除了动物饲养等专业学科理论外，主要是以生态学、生态经济学、系统科学原理为主导理论基础。

(4)生态循环养殖注重太阳能或自然资源最合理的利用与转化，各级产成品与“废品”合理利用与转化增值，把无效损失降低到最低限。

(5)生态循环养殖把种植、养殖合理地安排在一个系统的不同空间，既增加了生物种群和个体的数目，又充分利用了土地、水分、热量等自然资源，有利于保持生态平衡。

三、生态循环养殖的组成和分类

(一)生态循环养殖的组成

生态循环养殖作为一种高效的人工生态系统，是由生物、环境、人类生产活动和社会经济条件等多因素组成的统一体。就每一种模式来看，范围有大有小，可以搞小范围庭院生态循环养殖或生态养殖场，也可以大水体(湖泊、水库)复合生态循环养殖。不管哪一种具体形式，一般都包括下列5项重要组成部分(图1-1)：

(1)农业生物。以家养动物为中心，包括与之匹配的农作物、饲料作物与牧草、鱼类及其他经济动物。

(2)生存环境。包括自然环境条件(水、光、热、土、气候等)和社会经济条件等。

(3)农业技术。包括动物饲养、繁殖及疫病防治；总体结构优化与布局、管理等。

(4)农业输入。包括劳力、资金输入；农用工业及能源、农业科技投入等。

(5)产品输出。多种农畜产品及加工产品输出。

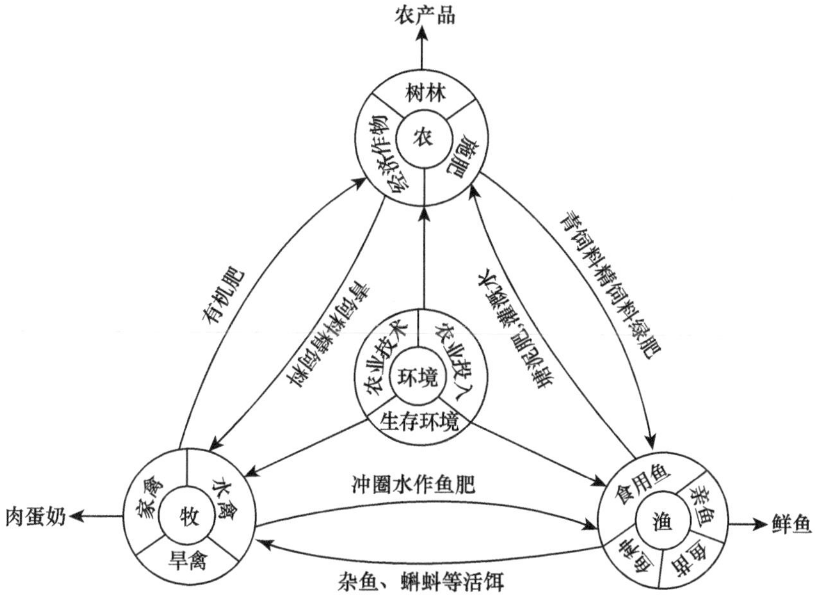

图1-1 典型农牧渔复合生态循环养殖结构

(改自孙振钧，2000)

(二)生态循环养殖的分类

生态循环养殖,又称之为生态循环综合养殖工程。它最基本的特征是功能上的综合性。因此,它包括的内容十分复杂。根据养殖动物生活环境的不同,可以把生态循环养殖分为陆地综合养殖、水体综合养殖和水陆复合生态循环养殖三大类。每一大类又包括若干种模式(图 1-2)。

- 生态循环养殖
  - 陆地生态循环养殖
    - 综合养畜生态工程
      - 以牛为主的生态养殖模式
      - 以羊为主的生态养殖模式
      - 以兔为主的生态养殖模式
      - 以猪为主的生态养殖模式
      - 以貂等经济动物为主的生态养殖模式
      - 其他生态养殖模式
    - 综合养禽生态工程
      - 以鸡为主的生态养殖模式
      - 以鹅为主的生态养殖模式
      - 以鸭为主的生态养殖模式
      - 以鸽或鹌鹑等种禽类为主的生态养殖模式
    - 畜禽结合模式
  - 水体生态循环养殖
    - 常规鱼混养类型
      - 以草鱼为主体混养模式
      - 以滤食性鱼为主体鱼混养模式
      - 以青鱼、草鱼为主体鱼混养模式
      - 以鲤鱼为主体鱼混养模式
      - 以鲮鱼为主体鱼混养模式
    - 常规鱼与名特水产类结合类型
      - 鱼鳖混养模式
      - 鱼虾混养模式
      - 鱼蟹混养模式
      - 鱼蚌混养模式
      - 家鱼与鳜鱼混养模式
      - 家鱼与乌鳢混养模式
      - 家鱼与革胡子鲶混养模式
      - 家鱼与美国鮰混养模式
    - 鱼与水生植物结合类型
      - 鱼、水草模式
      - 鱼、芡实、菱、藕模式
  - 水陆复合生态循环养殖
    - 渔农复合类型
      - 基塘渔业:桑基渔塘 果基渔塘 草基渔塘 蔗基渔塘 花基渔塘 杂基渔塘
      - 鱼、草结合:种草养鱼 鱼草轮作
      - 鱼、稻结合:稻田养鱼 鱼稻轮作
    - 渔牧复合类型
      - 鱼、禽结合:鱼、鸭模式 鱼、鹅模式 鱼、鸡模式
      - 鱼、畜结合:鱼、猪模式 鱼、牛模式 鱼、羊模式 鱼、兔模式
    - 牧、渔、农复合类型
      - 三元复合模式:菜猪鱼复合 猪草鱼复合 草鸭鱼复合 鸡猪鱼复合
      - 多元复合模式:
        - 鸡、猪、蛆、鱼复合
        - 鸡、猪、沼气、鱼复合
        - 草、猪、蚓、鱼复合

图 1-2 中国生态循环综合养殖分类体系

第二节　生态循环养殖设计原理

目前，生态循环养殖已在全国各地普遍开展。这些生态循环养殖雏形有的效益较高，但大多数停留在依靠传统经验和机械模仿阶段。这些依靠经验组装或拼凑起来的模式往往因各组分匹配不合理，效益不高，无法推广，或区域性很强，使推广受到限制。我国的自然条件（土壤、水分、光照、气候、地形地貌等）、生物因素（饲养动物品种、分布等）、社会经济方面（经济、技术、劳力、市场、国家计划、人民需要）地区间差异很大，生态循环养殖的具体结构、功能和做法绝不会是一个模式。这就需要总结各地经验，建立一套设计原理，使不同类型地区都能按照这些设计原理，结合当地的生态条件和经济条件，建造多种多样的、适合于当地条件的生态循环养殖模式。

一、生物间互利共生原理

自然界中没有任何一种生物种群能离开其他生物而独立生存繁衍，生物与生物之间往往存在着复杂的相互关系。生物间的关系一般分抗生与共生两大类。在农业生产过程中，过去多集中注意了生物种群间的抗生关系，而忽略了种群间的共生关系。共生可分互利共生和片利共生，互利共生指两个生物种群生活在一起，它们互相从对方得到益处。互利共生又分为义务性互利共生和非义务性互利共生，义务性互利共生是指两种生物可以互相得利，为了生存，它们必须生活在一起，不能分开，这是一种永久性的共生关系，比如豆科植物与根瘤菌就属此种类型，根瘤菌利用植物的汁液和糖类生存，它从空气中固定氮素，又给豆科植物提供了养分；非义务性互利共生是指两种生物因共生而相互得利，但是，它们分开后也不至于死亡，如寄居蟹与海葵，即属非义务性共生。片利共生是指两种生物之间，其中一种得利而又对另一种无害的共生关系，又分长期性片利共生和暂接触性片利共生，前者如藤壶附于鲸鱼体上，后者如鱼虾等潜于水草之中。

生态循环养殖设计与建设过程中，如何巧妙地搭配组成种群，最大限度地发挥组成种群间共生互补关系，最大限度减弱和克服抗生作物，从而组成和谐、高效的人工生态系统，是建造生态循环养殖的关键。这方面比如“林—蛙结构”“稻鱼共生”等都是一些合理而高效的复合系统。

二、生态位原理

传统的生态位定义为：不同生态因子都具有明显的变化梯度，不同梯度可以各种生物所占据、适应、利用的部分称为生物的生态位。由于各种生态因子对生物作用的综合性，所以，对某一种生物种群来说，生态位是一个超体积和超空间的向量集。随着生态学发展，其概念也不断深化。鉴于当今生态学的主要研究对象已从单纯的自然生态系统转移到社会—经济—自然复合生态系统，生态位概念也进一步拓宽。首先引入了生态元概念，即复合生态系统中进行生态学过程的功能单元。随之，把生态位定义为：在生态因子变化范围内能够被生态元占据、利用或适应的部分，称之为生态元的生态位。生态元既可以是细胞、器官、个体、种群、物种、生物群落等各个生物组织层次，也可以是农户、养殖场、食品加工厂等其他功能单元。

不同生态元之间其生态位可能相同也可能不同，或者部分相同部分不同。在同一时间、同一空间各生态元的生态位相同而且不能充分满足需要时，生态元之间就会发生竞争。如同一空间内两种动物均以某种植物为食时，就会产生生存斗争，彼此施加不利影响。为了避免或减少对相同生态位的竞争，大多数生态元都会发生空间和时间分化现象。另外，由于一种生物种群对环境的影响，可以形成另一种生物种群的生态位。如树木的枯落物积于地表，其丰富的有机质和阴湿的环境、微弱的光照、疏松的地被物层，给蚯蚓构成了一个理想的生态位。

在生态循环养殖设计中，根据生态位原理，人们可以把各种不同种群合理搭配，合理利用现在生态位，使生态位效能得到充分发挥，常见途径有：引入新的生态元，如苇-鱼-鸭结构；去除有害生态元，如稻田养鱼除草、食害虫；替代低效生态元，如以高产优质畜禽品种取代低劣品种。这种互为条件、互相防护的“复合群体”使农业生态系统资源利用更充分，生物量产出增加，自身防护性能提高。

三、环境节律与生物机能节律配合原理

自然环境因子中的光照、温度、湿度有日、月、年的周期变化，这种周期性的变动在不同生态系统中是不同的，这种周期性的波动称为环境节律。一方面，作为人工生态系统的农业，人们对农业投入的物质和能量受其社会条件变化的影响也有其特殊的变化，这种波动实际上也属于农业的环境节律范畴；另一方面，每一种生物的生长、发育，以及其对自然资源的需求是不一样的，生物种群在每一昼夜也在不断地变化，这种波动变化称为生物的机能节律。不同生物种群的机能节律具有其特殊规律。

生物的机能节律与自然资源的变化节律和谐，是生物生产量提高的关键。自然生态系统的节律配合关系是经过漫长的自然选择而形成的，生物种群机能节律与环境节律配合得十分合理而稳定，生物种群以自己的机能节律变化，及时有效地利用环境资源，完成自己的生命周期。例如，森林中的松鸡等鸟类，繁衍后代的时间则正好与森林植物果实（种子）成熟的季节相吻合，以便雏鸟有足够的食物。而人工控制下的生态系统，其形成历史比起自然生态系统来说，则是十分短暂的，加之人类对生物群体控制的不足，使这两个节律配合得不尽合理，造成了对环境资源利用不充分，限制了系统生产力的充分发挥。要想提高生态循环养殖的功能，必须应用环境节律与生物机能节律配合原理，在生物种群安排上，尽量使各种群的机能节律错开，以便合理利用资源防止竞争消耗。

四、食物链原理

地球上绿色植物转化固定太阳能形成第一性产品，植物被草食动物所食，草食动物为肉食动物所食，它们的残体又可为小动物、真菌、细菌所吞食或分解。以这种吃与被吃形成的关系称为食物链关系。比如，树叶为昆虫所食，昆虫为蛙吃掉，鼬又以蛙为食，形成了一条捕食性食物链。

当然自然界生物间的关系往往要复杂得多，很多食物链交织在一起，形成复杂的食物链网络，这种结构组成了生态系统物质能量的传递、富集与分解。在生态系统中，这种网络结构越复杂，生物间互相制约的机制越强，系统越稳定。农牧生态系统重要的问题就在于其结构简

单，它的稳定需要人类以很大的物质和能量投入来调控。在生态循环养殖中，一方面要建造合理的食物链结构，以保证所建造人工生态系统稳定和高效；另一方面可用人工食物链环节取代自然食物链环节，以提高人工生态系统的效益。如：

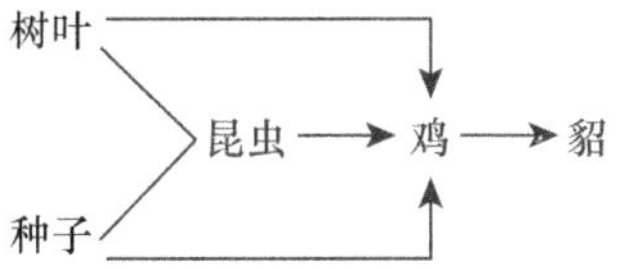

这条取代的食物链就较上述的捕食性食物链在经济上有一个很大的提高。另外，一些价值不高和不能直接为人类所利用的农牧副产品或畜禽粪便，假如人工增加一些以此为食的食物链种群，将其转变为人类利用价值较高的产品，从而提高人工生态系统的经济效益和社会效益。草食动物、食用菌、蚯蚓等种群常被加在这种人工加环的食物链中。

五、物种多样性原理

生态系统中的顶极群落，是最稳定而高效的。其主要原因是组成生物种类繁多而均衡，食物链纵横交织，其中一种偶然增加或减少，其他种群就可以及时抑制或代偿，从而保证系统具有很强的自组织能力。以单纯追求某一种产品产量为目标，以高度受控的工业系统经营方式建造的人工生态系统，生物种群单一，受自然因素影响强烈，这种系统完全失去或大部分失去自我调控能力，在很大程度上依赖于人工投入能量物质来维持其稳定机制，这势必造成能耗加大，成本提高，环境质量恶化。因此，生态循环养殖应当根据物种多样性原理，尽量建造成稳定性较强的复合群体。如浙江、江苏的高效益生态养猪就是以饲料、能源的多层次利用为纽带，以养猪为中心的多物种有机结合的不同循环类型的生态系统。

六、种群置换原理

自然生态系统的生物种群几乎都是自然选择的野生自然种群，而人工生态系统的主要种群则是长期人工选择下形成的人工种群。前者是为了自身的繁衍，后者则是有利于给人类提供所需产品。生态循环养殖则应最大限度地利用经济、生态效益均比较高的生物种群并通过人工调控其结构的方法减少耗损，这样形成的复合群体效益比自然群落更高些。例如，在一些人工生态系统中，以豆科作物、高产牧草代替野生草本植物；以人工栽培的食用菌取代自然界的真菌类；以人工培育禽类品种置换野生鸟类等都取得了较高的生态效益和经济效益。

七、景观生态学原理

景观生态学是一门近年来发展起来的生态学分支科学，它以整个景观为研究对象，研究的基本核心是景观要素间的相互关系，重点在于解决空间异质性的维持和发展、各异质组分之间在时间和空间上相互作用及能量物质转换循环机制。在生态循环养殖总体设计时，要根据景观生态学原理，按地貌、土壤、植物、动物、水文等要素，将合理的直辖市建成异质的“团块”、“廊道”状分布，使各组分间合理配比。在考虑生产上的合理与高效的同时，充分体现景观的多样性，发挥各组分之间的相互防护、相互隔离、边界效应等“相生”作用。例如，在低山丘陵区设计生态循环养殖，动物饲养区、饲料加工、植物生产区、污物处理等都要按照景观生态设计要求，根据丘陵区地形特征、水系走向、交通线路、居民区特点，进行不同的等高分布和交叉结构设计，使既便于生态循环养殖生产活动，又形成自然环境和社会协调的景观。生态循环养殖建设景观生态设计的主要类型有：综合利用类型、多层利用类型、补缺利用类型、循环利用类型和自净利用类型等。

八、“三元协同”法则

生物控制、环境控制和结构控制是人工生态系统功能提高的三要素，简称“三元”，它们之间存在着互相促进、互为条件的密切协调关系。生物控制指通过对生物种群遗传特性的改变和饲养、栽培技术的改良，增加生物种群对环境资源的转化效率，加速能量流和物质流的“流量”和“流速”，增加生物种群的生产力；环境控制指的是为了增加生物种群产出而进行的一系列建造良好生态环境的所有措施，目的在于将不利环境条件变为有利，或者削弱不良环境因子对生物种群的危害程度；生态系统的结构控制主要指改变不合理的种群结构为最佳结构，用不同种群合理匹配，建成新的复合群体，以多层次合理利用资源，增加系统生产力。“三元”之间任何一“元”发生变更，其他“元”也必然随之变更(图 1-3)。人工生态系统调制的重要任务之一，就是要及时合理地进行“三元”协调，使其结合功能最高。根据“三元”协同法则，在设计生态循环养殖时，就可以使其能流在一定程度上按人类所希望的方向流动。例如畜禽品种的培育(生物控制)，使饲料报酬较野生动物(野牛、野猪、原鸡)已有了巨大的提高，肉牛料肉比达到 5∶1，猪为 3∶1，肉用仔鸡为(2～2.5)∶1。这些生物控制的成功，还必须用相应环境控制和结构控制作保证，才能发挥出生产力潜力。

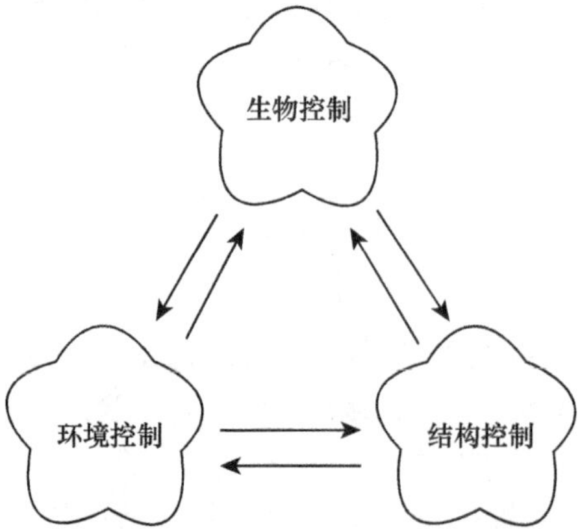

图 1-3 “三元”协同法则

九、生活要素组合理论

农业生产的实质是一个生物学过程，是在一定社会、经济、技术条件调节与控制下的生物学过程。农业的生产潜力决定了农业生产生物的潜力，而生物潜力的挖掘与否及挖掘程度，又取决于社会经济及技术条件。农业生物在其生长发育过程中，总是在其生长环境中有顺序、按比例地吸收各种生活要素并最终形成一定的生物产量。这就是农业发展的生活要素规律。生物吸收的要素的数量与结构不会随社会形态、市场价格、土地所有制形式的变化而变化。农业生物运动与发展的这一客观规律称之为生活要素组合理论。该理论的基本内涵包括:①每一个地方都有其最适宜的生物种类、数量与结构;②每一种生物都有顺序、按比例吸收或利用各种生活要素;③数量相对较多的生活要素会造成浪费,数量相对过少的生活要素则构成生物生长发育的限制因子;④生活要素之间具有交互、补偿作用;⑤自然界的生活要素的组合结构与水平,决定了农业生产潜力;⑥农业系统中人工投入的生活要素不足,进而转变和消除限制因子;⑦生活要素同生产要素的最佳匹配,才能高效益地实现农业生产力;⑧农业生物的生活要素主要有:光照、热量、水气、空气、土地及各种营养物质、媒介生物等。农业生产的生产要素包括生产力的三要素(劳动力、劳动对象和劳动资料)、科学技术、管理及调控能力等。各种生活要素的潜力经当量转换后,绘成一个木桶图形,即生活要素组合理论模型(图 1-4)。从该模型图中,可以直观地看出木桶中最短的一条为限制要素,根据该种要素投入后的利用率,可以计算出该种要素的理论投入量。

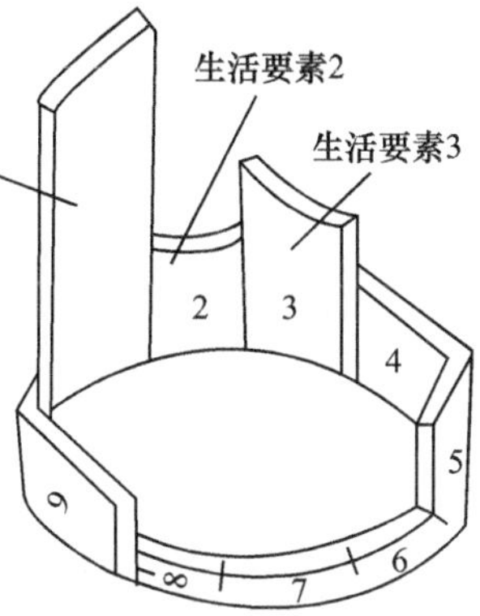

图 1-4 生活要素组合理论模型

在生态循环养殖设计时,应用生活要素组合理论,搞清不同地区、不同畜禽及作物的生活要素的数量结构需求及时间分配,确定限制因素(相对数量较少的生活要素),以选择合适的生物结构,进行要素组合模型与生物类型及结构的最佳匹配,提高资源的产出率和人工投入的产投比,形成稳定、高效的区域化、专业化的商品生产。

十、"大农业"观点

已故著名生态学家侯学煜教授提出的"大农业"观点,是我国生态农业建设的重要指导思想之一。这是因为我国是一个多山的国家,山区、丘陵面积约占国土总面积的 70%,106 亿亩农业用地中,耕地和可耕地仅为 20 亿亩,其余 86.6 亿亩(包括水面 4 亿亩)只能造林、种草和发展养殖。这种土地结构特征,决定了我国农业发展仅仅盯住种植业是没有出路的。"大农业"观点强调着眼于 960 万 km^2 国土,种植业、林业、种草业、畜牧业、渔业综合发展。这种构思是生态循环养殖设计与建设中很重要的一条原则,即把眼光放在设计区全部资源的统筹安排上,在生物种群选择上使用农作物、饲料作物、林果、牧草、畜禽、水产品充分配合协调,多层次地合理利用各种资源。

第三节　生态循环养殖设计方法

生态循环养殖设计过程大致包括:环境工程设计、生物种群选择与匹配、生态工程结构设计、总体工程修正优化4部分。

一、环境工程设计

环境是生物生长发育的外界因素,外界环境因素是异常复杂的。生物的环境一般可分为物理、化学、生物学和群体(或称社会)4个方面。环境因素,不论是自然因素或人为因素,可以各种各样的方式,由不同的途径,单独地或综合地对生物机体发生作用和影响,并且通过生物机体的内在规律引起各种各样反应。生态循环养殖的主体是动物,环境是动物的生存条件,动物与外界环境经常进行着物质交换和能量交换;动物依赖外界环境而生长、繁殖和生产各种产品;动物接受外界环境的刺激,增强体质和提高生产力。但另一方面,外界环境也存在对动物机体有害的各种因素和刺激,若那些有害的因素超过动物机体所能忍受的限度,则动物生理机能失调,轻则影响健康和生产力,重则引起疾病甚至死亡。环境工程设计与建设的目的就是充分利用那些有利因素,消除和防止那些有害因素,以保证生物正常生长发育和提高生产性能。

以动物为中心的环境工程是生态循环养殖的重要组成部分,环境工程设计与整个生态循环工程是有机联系的。环境工程包括内容很多,以生态牧场设计为例,大致包括:场址选择与分区设计、家畜环境控制与畜舍类型设计、畜牧生产废弃物处理与利用设计,改善自然环境的水土工程设计等。

(一)场址选择与分区设计

选择生态养殖场的场址时,应根据养殖场综合经营的种类、方式、规模、生产特点、饲养管理方式以及生产集约化程度等基本特点,对地势、地形、土质、水源以及居民点的配置、交通、电力、物资供应等条件进行全面的考察。良好的生态养殖场环境条件是:保证场区具有较好的小气候条件,有利于畜舍内空气环境的控制;便于严格执行各项卫生防疫制度和措施;便于合理组织生产,提高设备利用率和工作人员劳动生产率;分区合理,各综合经营项目协调发展。

在所选定的场地上进行分区规划和确定各区生产、建筑物的合理布局,是建立良好牧场环境和组织高效率生产的基础工作和可靠保证。一个牧场通常分3个功能区,即生产区、管理区和病畜处置区,分区规划的原则大致是:

(1)在满足生产的前提下,尽量节约用地,建筑物少占或不占可耕地。

(2)因地制宜,合理利用地形地势。例如,利用地形地势解决挡风防寒、通风防热、采光,有效地利用原有道路、供水、供电线路以及原有建筑物等,以创造最有利的牧场环境、卫生防疫条件和生产联系,以达到提高劳动生产率、减少投资、降低成本的目的。

(3)全面考虑畜禽粪尿和牧场污水的处理与循环利用,与种植业、沼气、蚯蚓养殖等有机结合。

(4)采用分阶段、分期、按单元建设的方式,规划时对各区应留有余地,尤其生产区规划最应注意,使既符合总体规划要求,又保证发展的需要。

牧场分区规划时，首先应从人畜健康角度出发，考虑地势和主风向，合理安排各区位置（图1-5），以建立最佳生产联系和卫生防疫条件。

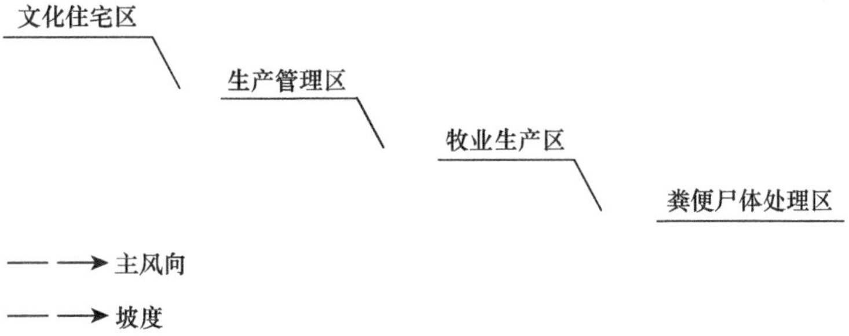

图 1-5　牧场各区依地势、风向配置示意图

(二)畜禽环境控制与畜舍类型设计

每一种生物对每种环境因子都有一个适应范围，这个范围的上限就是生态学的最大量，下限就是最小量，上限与下限之间的幅度就是耐受限度。在耐受限度内，有一个最适合于该种生物的区域，称为最适范围。就一个物种而言，当环境因素的强度处在最适范围内时，该种生物的数量最多；当环境因素超出最适范围而趋向上限或下限时，生物数量就减少；当超出上限或下限时，物种就灭绝。

家畜的生存环境中，常有一、二种因子居于特别重要的地位，对畜禽起着决定性的主导作用，称为主导因子。温度、光照往往是主导因子。家畜环境改善控制与畜舍类型设计，主要是针对当地主导因子而言的，它包括两层意思，即低限度的控制，旨在缓和主导因子下限对家畜的影响，以降低家畜环境应激而造成的生产力下降、产品质量降低、饲料的额外消耗和发病率、死亡率的提高；高限度控制，旨在为家畜创造适宜环境，以获取高的生产效率和低的发病率及死亡率。主要家畜的适宜温度范围和生产环境界限见表1-1。

表 1-1　家畜的适应温范围和生产环境界限　℃

家畜	适温范围	生产环境界限	
		低温	高温
奶牛(黑白花)	0～20	−13	27
奶牛(娟姗)	5～24	−5	29
哺乳犊牛	13～25	5	30～32
育成牛	4～20	−10	32
肥育牛(去势)	10～20	−10	30
肉牛	−6～25	—	—
羊	−3～23	−13	27
哺乳羔羊	27～30	—	—
育成猪	15～27	0	27～30
成年猪	0～20	−10～0	27

续表 1-1

家畜	适温范围	生产环境界限	
		低温	高温
哺乳仔猪	30～32	—	—
产蛋鸡(来航)	13～28	1	30～32
产蛋鸡(肉用种)	15～25	－5	30
肉用仔鸡(4 周龄)	16～25	13	30
初生雏鸡	30～35	—	—
火鸡	19～23	8	28

设计、建筑适宜的畜舍是改善和控制家畜环境的主要手段，但不是说有了畜舍就可以为家畜建立理想的环境，只有通过畜舍有效的环境控制，同时配合日常的精心环境管理，才能取得满意的效果。有关畜舍设计与环境控制需遵循的几条原则是：

(1)畜舍及改善家畜环境的工程技术措施，实质在于协调家畜和其周围环境之间的热交换和热平衡。各地在选择畜舍形式与结构、确定环境控制程度及采取相应措施时，应根据不同的气候特征，因地制宜，不能生搬硬套。

(2)注意节能、节粮、充分利用有利的自然条件和家畜自身对环境的适应能力来改善家畜的环境。我国能源紧缺，用作饲料的粮食也极其有限，这就决定了我国不能走完全依赖电能与燃料控制环境的道路，也不能走粮食过剩国以额外的饲料消耗来换取节省基建投资和代替电能与燃料的途径。利用自然条件和动物某些行为习性及自身对环境的适应能力，来改善家畜的环境，是符合我国国情和国力的。如根据猪遇冷找窝、相互依偎取暖的行为习性，在不保温的简易舍内设置临时局部封闭的保温防风窝，在这里靠猪自身热形成适宜的温热环境，有利于猪生长发育。猪在窝内休息，而在窝外吃食、排泄。这种双重气候舍简单、节能、造价低，便于推广。

(3)任何改善和控制环境的工程措施和技术措施在经济上必须合算。即必须考虑增产收益能否补偿为改善环境而耗费的投资，不能只追求理论上的合理，而不计代价。如，封闭的环境控制舍，对于纯靠精饲料饲养的家畜及幼体效果很好。但由于造价高，需依靠能源控制环境，在低耗高效的生态养殖场中很少采用。

生态循环养殖的对象是动物。动物为维持个体的生存，需要呼吸、采食、饮水、排泄；为了种族的生存，必须繁衍后代。动物生产过程正是这两个过程的体现。因此，动物生产不仅有别于工业生产，也不同于农业生产的其他部门。它的特点是，在为其改善环境的同时，本身又产生许多污染环境的物质，这就增加了家畜环境的复杂性与改善和控制环境的艰巨性。这需要畜牧学家和畜牧生产者与农业工程专家密切合作，使畜舍建筑的设计、设备的研制顺应家畜的行为习性，使家畜适应环境。弄清环境的物理条件对家畜生理过程的影响。

(三)畜牧生产废弃物的处理和利用设计

畜牧生产产生的废弃物有粪便、污水、畜产品加工副产品等。处理的最基本原则是所有的废弃物不能随意弃置，不能弃之于土壤、河道而污染周围环境，酿成公害。应加以适当的处理，合理利用，化害为利，并尽可能在场内或就近处理解决。

动物粪便处理与利用是生态循环农业的主要内容。动物粪便通过土壤、水和大气的理化及生物作用，特别是微生物作用使各种有机物逐渐分解，变成植物可以吸收利用的状态，并通过动、植物的同化和异化作用，重新转化成为构成动、植物体的糖类、蛋白质和脂肪等，从而构成了粪便的自然界循环过程(图 1-6)。这种农牧结合、互相促进的处理办法，既处理了家畜粪便，又保护了环境，对维持农业生态系统平衡起着重要作用。

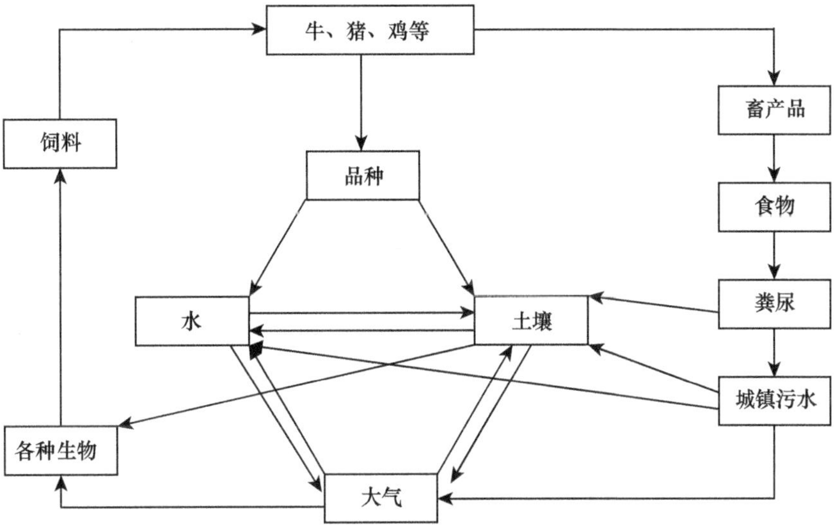

图 1-6 粪便在自然界的循环过程

畜禽废弃物的处理和利用设计主要包括：养殖场规划设计，用作肥料、燃料、饲料设计等。

1. 养殖场规划设计

规划养殖场时就要根据该地区畜牧场的数量和动物饲养的头数，计算出所产废弃物(主要粪尿量)的数量，合理规划养殖场的结构与布局。一个农牧结合的养殖场要处理好它与外界的关系，首先要使所产的粪便尽可能施用于本场土地，以减少外购化肥量；其次所收获的作物及牧草应解决本场所需的大部分饲料，以减少外购饲料。

2. 粪便的生物利用设计

饲料被家畜采食后，只能利用其中 49%～62%的能量，其余 49%～31%随粪尿排出。这些潜在的能量被微生物分解而释放，称为“生物能”。利用家畜粪便与其他有机废弃物混合，在一定条件下进行厌气发酵而产生沼气，可作为燃料或供照明。沼气发酵渣液中含有大量氨态氮，可作为肥料、饲料等，综合利用价值很高。目前较好的生态循环农业模式中，几乎都有沼气环节，沼渣作花肥、食用菌培养料。蚯蚓用作饲料效果甚佳。

3. 粪便用作饲料

家畜粪便中含氮化合物含量较高，其中粗蛋白量可由总氮量来估计。近年来，在蛋白质短缺情况下，对粪便进行加工，制作家畜蛋白质补充料的研究已开展的很多。据国内外一些试验，家畜粪尿经过处理，掺到饲料中再喂给家畜，已获得肯定的结果。同时指出鸡粪作为饲料的效果较猪粪、牛粪的效果好，这主要是由于牛、猪的消化能力强，而且它们的粪与尿分别排泄，非蛋白态氮从尿液排出体外，粪中蛋白质含量很低。应注意的是粪便中往往带有抗菌药物、病原微生物等，采用鲜粪作饲料时，粪便处理不当易造成传染病。关于粪便加工处理方法详见第二部分。

二、生物种群选择与匹配

农牧生态系统是以人工建造的生物群落为主的生态系统。就生态循环养殖而言，它的效益高低主要是由生物种群的组合决定的，种群的选择与合理匹配直接决定着结构合理与否。

(一)种群选择

种群的选择一般根据当地自然环境和社会环境两个方面来确定。

1. 依据自然环境选择适宜种群

自然环境包括气候、土壤、植物、水文、地形地貌等，这些因素在各个生态区域内从宏观上看是比较稳定或变化不大的，它直接左右着种群的分布。如牦牛只分布在以青藏高原为中心的高山地区，这种适应于高山草原生态环境的特征是长期适应生存的结果。所以，在种群选择时应以适合当地自然环境条件的传统种群为主，同时也要考虑把一些经过多次试验，生产性能和适应性表现良好的种群选出。

总的原则是充分合理利用当地资源。一是考虑种植业、林业、牧草、畜牧业、渔业等综合协调发展；二是考虑各种群间在时间和空间上相互作用及能量物质转化循环效率。这样，既高效充分地利用了自然资源，又确保有较高环境质量。南方基塘生态工程所呈现的田塘交错、塘鱼基桑、鱼蚕两旺的和谐高效田园景观，就是成功一例。这是劳动人民多年人工选择的结晶，今天仍具有重要的借鉴价值。

2. 依据社会环境修正适宜种群

以自然环境选择的适宜种群，还应适应社会因素的影响。社会因素环境主要包括政策法令、生活水平、市场变化等，它们对种群的影响往往有突然性和不稳定性。这种大起大落有时对种群结构的破坏是严重的。

社会因素对生物种群的影响，往往表现出 3 种种群变化曲线：

(1)上升曲线。当某一种动物及其产品市场价格上涨，刺激该种动物发展迅速时，种群呈急速上升曲线(如图 1-7 曲线 A)。当然也有些生物种群本身的发展数量是随着社会经济发展和生活水平提高而提高的，如瘦肉型猪、鱼类的逐年增加是与人民生活水平的提高有关的，这属于正常的种群增加，种群呈缓慢上升曲线(图 1-7 曲线 A)。

(2)下降曲线。上述的由于市场价格刺激出现的“上浮”曲线是极不稳定的，到一定时间后，市场价格突然下跌，种群发展随即呈下降曲线(图 1-7 曲线 B)，这种“下坡”曲线变化很快。当然也有由于生活水平提高，生活方式转变使种群正常下降的(图 1-7 曲线 B)。这种下降是缓慢的，如脂肪型猪的数量随着社会发展、消费水平的变化呈逐渐下降趋势。

(3)波浪曲线。从动物养殖业总的发展情况来看，由于动物生产属于第二性生产，它的发展往往随着植物性生产歉丰的变化而变化。如饲料作物与粮食丰收，成本降低，养殖业呈上升状；粮食歉收，饲料供应不足，成本提高，养殖业则转为下降状态，这属于自然波动(图 1-7 曲线 C)。而有时由于市场的导向、政策的失误造成的大波浪曲线则属人为造成的。如前几年养兔业的大起大落就是一例，给养殖户造成很大经济损失。

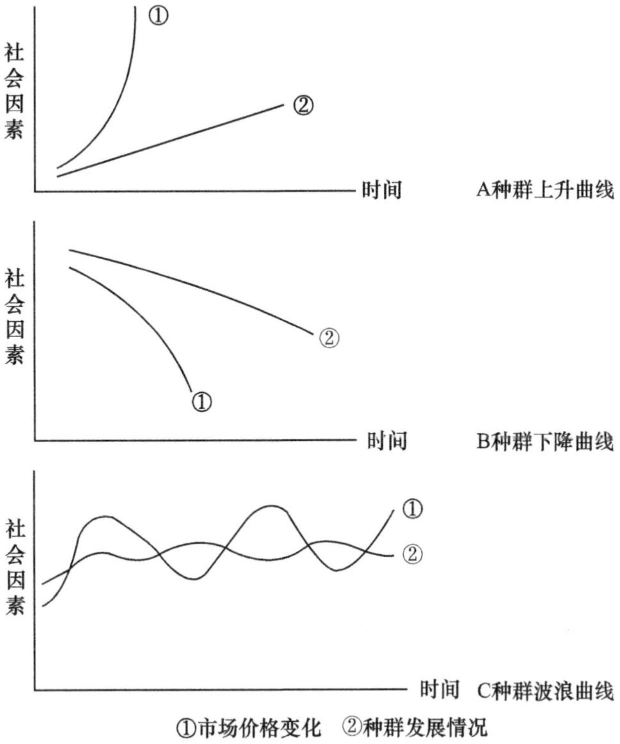

图 1-7　种群变化曲线

根据社会、经济和自然环境等诸因素要求，可以筛选出许多适宜种群。对这些适宜种群需进行综合评审，评审指标不宜过多，通常从产量、能量、价格、产投比、再利用率等几个方面综合评判即可。通过综合评审优选出的种群，再根据景观特点及其对环境的要求，合理匹配，才能形成合理布局的优化种群结构。种群选择与优化流程如图 1-8 所示。

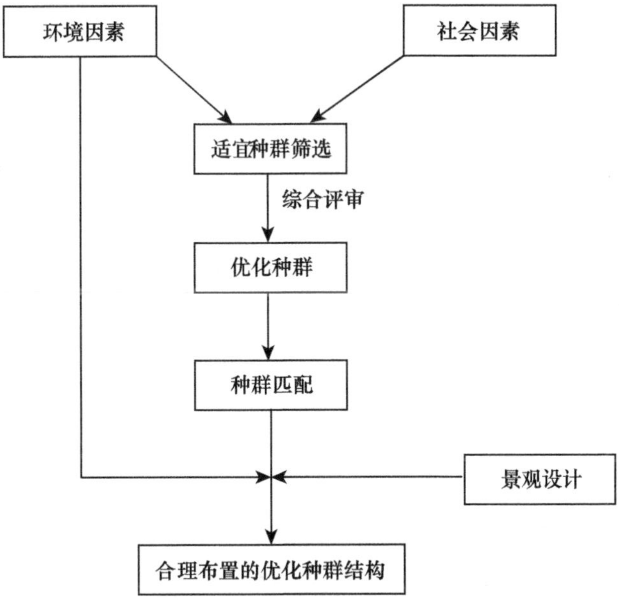

图 1-8　种群选择与优化流程

(二)种群匹配

按生态学原理,人工生态系统种群过分简单,是这类生态系统稳定性差的主要原因。人工生态系统中复合种群的应用已为很多人所接受并显示出良好效果。在种群选择好后,确定主种群和副种群,并合理匹配组合成高效的复合种群是生态循环养殖设计的主要内容。在主种群确定之后,根据种群间共生、互生、互补等相互关系,选择匹配副种群时,主要从下列几方面考虑:

(1)主、副种群间食性要有分化。动物间多层次组合和水生生物垂直分布是动物生态循环养殖的主要形式。主养动物和副养动物食性要有一定差异和互补性,如青、草、鲢、鳙、鲤混养在水体中,就是一个高效的匹配结构。青鱼肉食性,以底栖的螺蛳、河蚌等为食物,草鱼草食性,以草为食,其粪便使水中浮游生物大量繁殖,鲢鱼以浮游植物为食,鳙鱼以浮游动物为食,以上这些鱼的粪便及食物残屑又成了鲤鱼的好饲料。这种高效的种群间食物链互作结构,已在养鱼业中普遍应用。

(2)尽量扩大空间分布。根据生态位多层次性原理和生物与环境的相互作用原理,在一种或几种生物存在的情况下,会为另一种生物创造生存环境与条件并为之所占据和利用,成为它的适宜生态位。在副种群匹配时,应注意这些潜在生态位,扩大种群的空间分布。如聚合草和蚯蚓结合,叶片茂盛的聚合草下部的枯落叶,积于地表,加之微弱的光照、阴湿的环境为蚯蚓的生存提供了理想的环境,蚯蚓的活动又促进了聚合草的生长。

(3)主、副种群间没有或很少有共同性疫病,或一种动物对另一种动物的某些病虫害有抑制和防除作用。

(4)主、副种群生物各自形成小环境应对对方无害或有利,两个种群的分泌物、排泄物最好应互相有促进作用,至少互无影响。

(5)多种群匹配时,收获期应早、中、晚配合。按市场需要,产品多样化与全年均衡供应。

由于目前对人工群落中种间关系机理尚不清楚,只能采用实验的方法或借鉴自然系统某些规律。随着科学的发展,人们一定能设计出高效、精确、定量化的生态循环养殖模式。

三、生态工程结构设计

农牧生态工程结构建设主要是指人工有效控制和建造的生物种群结构。种群结构是复合群体系统功能的基础,通常指的是生物种群在系统内从空间到时间上的分布和食物链上的组成。生态工程设计的目的就是以最佳的种群结构对环境资源最大限度地适应与利用。通过有效的控制措施,在同样物质、能量输入的情况下,增加产出。生态工程结构设计内容包括空间结构设计、时间结构设计和食物链结设计等。

(一)空间结构设计

空间结构包括平面结构和垂直结构。

1.平面结构设计

目前对平面结构研究的较多,各地搞的产业结构调整大多属于这种类型。平面结构指的是在一定生态区域内,各种群或生态类型所占比例与分布特征,这是系统结构的基础,它本身又是由许多亚系统部分组成的。生态循环养殖平面结构系统、亚系统等不同层次的划分如图1-9所示。植物生产、动物生产及二者生态接口生产是结构的第一层次。在第一层次确定后，再进行下一个层次，这样层层相扣，定位定量，便于结构的调控。

- 生态循环养殖
  - 植物生产亚系统
    - 农作物
      - 粮食作物
      - 饲料作物
    - 人工林
      - 用材林（包括饲用灌木）
      - 经济林
    - 人工草场
  - 动物生产亚系统
    - 陆地动物养殖
      - 家畜
      - 家禽
      - 特种动物
    - 水生生物养殖
      - 鱼类
      - 水生经济动物
  - 植物—动物生态接口亚系统
    - 加工业及副产品
    - 腐食生物
      - 蚯蚓、蝇
      - 真菌类
    - 沼气

图 1-9　生态循环养殖平面结构系统

动物养殖是利用动物对能量集中的特殊作用，把植物生产中的低能量产品变成高能量产品，低价值产品变成高价值产品的过程。生态循环养殖是以动物养殖为核心，是土地—植物—动物三位一体的生物循环系统（图1-10）。主要应用生态学原理发展畜牧业，因地制宜开发利用和管理自然资源，提高太阳能的利用率、生物能的利用率及废物的再循环率。把植物、动物、微生物与土壤有机结合起来，通过合理利用生物之间的生态关系，使资源在用、养、保方面相结合，使农、林、草、牧、渔、副、工各业得到全面发展和综合经营，以满足人民群众对多种农、林、牧、渔产品的需要。

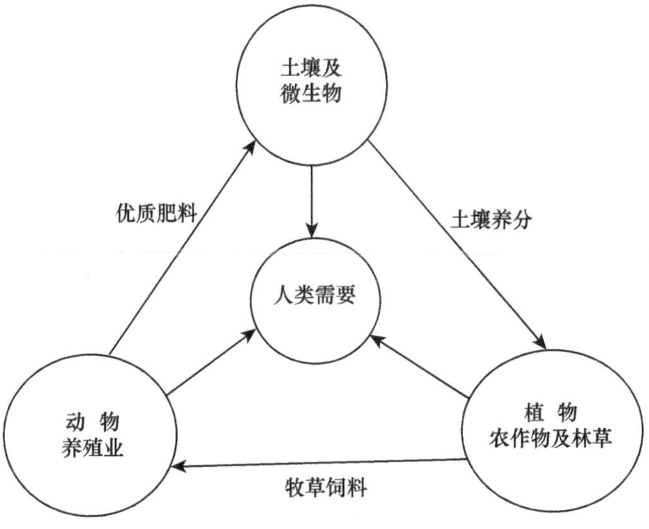

图 1-10　生态循环养殖三位一体循环系统

平面结构设计的要点是改变传统农业生态系统结构控制范围，如珠江三角洲的桑基（蔗基）渔塘，江苏的粮-猪-渔模式等，都是以结构控制作为中枢的，使有限的耕地（水面）获得更多的产出。通过结构控制，扩大资源的合理利用，这对于一个人均耕地不足 1.4 亩的大国来说，有着重要的现实意义。

最佳平面结构要求种群不但适应自然资源特点，也要满足国家计划和人民生活需要等社会要求，同时还要能促进本系统的良性循环。

2. 垂直结构设计

生态循环养殖的垂直结构设计，是一种不同种群组合、匹配并进一步组成高效能复合种群的过程。可分为植物与动物，动物与动物，植物与真菌、动物等多种配合方式。动物间的多层次组合和水体水生生物垂直分布是生态循环养殖垂直结构设计的主要内容。垂直结构设计一般遵循下列几个原则：①模拟、借鉴自然生态系统。自然生态系统中大多数的群落，从垂直分布来看是十分复杂的。在陆地的不同高度和水体的不同深度都有不同的种群占据着各自适宜的小生境，形成一个分层明显的复合群体。正是由于自然生态系统中按不同的小生境梯度形成了一个个最大限度的层层利用自然资源的合理格局，才保证了其系统的稳定和平衡。在生态工程空间结构设计中，应借鉴自然生态系统中的垂直结构模式，把不同种群合理组成复合群体，使复合群体对资源利用最充分，对不良外界环境条件抗逆性最强，经济产品的综合产量最高。②加厚利用层，最大限度地利用自然资源。这里所说的利用层主要是指生物活动的空间。加厚利用层就是在单位平面上适当的加厚垂直利用面的厚度，使生物有足够的资源转化空间，在不同的垂直梯度中合理安排不同种类，使外界投入的能量和物质，经过多次的吸收转化，最大限度地减少无效耗损，尽可能多的转化成经济产品。如猪-鸭-鱼生态循环养殖，池塘坝堤上建舍养猪，猪粪肥水，水面养鸭，水中养鱼，由于利用层延伸，经济效益成倍增加。③种间互补。即两种或两种以上生物共同生活在一起，在功能上有互相补充、互相促进作用。种间互补作用包括种间营养互补，光热等生态因子互补，食物链互补，抗性互补，分泌物、排泄物互补等。种间互补是选择复合群体组分的重要标准，否则，不但不能达到多层次利用资源的目的，还会导致系统效益降低和系统瓦解。这方面我国已有一些成功的经验，如稻鱼共生结构，就是利用稻田多水特点，在水田中放养鱼类，利用鱼类吃杂草，鱼粪肥水，促进水稻生长。这种巧妙的动植物复合结构做到了互利互惠，增加了系统“产出”，减少“输入”，是一种合理的互作种群结构。

3. 植物生产和动物生产的关系

植物生产为第一性生产，绿色植物的产品为一级产品，这种产品有些作为商品直接输出，另一些则要经过 1～2 次或更多次动物生产转化，才能形成高价值产品。动物生产为二级或三级生产，也就是说某些一级产品是第二性生产的资源，二级产品属第三性生产的资源。可见，二、三级生产的结构是由第一级产品所决定的。因此，农牧生态系统的植物生产结构调控是至关重要的，某一生态区域植物生产往往决定着动物生物种群的组成与数量。但生态循环养殖强调的是二、三级产品，而不是单纯的第一性生产，所以动物生产结构调控信息反馈给植物生产种群，并加以修正，使之符合动物生产结构的要求。它们之间关系如图 1-11 所示。例如，当前农作物以谷类作物为主，豆类的油料作用偏少，蛋白质饲料的不足已阻碍着畜牧业的发展。那么，植物生产就应根据这一反馈信息加以调整，压缩谷类作物，增加一些豆类和油料作物。

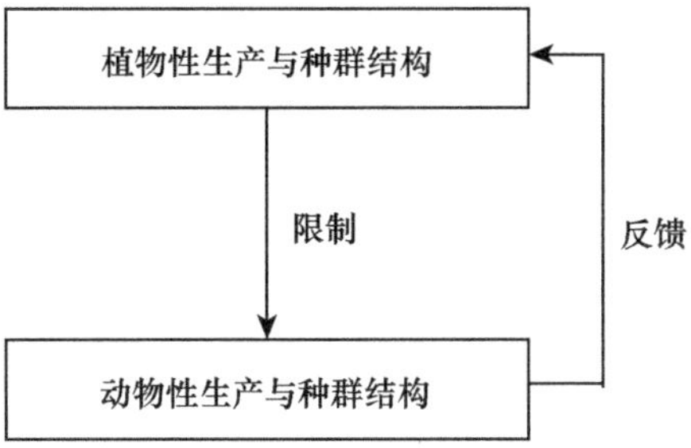

图 1-11 植物生产与动物生产关系

以牧为主的农牧生态系统中，动物生产对植物生产种群的要求是一级产品向二级、三级产品转化的效率要高。即一级产品作为商品直接输出后，其剩余物的数量和潜在能量要多，这样转化成二级产品（肉、蛋、奶）时，转化效率就高。目前，暂以再利用系数这一指标来衡量某种农作物转化效率的高低。

$$再利用系数=\frac{某种农作物种群副产品或加工副产品的能量(Mcal/亩)}{标准作物(如小麦)种群加工副产品(麸皮)的能量(Mcal/亩)}$$

几种农作物再利用系数见表 1-2（1 Mcal＝4.184 MJ）。

表 1-2 几种农作物种群再利用系数

种群名称	加工剩余物单位副产品总能/(Mcal/亩)	加工副产品再利用系数	备注
小麦	180.01	1	麸皮
花生	513.36	2.84	油饼
玉米	294.23	1.63	
谷子	253.00	1.40	
油菜	509.38	2.81	
甘薯	505.15	2.79	粉渣 100 kg/亩
芝麻	359.14	1.98	

(二)时间结构设计

上述的空间结构设计是在系统结构的平面或立面上提高资源利用率。时间结构设计是通过协调生物种群生长规律与自然资源和社会资源的时间节律，提高整个系统对资源的利用效率。一个自然生态系统，它的生物种群机能节律与环境节律的配合是十分合理与稳定的，即生物种群能以自身机能节律的变化，及时有效地利用环境资源，完成其生命周期，这是经过长期自然选择的结果。生态循环养殖是人工控制、调控建造而成的，由于人们对自然规律尤其是生物群体控制水平掌握得不够，目前未能像自然生态系统那样，使不同种群的时间搭配十分合理。如随着冬季来临，两栖类（蛙）和爬行（鳖）动物温度降低，生长发育逐渐停止，并进入休眠状态。人工生态系统则完全可以利用人工调控资源，如通过环境工程，将温度调整到生物适宜生长发育温度，延长资源转化时间，从而提高生物量。生态循环养殖时间设计就是根据各种资源的时间节律和各种人为手段技术，合理安排种群，使之能有效地利用各种资源，最大限度地把自然资源转化成农畜产品，提高农牧生态系统的经济效益。

时间结构类型，在生态循环养殖系统中大致有两种：

1. 种群搭配型

农业种群与自然种群的最大区别之一，就是对自然资源的利用不尽合理。不同的生物生长发育周期有长有短，同一生物不同生长发育阶段对生活空间及营养需要都有不同要求。若要满足其个体最适宜的生存空间，整个生育周期都按个体最大需要来确定种群大小，就容易造成资源浪费。一般农业生物种群幼龄期需要空间和资源相对较少，常规单一经营浪费很大。实践证明可以根据不同种群的不同期间资源利用情况，或一些种群幼龄和成年的不同要求，确定其时间和数量变化序列，按种群机能节律，选择两个以上在时间上互补的种群，构成相互搭配的合理种群。例如，养鱼生产中的混养和轮养，就较全面而又合理地利用水体饵料资源。发挥养殖鱼类间的互利作用，多鱼种或多规格套养，在一个生长季节中多次捕捞多次补放，全面利用水体空间。

2. 生物控制型

根据雪佛德的耐度定律，一个生物种群能够出现和生存下来，必然要依赖一种复杂的情况全盘的存在。若使一种生物种群消减，则只需对其中任何一项因子性质加以改变或数量予以增减，使其达到该种生物耐力的界限之外即可。农业生物种群常出现的几个限制因素就是温度、光照等。若能采取一些人工设施改变这一、两个限制因子，就可以使生物生长发育延长。近几年我国北方采用的暖棚养鸡、养猪，就是利用塑料大棚吸热保温，使温度这一限制因子控制在生物较快生长发育的温度内，通过生物控制，延长和提高资源的转化。再如，早春利用温室或温泉水室内育鱼苗，当室外水温达到要求时立即放养，延长了鱼的生长期，增加了产量。这些都属于生物控制型的范围。

总之，根据农业生物种群季节性和周期性的特点，在时间结构配置时，应注意以下几条原则：

(1)长生长周期种群与短生长周期种群搭配，以提高前期的经济效益。

(2)生产种群在四季中的合理搭配，使农牧产品按社会需求，避开上市高峰，四季均衡供应。

(3)有时间性动、植物生产与无时间性动、植物生产合理搭配。

(4)分析该区主要限制因子，自然环境与生物控制相结合，调节生物的季节与周期。

(三)食物链结构设计

生态系统中绿色植物被草食动物所食，草食动物为肉食动物所食，小食肉动物又为凶猛的大型食肉动物所食。这种以吃与被吃关系连成一个链条状的整体，就是食物链。食物链上每一个环节称为营养级。在自然生态系统中，生物量在逐营养级转化过程中存在着“十分之一规律”。即系统的食物链越简单，它的净生产量就越高。但在人工生态系统中，尤其农业生态系统的建造是为了给人类提供更多的所需品。即人类不仅需要粮食、水果、木材等绿色植物生产的一级产品，也需要肉、蛋、奶等以一级产品为资源生产的二级产品或三级产品。系统分析一下一个食物链单纯的农田生态系统，可以看出，净生产量提高与经济效益增加并不显著(图 1-12)。绿色农作物净生产量增加 100%，其中提供人类直接需要的部分，只占总量的 20%～30%，其余 70%～80%直接或间接又回到了自然界。由此看来，这个系统所供人类直接需要的部分并不多，经济效益也不太高，但这 80%左右不能供给人类直接需要的一级产品，大部分是二级产品、三级产品的资源。根据食物链原理，在加入新的营养级后，这些副产品经新加环节的转化，就可以增加系统的经济产品产出，这就是食物链加环。食物链的“加环”和“解链”是生态学原理在农业上应用的一个重大突破。根据云正明等研究，农业生态系统的食物链结构可分为 3 种类型(云正明，刘金铜，1998)。

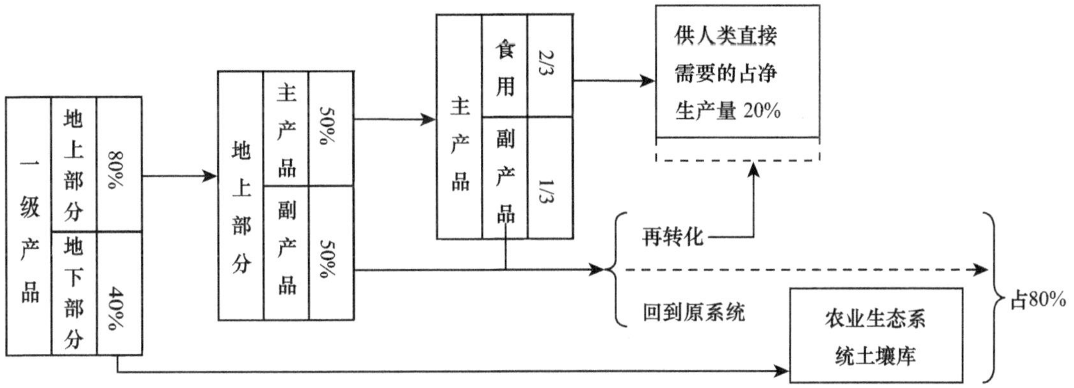

图 1-12 农田生态系统净生产量分配

1. 加环食物链

根据农牧业生产的特点，在原有食物链的一定部位，加上一个或数个营养级，形成格局更复杂的食物链(图 1-13)。原食物链加环后使得农牧生态的生产品增加了几倍，实现了系统净生产量的层层利用。食物链加环，根据不同性质，又可以分生产环、增益环、减耗环、复合环等几种。

(1)生产环。加上新环节后，可使原来的非经济产品变成经济产品。这种生产环利用的资源是价值不高的物质，主要是上一级生产的副产品。如牛、羊等草食动物利用秸秆等副产品，转化成人类急需的肉、奶产品等。

(2)增益环。这种食物链加入新环后，转化生产的产品并不能(或暂时不能)成为经济产品，但却是其他食物链加环所必需的物质，增加“生产环”的产出和效益。如动物性蛋白是动物养殖业效益高低的主要限制因素，用粪便、垃圾养殖蚯蚓，作为动物性蛋白替代鱼粉作生产环的饲料，就可以使生产环效益大增。

(3)减耗环。新加入环节后，不能生产产品，但是它可以减少农牧生产中非正常耗损。相对增加系统生产力。例如，近几年利用瓢虫防治蚜虫，灰喜鹊防治松毛虫等生物防治方法，就是有效引入“减耗环”，使农业生产产量、质量均有很大提高，并减少滥用农药造成公害的例证。

(4)复合环。具有增加生产产品又能减少耗损的食物链环节。这种加入一个新环后，具有两种以上效益的复合环是生态循环养殖设计的重要内容。如稻田养鸭，鸭吃掉了危害稻田的害虫，同时鸭本身又为人类所需，鸭粪又肥了田，增加了 3 种有效的功能。

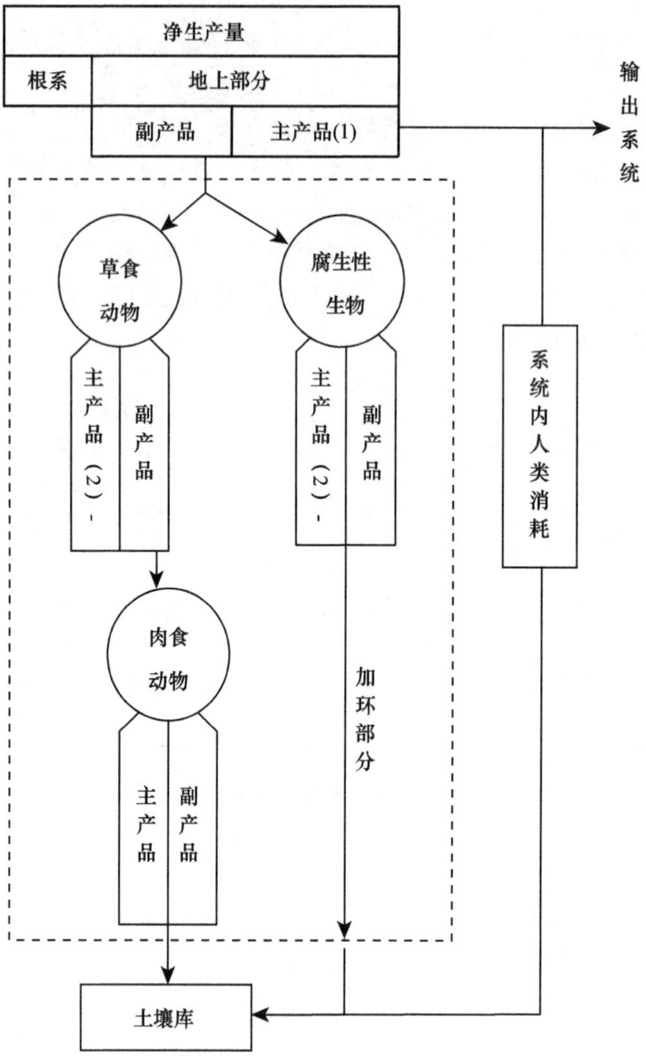

图 1-13　食物链加环示意图

2. 解链食物链

农牧产品大多为人类所食用,但随着科学的飞速发展,环境污染日趋严重,一些有害物质往往随着食物链的传递逐级富集并进入人体。通过解链食物链设计,可以防止和减少这种趋势。所谓解链食物链就是当有害物质沿食物链富集达到一定浓度前,改变传递方向,及时地使之与人类相联系的食物链环节中断。例如城乡垃圾是重要污染源之一,用蚯蚓处理有机垃圾是一条处理垃圾的有效途径,而且蚯蚓是动物养殖业中的良好动物蛋白源,但处理污染物垃圾的蚯蚓不可避免要富集大量有害物质,要充分利用蚯蚓,又不给人类带来严重危害的有效方法,就是设计一种解链食物链。具体方法是用蚯蚓作貂、银狐等毛皮兽的饲料,貂皮作为商品用于人类。这样既利用了各种资源,又防止危害人类身体健康(图 1-14)。

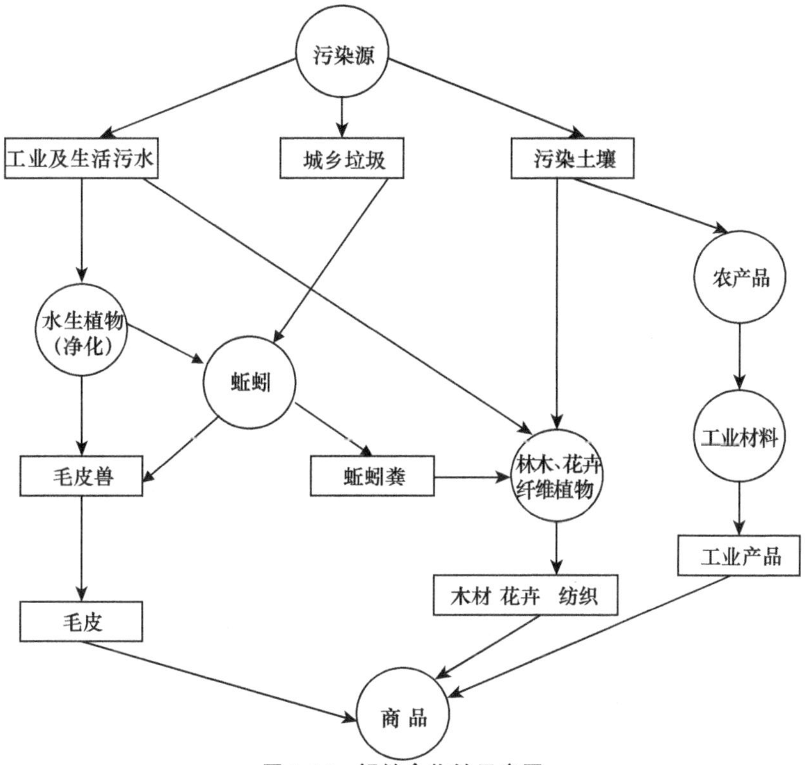

图 1-14　解链食物链示意图

3.产品加工链

农牧生态系统是一个"人-自然环境-生物"相互作用复合系统。人既是消费者，又是重要的生产者。农牧产品输出分有效输出和无效输出，前者指能直接为人类消耗部分，后者是不能为人类消耗部分，常规农牧业基本上以原产品输出为主，无效输出部分比例高。产品加工链就是在农牧生态系统输出产品之前，引入加工环节，使产品变成成品、精品输出（图 1-15）。这样

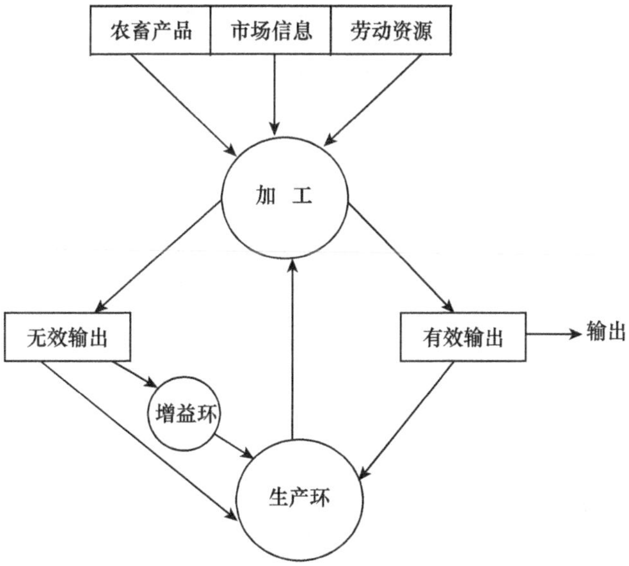

图 1-15　产品加工链示意图

经加工环节转化，增大系统有效部分输出，提高系统功能。其他无效输出部分直接返回土壤库，减少系统的物质能量输入，减少城乡污染，同时开发利用了广大农村的劳动力资源。

四、总体工程修正优化

生态循环养殖是一个农、牧、渔加工等各业有机结合的大系统。各层次、组分之间存在着互为因果的协调关系。要最大限度地发挥其总体功能，其系统总体结构必须合理。因为一个系统的整体功能不等于各组分单独功能的总和，全部组成最优化加起来往往不是整个系统的最优化。

生态循环养殖设计本身是一个选择优化工艺流程和合理生产结构的过程，可能设计有各种各样的方案，如何选择一个最佳结构呢？这需要运用系统分析的方法，对最佳结构设计进行计算。经过比较修正决策，确定优化方案。其步骤是：

(1)方案评价。在决策前，先根据要达到的目的，对各种结构方案进行评价比较。评价指标体系组成包括产量、能量、经济效益、产投比、环境与景观效益、发展前途与稳定程度等。

(2)综合决策。各项评价指标经专家系统评审加权之后，称之为综合决策指数。它是生态循环养殖最佳结构决策的基本指标。

(3)社会修正。我国目前仍以计划经济为主，在方案择优过程中，不能完全按综合决策指数进行。还应考虑到地区的流通、调剂、互通有无，以发挥各地区的优势。

(4)模拟运行。对设计方案进行计算机模拟运行，看它的流畅程度，后交给试区政府领导和技术人员进行可行性讨论或小面积的实施。发现问题及时反馈修正，最后确定可行的优化实施方案。

总体工程修正优化流程如图 1-16 所示。

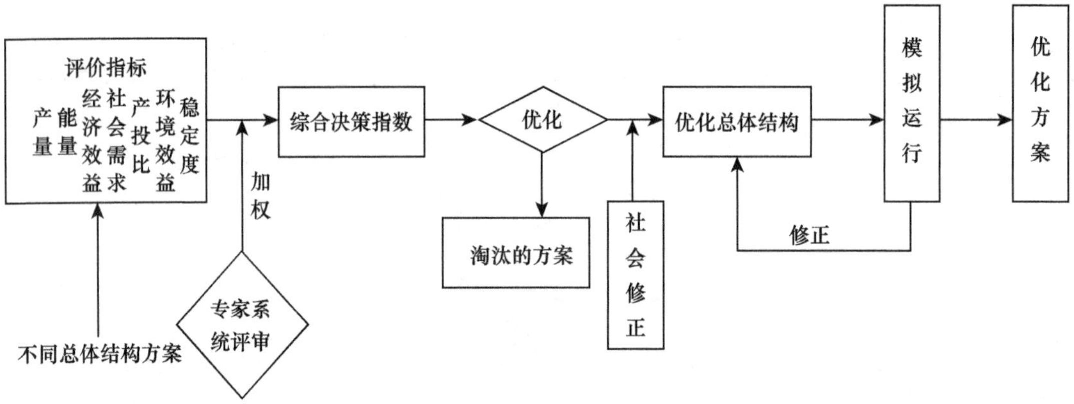

图 1-16 总体工程修正优化流程

第四节 区域生态循环农业模式与设计

一、我国区域生态循环农业发展

与世界平均水平相比，我国农业资源禀赋较差。目前我国人均淡水资源占用量、人均耕地、人均森林面积分别为世界平均水平的25%、40%和20%，农业资源对农业发展的约束作用日趋明显。与之相反，我国农业资源的总体利用效率不高。我们在为“用世界上7%的耕地养活22%的人口”而自豪的同时，往往忽视了“我们用了世界20%以上的农业劳动力、30%的化肥、25%的农药和25%的灌溉水”的事实，农业资源利用效率不高普遍存在。从这个角度来说，发展生态农业和循环农业，提高农业资源利用效率是缓解我国农业资源约束的根本出路之一。

随着我国农业和农村社会经济的发展，我国农业和农村环境问题日趋突出。我国普遍存在化肥施用量超标及利用率低的问题。以2003年数据为例，我国单位耕地面积化肥施用水平为357 kg/hm^2，是美国的4倍，大大超过了发达国家设置的225 kg/hm^2 的化肥使用上限。目前我国N肥当季利用率为30%，P肥和K肥分别为10%～20%和35%～50%，低于发达国家15～20个百分点。农药施用过量。2003年全国平均水平为117 kg/hm^2；品种失衡，杀虫剂、杀菌剂和除草剂的使用比例为2∶1∶1，而发达国家使用比例通常为2∶1∶1；利用率不高，我国农药利用率很低，约70%散落于环境中。此外，禽畜粪便的大量产生，2003年我国禽畜粪便年产生量超过20亿t，是当年工业废弃物的2.7倍，其中的COD排放量接近全国工业废水中的COD排放量，总N和总P的流失量超过化肥流失量，成为威胁我国农业和农村环境的最大污染源之一。

此外，我国农业和农村废弃物资源化利用程度不高。以农作物秸秆为例，我国农作物秸秆年产量常年维持在7.2亿t以上，居世界第一位，其中6.0亿t以上属于适宜饲用秸秆，事实上2003年我国秸秆的近50%被直接燃烧，用于饲料的秸秆不到总量的1/4，按照农业部的统计数据显示，仅此就可以节约粮食4 350万t。

因此，无论提高农业资源利用效率，还是减少农业废弃物和污染物的排放，实现农业废弃物的资源化利用，都要求我国必须改变传统的“两高一低”农业经济增长模式，大力发展循环农业，走可持续发展道路，解决目前我国农业和农村发展中出现的诸多问题。

对此，国家已经把节约资源作为基本国策，发展循环经济，保护生态环境，加快建设资源节约型、环境友好型社会，促进经济发展与人口、资源、环境相协调。

我国历来十分重视生态循环农业的发展。早在20世纪80年代中央就提出了“资源开发与节约并重，把节约放在首位”的方针，国家有关部门逐步把节水、节地、节能、节材等纳入国民经济和社会发展计划中去。事实上，我国循环农业的实践由来已久，历史上许多农业生产方式和经验都与循环农业的特征相似。尤其是20世纪80年代以来生态农业在我国的快速发展更是有力地推动了循环经济理论在农业中应用，形成了一大批的循环农业模式和技术体系，如南方的“猪-沼-果”、北方的“四位一体”、西北的“五配套”模式等，这都为循环农业的发展奠定了良好的实践基础，提供了丰富的理论及技术指导。近些年来，在借鉴国外发达国家循环农业发展经验的基础上，结合我国国情制定了有关的法律法规与配套的政策措施，不断推进循环农业发展的制度建设。具体包括：《关于加快推动循环农业发展的指导意见》和《我国循环农业发展规划》以及节地、节水、可再生能源利用、废弃物资源化利用和清洁生产等专项规划及其实施方案，研究建立我国循环农业信息网络系统和技术咨询服务体系、农业生态环境有偿使用制度和生态补偿机制、农业生态环境信息公示制度，根据我国农业生产的需要，随着《农业清洁生产促进条例》和《禽畜粪便污染防控条例》等一系列促进循环农业发展的法律法规的出台，逐步完善我国循环农业发展的政策体系，建立完善的生态循环农业技术支撑体系建设。生态循环农业技术支撑体系是以提高农业资源利用率为基础，以农业资源的节约利用、循环利用和无害化处理为手段，以农业生态系统可持续发展为目标，推进农业、农村生态环境保护工作。30年来，我国循环农业的实践，产生了一批循环农业新产品、新技术和新模式，重点开发了一批农业废弃物及相关产业废弃物的资源化技术、清洁生产技术和乡村废弃物物业化管理技术等，形成一整套适合我国农业资源与环境特点的循环农业技术和模式，形成包括节水技术、节地技术、农业环境工程技术、废弃物资源化利用、清洁生产技术、农业替代和循环利用技术等在内的循环农业发展技术支撑体系。通过循环农业试点村、试点乡、试点县、试点市建设和循环农业技术及其产业化示范工程建设，对循环农业技术和模式进行示范和推广，形成循环农业示范和推广应用体系。主要包括：乡村废弃物物业化管理技术示范和推广体系、禽畜粪便无害化处理技术示范和推广体系、农业清洁生产技术示范和推广体系、农区水体污染防治技术示范和推广体系、农业替代和循环利用技术示范和推广体系、生态农业技术示范和推广体系等。

作为一个13亿人口的大国，无疑，“农业是立国之本”，那么，发展中国特色的生态循环农业就是“兴农之道”。因为我们是一个发展中国家，自然资源的人均占有量远低于世界人均水平，经济基础薄弱，因此，中国不可能走西方发达国家高投入、高产出的“石油农业”的道路，只能从自己的实际出发，走一条适合中国国情的道路，即发展生态循环农业，中国必须走生态循环农业发展之路。

历年的中央一号文件均强调，推进农业现代化建设，强化社会主义新农村建设的产业支撑，必须加快发展生态循环农业。当前我国农业正处于传统农业向现代农业转型的重要时期，如何按照科学发展观，建设生态循环农业，加快实现农业现代化，是当前面临的一项新的历史任务。

生态循环经济是一种以资源的高效利用和循环利用为核心，以“减量化、再利用、资源化”为原则（3R原则），以资源的低消耗、污染物的低排放、资源利用的高效率为特征，符合可持续发展理念的增长模式，其实质和根本目的是要求在经济流程中“把生产排泄物减少到最低限度和把一切进入生产中去的原料和辅助材料的直接利用提升到最高限度”，寻求经济循环圈和生态循环圈的协调发展。循环农业是以科学发展观为指导，把循环经济理念应用于农业发展中，依靠科学技术、政策手段和市场机制，调控农业生产和消费活动，将传统“资源-产品-废弃物”的线性物质流动方式改造为“资源-产品-废弃物-再生资源”的循环流动方式，最大限度地提高资源利用效率，尽可能地降低污染排放和资源利用损耗，实现经济、生态和社会效益的统一。生态循环农业有3个主要特征：一是把农业经济活动纳入自然生态系统整体考虑，既强调资源分配效率，又强调资源利用效率和自然生态系统平衡；二是把农业资源环境的消耗严格限制在自然生态阈值内，根据环境的自净能力和资源的再生能力从源头上防治污染和浪费；三是通过废弃物资源化利用、要素耦合等方式，延伸农业产业链，推进相关产业组合形成产业网络，优化农业系统结构，按照“资源-农产品-农业废弃物-再生资源”的反馈流程组织农业生产，实现资源利用最大化和环境污染最小化。

从生态经济学的角度来看，发展生态循环农业就是运用物质能量循环和生态系统食物链两个原理，处理好4个关键环节。一是农业生产清洁化。包括清洁的投入、清洁的产出和清洁的生产过程。二是产业内部资源利用梯度化。合理安排产业内部的生产方式，优化生产空间结构，尽可能地减少水、肥、土、药等资源浪费，提高资源利用效率。三是产业间废弃物利用资源化。合理安排农业产业的时间和空间结构，在相关产业间建立废弃物资源化循环利用的互惠互利关系，降低生产成本，提高经济效益，改善生态环境。四是农产品消费理性化。引导消费者实事求是地选择自己的消费档次、产品种类和品牌，由过度消费向适度消费和绿色消费转变，避免铺张浪费等短期非理性行为，为农业生产经营者提供准确的需求信息，引导产品种类调整、组织管理方式和技术工艺进步的良性改进，促进提高农业资源配置效率，避免结构性、泡沫性资源浪费。

发展生态循环农业，要采取政府调控、市场引导、公众参与相结合的方式，鼓励节约资源，提高资源利用效率，保护和改善农业生态环境，形成以循环促发展、以发展带循环的良性格局。其要点包括4个方面：一是在资源高效利用方面，依靠科技创新和进步，有效降低农业生产对耕地、水资源、化肥、农药的消耗，从根本上缓解资源约束矛盾，增强我国农业综合生产能力和农产品的竞争力。二是在废弃物资源利用方面，着力抓好农作物秸秆、农村生活垃圾和污水、畜禽粪便的循环利用，建立循环可持续的资源化利用模式，切实推进资源节约型农业和新农村建设。三是在循环农业技术的普及推广和应用方面，大力推广节地、节水、节肥、节药、节种以及农机与渔船节能技术，发展农村沼气，推进生态养殖。四是在政策机制方面，针对重点产品、重点区域、重点技术，进行循环农业技术示范，开展生态补偿试点。以建立农业生态补偿、技术补贴机制为切入点，完善生态循环农业发展的政策支持体系，构建政府推动、市场驱动和公众行动相结合的长效机制。

我国几千年的农业生产发展史，很早就创造了"顺时宣气，蕃阜庶物"、"生之有道，用之有节"、"相继以生成，相资以利用"、"变臭为奇，化恶为美"等朴素的循环经济发展理念。新形势下，党中央在全面把握我国经济社会发展阶段性特征基础上，提出了绿色发展观，"绿水青山就是金山银山"为生态循环农业和区域发展指明了方向。

二、区域生态循环农业模式设计的概念与意义

(一)区域生态循环农业模式设计的概念

生态循环农业建设面对的是农村生态经济系统，因此，生态循环农业模式实质上就是指某一给定的区域或经营单位，是实现一个区域农业动态可持续发展的模型。它代表一定自然生态条件、人文经济基础的特定区域为实现农业可持续发展所提供的有效途径及可借鉴推广的样板，其本身又是一个具有系统性、可操作性，能调动广大农民参与的优化生产、高效经济和美化环境的可持续利用资源的具体方式。区域生态循环农业的主体模式是代表区域总体特点，依据农业可持续发展理论与资源充分、高效、合理、可持续利用原则所建立的适于当地自然条件、经济状况和技术水平的生态循环农业建设，从而逐步形成良性循环的宏观农业生产体系。区域生态循环农业作为一种全新的农业可持续发展途径，涉及政策制定、区域农业布局、技术发展道路、农民行为规范乃至社会价值取向等。从这个意义上讲生态农业覆盖了整个农村经济与社会发展的全局。

生态循环农业的实质是在系统观和战略观点指导下，把生态效益尽可能和社会效益、经济效益统一起来，实现高产、高质、高效、循环、再生的农业方式。循环既是生态循环农业赖以实现的方式，又是生态循环农业运转的必然结果。通过对生态循环农业概念和模式及要点的了解，将对区域生态循环农业发展模式的选择与设计有帮助。

生态循环农业是一种可持续农业，宏观地讲，是指在广大农村地区运用可持续发展原理发展农业生产和农产品加工为主的经济活动。生态循环农业属于大农业的范畴，涉及农、林、牧、副、渔的方方面面。我们也可以从微观上来理解生态循环农业，比如，在庭院中养鸡种菜，用鸡粪作为有机肥提供给蔬菜，这种庭院经济的模式，也属于生态循环农业。

（二）区域生态循环农业模式的特征

区域生态循环农业的最明显特征是沿用“天人合一”的系统生态观，从高效环保的角度进行农业生产，重视物质的循环利用，最大限度地减少营养物质的外流，制造动植物协调共生的环境，实现农业可持续发展。具体来讲包含以下几个特点：

（1）综合性。生态循环农业强调发挥农业生态系统的整体功能，以大农业为出发点，按“整体、协调、循环再生”的原则，农、林、牧、副、渔及农村一、二、三产业综合发展，并使各业之间互相依存，从而提高综合生产能力。

（2）多样性。根据各地自然条件、资源基础，科学规划，吸收传统农业精华，发展多种生态模式，因地制宜，协调发展。

（3）高效性。通过物质循环和能量多级利用加工，实现废弃物资源化利用，降低农业成本，实现高效、增值，并增加农村人口的就业机会。

（4）持续性。发展生态农业能够保护和改善生态环境，防治污染，维护生态平衡，提高农产品的安全性等，增强农业发展后劲。

生态循环农业是循环经济理论和可持续发展理论在农业上的具体体现，是在 3R 原则基础上，通过调整和优化农业生态系统内部结构及产业结构，提高农业生态系统物质和能量的多级循环利用，严格控制外部有害物质的投入和农业废弃物的产生，最大程度地减轻环境污染，把农业生产经济活动真正纳入到农业生态系统循环中去，建立农业经济增长与生态系统环境质量改善的动态均衡机制。

生态循环农业的基本特征可以简单地概括为“四化”：①资源利用节约化，循环农业要求按照“资源→农产品→农业废弃物→再生资源”反馈式流程组织农业生产，提高农业资源利用率，实现资源利用最大化；②生产过程清洁化，提高改善农业生产技术，实施农业清洁生产，适度使用环境友好的农用化学品，实现农业环境污染最小化和农业生产清洁化；③农业废弃物资源化，优化农业系统内部结构，延长农业生态产业链，通过废物资源化利用、要素耦合等方式与相关产业，形成协同发展的产业网络；④生产和生活的无害化，通过改变传统的农业生产方式和农村生活方式，保护和改善农业生产和农村生活环境。

（三）区域生态循环农业设计应遵循的原则

（1）以“食物链”原理为依据发展起来的良性循环、多级利用原则。由于生物间相互依存相互制约，通过一条条食物链密切联系在一起，因此必须按照食物链的构成和维系规律，合理组织生产，最大限度地发挥资源潜力，减少环境污染。

（2）根据生物群落演替原理发展起来的时间演替合理配置原则。根据生物群落的生长所具有的时空特点和自然演替规律，合理配置农业资源，组织农业生产，可促使农业产业结构更趋于合理，更好地保护农业生态环境。

（3）生态经济学原理指导下的系统调控原则。生物繁衍生息，必须不断从环境中摄取物质和能量，同时环境在生命活动中也需要不断得到补给，以恢复元气和活力。因此，必须通过土地的合理耕作、种养结合来调节控制生态系统，实现良性循环和可持续发展。

生态循环农业与传统农业的区别主要表现在以下 4 个方面：

第一，在理论上，生态循环农业借鉴工业生产方式，把清洁生产思想和循环经济理念应用到农业生产实践中去，按照“3R 原则和减少废物优先的原则”，对农业生产全过程和农产品生命周期实行全过程控制，预防农业内源污染的发生。

第二，在生产方式上，生态循环农业改变了传统农业那种高投入、高产出的生产方式，注重新产品、新技术、新模式在农业领域的广泛应用，削减和优化外部物质的投入量，提高资源利用率。

第三，在产业合作上，传统农业往往局限于农业系统内部种植结构的调整，忽略与相关产业的耦合。生态循环农业在不断提高农业产业化水平的基础上，从整体角度构建农业及其相关产业的生态产业体系，实现农业生态系统层次和区域层次的资源多级循环利用及生态的良性循环。

第四，在生产效益上，传统农业往往用高投入方式换得了短期内较高的农业产量，忽视农业环境保护和农产品质量保护，生态循环农业提倡资源的多级循环利用和适度的外部投入，以降低农业生产成本，实现经济效益和环境效益的最优化。

传统农业是一种“资源-产品-废弃物”的单程线性结构型经济，其显著特征是“两高一低”（即资源的高消耗、污染物的高排放、资源利用的低效率）；在此过程中，人们以经济在数量上的高速增长为驱动力，对农业资源的利用是粗放的、对农业生态系统是破坏性的，以反向增长的生态代价来谋求农业产出的数量增长。与之相反，生态循环农业更强调农业发展的生态效应，通过建立“资源-产品-废弃物-再利用或再生产”的循环机制，农业发展与生态平衡的协调以及农业资源的可持续利用，实现“两低一高”（即资源的低消耗、污染物的低排放、资源利用的高效率）的目的。

（四）发展区域生态循环农业的意义

生态循环农业作为一种农业可持续发展的实践，运用了整体观、系统观和生态观而区别于一般农业实践。因此，在能流、物流与价值流关系密切、各部分相互作用频繁的一个农户、一片农田、一个农场、一个小流域或是一个景观区内，选定和可推广的生态循环农业模式，应当成为区域生态循环农业的基本实践。

(1)促进绿色农业战略的实施。根据多年来我国生态农业县建设的实践，我国区域生态循环农业建设是在战略规划、途径选择与技术实施 3 个层次上进行的，首先，只有确定了符合当地生态经济与资源条件，并能有效克服经济发展中生态环境障碍因子的生态循环农业模式，广大干部及农民群众才有可能使体现该地区农业可持续发展战略的生态循环农业规划得以实施；其次，生态循环农业模式也是技术的支撑，只有选择最佳的生态循环农业模式才可能引进、推广适应该地区的，能够有效提高农业生产力、劳动生产率、资源利用效率及利于生态环境保护的集成技术，才能使生态循环农业建设落在实处，实现生态、经济、社会的协调发展。

(2)利于区域农业自然资源的充分利用与保护。实现资源充分持续利用，就必须依据当地自然资源现状及潜力进行优化利用的配置，为此，就要对该地区的结构进行调整、变换，只有通过模式设计，并调动广大农民实施才能实现。总之，采用合理的生态循环农业建设模式，对一特定地区的地域特征，确定各种不同功能子系统的最优比例，在实现资源充分合理利用的同时，才能获得持续的发展。例如，对于易水土流失的山区，生态效益较好，但经济效益稍差的第一性生产子系统如林场、果园、农田等的发展应在结构上占较大比例，不宜超出现实可能地发展承受大量消耗绿色植被为主(第一性产品)的养殖、加工业。农林复合系统应是立体结构型，并在此基础上，逐渐发展完善农林牧复合系统。对于较大的地域(一般指县以上)，应该设有一定规模的自然保护区，一方面可发挥环境调控的作用，另一方面也可保护生物物种。由此可见，模式设计工作对自然资源保护意义重大。

(3)利于合理地调整农村产业结构。生态循环农业模式可以提出一个合理的农村产业结构调整的比例。在生态效益可以满足的前提下，从体系中获取第一性产品的数量，除去本体系内的直接消费量、调出该体系的直接消费量，剩余的初级产品(有时可以考虑从体系外调入)即是用以第二性生产和加工增值的总量。同时，根据生态循环农业建设整体效益的原理，在经济、社会发生变化的情况下进行产业结构调整。在生产力进步的情况下，人口对第一性产品的直接消费量压力缓解，人们营养结构的变化需要更多的第二性产品，如禽、奶、蛋、肉，这样初级生产者的类别、第二性生产量的比例、加工能力等都会发生变化。生态循环农业模式可根据社会、经济效益进行进一步的产业结构调整。此外，在遇有自然风险或灾变的情况下，比如洪涝或旱灾，使第一性生产严重歉收，可紧缩第二性生产，以减少次级生产过程中的能量损耗，满足人类生存的能量需要。

三、模式设计的指导思想与原则

(一)模式设计的指导思想

要使生态循环农业建设的实践变成亿万农民的行动，当务之急是确定一些简单易行而又确实有效的模式，这就需要在统一的指导思想下，把比较复杂的模式分解成简易的分工计划，以便于模式的顺利推行。生态循环农业模式设计的基本指导思想是协调资源的利用、保护和增值；平衡生物与环境关系、输入与输出关系；优化农业生产的效益，从而产生巨大的整合效应。

(二)模式设计的原则

1.实现资源可持续利用的原则

资源的可持续利用是可持续发展战略的核心，自然资源中大多数是可再生资源，如果人们开发利用自然资源的程度超过自然资源本身可再生能力，或者开发利用不合理，都会导致资源退化及环境破坏的后果，使农业与社会发展难以持续，因此，保护自然资源的再生能力是生态循环农业模式设计中的首要原则。

在农业的可持续发展中，实现资源的可持续利用，特别重视生态经济中组分的多样性，即种群的多样性、产业的多样性以及用地构成的多样性，其目的是达到系统生产能力最大，而该系统生态经济更加稳定。

2.促进农村社会经济协调发展的原则

农民，农业和农村是生态循环农业建设的主要对象，随着改革开放力度的加大和市场经济的逐步完善，我国农村自给自足的传统已被打破，必须采取一、二、三产业的协调同步发展以及种养加产供销一条龙的农村经济发展模式，从而实现市场、环境、生产以及社会生活水平的综合提高。

3.动态调控的原则

模式设计也是生态循环农业建设的结构调控技术，它是一个动态的、经常性的工作，要在建设过程中不断进行调整，尤其是随着生态循环农业建设的不断深入，在不同的建设阶段都需要对所采取的模式进行再设计，以适应形式的变化。一般规律是：首先，要创造开发利用的资源条件（如水土流失严重地区应设计环境与农田生态工程建设为主要内容的立体型模式，以农林复合系统建设为主）；其次，以资源充分利用为主要内容的模式设计，达到充分利用光、热、水、土等资源，提高土地生产率与农业的持续发展（特别是农牧复合系统的建设）；在此基础上，应设计实现资本积累、拓宽二三产业、促进资源深度加工利用的优化生产模式，以提高劳动生产率，改善劳动力结构，促进农村经济与社会的发展。

4.系统综合性的原则

根据我国生态循环农业建设的经验及上述农业生态经济系统的特点，生态循环农业模式设计的内涵是：农业生产系统的产品与商品内涵，以资源利用为基础的产业内涵，以自然生产条件为主要内容的景观内涵；在结构特征上要反映出时空特性、整体与系统特性，并力图实现生态与经济系统良性循环。在实际设计模式时，注重如下3方面的内容，以实现生态循环农业建设的生态环境与经济的持续性：①运用系统工程学方法组装生物措施与工程措施，对生态环境进行治理、立体种植与开发，在增强农田系统生产力的同时，使农、林、牧等产业优化组合，构成资源增值与开发同步的复合系统，改变对自然资源的掠夺式经营状况，增强生态适应性及农业生态系统的自我维持与自组能力，实现生态良性循环，增强生态系统的稳定性与持续性；②适应市场经济规律，依据当地资源优势组建种养加贮运销的农副产品及资源开发增值链，促进结构调整、劳动力转移、增强经济实力和经济的适应性，实现经济的良性循环，提高农业经济系统适应市场的能力，增强经济发展持续性；③开发物质良性循环，能量多级利用的再生资源高效利用技术，提高资源利用效率，实现物质流动的良性循环，增强可再生资源利用与环境容纳量的持续性。

四、模式设计的层次与因素分析

（一）模式设计的层次

由于生态循环农业建设是在农业生态经济系统内部进行的，根据系统的功能属性总是大于组成它的各个组分在孤立状态时的功能属性之和，子系统优化不等于大系统最优的原则，这种整体效应的产生源于系统结构过程中，必须注意使系统的各环节、各层次实现最佳匹配，并创造良好的外部条件，以实现农业生产的高效率及最大生产能力。生态循环农业建设模式设计的分类层次如下：

第一级：社会经济自然复合系统，它是一、二、三产业综合的区域生态农业主体模式，包括以传统农业为主的农工商模式、以农产品加工为主的工农商模式等；

第二级：农、林、牧、副、渔加工业农业生态经济系统，它是大农业为主的种养加层次联结模式，包括种植业为主的种养加模式，养殖业为主的养种加模式，农产品加工业为主的加、养、种模式，以上层次侧重产业结构及用地构成的优化；

第三级：种植业为主体的农业生态经济系统，它是农、林、牧、渔层次联结的生态循环农业建设模式，包括农田种植业模式、草地畜牧业模式、山地林果业模式、水域水产业模式、海洋水产业模式等，它是以景观生态系统为主体进行的用地构成的设计；

第四级：专业经营与综合经营型经济系统：即农田、畜牧、水产、养殖子系统，主要包括不同地域的专项种植、养殖模式以及立体种植、混合养殖等综合经营模式，其中特别要重视粮、棉高产农田系统生态循环农业模式的设计；

第五级：产品生产系统，它是空间、时间及物种的不同组合模式，如桐麦间作综合利用型模式、春油夏粮综合利用型轮作模式、稻鱼萍混养模式等，此外还有以农户为主体的庭园经济型生态循环农业模式设计等。

(二)模式设计的因素分析

1. 市场需求

特定的生态循环农业模式是否适当，首先就要看这种模式所输出产品在市场上能否行销并且使生产者获得满意的纯收益，如果是肯定的，生产者才会有积极性；一种农产品商品市场是否行销，生产者是否有利，一方面要受到居民收入水平、消费结构和市场价格的制约；另一方面又要受到生产者的生产成本、运输距离和运输条件以及产品的自然属性的制约。例如："鸡—猪—蘑菇—蚯蚓—鱼"等模式，一般均出现在经济发达地区和大中城市的城郊。因为，一则居民收入水平与消费结构对鸡、蘑菇、牛蛙、鱼等商品的需求量大；二则运输距离较近，运费较廉，损耗较低，因而，既可行销，又有利可图，如果是在边远的贫困山区，本地市场必难行销，运到大中城市运费又过于高昂而且途中损耗必大，这种结构模式可能就不可行。

2. 技术水平

一定的生产结构总是同一定的技术结构相适应。低功能的技术结构如果承担高功能生产结构，经济效益肯定是很差的。在设计生态农业结构模式时，技术水平是一项重要标准。

3. 自然条件与资源开发潜力

温、光、水、气、土等自然资源状况对生态循环农业模式的约束很大，有时甚至起着决定性作用。例如，干旱地区就难以发展"水陆循环式"生态循环农业模式，在严寒地带就不易采用沼气为纽带的物质循环利用型模式。在水土严重流失或生态循环恶化的黄土高原地带，生态循环农业建设首先要设计改善生态与生产条件为前提的资源保护型的农林复合型生产模式。

依据生态循环农业建设所遵循的农业可持续发展的战略目标及其上述必须考虑的因素外，当地人们的传统生活、生产习惯、基础设施条件、经济与技术水平等也是在设计时必须加以考虑的，否则所设计模式的可持续性会受到影响。

五、生态循环农业模式的选择

鉴于生态循环农业模式所具有的明显的地域性，并以当地自然资源条件为基础，所以对生态循环农业模式的分类，第一级应按自然地理环境分为平原区、山地丘陵区、城郊工矿区、沿海滩涂区和草原区五大类，其中平原区包含了内陆水域类型。城郊工矿区是考虑到其特殊的社会经济条件而单列的一大类。其他次级分类模式是结合具体情况按所采用的主要指导性科学原理或主产品及产业类型而分类，并应注重模式的通俗化及模式设计的阶段性。与此相对应，生态循环养殖农业的微观模式则是一个小型完整的农业经济实体，各种养殖专业户、桑基渔塘等都属于生态循环农业的微观模式，它可以在小的农业分区水平上形成生产与经济的良性循环。目前我国所涌现出的生态循环农业建设模式，由于其子系统和组成因素的不同组合，表现出很强的多样性，但至今国内尚无统一的分类体系和分类标准，一般按自然地理条件可分为平原型、山地丘陵型、内陆水域型等。按主产品或主要产业类型可分为综合型和专业型，其中综合型的又可分为农林牧副渔综合发展型、农林牧型、林农牧型、农渔型、农副型等；专业型的可分为粮食户、蘑菇养殖户、养猪（牛、羊、鸡、鸭）户、养鱼户等。在生态循环农业模式的选择时，通常采用以下几条原则：

（1）科学可行原则：畜禽粪便含有不同程度的重金属污染和病原菌污染，循环前必须通过技术措施进行无害化处理，同时需要安排一定面积的植被消纳；

（2）生态适应原则：例如“猪—沼—果”适应气候温暖的南方，“四位一体”适应冬天寒冷的北方；

（3）经济适应原则：沼气发电适应经济规模大的养殖企业，小型沼气适应个体养殖户，生活污水和工业污水分离的经济可行性问题，政府经济奖励政策可能使一般情况下几乎不可行的循环方式成为可行；

（4）文化适应原则：文化基础对模式的选择有重要影响，如欧美不接纳人排泄物的循环利用方式，穆斯林集中区域不应考虑含养猪的循环模式；

（5）系统最优原则：局部可行不等于系统可行，局部优化不等于全局最优，应当有规划、有整体设计、相对集中，建立循环经济区就是一种积极的尝试。

自20世纪90年代在全国范围开展生态农业或生态家园建设以来，涌现出上千种不同生态循环农业模式，大致分为三大类：

1. 农田内循环模式

（1）间套种：例如豆科作物和禾本科作物的间套种，就有不同物种间的养分交换，产生养分在作物间的循环。

（2）秸秆还田：通常是上一茬的作物秸秆，通过秸秆还田成为下一茬作物的养分，也有通过堆肥成为下一茬作物的养分。

（3）农田养殖：稻田养鸭、养鱼、养蟹、养青蛙等动物取食农田杂草和小动物，动物粪便回田成为作物肥料。

（4）坡地水保措施：通过生物措施和工程措施，坡地养分和水分可以更多地在林地、果园和梯田中循环利用。例如果园种草（生物措施）可以使养分留在果园内循环，水平梯田（工程措施）和水窖建设可以减少水分和养分离开坡地，增加循环。

（5）接种根瘤菌或菌根菌：利用作物根系分泌物与微生物之间的物质相互作用，达到互利和循环的目的。

（6）施肥控制：通过平衡施肥、控释肥、精确农业等措施控制肥料的使用时间和使用量，减少养分投入和流失，可以增加系统内的利用效率和循环比例。

2. 种养间的循环结构

(1)种养直接连接：植物饲料-动物肥料关系，例如饲料作物(玉米、大豆、苜蓿、象草、苏丹草、黑麦草、三叶草)种植与养牛、养猪、养鸡、养鱼的结合，作物秸秆饲喂动物，动物粪便肥田。

(2)加沼气环节：猪-沼-果模式，四位一体(养猪-沼气-种菜-温室)模式。

(3)加食用菌环节：(养殖业粪便＋种植业秸秆＝培养基)→培养食用菌→菌渣做农田肥料。

(4)加蚯蚓环节：通过蚯蚓处理作物秸秆、动物粪便、污水处理厂污泥等，使废物资源化后再重新利用，例如利用蚯蚓进行秸秆堆肥、粪便堆肥、污泥堆肥等。

(5)加渔塘环节：著名的桑基渔塘就是塘基上种桑养蚕，蚕沙下塘养鱼，塘泥回基肥桑的循环模式，今天已经演化出花基渔塘、蔗基渔塘、草基渔塘、塘边养鸭、塘边养猪等循环体系。

3. 基于农业的大循环

(1)农业经营实体之间的循环：种植业公司＋养殖业公司、种植业农场＋养殖业农场、种植业专业户＋养殖业专业户等经营实体之间的循环模式，例如专业果场向养鸡企业定期购买鸡粪，种茶专业户向种蔗专业户购买蔗叶覆盖茶园、向养牛专业户收购牛粪等。

(2)城市工矿和农村之间的循环：20 世纪 70 年代前，工业不发达，城市垃圾主要是有机物，大多数直接返还农村做有机肥。20 世纪 80 年代后，随着工业的发展，城市固体废物以填埋焚烧为主、废水以集中处理为主，截断了返还农村的通道。现在逐步提倡垃圾分类收集，其中的有机成分鼓励更多循环到农林业。由于推行工业污水的达标排放、生活污水和工业污水的分离、有害物质的处理技术进步，城市污水处理厂的污泥更多可以适合循环使用。

(3)农业与地球生物化学循环：农业的物质输入和输出本身就是全球物质循环的一部分，其中植树造林和保护森林，对增加碳的循环吸收量、稳定大气二氧化碳浓度有重要作用。

六、县级生态循环农业建设模式与方案设计

(一)模式方案设计

鉴于县级生态循环农业建设的特点，其模式的系统设计所计划的时间不宜太短，否则既不利于生态农业的整体建设，也不便于落实生态循环农业建设规划的目标。同时，自然条件和市场对产品需求变化的限制也使其期限不宜定得太长，否则难以准确预测，设计结果容易落空。设计的具体步骤如下：

1. 确定系统的规模和等级

即确定系统边界，在实际工作中系统边界是根据设计的目的而定的，以县、乡、村甚至以庭院为边界进行设计的。

2. 系统诊断与分区

在搜集当地农业、林业、水利、土壤资料，调查自然资源、社会经济、经营活动及各业生产水平、存在问题之后，要对该地区进行系统诊断，并在充分利用农业区划成果的基础上，依据资源潜力、生态经济特点及持续发展的限制因素，进行分区设计。由于所设计的系统是更大系统中的一个结构单元，所以还应包括本系统外的环境分析。

3.方案设计

方案设计是生态循环农业模式系统设计的核心工作，在系统诊断与分析的基础上，根据在规定期内的发展目标，找出提高系统功能的突破口和关键问题，绘制该系统实现持续协调发展的模式图。它包括产业种养种群结构的确定，畜牧业、种植业、水产养殖业的时空排布。在此基础上，提出相应对策，配套技术，通过定量计算和优化设计，提出农、林、牧、渔、工等产业，各种畜牧业、农作物、养殖业发展规模的合理比例以及投入和输出物质的种类和数量。在模式设计阶段，主要的一项工作是对系统的结构进行调整，通过调整可以改善资源的利用方式，改善技术构成和系统对外部环境的影响。在系统的组分确定以后，各组分在时间和空间上的配置设计是关键，其配置方式为如下 4 类：

(1)空间资源利用型：如农、林多层次平面套作间种，山地丘陵区果、粮、水产垂直分层种养；

(2)生物共生互生型：如稻、鱼互生，林、农、草防旱御风保土互生，种、养、加食物链增殖多级生产；

(3)边际效益利用型：如基塘、渔田水陆互补；

(4)物质循环再生多级生产型：如开发废物加工及生物能源的生产。

一般来说，农业生态经济系统结构的主要单元如我们在前面所述，包括“平面结构”“立体结构”“时间结构”“食物链结构”以及相应的“种群结构”“产业结构”等。目前，虽然我国广大农村中正在应用、创造和发展着的生态循环农业建设模式多种多样，但分解开来，均是依据当地资源条件，通过这几种基本结构的集成综合发展而成的。

4.模式方案的评估与选择

生态循环农业建设的模式设计后，进行可行性评估，判断所设计模式是否具有经济、生态的持续性及利于社会发展的可行性。其评估指标包括：高产、优质、高效为主要内容的生产指标；资源可以获得充分合理持续利用的指标，其中包括农林牧结构的合理性、资源承载力、土地生产率、劳动生产率、经济产投比、商品率、科技投入程度、劳动力结构合理性等，用定性与定量相结合的评估方法进行比较，并依据当地的实际情况选出最优模式方案。

(二)设计中应考虑的问题

区域生态循环农业模式设计的核心是定性的结构设计，其目的包括：种植什么、饲养什么、投入什么、产出什么、怎样改造环境、建立何种关系等。

生物措施方面应考虑：功能区划分、水平布局，山体、水体和作物的立体布局、林网建设、地面覆盖等；在时间上考虑食物链配置、轮作、间作、轮牧、轮伐等；环境建设方面包括：农田水利工程、小流域治理的土石工程及保护区设置等。一般多采取实际模式的调查分析、模式的试点与示范、对现有模式应用的评估等方法。

定量的功能设计主要的目的是解决种多少、养多少、投入多少、产出多少、环境治理规模与强度等，其主要内容包括：光合效率、燃料平衡、种养比例等能量平衡指标；土壤养分平衡、水分平衡，有机质平衡、水土流失控制等物流平衡指标；成本收益分析、长短项目搭配、生产规模选择等资金平衡指标。往往采用收支平衡表、平衡式计算，线性及多目标规划、综合评判、能量物质及价值流系统分析等。

(三)生态循环农业模式的转换

生态循环农业模式的确定与推广将使农民从原有的生产方式转向实现农业可持续发展的农业生产方式,都需付出一定的努力才能实现。例如在生态循环农业建设中所采取的一些技术措施如植树造林、良种推广、秸秆回田、建沼气池等,要在执行中花费相当的人力、物力、财力及时间;此外,生态循环农业模式的推广是一项系统工程,往往涉及多方面的配合行动,对宣传、发动、组织、政策、管理工作的要求更高。况且,国内外的经验表明,农业模式的转换通常需要3～5年,若涉及林木、果树,时间则更长。因此,生态循环农业模式的推广必须有长期打算,一方面应稳定国土的使用权;另一方面应使生态循环农业模式的实施成为可以跨越各届领导的一个长远行动决定,并注重帮助解决模式转换中可能遇到的技术问题、经济问题和组织问题。

模式设计的文字表述,必须依照模式设计的步骤,逐项进行说明。首先,应对当地的自然经济和社会条件实现可持续发展的障碍因子作一简要分析与描述,在此基础上,提出该地区的生态农业的主体模式,其次进行分区设计,并对各分区的情况分别进行描述与模式设计。

在对模式进行具体说明之前,应指出该模式的规模和等级,包括县、乡、村等。对该模式所涉及区域进行环境分析及资源评价时应指出当地农业持续发展建设的优势与劣势以及主要限制因子,为生态循环农业模式设计指明方向。在对模式所在区域的特点进行分析的基础上,指出该生态循环农业模式设计的基本思路,地域的代表性、模式产生的背景、形成过程及其主要特点,采取相应的生态工程措施及主要配套技术。

第五节　常见的小规模生态循环养殖模式实例

本节介绍了农户和农场层面的小规模生态循环养殖模式23例。大规模的区域生态循环养殖及产业化模式等在本书后面专门论述。

M1.草、牛、鱼种养循环模式

利用野草和种植的牧草饲喂肉牛,肉牛粪喂鱼形成种养互为利用模式。

1.具体做法

①种粮种草,养畜养地,即玉米间草木樨,玉米的茎秆、籽实产量基本不减,每亩多收草木樨鲜草100 kg以上,加上秸秆成熟玉米青贮,可解决半年吃不到青草的问题。②肉牛粪发酵后可喂鱼,清挖塘泥可作种植牧草的肥料。一般10头肉牛粪可以喂5亩塘鱼。

2.经济效益

草木樨长有根瘤固氮,后茬可增产30%左右。据试验,1亩玉米间种草木樨可固氮2.5 kg,土壤增加有机质0.15%左右。5亩玉米地间种的草木樨,可饲养1头奶牛,年纯收入1 500元。5亩塘鱼,净增鲜鱼达1 000 kg以上,仅鱼一项收入就可使循环饲养获利2 000多元。

M2.牛、鸡、猪、鱼循环养殖模式

随着畜牧业的发展,多种食物链喂养模式不断出现,并在养殖实践中发挥出越来越高的经

济效益，这里介绍一种简单易行、见效快、收益大的牛、鸡、猪、鱼循环喂养模式。

1. 具体做法

①牛粪喂鸡：收集1头牛1 d所排的粪便，加入15 kg糠麸、2.5 kg小麦粉、3.5 kg酒曲，然后兑水（以手抓成团，松手能散为易）、拌匀，装入塑料袋或缸内封口。使其发酵，夏天需1～3 d，春秋需5～7 d，冬天需10～15 d。发酵好的牛粪松软，无臭，呈黄色，带酒酸味。发酵的牛粪与35 kg鸡日粮混合，可喂350～400只鸡2 d。②鸡粪喂猪：用同样的方法将鸡1 d排出的粪便收集，加2.5 kg糠麸、2.5 kg小麦粉，2.5 kg酒曲混合发酵，发酵好的鸡粪呈黄绿色，无臭味。加猪饲粮25 kg。青饲料15 kg，可喂15～20头猪2 d。③猪粪养鱼：收集猪粪堆积发酵7～15 d，倒入渔塘，培养出大量的浮游生物，它们是滤食性鱼类（黄白鲢）很好的饵料，从而可降低投饵量的30%～50%，肥水养鱼面积可达10～15亩。

2. 注意事项

①发酵料需采用发酵力较强的米糠、麸皮、小麦粉等，并力求新鲜，发霉变质的不宜用于发酵。②发酵剂可用酒曲、中曲或到商店购买酒药，其用量应根据发酵情况，酌情掌握。也可不用发酵剂，其粪便堆积压紧自然发酵7～10 d，待发酵温度下降后即可利用。③饲喂发酵粪便的第1周，应由少增多逐渐增加喂量，发酵粪便一时喂不完，应晒干用塑料袋装好保存。④粪便发酵喂鸡、猪，均要进行定期驱虫，鸡每月用驱虫净驱虫1次，猪半年用敌百虫驱虫1次。

M3. 以养兔为主的生态循环养殖模式

湖北省养兔科技户以种植业为基础，养殖业为主导，创造了良性生物链转化模式。

1. 具体方法

①初级循环利用法。以饲料养兔，兔粪养土鳖虫或加稻草粉养猪。兔、土鳖虫、猪的废弃物作肥料。该户在住房后面建了45 m^2 的兔舍，房右侧建15 m^2 的土鳖虫饲养池，兔笼为三层二联式排列。规格为0.6 m×0.5 m×1.2 m，兔舍可置160个笼位，饲养肉用母兔15只、种公兔3只，常年繁殖，年存栏数保持在400只左右。每日每只按排粪量100 g计，400只兔日产粪40 kg，每天取24 kg兔粪作土鳖虫饲料，取15 kg兔粪加兔未食尽的精粗饲料养3头猪、3头仔猪，肥粪全部用于种植业。②种促养循环利用法。此科技户开垦了3亩平坦荒山，栽培桃树和蜜橘，果树下套种红薯、苎麻、籽粒苋及萝卜、白菜等饲料作物。栽培100株蜜橘树苗，种植1亩苎麻、0.5亩红薯。红薯收后，又种白菜、萝卜。至年底及翌年春全部种上蜜橘和桃树，并套种饲料。3亩地饲料可解决兔、猪一年70%的饲料，兔、猪粪及土鳖虫废弃物解决3亩地的果树及饲料肥。

2. 效益分析

①规模投资。坚持因地制宜的原则，利用现有的竹木，投资100元买4卷油毛毡，300元买160个笼位的土砖，200元购种兔。为避免近交，每年同其他场对换几只公兔。土鳖饲养池投资250元，种虫300元，桃、蜜橘树苗100元，一年尚缺30%的饲料，预计需资金1 500元，合计总投资2 700元。②规模投入。400只兔年收入约1.5万元，包括出售种兔、商品兔等收入；3头架子猪值600元；3亩蜜橘、桃树4年后收入可达5 000元。总计年收入2.5万元左右，纯收入2万元。③劳工安排。1个劳工负责饲养管理，1个劳工负责每天收割150 kg饲料，1.5个劳工负责种植饲料和果树管理，半个劳工负责日常事力，因此4口之家人均收入5 000元。

M4. 生态猪场

辽宁省大洼县西安农场猪场，母猪存栏 250 头、年产仔猪 3 700 头，1984 年以来，该场创建成生态猪场，并取得了显著效果。

1. 具体做法

将猪场高浓度的猪粪引入高耐肥水的水葫芦池内，净化为二级肥水；再引入细绿萍池内净化成三级肥水；然后将含大量浮游生物的三级肥水引入鱼、蚌、蟹池内，净化成四级肥水；用四级肥水灌溉稻田，经水稻和养鱼利用后基本变为清水，最后回到猪舍重复使用。通过四级五步利用，为生物提供了最合适的生态环境。这一良性循环，使猪舍非常洁净，水生植物生长茂盛，池塘内鱼大蟹肥，稻谷丰收，使物质和能量都得到充分利用，制造出更多的使用价值和效益，达到了良性循环与生态循环的统一。

2. 效益分析

该猪场提供了商品猪 3 861 头、仔猪 5 301 头、种猪 1 550 头。此外，还养鸡 3 700 只，养种貂 400 只，产仔貂 1 600 只；养种貉 30 只，产仔貉 98 只；年产商品鱼 1.25 kg，成蟹 500 kg，蚌 1.5 万只；年产珍珠 20 kg；水生饲料 250 万 kg，提供水生饲料种子 12.5 kg；栽树 1.8 万株，葡萄 2 500 株，花草 2 000 m^2。因此，该猪场成为我国高效益生态养猪的典型。

M5. 猪粮桑蚕沼气鱼结合

湖北省罗田县匡沙区石桥甫乡落令河村一农民，1984 年实行立体种养，循环利用，即形成育苗栽桑，桑叶养蚕，蚕粪入沼气池，沼气池肥水养鱼，渔塘泥肥田，农作物秸秆糠麸养猪，猪粪肥桑这样的物质循环和能量流动的生产结构。

该农户种 4.5 亩桑地，全年产叶 6 500 kg，满足了全年 5 次养蚕 18 张的需要。生产蚕条 6 500 kg。2.5 亩农田，全年产粮 2 075 kg，除满足全家田粮外，还为猪提供粗料 1 100 kg，糠麸 270 kg，生产肥猪 256.5 kg。生产的稻草、麦草一半用于养猪和制作蚕蔟，一年入沼气池，加上蚕粪、猪粪和废蚕蔟入沼气池，全年产沼气 200 多 m^3。一年出肥水 20 000 kg 以上，为鱼苗生产提供了充足的生物饵料。8 m^3 的沼气池，一年出沼肥 5 000 kg 左右，供农田施肥用。

1984 年，该户为社会提供商品蚕茧 435 kg，肥猪 256.5 kg，大规格鱼种 35 尾，合计 5 项收入比 1982 年增 147.26%，比 1983 年增 26.92%。

M6. 庭院貂、猪、果模式

辽宁省盖暖泉乡前红村一农民，在自家 1 分多地庭院的东西两侧，有 40 多棵五年生的葡萄。葡萄架下，排列关貂笼，其中养了 370 多只紫貂。貂笼下是鸡鸭的房舍。靠墙根处还养了 12 只奶羊和 2 头大肥猪。羊奶喂貂，貂粪喂鸡、鸭，鸡鸭粪经发酵喂猪，猪粪肥葡萄，葡萄的枝叶为动物遮光。这样立体种养，互为利用，提高了家庭的经济效益，年收入 1 万元。

M7. 鸡、猪、鱼、粮综合经营模式

河北省泽县王庄村农民，采取鸡、猪、鱼及粮食综合经营，相互利用，使成本降低 40%，饲料节省 50%，效益高，获利大。

1989 年春，该农民承包了 10 亩渔塘，养了 2 头猪，80 多只鸡，用鸡粪喂猪、猪粪养鱼、塘泥肥田，创出一条节粮型种养新路子。

鸡粪喂猪。取 70%鸡粪、15%玉米面、10%谷糠、5%麸皮混合搅匀，入缸封口发酵，温度控制在 20～30℃，当鸡粪发酵色呈黄绿，没有臭味时即可。用鸡粪喂猪，每头猪可节粮 125 kg，降低成本 100 元以上。

猪粪养鱼。将猪粪收集成堆或入坑发酵，再投入渔塘，使水变肥，不久浮游生物便大量繁殖起来，为塘中的鲢鱼、鳗鱼等上层鱼类直接吸收。每千克鱼可节粮 50%，生长期可提前 3 个月。

塘泥肥田。在冬季，抽干塘水，捕净鱼后将塘底过多的淤泥挖出，分散放置于塘埂上，晒干后打碎撒到田里，肥田壮苗，即节省了资金，又避免了土壤板结现象，亩产可达 500 kg。

该农民每年大约有 2 500 kg 粮食作为鸡、猪、鱼的饲料，投入养殖业，养殖业又为种植业提供了大量的农家肥，实现了养鸡、猪、鱼和种粮的良性循环。

M8. 以禽为龙头的种养能源配套模式

崇阳县大修乡中津村一户农民，3 口人，承包责任田 4 亩，按生态学原理，以养为主，养种结合，农、牧、鱼、沼综合经营，形成生态、经济良性循环的立体生产体系。他的做法是：

(1)“水陆空”全面规划。该户自 1985 年开始，利用房前屋后空闲地在庭院里上下左右、水陆空统一安排，种、养、沼综合利用。建成 140 m^2 的新型畜舍，内装栏圈，外悬笼巢，左设鱼池，右立果园，中有一个 6 m^3 的沼气池，前靠厨房，后接猪圈。养肉鸽 350 对，鸭 40 只，鹅 5 只，肥猪 4 头，母猪 2 头，植果木 100 多株。

(2)生物质综合利用，良性循环效益高。该户按照生态经济规律组织生产，充分利用自然资源，挖掘出各生产物质中废弃物再循环利用的潜力，建成一个高效益的生态体系。将人畜禽粪和绿色作物的废弃物作原料，加入沼气池发酵，产生沼气，烧水做饭、照明，一年可节省柴 2 500 kg，电 120 度(1 度＝1 kW・h)。池中肥水养鱼，沼渣为果、粮作物的有机肥。建成种、养、能源配套，生物能量与物质多层次利用的最佳模式(图 1-17)。不但减少了化肥用量，避免了土壤板结和环境污染，而且培养了地力，提高了单位面积产量。1986 年，早晚稻连作 3.8 亩，亩产早稻 425 kg 和晚稻 450 kg，分别比 1985 年增加 75 kg 和 140 kg。养殖业可上市鸡、鸭、鹅 175 kg，肉鸽 250 对，鱼 100 kg，猪肉 425 kg，仔猪 4 窝。全年总产值过万元，纯收入 8 343 元，人均 2 781 元，比上年增长 91.2%。

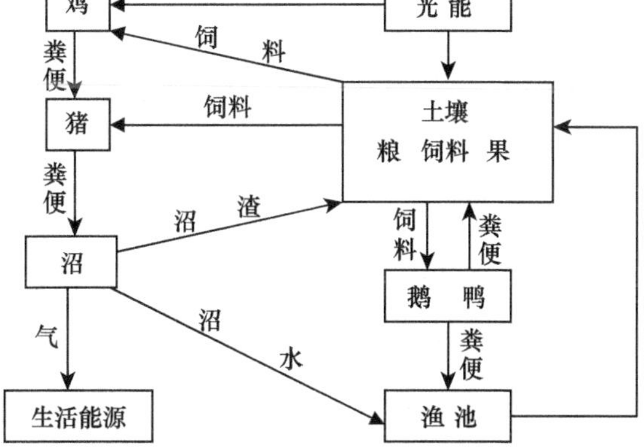

图 1-17　良性循环模式图

M9. 鸡、猪、鸭、鱼结合

福建省闽侯县白沙镇有一个以养鸡为主，兼养猪、鸭、鱼的经济联合体。养鸡 6 500 多只，养猪 100 多头，鱼 1 600 尾。在鸡舍里垫上一层细糠，后连同鸡粪一起扒出，经发酵，再加配合饲料喂猪。当年引进 101 头平均体重 13 kg 的杂交猪，喂养 3 个月，平均每头 60 kg。他们把猪栏建在鱼池边，猪粪直接下池喂鱼，还利用 1/3 水面圈养鸭子，取得了很好的经济效益。

江苏省盐城市郊潘黄乡郝庄村一户农民，采取鸡、猪、鸭、鱼结合，1985 年共饲养鸡 1 000 只，出售肉鸡 550 只，留蛋鸡 450 只；生猪 150 多头，其中出栏肥猪 54 头，母猪 16 头；鸭 2 000 只，出售肉鸭 900 只，留蛋鸭 1 100 只；鱼 2 亩，约 3 000 尾。全年出售猪、禽、蛋、鱼收入 2.8 万元，纯收入 1.5 万元。

其生态循环养殖的办法是：收集鸡粪剔除杂质，放进大缸浸泡，再加过磷酸钙发酵去臭，然后，以 1∶3 的比例与猪饲料拌和，用来喂猪，猪粪发酵喂鱼，鸭粪用来肥大米草和蔬菜。实现这一良性循环，全年共节约饲料 1 万 kg。

M10. 茶园养鸡

福建风山茶场，共有茶园 2 000 亩，之前有部分茶园常发生象鼻虫危害，茶叶的产量和质量受到很大影响。采用一般农药对此虫防治无效，烈性农药又不宜采用。每年用人工捕虫耗资达几千元。该场自采用综合防治以来，在 100 亩的茶园里试养 1 500 只鸡，以禽治虫，效果良好。之后该场又在几片大茶山上新盖鸡舍两座，在原有的基础上增养到 5 000 只，做到 1 亩茶园养 10 只鸡。多年来实践证明，茶园养鸡可以增加茶园有机质肥料，使茶树生长旺盛，茶芽嫩绿，品质好，香味浓郁；以禽治虫，无药害残毒，无污染；茶茂鸡肥。虫口密度从每丛茶树 1 000 多只下降到 100 多只。

M11. 禽、蚓、貂结合

辽宁铁岭县腰保乡一户农民，承包了 12.4 亩土地，养鸡 400 只，养鸭 300 只，貂 15 只，蚯蚓 2 万条，建立起粮、鸡、鸭、貂、蚯蚓五位一体的链式养殖体系。他们用孵化中的废蛋 2 600 个代替肉食喂貂，用貂粪 1 500 kg 代替精饲料喂鸡、鸭，在鸡舍暖池里饲养 2 万条蚯蚓作鸡、貂、鸭的上等饲料，40 m^3 的优质鸡、鸭粪下地肥田。1984 年，产粮 7 000 kg，孵鸡鸭雏 19 266 只，销售种蛋、商品蛋 39 200 个，出售种鸭 250 只，貂 15 只。年终收入 26 268 元，纯收入达 15 028 元。

M12. 禽、桑、猪、沼气、鱼、蟹结合

江苏建湖县庆丰乡一户农民，在 6.8 亩桑园内放养鹅、鸭共 80 只，这样既解决家禽部分饲料，鹅、鸭粪又能肥田养桑；鸡粪、蚕粪、剩桑叶混合发酵成综合饲料喂猪 16 头，猪粪进入 44 m^3 的沼气池；用沼气渣喂鱼、饲养螃蟹。全年收入 10 600 元。其中育幼蚕 150 张，养成蚕 17 张，收入 3 600 元；养猪节省粮食 2 000 kg 以上，收入 2 200 元；成鱼、螃蟹收入 1 500 余元。他的 5 亩责任田全靠沼气肥，没有施用化肥，不仅粮食产量比其他农户每亩多收 50 kg 以上，而且每亩投资降低 30 元。沼气除自用外，还供周围 30 户乡邻照明，节省柴草 2 500 kg。

M13. 禽、蚓、菇、鱼结合

江苏如皋市高井乡某农民，搞立体开发，综合利用，收效很大。

(1)一地三用。笼养鸡3 000多只,把笼安装在离地66.7 cm高的空中,使鸡笼通风、透气,阳光充足。鸡粪发酵处理后,放在鸡笼下饲养蚯蚓,解决鸡、鸭的动物蛋白质饲料。在鸡笼上面搭葡萄架,共节省葡萄占地面积340 m^2。

(2)一水三用。该农民利用屋后一条河和承包的2亩水池,河与水池里放养鸭子,鸭子的粪便喂鱼,河塘上空搭葡萄架。

(3)一料三用。该农民除用鸡粪养蚯蚓外,还把剩余的喂养22头肥猪,用猪粪种蘑菇、产沼气,用沼肥养鱼。

这样养1只鸡比过去节省成本1.8元,养1头猪节省55.4元。

M14.果园养禽

湖南安乡县国营渔场某职工引进100只刚出壳的绍兴鸭,放在屋后的一片橘园里围起来圈养,每天给鸭饮水2次,喂3次食。用玉米、稻谷、麦麸糠饼自配的混合饲料,并搭配适量鱼粉,供给足够的青料。雏鸡1周龄内温度保持26~27℃,2周内保持21~22℃,平时给鸭喂一些土霉素钙盐,80日龄时注射一次鸭瘟一号疫苗,成活率达97%。其中80只母鸭,养到100日龄开产,扣除成本,年底盈利600多元,平均盈利6元/只。鸭子与果树结合圈养,可减少放牧用工,便于管理,日活动量小,能量消耗低,增重较快。

安徽砀山县良梨乡某农民在果园里养鹅,既消灭了杂草,又增加了收入,一举两得。1只肉鹅养至70日龄,体重2.5~4 kg,仅耗精料3~4 kg,糠麸8 kg,青饲料20 kg。

果园里的水肥条件适于杂草生长,除草工作是一项费力费工的烦琐劳动。在果园里放养鹅、鸭,既可以利用鹅除草,节省人力,保护果树,又可以解决饲料来源问题。

M15.利用沼肥养鱼工程

沼肥除作优质肥料外,还可以作饲料。实践证明:利用沼肥养鱼具有三大好处:①营养丰富。沼肥实际上是一种菌体蛋白饲料,还含有丰富的氮、磷、钾和无机盐类。沼肥入池后,一般3~5 d水色就转绿,接受的阳光和热量增加,含氧量和水温也随之提高,很适于鱼类的生长发育;②酸碱度适宜,沼肥的pH为7.2~7.8,与丰产品税渔塘的pH标准相同;③有利于防治鱼病,沼肥经密封、高温发酵后,其中的寄生虫卵和杂菌已大量被杀死,使池鱼发病率大大减少。

利用沼肥养鱼,具体应做到以下几点:

一要合理搭配鱼种。沼肥养鱼要获得高产放养鱼类的品种必须对路。放养鱼类的搭配比例与沼肥使用方法有关。如用沼肥直接作肥源,一般宜放养鲢、鲤鱼一类的滤食性鱼类,再搭配一定数量的杂食性鱼类。其比例为:鲢鱼68%,鲤鱼、鲫鱼、罗非鱼各8%左右。若将沼肥与精饲料拌和制成颗粒性饲料,则可按一般常规池塘养鱼法进行,吃食性鱼类不少于40%~50%,再搭配其他鱼类。

二要施肥适量。沼肥的使用量视水质、季节而定,应做到“少施勤施”。高温季节水色透明度以10 cm为好,其他季节透明度不低于20 cm。同时,要根据天气变化及时调整使用量,其标准以掌握在鱼类浮头时间在日出后不久下沉为宜,切忌过量施肥和投饵,以免造成大量残渣沉积池底。

池塘施沼肥应选在晴天上午8~9点进行,下午、阴雨天和鱼浮头时不能施肥,鱼生病时应少施。

三要结合施用有机肥。沼肥要和某些无机肥料同时或交替使用，这样，浮游生物的生长量可以提高 20～30 倍。无机肥的施用量一般为沼肥(干物质汁)的 1/4 左右。

M16.鱼鸭生态养殖

博罗县龙溪镇新岗头村有一烂泥湖，面积约 150 亩，过去既不能种植作物，也不能养鱼。1983 年冬，该村一养鱼专业户将其开发成 13 口渔塘，平均水深达 1.7 m，总面积 110 亩。渔塘基种象草，养鱼以草鱼为主，实行种养结合，当年亩产鲜鱼达 130 kg。之后因象草基地被破坏，只好减少草鱼放养量，增加鲮鱼放养量，并养鸭 3 000 只，鱼亩产量提高到 225 kg。实行鱼鸭混养，当年亩产大幅度增加，达到 320 kg，在水产站的指导下，他继续加大养鸭数量，并注意其他养殖品种的搭配，适时捕捞，加强管理，鱼亩产达到 501.6 kg。5 年来，通过对各种生态养鱼模式的比较看，鱼鸭混养模式较好。现将该养殖户经验总结如下：

1.养殖方法

(1)养鸭设施。塘边建鸭舍 1 800 m^2，圈养鸭的水面 9.5 亩，被圈养的渔塘水面连接塘边的鸭舍，使水面与塘边坡地(鸭的活动场所和取食场所)以及鸭舍连成一体。

(2)鱼鸭放养量。每亩平均放养塘鱼 1 930 尾(鳙鱼 200 尾、鲢鱼 150 尾、草鱼 10 尾、鲮鱼 1 000 尾、野鲮 30 尾、鲤鱼 40 尾、罗非鱼 500 尾)。饲养蛋鸭 90 只(总面积为 110 亩)。

(3)管理措施。①采用商品蛋料投喂蛋鸭。每只鸭每天投料 150 g，全年共投喂 5.4 万 kg。其中约 10%的饲料因鸭掌踩附和采食时外溢掉落地面，最终流入渔塘作鱼饵饲料或肥料。②渔塘不设任何肥料，也不施任何肥料，全部依靠鸭粪和鸭的残饵养鱼。鱼鸭混养，1 只鸭 1 d 可排粪 150 g，一年鸭群排粪 55 万 kg。按此推算，每 10.6 kg 鸭粪可转化为 1 kg 鱼；每养 1 只鸭，可净产量 5.29 kg。③水质管理。由于鸭粪和残饵下塘，渔塘肥度高，在夏秋之际水质易恶化。应经常灌注新水，降低水的肥度，并坚持每月撒 2 次石灰，每次每亩撒 10 kg，使塘水的透明度保持在 15～25 cm，水呈弱碱性。④日常管理：注意早晚巡塘，观察鱼、鸭的活动和生长情况以及水质的变化情况，发现问题及时处理。

2.收获与效益

全年共捕获各种鱼 55 182 kg，平均亩产 501.6 kg，扣除鱼种重量，亩净产 471.6 kg。至年终鸭成活 9 800 只，成活率 98%；共产鸭蛋 18.9 万 kg，平均每只鸭产蛋 19 kg，累计产生 905 818.8 元，平均每亩产生 8 234.7 元；扣除各项成本纯收入 18 244.8 元，平均每亩纯收入 1 658.57 元。

M17.鱼鸭猪生态循环养殖

1.鱼鸭混养

选择交通便利、水质清新、水深 1.5 m 左右的田间池塘进行鱼鸭混养。鱼池的一面要有鸭活动的场地，场地其他三面用网片或竹棚围住，使鸭不致外逃，活动场面积大小按每平方米容纳鸭 2～3 羽计算。鸭栏建造在池埂上或塘边田中，面积 150 m^2 左右，便于鸭吃配合饲料、产蛋。

鱼鸭混养比例，粗养渔塘每亩放鲢鳙肥水鱼占 60%左右，早春投入大规格鱼种 400～600 尾。单产在 200 kg 以下的，配养蛋鸭 80～100 羽，每亩可提高产量 150～250 kg。鱼鸭混养的好处是鱼池为鸭的生活、生长提供了良好的场所，鸭子的活动增加了池中溶氧量，鸭子吃掉池中对鱼类有害的生物，鸭粪又能肥水，鱼鸭共存、相互有利，但应注意放养的鱼种规格要大，以免被鸭子吃掉。

2.鱼猪结合

猪舍可建在池埂上，每亩鱼池养猪1～2头，做到养猪积肥，肥水养鱼。据测算1头猪全年可提供粪肥2 000～2 500 kg，施入鱼池可增产花白鲢100 kg外，还可得到75～100 kg的1头肥猪。每亩鱼池一年又为农业提供有机肥料1万kg以上，粮食又可增产40～50 kg。如猪粪先发酵产生沼气，利用沼渣养鱼效果更好。

M18.鱼、猪、沼配套养殖

湖南省安乡县巴巴湖采用"两池一栏"(即鱼池、沼气池、猪栏)猪鱼结合配套养殖模式，试探出一条增加产量、提高效益、改善生态环境、发展渔业的新路子。

"两池一栏"养殖技术，是以沼气为纽带，以猪产粪，以粪养沼，以沼养鱼，以沼煮饭，以沼照明，以猪促鱼；又以鱼促猪，猪、沼、鱼结合，实行物质和能量的良性循环，向多层次、多结构、多功能增殖的生态渔业发展。

这个渔场27个专业户应用了该技术，全场发展生猪550头，鲜鱼总产220 t，分别比未采用该技术时多养猪356头，增产鲜鱼42.75 t，沼气使用10个月时间，共节约能源支出17 128元(其中节煤40.5 t，节电5 240 kW·h)，亩均188.8元。该场一职工承包精养鱼池10亩，鱼种池2亩，饲料地3.5亩，采用猪鱼配套养殖技术后，1989年收入突破了3万元大关，是从前总收入1.2万元的2.5倍。

"两池一栏"生态养殖技术归纳起来，具有如下的效益：

(1)改良水体生态环境，有利于鱼类生长，从而提高鲜鱼产量。"两池一栏"技术用发酵后的沼肥喂鱼，水质稳定、清新，溶氧量增加，渔塘中浮游生物量猛增，鱼类食欲增强，有利于鱼的生长，据试验，沼肥养鱼每亩增产74 kg鲜鱼。同时，沼肥喂鱼可减轻鱼病，防止鱼类浮头翻塘。

(2)降低生产成本，节约能源开支。养猪和沼气利用是"两池一栏"生态技术的重要环节。猪粪是鱼的好饵料。据测算：每头肥猪一年排泄的粪尿相当于125 kg碳铵，75 kg磷酸钙，40 kg氯化钾。沼气应用可解决3～6口之家生活和照明用的能源，每户可节约煤炭1.6 t，节约煤油30 kg。

(3)促进了养猪业的发展。以前专业养鱼场单纯养鱼，产品单一，效益差，开展"两池一栏"养殖生态农业后，促进了养猪业的发展，增加了渔民的收入。

M19.鱼猪结合

十里乡水产场利用猪舍与鱼池配套进行渔牧生态循环养殖。结果表明，渔牧生态循环养殖，因牧增收，使成鱼亩产超千斤，取得了较好的经济效益。现将有关经验介绍如下：

1.养殖条件

鱼池面积23亩，呈长方形，水深2.5 m，猪舍一栋，面积60 m^2，位于池坎上，为砖木结构，水泥地面。猪粪可直接由沟流入鱼池，鱼池可随时排注水。

2. 鱼种投放

根据肥水养鱼，鱼生长快的特点，鱼种采用多品种、多规格混养。1989 年 1 月 23 日，投放鱼种 2 507 尾，计 1 223 kg，放养比例为花白鲢 50%、草鱼 10%、鲤鳊鱼 10%、鲫鱼 30%、实行年初放足、多次捕捞的方法。

3. 饲养管理

猪舍紧靠鱼池，在饵肥方面根据所投放鱼种各品种数量，进行饵肥投配投喂，除投放猪粪约 20 850 kg 外，还投放了大粪、鸡粪共 15 万 kg，化肥 200 kg，菜饼 10 500 kg，麦麸 1 150 kg，豆渣 1 500 kg，青草 20 260 kg。在水质方面，根据投入饵肥的多少，准确控制水质。主要采取：①及时注水或换水；②泼洒生石灰浆，使水呈微碱性，从而保持水"肥、活、爽"，使鱼有个良好的生活环境，在鱼病防治方面，以防为主。鱼种投放之前，将池水排干，在池底和池坡上均匀泼洒生石灰每亩 80 kg。鱼病流行季节，定期对食物进行消毒。由于预防措施做得好，全年未发生严重鱼病，仅在 7 月，发现有少数鱼有锚头鳋寄生，发现后及时用敌百虫杀死。

4. 经济效益

鱼从 5 月开始捕鱼，至年底结算，全年共获成鱼 11 845 kg，平均亩产 515 kg，共获产值 35 443 元，获利润 19 848 元。另外，猪舍出栏商品猪 26 头，计 3 026.5 kg，获产值 13 316.60 元，利润 782 元。鱼猪共创利润 20 630 元。

M20. 稻田立体生态养殖模式

稻田兼养的鱼、蛙能吃水稻害虫，并为稻田增加有机肥料，促进水稻增产。据调查，稻田养鱼能提高水稻产量 5%～10%，实现亩产 500 kg 稻、100 kg 鱼，这类例子很多。

(1)四川隆昌县光荣乡某农民，在 2.6 亩稻田中连续 3 年养鱼，不犁田，不中耕除草，不投农药，少施化肥，每年可节约成本 40～50 元，少用 8～10 个，3 年平均亩产鲜鱼 96 kg，杂交稻谷 468 kg，比相邻不养鱼田块增产稻谷 18%，亩产值约 700 元，为单种水稻的 4 倍。

(2)广西浦北县张黄镇某农民，在 2.17 亩稻田中实行田埂种蕉，蕉树下套种生姜和养蚯蚓，田中开沟养鱼，鱼池上搭棚养鸡，这种生物互利共生的多层次经营获得很高收益，平均亩产值可达 1 476 元。

(3)浙江省鄞州区梅虚良种场，在 1.12 亩稻田中混养牛蛙和田螺，亩产稻种 482 kg，牛蛙 400 kg，田螺 75 kg，田边还套种茭白，收 150 kg，合计亩净收入 3 517 元。

稻田立体养殖有如下效益：

一是生态增益。稻田兼养符合国内外提倡的有机农业和生态农业方向，鱼能吃多种水稻害虫和田中杂草，青蛙是 30 多种害虫的天敌，鱼蛙的排泄物又能肥沃农田，养鱼、蛙都能减少或不施农药，减少农田污染。

二是社会效益。稻田兼养的动物产品正是市场缺乏的高蛋白食品，蛙类、泥鳅等还可出口创汇。稻田立体农业又是劳力密集和技术密集的产业，能为农村剩余劳力提供出路。

发展稻田立体农业，条件有利，潜力很大，前景广阔。我国 4 亿亩稻田中有 1 亿多亩水源条件较好的稻田适宜立体经营，但目前只利用了很小部分。1987 年全国稻田养鱼面积仅 1 500 万亩。因此，稻田立体经营大有潜力可挖。

M21.稻田养蟹

与稻田养鱼一样,稻田养蟹也是一种利用物种间共生互利关系的生态养殖方式,具有很好的经济效益和生态效益。上海崇明县某农民在3.05亩稻田放养河蟹获得成功,放苗半年捕蟹350 kg以上,水稻亩产500 kg以上,共盈利6 000余元,其主要技术是:

1.稻田设施

选择靠近水源的稻田,四周开挖深1~1.5 m、宽2 m的大沟。田中开挖十字形深40 cm、宽50 cm的蟹沟,形成"川"字形,水沟和蟹沟要求沟沟相通,以便晒田或盛夏时水温过高为河蟹的栖息场所。稻田四周用铁皮或其他光滑坚固的材料筑起高约50 cm的栏坝,以防河蟹打洞外逃。田间设置注水口和排水口,并注意保持稻田的水质清洁。

2.放养和管理

从5、6月开始投放蟹苗,每亩放养量一般在1.5万~3.5万蟹苗,此时稻田已开始发棵,河蟹不仅不会伤及秧苗,而且还能消除田中杂草,河蟹放入后田中应保持30 cm左右的水深,夏天温高30℃以上时应及时换水。如田埂漏水,应及时堵塞,暴雨时防止田水漫过埂或冲跨栏机房。四周深沟可适当放养水藻等植物,以便幼蟹爬行栖息及脱皮"休养",但放养面积不能超过水面的1/3。河蟹放入后,每天要投放米糖、南瓜、鱼粉、混合饲料及青饲料,后期应多投放动物性饲料,使河蟹壮膘。要防止水蛇、老鼠、黄鼠狼进入蟹田,危害它们。

3.种稻与施药

养蟹稻田里栽种的水稻要选用耐肥力强、茎秆坚硬、抗倒伏、抗病害的高产良种。河蟹对农药较敏感,稻田要尽量不投农药,必要时应先灌深水,使河蟹进入四周深水沟中,再喷洒高效、低毒、低残留农药,施药后要加强观察,发现河蟹有反应要及时排水。

M22.鱼猪鸭草循环种养

江西省南昌县瑶湖水产场在150亩精养渔塘采取鱼、猪、鸭、草综合循环利用,即在塘里养鱼,塘附近养猪养鸭,塘埂种植鱼草,塘泥肥草,草和精饲料养猪、鸭,猪、鸭粪和青草养鱼,鱼类和食物残渣肥水,肥泥和塘泥肥草,使其相互促进,形成一个良性的生态循环。每亩增收110~250元。

其做法是:渔塘面积7~15亩,塘埂种草,在渔塘的向阳岸建造猪栏鸭舍。渔塘每亩放草鱼200~300尾(3.3 cm以上)、鲤鱼50~100尾、白鲢150~200尾、花鲢50~100尾、青鱼20~30尾、罗非鱼200~400尾和鳊鱼30~50尾,共同搭配混养。猪、鸭一般选用瘦肉猪和蛋鸭。每亩养鸭50只左右,养猪1~2头。上半年种苏丹草,下半年种宿根黑麦草、红薯、南瓜、菜类等,两季每亩可产鲜草1.5万~2万kg。

另外,还在渔塘内放养水花生、水浮莲葫芦等高产水生植物,作为猪、鸭的青饲料。

M23.鱼、鸭、草结合

浙江省淡水水产研究所进行鱼、禽、草生态循环养殖实验,他们通过养鸭肥水,肥水残饵鲜草喂鱼,鱼粪肥泥,肥泥种草,形成一个良好的人工生态系统,解决了高产鱼区鱼饲料和肥料不足的困难。

种植牧草以美国黑麦草、苏丹草、墨西哥的玉米和高粱为当家品种，黑麦草和苏丹草轮作，可使鱼草四季常青，全年饲料不断，年亩产达 2 万 kg 以上，比原意大利黑麦草和期货牧草单产提高 1.6 倍，饲料系数下降 1/3。按等代效益计算，种植 1 亩牧草，即相当于生产颗粒饲料 2 854 kg，产值 918 元，扣除成本等，净利润达 718 元。

渔塘边用竹桩和废鱼网围起来，养鸭 1 300 只，饲养 67 d 后每只鸭重 1.75 kg，收入 5 000 元，获利 600 多元。

由于鱼草丰富，水质肥沃，草鱼每月增重 2.86 倍，罗非鱼增重 3.75 倍，花白鲢增重 3.35 倍，均显著高于同样投草饲料并施肥的塘。利用肥水残饵、鲜草喂鱼，每亩渔塘可增产罗非鱼 150 kg，鲤、鳊鱼 25 kg，增加纯利 180 元。

第二章　生态循环养殖技术

第一节　生态循环养畜

家畜，尤其是猪在我国畜牧业中占十分重要的地位。生态循环养畜是生态循环养殖体系中一个重要组成部分。发展生态循环养畜是农畜商品经济发展和净化环境的需要。当前，我国的生态循环养畜是以饲料能源的多层次利用为纽带，以家畜饲养为中心的种植、养殖、沼气、水产等多业有机结合的生态系统。这种突出种养结合的生态循环养殖系统，在动物养殖业效益较低的情况下，对稳定畜牧业发展，促进农、林、牧、副、渔全面发展，解决畜牧发展与环境的矛盾，有着重要作用。

一、生态循环养畜的特点

(一)高效生态循环养畜适合中国国情

自20世纪80年代以来，由于中外合资畜牧企业的出现及从国外引进全套养殖设备，家畜工厂化养殖在沿海及部分城市兴起。这种全封闭或半封闭、高密度养殖方式确能大大提高生产率。但这种高刻度养畜必须有一整套环境工程设施。需高投入、高能耗，如广东引进美国三德万头猪生产线，猪舍及部分设备70万美元，国内配套设施40万元。每出栏1头100 kg肉猪耗电近30度，全场日耗水150～200 m^3。若某一个环节上出现问题，就有可能导致全场崩溃。所以，这种高投入、高能耗的养畜方式，只能产品外销才能获取利润。再从传统的动物养殖方式看，以养猪业为例，由于养猪资金的利润率和贷款利润率差不多，养猪劳动收入又低于其他行业的平均收入。据调查，一些已具相当规模和集约水平的猪场目前多处于微利和亏损之间，养猪的利润只有1%，有的甚至没有利润，导致许多猪场倒闭或转产。生态循环养畜系统按不同生态地理区域，把传统的养殖经验和现代的科学技术相结合，运用生物共生原理，把粮、草、畜、禽、鱼、沼气、食用菌等联系起来构成一个生态循环体系，以最大限度地利用不同区域内各种资源，降低成本，搞好生产效率。这是适应中国国情的。

(二)有利于净化环境

畜禽粪便等废弃物对环境的污染，日益受到人们的关注。据测算，1头猪年产粪尿2.5 t，若以生化需要量(BDD)换算，相当于10个人年排出的粪尿量，那么养100万头肉猪就相当于1 000万人的粪尿量，其污染负荷若对一个城市来说将是不堪设想的。这也就是20世纪60年代后一些欧洲国家出现的“畜产公害”。生态循环养畜强调牧、农、渔有机结合，畜禽粪肥除用作肥料，还可作为配合饲料中的一部分，直接为鱼等动物所取食利用，这不仅降低了生产成本，而且为粪便处理提供了可行途径，净化了环境，体现了高的生态效益。

(三)有利于物质的多层次利用

沼气和食用菌是生态循环养畜生物链中最常用的生态接口环节。畜禽饲料能量的1/4左右随粪便排出体外，利用高能量转化率的沼气技术，不仅可以保护养殖场环境、改善劳动卫生状况，解决当前能源紧缺，同时沼渣可作为新的饲料、培养食用菌或作肥料。最近研究表明，可以从沼渣中提取维生素B_{12}。食用菌则既是有机废物分解者，又是生产者，促进了生物资源的循环利用。经培养食用菌的菌渣，其粗蛋白质和粗脂肪含量提高了1倍以上，用菌渣喂猪、牛其效果与玉米粒相同。用某些菌种处理小麦秸秆制成的菌化饲料喂奶牛，可提高产奶量15%。经沼气或食用菌生态接口环节形成的腐屑食物链，可增加产品输出，搞好生物能利用率，提供新的饲料源。所以，生态循环养畜工程实现了物质的多层次利用，系统效益自然得到提高。

(四)牧渔结合有效地发挥水体的作用

陆地的畜禽养殖和水体鱼类养殖相结合，延长了食物链，增加了营养层次，可充分利用和发挥池塘、湖泊等水体的生产力。如西安种畜场利用猪粪尿发展绿萍等水生植物，最高年产量达5万kg/亩，折粗蛋白质量为669 kg，相当于9亩大豆的蛋白质产量。光能利用系数达6.6%，直接为养畜、鱼类提供了优质饲料和饵料。同时水塘具有蓄水集肥等作用，可有效地减少物质的流失，使之沉积在塘泥中为初级生产提供优质肥料。

二、生态循环养畜模式

近几年来，各地运用生态系统的生物共生和食物链原理及物质循环再生原理，创立了多种生态循环养畜模式，形成了不同特点的综合养畜生产系统。现将几种主要模式介绍如下：

(一)粮油加工—副产品养畜—畜粪肥田模式

(1)粮食酿酒—糟渣喂家畜—粪肥田。

(2)粮食酿酒—糟酒喂家畜—粪入稻田-稻鱼共生。

(3)浆渣利用模式。

大豆制豆制品
红薯制粉条　＞浆渣喂家畜—粪肥田
玉米制淀粉

(二)粮食喂鸡—鸡粪喂猪—粪制沼气或培育水生植物或入塘养鱼模式

(1)粮食喂鸡—鸡粪喂猪—粪入渔塘—塘泥肥田。

(2)鸡、兔粪喂猪—粪制沼气—沼渣肥田。

(3)鸡粪喂猪—粪制沼气—沼液养鱼、沼渣养蚯蚓—蚯蚓喂鸡。

(4)鸡粪喂猪—粪尿入池培育绿萍—绿萍喂畜或鱼。

(三)秸秆、草喂草食动物—粪作食用菌培育料或制沼气或养蚯蚓再利用模式

(1)秸秆、野草喂牛—粪作蘑菇培养料—脚料养蚯蚓—蚯蚓喂鸡—鸡粪喂猪—猪粪肥田。

(2)种草喂牛、羊、兔—粪制沼气—沼渣培养食用菌沼液养鱼。

(3)种草养牛—粪养蚯蚓—蚯蚓喂鱼—塘泥种草。

三、糟渣养猪技术

糟渣(包括饼粕)是一类资源量很大的农副产品。糟渣养猪是生态循环养殖的主要内容。生态循环养殖的中心内容就是把加工业、养猪业、种植业紧密地结合起来,形成一个有机的生态循环系统,扩大能流和物流的范围,把各种废弃物都利用起来,作为养猪业的饲料资源,从而保持生态平衡,争取较高的经济效益和生态效益,实现良好循环。

(一)加工副产品的种类和营养价值

加工副产品种类很多,这里仅列举一些主要种类介绍如下。

1. 豆饼

豆饼是大豆榨油后的副产品,是一种优质蛋白质饲料。一般含粗蛋白质43%左右,且蛋白质品质较好,必需氨基酸的组成合理,种类齐全,富含赖氨酸和色氨酸;粗脂肪含量为5%,粗纤维6%;含磷较多而钙不足,缺乏胡萝卜素和维生素D,富含核黄素和烟酸。

2. 棉籽饼

棉籽饼为提取棉籽油后的副产品。一般含粗蛋白质32%～37%,含磷较多而含钙少,缺乏胡萝卜素和维生素D。但棉籽饼含有棉酚,对动物具有毒害作用。

3. 花生饼

一般含粗蛋白质38%左右,赖氨基酸与蛋氨酸的含量比豆饼少,尼克酸的含量较高,是猪的良好蛋白质补充饲料。

4. 粉渣和粉浆

粉渣和粉浆是制作粉条和淀粉的副产品,质量的好坏随原料而有不同,如用玉米、甘薯、马铃薯等做原料产生的粉渣和粉浆,所含的营养成分主要是残留的部分淀粉和粗纤维,蛋白质含量较低且品质较差。无机物方面,钙和磷含量不多,也不含有效的微量无机物。几乎不含维生素A、维生素D和B族维生素。

5. 酒糟和啤酒糟

酒糟是酿酒工业的副产品,由于所用原料多种多样,所以其营养价值的高低也因原料的种类而异。酒糟的一般特点是无氮浸出物含量低,风干样本中粗蛋白质含量较高,可达到20%～25%,但蛋白质品质较差。此外,酒糟中含磷和B族维生素很丰富,但缺乏胡萝卜素、维生素D,并残留一定量的酒精。

啤酒糟是以大麦为原料制作啤酒后的副产品。鲜啤酒糟的水分含量在75%以上,干燥啤酒糟内蛋白质含量较多,约为25%,粗脂肪质含量也相当多。此外,由于啤酒糟里含有很多大

麦麸皮，所以粗纤维含量也较多。

6. 豆腐渣

豆腐渣是以大豆为原料加工豆腐后的副产品，鲜豆腐渣含水80%以上，粗蛋白质4.7%，干豆腐渣含粗蛋白质25%左右。此外，生豆腐渣中还含有抗胰蛋白酶，但缺乏维生素。

7. 酱油渣

酱油渣是以豆饼为原料加工酱油的副产品。酱油渣含水50%左右，粗蛋白质13.4%，粗脂肪13.1%。此外，酱油渣含有较多的食盐(7%～8%)，故不能大量用来喂猪。

(二)利用加工副产品养猪

1. 豆饼

豆饼是猪的主要蛋白质饲料，用豆饼喂猪不会产生软脂现象。在豆饼资源充足的情况下，可以少喂动物性蛋白质饲料(如鱼粉等)，甚至可以不喂，以降低饲料成本。豆饼宜煮熟喂，以破坏其中妨碍消化的有害物质(抗胰蛋白酶等)，提高消化率并增进适口性。豆饼的喂量，在种类猪的日粮中可占10%～25%。

2. 棉籽饼

棉籽饼的最大缺点是含有棉酚，喂量过多、连续饲喂时间过长或调制不当，常易引起中毒。棉籽饼可分机榨饼和土榨饼两种。机榨饼比土榨饼(未经高温炒熟)含毒量低，在有充足青饲料的条件下，未经处理的机榨饼只要喂量不超过10%，一般不会发生中毒现象。土榨饼含毒量高，用作饲料时必须经过去毒处理。棉籽饼的脱毒方法，目前公认的最方便有效的方法是硫酸亚铁法，用1%硫酸亚铁水溶液浸泡一昼夜后，连同溶液一起饲喂。也可对棉籽饼进行加热处理，蒸煮2～3 h即可使棉酚失去毒性。此外，用100 kg水加草木灰12～25 kg(或加1～2 kg生石灰)，沉淀后取上清液，浸泡棉籽饼一昼夜，水与饼之比为2∶1，清水冲洗后即可饲喂。去毒后的棉籽饼育肥猪可占日粮的20%，但喂1～2个月后，须停喂7～10 d，并多喂青饲料和适当补充矿物质饲料。母猪可喂到15%，妊娠母猪、哺乳母猪以及15 kg以下的仔猪最好不喂。

3. 花生饼

花生饼也是猪的优质蛋白质饲料，可单独饲喂，也可与动物性蛋白质饲料饲喂。由于花生饼的氨基酸组成中缺乏赖氨酸和蛋氨酸，补喂动物性蛋白质饲料以补充缺乏的氨基酸效果更好。猪喜食花生饼，但喂量不可过多，否则可致体脂变软，一般花生饼在猪日粮中的比例以不超过15%为宜。

4. 粉渣和粉浆

由于粉渣和粉浆的营养价值低，如长期大量用来喂猪，可使母猪产生死胎和畸形仔猪，仔猪发育不良，公猪精液品质下降等。因此在大量饲喂粉渣时，必须补充蛋白质饲料、青饲料和矿物质饲料。干粉渣的喂量，幼猪一般在30%以下，成猪在50%以下。

5. 酒糟和啤酒糟

酒糟不适于大量喂种猪，特别是妊娠母猪和哺乳母猪，否则易出现流产、死胎、怪胎、弱胎和仔猪下痢等情况。这主要是由于酒糟中含有一定数量的酒精、甲醇等的缘故。为了提高出酒率，常在原料内加入大量稻壳，猪采食后不易消化，因此酒糟最好晒干粉碎后再喂。

酒糟所含养分不平衡，属于“火性”饲料，大量饲喂易引起便秘，所以喂量不宜过多，最好不超过日粮的1/3，并且要搭配一定量的玉米、糠麸、饼类等精料，并补充适量的钙质，特别是要多搭配一些青饲料，以弥补其营养缺陷并防止便秘。

啤酒糟体积大，粗纤维多，所以应限制其喂量，在猪日粮中的比例以不超过20%为好。

6. 豆腐渣

豆腐渣含水多，容易酸败，生豆腐渣中还含有抗胰蛋白酶，喂多了易拉稀。饲喂前要煮熟，破坏抗胰蛋白酶，并注意搭配青饲料和其他饲料。

7. 酱油渣

酱油渣含有较多的食盐，所以不能大量用来喂猪，否则易引起食盐中毒。干酱油渣在猪日粮中的用量以5%左右为宜，最多不超过7%，一般作为猪的调味饲料使用。同时注意不用变质的酱油渣喂猪。

四、猪饲养技术

(一)我国的优良猪种

1. 民猪

(1)产地：原产于东北和华北部分地区。

(2)体型外貌：按体型大小和外貌结构分为大民猪、二民猪和荷包猪，以二民猪数量最多。头中等大，面直长，耳大下垂，背腰较平，腹大下垂，四肢粗壮，体质强健，后躯斜窄，乳头7对以上，全身被毛黑色，冬季密生绒毛，猪鬃良好。

(3)繁殖性能：初产母猪约产仔12头，经产母猪产仔15头左右，仔猪初生约1 kg，30日龄窝重约60 kg，60日龄个体重约12 kg。

(4)主要优缺点：主要优点是繁殖力高，护仔性强，抗寒、抗病力强，耐粗，花板油多，肉质好。缺点是饲料利用率较低，体躯斜窄，后躯欠丰满。

2. 金华猪

(1)产地：原产于浙江省金华地区。

(2)体型外貌：金华猪的毛色除头颈和臀尾为黑色外，其余均为白色，故有“两头乌”之称。体型较小，耳中等大、下垂，背微凹，腹微下垂，臀较倾斜，乳头多在8对左右。

(3)繁殖性能：母猪产仔12头左右，仔猪初生重约0.75 kg，60日龄断奶个体重约10 kg。成年公猪体重120 kg以上，成年母猪100 kg左右。

(4)主要优缺点：优点是性成熟早，繁殖力高，皮薄骨细，肉质细嫩，脂肪分布均匀，具有腌制火腿的特殊优点。缺点是体型较小，仔猪初生重小，生长较慢，大腿欠丰满。

3. 太湖猪

(1)产地：原产于江苏、浙江和上海市交界的太湖流域。

(2)体型外貌：太湖猪个体稍大，头大额宽，额部和后躯有明显皱褶，耳特大、软而下垂，近似三角形，背腰微凹，胸较深，腹大耳垂，臀宽倾斜，四肢稍高，被毛稀疏，毛色全黑或青灰色，乳头一般为8～9对。

(3)繁殖性能:初产母猪产仔约 12 头,经产母猪约 15 头,高的可达 20 头以上,初生重 0.7 kg 左右。

(4)主要优缺点:太湖猪产仔多,性情温顺,母性强,早熟易肥,但后躯发育差,大腿欠丰满,四肢较弱,增重较慢。

4.荣昌猪

(1)产地:原产于四川省荣昌、隆昌两县。

(2)体型外貌:全身白色,两眼周围和面部有小块黑毛,故有“眼镜猪”之称,也是荣昌猪独有的特征。前额部有“旋毛”,耳中等大而下垂,背腰微凹,腹大而深,臀部稍倾斜。

(3)繁殖性能:经产母猪产仔 12 头左右,初生重 0.75~0.85 kg。成年公猪体重约 150 kg,成年母猪约 140 kg。

(4)主要优缺点:荣昌猪具有生长快,早熟易肥,皮薄,肉质细嫩,饲料报酬高,鬃毛品质特别好等优点。主要缺点是前胸狭窄,后躯欠丰满,对寒冷潮湿环境敏感。品种内个体差异大。

5.哈尔滨白猪(简称哈白猪)

(1)产地:原产于黑龙江省南部及中部地区,以哈尔滨市及其周围各县饲养较多。哈白猪是用约克夏猪与当地民猪在长期的杂交改良下形成的。

(2)体型外貌:被毛全白,头中等大,嘴中等长,颜面微凹,两耳直立或稍倾斜,结构匀称,背腹平直,腹部下垂,腿臀丰满,四肢粗壮,乳头 6~7 对。

(3)繁殖性能:经产母猪平均产仔数为 11.3 头,初产重为 1.2 kg,60 日龄断奶体重 10~15 kg。

(4)主要优缺点:主要优点是繁殖力高,仔猪初生重大,哺育性能好,抗寒,耐粗,生长发育快,耗料少,屠宰率高,适应能力较强。缺点是体型外貌尚不大一致。

6.长白猪(兰德瑞斯猪)

(1)产地:原产于丹麦,系 1895 年由英国大白猪与丹麦本地猪杂交后经长期选育而成,是世界分布最广的著名瘦肉型猪种之一。

(2)体型外貌:全身被毛白色,头狭长,嘴筒直,面无凹陷,耳大向前平伸,体躯特别长,肋骨比一般猪多 1~2 对,背腰平直,后躯发达,大腿丰圆,乳头 7~8 对,皮薄,骨细结实。

(3)繁殖及生产性能:母猪产仔 12 头左右,仔猪初生重 1.5 kg 以上,60 日龄断奶重 15 kg 以上,育肥猪 6 月龄体重可达 90 kg,屠宰率 72%~74%,胴体瘦肉率 58%以上。成年公猪体重 250~350 kg,母猪 200~300 kg。

(4)主要优缺点:长白猪的特点是体躯长,具有高度的早熟性和高的瘦肉率与饲料报酬,繁殖力高,遗传性能稳定,杂交效果显著。但由于长白猪是在优厚的饲养管理条件下育成的,所以对蛋白质水平要求高,耐粗性差,在较差的饲料管理条件下难以适应,易发生皮肤、四肢和生殖道等疾病。

7.大型约克夏猪(大白猪)

(1)产地:原产于英格兰约克郡地区。

(2)体型外貌:为肉用型猪种,毛色全白,头颈较长,脸微凹,耳薄而大、稍向前立,体躯长,肌肉发达,胸宽深,背稍呈弧形,腹下线平直,四肢较高,体格匀称。

(3)繁殖和生产性能:母猪产仔数为 11 头左右,初生重为 1.25 kg。在我国饲养条件下,一般生后6个月体重可达90 kg,成年公猪体重250～330 kg,成年母猪200～250 kg。

(4)主要优缺点:大约克夏猪是世界上著名的瘦肉型品种之一。在我国分布较广,有较好的适应性。具有生长快、饲料利用率高,瘦肉率高,产仔较多,杂交效果好等特点。用大型约克夏作父本与本地母猪进行杂交,在日增重、饲料报酬等方面均有明显的杂交优质。

8.杜洛克猪

(1)产地:原产于美国。

(2)体型外貌:被毛棕红色,头较小而清秀,脸部微凹,耳中等大小、稍向前倾,身腰较长,肌肉丰满,大腿发达。

(3)产仔性能:母猪窝产仔约11头。

(4)主要优缺点:杜洛克猪的主要优点是饲料报酬高,胴体品质较好,瘦肉率高,早熟生长快。

9.汉普夏猪

(1)产地:原产于美国。

(2)体型外貌:被毛黑色,在颈结合部有一白带(包括肩和前肢,故称银带猪),嘴较长而直,嘴较长而直,耳中等大小,直立,体躯较长,肌肉发达。

(3)繁殖性能:母猪平均窝产仔数为10头。

(4)主要特点:汉普夏猪性情活泼,胴体瘦肉比例大,眼肌面积及后腿肌肉面积大,繁殖性能良好,母性强。在杂交组合中,适于做母本。

10.巴克夏猪

(1)产地:原产于英国。

(2)体型外貌:除鼻端、尾梢及四肢下端呈白色(即“六白”)外,其余全为黑色。头短小,嘴筒短,颜面稍凹,耳中等大略向前倾。颈粗短,胸宽深,体躯长、宽、深,似圆筒状。四肢短直有力,后腿发达。

(3)繁殖性能:母猪产仔一般8头左右,初生重为1.3 kg。

(4)主要优缺点:巴克夏猪早熟易肥,屠宰率高,初生仔猪体重大,母猪泌乳力高,遗传性能稳定,适应性较强,性能温顺。但产仔数少,护仔性较差。

(二)仔猪的饲养管理要点

1.哺乳仔猪的饲养管理技术

哺乳仔猪的生理特点是生长发育快,物质代谢旺盛;体温调节机能不健全;消化道不发达,消化机能不健全。根据哺乳仔猪的这些生物特点,养好仔猪的关键措施,就是使仔猪过好“三关”,以提高其成活率和断奶窝重。

(1)初生关。初生阶段的饲养管理目的是力争仔猪全活、健壮。由于仔猪在胚胎期生活条件稳定,出生后生活条件变化较大,初生猪对外界条件适应性差,抵抗力弱,饲养管理稍有疏忽,就容易造成仔猪死亡。实践证明,仔猪出生后5 d内死亡率较高,常占整个哺乳期死亡总数的58%以上。造成死亡的原因,除由于饿死、冻死、压死以外,病死的也很多。因此,把好初生关是提高仔猪成活率的关键之一。可采取以下几方面措施:①派专人值班接产。尤其是在冬季和早春产仔时更应注意。②防冻防压。冻死和压死是冬季和早春产仔时造成仔猪死亡的重要原因。主要是由于初生仔猪抗寒力差，行动不灵活所致。为此应采取预防措施。实行季节(春季2～3月份)产仔，避开最冷时节；设立专门产房；迅速擦干初生仔猪身上的黏液；猪圈要干燥无贼风。母猪产后1周派专人看护；保持产圈安静，设护仔栏。让仔猪及时吃上初乳。以获得抗体，增强抗病力。③做好仔猪固定奶头的工作。固定奶头时应把发育较差、初生体重小的仔猪固定在前边几对出乳多的乳头上吮乳，把发育较好的放在后边几对出乳少的乳头上，这样不仅可减少弱小仔猪的死亡，还可使全窝仔猪发育匀称。固定奶头时也可掌握“抓两头顾中间”的原则，就是把一窝中最爱抢奶的和抢不上奶的仔猪控制住，强制它们吃指定的奶头，余者仔猪可让它自己去找奶头。

(2)补料关。给仔猪提早开食补料，对于促进仔猪生长发育，提高抗病力、成活率和断奶重是非常重要的。补料技术，主要掌握以下几点：①补料开始时间。以生后7日龄左右开始引食较好，经过10～20 d的训练，在母猪泌乳量开始下降时，仔猪就能正式补上料，以弥补母乳的不足，保证仔猪的正常生长发育。②补料方法。开始引食时可采取“以老带少”的方法，把煮熟的粒料撒于母猪栏内，让母猪带领仔猪吃食；以后采取“以大带小”的方法，以先吃食的大仔猪在运动场内带领未吃食的小仔猪吃料；也可一开始就用湿拌料训练仔猪认食。补料时还应注意：提早饮水；饲料的变换要循序渐进、逐步过渡；抓好旺食期；饲料、食槽和用具要清洁卫生；补料中注意添加矿物质，尤其注意给仔猪补铁等措施。

(3)断奶关。哺乳仔猪长到一定时间，就要离开母猪独立生活，这是一个很大的转变，是影响仔猪成活和增重的最后一关。这一阶段的饲养管理目的是保证仔猪全活，力争少掉膘或不掉膘。主要注意以下几点：①断奶时间。一般在45～60日龄断奶，但也应根据猪的品种、母猪的膘情和泌乳量的多少，以及仔猪的用途等灵活掌握。②断奶方式。其方法主要有：一次断奶，即将母猪与仔猪一次全部隔开。这种方法简单，但由于断奶太突然，仔猪易掉膘，母猪易患乳腺炎；分批断奶，即先断体重大、发育好的仔猪，后断体重小而弱的仔猪，这样有利于弱小仔猪的发育，但断奶期拖得长；逐渐断奶，即在断奶前的5～6 d内，逐渐减少哺乳次数，直到完全断奶，如第1天哺乳4～5次，第2天减为3～4次，第3次减为2～3次，第4天减为1～2次，第5天断奶，这种断奶方式对母仔双方都有利，母猪不易得乳腺炎，仔猪不影响生长发育，为一般猪场所采用。

2.断奶仔猪的饲养管理技术

从断奶到生后4月龄的仔猪叫作断奶仔猪。要加强断奶仔猪饲养管理，力争断奶仔猪在断奶后健壮成活，并获得较高的日增重，为培育优良的后备猪或商品肉猪打下基础。

仔猪断奶后8～20 d内，往往精神不安，食欲下降，增重缓慢。为了较好地度过这一阶段，应采取“两维持、三过渡”的措施。两维持是指维持原栏管理，维持断奶前的饲料和饲养方式；三过渡是指对饲料、饲养制度和环境要逐渐过渡。

(1)饲料过渡。仔猪断奶后，要保持原来的饲料半个月内不变，以免影响食欲和引起疾病。半个月后逐渐过渡。

(2)饲养制度过渡。仔猪断奶后半个月，每天的饲喂次数应比哺乳期多1～2次。每次的喂量不宜过多，以七八成饱为度，使仔猪保持旺盛的食欲，并应供给清洁的饮水。

(3)环境过渡。如仔猪过渡。仔猪断奶后的最初几天，常表现精神不安、鸣叫，寻找母猪。为了减轻仔猪的不安，最好仍将仔猪留在原栏，也不要混群并窝。到断奶半个月后，仔猪的表现基本稳定和正常时，才可调栏并窝。

(三)肥育猪的饲养管理要点

1. 一贯育肥法

一贯育肥法又叫一条龙育肥法。即从断奶到催肥结束,一直保持高的营养水平。育肥期短,日增重快,饲料利用率高。这种方法要根据猪在各个生长发育阶段的特点,采用相应的日粮配合和饲喂技术。

在小猪阶段,要增加饲喂次数 1～2 次,日龄逐渐增大后,相应减少日喂次数。为了提高日增重,可采取自由采食法。根据生长发育的需要,精饲料的数量要随体重的增长而增加,并供给充足的粗饲料。

育肥开始时,应做好防疫、驱虫、防寒或防暑等工作。一贯育肥法,一般要求育肥猪 6～8 月龄时,体重达到 90～100 kg。

2. 阶段育肥法

阶段育肥法也称"吊架子"育肥法。是把猪的育肥过程划分为小猪、吊架子、催肥 3 个阶段,把精饲料重点用在小猪和催肥阶段,在吊架子阶段则尽量利用青饲料和粗饲料,适当搭配精料。这是根据猪的生长发育规律,结合我国以青饲料为主的实际情况,总结出的一种养猪方法。

①小猪阶段(小克郎猪)。从断奶到 20～30 kg,饲养时间 2～3 个月,平均日增重 0.2～0.25 kg。在饲养管理技术上,同断奶后 3～4 月龄的育成猪一样。

②架子猪阶段(大克郎猪)。从体重 20～30 kg 到 40～60 kg,根据青粗饲料质量,饲养时间约 5 个月,平均日增重 0.15～0.2 kg。在此阶段内,猪的耐粗能力逐渐加强,可以消化较粗的青粗饲料,所以在日粮的搭配上,都采取逐渐增加青饲料的办法来"吊架子",充分利用青饲料中所含的蛋白质、矿物质和维生素来生长骨骼和肌肉,拉大架子。

③催肥阶段。随猪种不同,从体重 50～60 kg 喂到出栏屠宰,饲喂时间约 2 个月,平均日增重 0.5 kg 左右。当架子猪进入催肥阶段以后,应逐渐增加碳水化合物精料,并适当减少运动沉积脂肪。到催肥后期,因体内已蓄积了较多脂肪,加上运动不足,往往会出现食欲下降现象。因此,要采取措施提高其食欲,防止因食欲减退而影响增重。

五、高效生态养猪实例

目前,全国各地以加工业、养殖业、种植业相结合的高效益生态型养猪模式很多,取得的经验也很多,这里仅介绍一例。

河南省偃师县诸葛乡诸葛村,全村 970 户,44 000 人,4 500 亩耕地。多年来该村重视生态循环农业的发展,将加工业、养殖业、种植业紧密联系起来,相互利用,相互促进,既保护了生态的平衡,又取得了较高的经济效益。他们的经验是:

第一,玉米深加工后的废弃物——淀粉水渣,为养猪业的发展提供了丰富的物质基础。

该村投资 150 万元建起了该县第一家玉米淀粉厂,玉米深加工后的淀粉水渣,作为废弃物直接排到水中,不仅浪费了资源,且严重污染了水源。通过试验,淀粉水渣喂猪获得成功。之后全村推广用淀粉水渣喂猪,养猪数量猛增,生猪存栏达 4 200 头,人均 1 头。

第二,养猪业发展为农业提供了大量有机肥料,对改善土壤结构,减少化肥污染,降低粮食生产成本起了重要作用。全村年生产猪粪 1 200 万 kg，每亩可施肥 1 600 kg，促进了玉米、小麦丰收。

第三，种植业丰收，促进了加工业的发展。由于猪多、肥多、粮多，又促进了淀粉厂的稳定发展，形成了生态的良性循环。每年全村提供给淀粉厂的玉米为 130 万 kg。

诸葛村以生态学理论为基础，通过“加工业—养殖业—种植业—加工业”这样一个封闭式农牧工结合循环模式，净化了环境，保护了生态平衡，走出了一条切实可行的生态型养猪业道路，取得了很好的经济效益、社会效益和生态效益，为生态循环农业的发展提供了经验。

第二节　草牧沼鱼综合养牛

草牧沼鱼综合养牛的中心内容是秸秆(草)养牛—牛粪制沼气—沼渣和沼液喂鱼。

一、作物秸秆营养特点

作物秸秆产量多，来源广，是牛等草食动物冬春两季的主要饲料来源，其营养特点为：

(1)粗纤维含量高，在 18%以上，有的甚至超过 30%。

(2)无氮浸出物(NFE)中淀粉和糖分含量很少，主要是一些半纤维素 NFE 的消化率低。如稻草 NFE 的消化率仅为 45%。

(3)粗蛋白质含量低，蛋白质品质差，消化率低。

(4)豆科作物秸秆中一般含钙较多，而磷的含量在各种秸秆中都较低。

(5)作物秸秆含维生素 D 较多，其他维生素的含量都较低，几乎不含胡萝卜素。

二、秸秆喂牛技术

作物秸秆，如麦秸、玉米秸和稻草等很难消化，其营养价值也很低，直接使用这类秸秆喂牛的效果很差，甚至不足以满足牛的维持营养需要。若将这类饲料经过适当的加工调制，就能破坏其本身结构，提高消化率，改善适口性，增加牛的采食量，提高饲喂效果。秸秆加工调制的方法主要有：

(一)切短

切短的目的利于咀嚼，减少浪费并便于拌料。对于切短的秸秆，牛无法挑食，而且适当拌入糠麸时，可以改善适口性，提高牛的采食量。“寸草铡三刀，无料也上膘”是很有道理的。秸秆切短的适宜长度以 3～4 cm 为宜。

(二)制作青贮料

青贮是能较长时间保存青绿饲料营养价值的一种较好的方法。只要贮存得当，可以保存数年而不变质。

青贮可分为一般青贮、低水分青贮和外加剂青贮。这几种青贮的原理，都是利用乳酸菌发酵提高青贮料的酸度，抑制各种杂菌的活动，从而减少饲料中营养物质的损失，使饲料得以保存较长的时间。利用青贮窖、青贮塔、塑料袋或水泥地面堆制青贮饲料时，都要求其设备便于装取青贮料，便于把青贮原料压紧和排净空气，并能严格密封，为乳酸菌活动创造一个有利的环境。

1. 一般青贮方法

我国通常采用窖式青贮法(地下窖、半地下窖等)。窖的四壁垂直或窖底直径稍小于窖口直径，窖深以 2～3 m 为宜。这样的窖容易将原料压紧。原料的适宜含水量为 60%～80%。为便于压实和取用，应将青贮原料铡短为约 1 寸。边装边压实，窖壁、窖角更需压紧。一般小窖可用人工踩踏，大窖可用链轨式拖拉机镇压。

装满后立即封窖。可先在上面铺一层秸秆，再培一层厚约 1 尺的湿土并踩实。如用塑料薄膜覆盖，上面再压一层薄土，能保持更加密闭的状态。封窖后 3～5 d 内应注意检查，发现下沉时，须立即用湿土填补。窖顶最好封成圆弧形，以防渗入雨水。

2. 低水分青贮法

低水分青贮法又称半干青贮法，这种青贮料营养物质损失较少。用其喂牛，干物质采食量和饲料效率(增重和产奶)分别较一般青贮约提高 40%和 50%以上。低水分青贮料含水量低，干物质含量较一般青贮料多 1 倍，具有较多的营养物质，适口性好。

制作方法是将原料刈割后就地摊开，晾晒至含水量达 50%左右，然后收集切碎装入窖内，其余各制作步骤均与一般青贮法相同。

3. 外加剂青贮

主要从 3 个方面来影响青贮的发酵作用：一是促进乳酸发酵，如添加各种可溶性碳水化合物，接种乳酸菌、加酶制剂等，可迅速产生大量乳酸，使 pH 很快达到 3.8～4.2；二是抑制不良发酵，如加各种酸类、抑制剂等，可阻止腐生菌等不利于青贮的微生物生长；三是提高青贮饲料营养物质的含量，如添加尿素、氨作物，可增加青贮料中蛋白质的含量。

这 3 个方面以最后一种方法应用较多。其制作方法一般是：在窖的最底层装入 50～60 cm 厚的青贮原料，以后每层为 15 cm，每装一层喷洒一次尿素溶液。尿素在贮存期内由于渗透、扩散等物理作用而逐渐分布均匀。尿素的用量每吨原料加 3～4 kg。其他制作法与一般青贮法相同，窖存发酵期最好在 5 个月以上。

(三)秸秆的碱化处理

19 世纪末，人们就开始用碱处理秸秆来提高消化率的试验。1895 年法国科学家 Lehmann 用 2%NaOH 溶液处理秸秆，结果使燕麦秸秆的消化率从 37%上升到 63%。Beckmann 于 1919 年总结出了碱处理的方法：在适宜的温度下，用 1.5%的 NaOH 溶液浸泡 3 d。后来的研究又指出，浸泡时间可缩短到 10～12 h。随着进一步的研究，以后又发展了用氨水、无水氨和尿素等处理秸秆的方法，对提高秸秆的营养价值起到了一定的作用。

碱化处理的原理是：秸秆经碱化作用后，细胞壁膨胀，提高了渗透性，有利于酶对细胞壁中营养物质的作用，同时能把不易溶解的木质素变成易溶的羟基木质素，破坏了木质素和营养物质之间的联系，使半纤维素、纤维素释放出来，有利于纤维素分解酶或各种消化酶的作用，提高了秸秆有机物质的消化率和营养价值。如麦秸以碱化处理后，喂牛消化率可提高 20%，采食量提高 20%～45%。

1. 氢氧化钠处理

用氢氧化钠处理作物秸秆有两种方法，即湿法和干法。湿法处理是用 8 倍秸秆重量的 1.5% NaOH 溶液浸泡秸秆 12 h，然后用水冲洗，直至中性为止。这样处理的秸秆保持原有结构与气味，动物喜食，且营养价值提高，有机物质消化率提高 24%。湿法处理有两个缺点，一费劳力，二费大量的清水，并因冲洗可流失大量的营养物质，还会造成环境的污染，较难普及。Wilson 等(1964)建议，改用氢氧化钠溶液喷洒，每 100 kg 秸秆用 30 kg 1.5%氢氧化钠溶液，随喷随拌，堆置数天，不经冲洗而直接饲喂，称为干法。秸秆经处理后，有机物的消化率可提高 15%，饲喂牛后无不良后果。该方法不必用水冲洗，因而应用较广。

2. 氨处理

很早以前，人们就知道氨处理可提高劣质牧草的营养价值，但直到 1970 年后才被广泛应用。为适用不同地区的特定条件，其处理方法包括无水氨处理、氨水处理及尿素处理等。

(1)无水液氨处理。氨化处理的关键技术是对秸秆的密封性要好，不能漏气。无水氨处理秸秆的一般方法是，将秸秆堆垛起来，上盖塑料薄膜，接触地面的薄膜应留有一定的余地，以便四周压上泥土，使呈密封状态。在垛堆的底部用一根管子与装无水液氨的罐相连接，开启罐上的压力表，按秸秆重量的 3%通进氨气，氨气扩散很快，但氨化速度较慢，处理时间取决于气温。如气温低于 5℃，需 8 周以上；5～15℃需 4～8 周；15～30℃需 1～4 周。氨化到期后，要先通气 1～2 d，或摊开晾晒 1～2 d，使游离氨挥发，然后饲喂。

(2)氨水处理。用含量 15%的农用氨水氨化处理，可按秸秆重量 10%的比例把氨水均匀喷洒于秸秆上，逐层堆放，逐层喷洒，最后将堆好的秸秆用薄膜封紧。

(3)尿素处理。尿素使用起来比氨水和无水氨都方便，而且来源广。由于秸秆里存在尿素酶，尿素在尿素酶的作用下分解出氨，氨对秸秆进行氨化。一般每 100 kg 秸秆加 1～2 kg 尿素，把尿素配制成水溶液(水温 40℃)，趁热喷洒在切短的秸秆上面，密封 2～3 周。如果用冷水配制尿素溶液，则需密封 3～4 周。然后通气一天就可饲喂。

秸秆经氨法处理，颜色棕褐，质地柔软，牛的采食量可增加 20%～25%，干物质消化率可提高 10%，其营养价值相当于中等质量的干草。

(四)优化麦秸技术

小麦秸用于喂牛虽有多年历史，但由于原麦秸营养价值低，粗纤维含量高，适口性差，饲喂效果不够理想。

由莱阳农学院(现青岛农业大学)研制出了一种利用高等真菌直接对小麦秸优化处理的生物学处理方法。经过多年经验，初步筛选出比较理想的莱农 01 和莱农 02 优化菌株，并研究出简便易行的优化生产工艺。结果表明，高等真菌优化麦秸后，不仅能使纤维素和木质素降解，而且可使高等真菌的酶类与秸秆纤维产生一系列生理生化和生物降解与合成作用，从而使小麦秸的粗蛋白质和粗脂肪的含量大幅度提高，而粗纤维的含量则显著下降，其营养成分含量见表 2-1。

表 2-1　不同方法处理麦秸的营养成分　%

类别	粗蛋白质	粗脂肪	粗纤维
原麦秸	2.70	0.60	40.00
氨化麦秸	3.07	1.00	40.01
优化麦秸 01	5.32	0.99	37.38
优化麦秸 02	6.09	1.40	34.54

优化麦秸的方法为：将质量较好的麦秸，放入1%～2%的生石灰水中浸泡20～24 h，以破坏麦秸本身固有的蜡质层，软化细胞壁，使菌丝容易附着。捞出麦秸后，空掉多余的水分，使麦秸的含水量在60%左右。然后采用大田畦沟或麦秸堆垛方式进行菌化处理，每铺20 cm厚的麦秸，接种一层高等真菌，后封顶，防止漏水。一般经20～25 d的菌化时间，菌丝即长满麦秸堆，晒干后即可饲喂。

据试验，优化麦秸喂牛，适口性好，采食量大，生长发育好，平均日增重为681 g，比氨化麦秸和原麦秸分别提高216 g和304 g。

三、沼液喂鱼技术

搞好养猪、养鸡和养牛业的同时，结合办沼气，利用沼肥养鱼，是解决渔业肥料来源，降低生产成本，充分利用各种资源，加快系统内能量和物质的流动，净化环境，提高经济效益和生态效益的一种新途径，也是生态渔业的一种新模式。

湖南省平江县三兴水库是一座小型水库，库容140万 m^3，灌田3 035亩，养鱼水面73亩。1980年开始养鱼，到1984年止，5年共产鱼3万kg，年均亩产82 kg。1985年建起沼气池，利用沼肥养鱼，至1987年，3年平均亩产鱼157 kg，比前5年每亩增产75 kg。1985年该库为了增强渔业后劲，进一步发展养猪、养鸡业，开辟新的肥料来源。平均每亩水面配养猪1.5头，共养猪100多头，年产粪25 t；年养鸡5 000只，产粪45 t。建容积为47 m^3 的沼气池一个，大部分人畜粪先入池制作沼气。沼渣、沼水下库养鱼，形成猪粪、鸡粪制沼气，沼肥养鱼生态循环模式，使鱼产量大幅度提高，成本下降。

人、畜粪制取沼气后有3个方面的优点。一是肥料效率提高。人畜粪在沼气池中发酵，除产生沼气外，在厌氧情况下产生大量的有机酸，把分解出来的氨态氮溶解吸收，减少了氮态损失，因而提高了肥效。二是肥水快。肥料在沼气池中充分发酵分解，投入库中能被浮游植物直接利用，一般施肥后3～5 d水色发生明显变化，浮游生物迅速繁殖，达到高峰。比未经沼气池发酵直接投库的肥料提早4 d左右。三是鱼病减少。投喂沼渣和沼水后，鱼病很少发生。

实践证明，库区发展养牛、养猪、养鸡，用其粪便和杂草制沼气，沼渣、沼水养鱼，是解决水库养鱼饲料来源的有效措施，也是生态渔业的一种模式，其特点是能使各个环节有机结合，互补互利，形成一个高效低耗、结构稳定可靠的水陆复合生态系统。

第三节　生态循环养禽

生态循环养禽，是应用生态工程原理，通过农、牧、渔的有机结合，把规模化养禽业与其他养殖业以及资源利用、环境保护结合起来，充分利用各种资源，提高物质利用率，加快系统内能量的流动和物质的循环，提高经济效益、社会效益和生态效益，促进养禽业的发展。

生态循环养禽的特点如下：

(一)禽类对动物蛋白的需要

蛋白质是生命的物质基础，是构成禽体细胞的重要成分，也是构成禽产品——肉和蛋的主要原料。家禽在生长发育、新陈代谢、繁殖和生产过程中，需要大量蛋白质来满足细胞组织的更新和修补的要求，其作用是其他物质无法代替的。

由于禽蛋白质中含有各种必需氨基酸，而禽体内又不能合成足够数量的必需氨基酸满足代谢和生产的需要，必须由饲料中供给。禽类对蛋白质的需要，实质上是对各种必需氨基酸的需要，如鸡生长需要11种必需氨基酸。就不同种类蛋白质饲料来说，动物性蛋白饲料较植物性蛋白质饲料所含的必需氨基酸种类齐全，数量也较多，特别是赖氨酸、蛋氨酸、色氨酸3种限制性氨基酸的含量比植物性蛋白质高得多，其生物学价值也较高。因此，动物性蛋白质饲料是家禽日粮中必需氨基酸的重要来源，但动物性蛋白质饲料来源日趋紧张，如鱼粉主要靠国外进口，成本高。所以，解决家禽对动物蛋白需要的矛盾已迫在眉睫。

生态循环养禽正是解决这一矛盾的关键。例如，用畜禽粪便养殖蚯蚓，再用蚯蚓喂鸡，是实现物质循环、解决禽类动物性蛋白质饲料来源的有效途径。据测定，蚯蚓干体中蛋白质的含量为66%，接近于秘鲁鱼粉，在禽类的日粮中可用蚯蚓替代等量的鱼粉，且成本低，效果好。

实践证明，用蚯蚓喂肉鸡、产蛋鸡和鸭，可以提高增重，节约粮食，多产蛋，降低成本。更主要的是解决了禽类动物性蛋白饲料来源的不足。

此外，在生态循环养禽实践中，也可用禽类粪便养殖蝇蛆，其蛋白质含量为60%，必需氨基酸含量齐全，也是禽类良好的蛋白质饲料来源。

(二)禽类消化特点与禽粪营养价值

搞好生态循环养禽，必须首先了解家禽的消化特点以及禽粪的营养价值，然后加以综合利用。

1.禽类消化特点

家禽消化道结构与家畜明显不同。家禽有嗉囊和肌胃，喙啄食饲料进入口腔，通过食道进入嗉囊存留，停留时间一般为2～15 h，而后饲料通过肠道进入肌胃，在肌胃中借助于砂粒磨碎饲料；家禽消化道短、容积小，饲料通过时间短(2～4 h)，对营养物质的消化利用率低。此外，家禽消化道无酵解纤维素的酶，故对粗纤维的消化力差，盲肠只能消化少量的粗纤维。

2.禽粪营养价值

家禽由于消化道较短，消化吸收能力差，很多营养物质随粪便排出体外。因此，禽粪中残存的营养物质很多。目前对禽粪再利用研究较多的是鸡粪。在鲜鸡粪中含有干物质26.49%、粗蛋白8.17%、粗脂肪0.96%、粗纤维3.86%、粗灰分5.2%、无氮浸出物8.27%、磷0.50%、钾0.40%。干鸡粪中所含的营养物质与麸皮、玉米、麦类等谷物饲料相似(表2-2)。

表 2-2　干鸡粪的营养成分　%

营养成分	含量	营养成分	含量
水分	6.56	粗脂肪	2.32
粗蛋白质	24.7	无氮浸出物	29.4
纯蛋白质	13.1	粗纤维	11.8
非蛋白氮	11.6	粗灰分	25.1

鸡粪中还含有丰富的B族维生素，其中以维生素 B_{12} 较多。鸡粪中还含有全部必需氨基酸，其中赖氨酸(0.51%)和蛋氨酸(1.27%)含量均超过玉米、高粱及大麦等谷物饲料。鸡粪中还含有多种矿物质元素(表 2-3)。因此，开发鸡粪作为畜牧业生产的饲料，是目前国内外鸡粪处理利用研究的热点。

表 2-3　鸡粪中矿物质元素的含量

项目	含量	项目	含量
粗灰分/%	25.56±9.54	氯/%	0.94±0.11
钙/%	8.8±1.1	铁/(mg/kg)	2 000
磷/%	2.5±0.6	钴/(mg/kg)	0.000 7
镁/%	0.67±0.16	铜/(mg/kg)	150±45
钠/%	0.94	锰/(mg/kg)	460±9
钾/%	0.33±0.27	锌/(mg/kg)	463±93

第四节　林下养鸡

随着我国产业结构调整，退耕还林、还草政策的实施，有些地区种植了大面积的林地。随着林木的不断增长，林中土地越来越不适合进行粮食生产。因而，产生大量的林地空闲区，为了提高土地利用率，以林下养鸡为主的林下经济模式在全国迅速发展起来。

由于畜牧业附加值高，发展畜禽生产能增加农民收入，尤其是家禽生产投资低，见效快，成为各地发展的对象。通过林地进行家禽生产，利用空闲地种草进行生态养殖，可以实现：

(1)提高土地利用效率。即有效利用林间空闲土地，又可以减少家禽养殖场在农村土地的占用，提高土地利用效率，减少耕地占用。

(2)提高林地和养殖场的经济效益，实现种、养双赢。林地放牧家禽利用人工种植或天然牧草饲养家禽可以大大降低饲养成本，提高养殖效益。家禽粪便排放在林下可为牧草和树木提供养分，促进牧草和树木的生长，形成能量高效循环利用的农业生态系统。

(3)实现林木、家禽安全生产。林地形成天然屏障，产生隔离区，饲养环境好，减少疫病传播，可以提高家禽成活率，减少药物残留，实现产品绿色、安全。同时，家禽采食昆虫，可以有效减少草地和林地病虫害的发生。

(4)实现家禽环保生产。林地养禽,减少家禽养殖对农村环境的污染,提高农民生存环境质量,符合我国建设新农村的要求。

(5)实现家禽优质生产,提高家禽风味。由于林地养禽属放养方式,家禽一方面通过加大运动,减少有害物质在体内的残留;另一方面由于家禽可以采食林中新鲜牧草,获取常规饲料中不易获取的一些有利于提高家禽品质的风味成分,提高家禽产品的风味。因此,林地生态养禽具有较好的经济效益、社会效益和生态效益。

但是,林下养鸡不能简单地想象成传统的庭院养鸡方式。林下养鸡虽然有优越的环境优势,但也面临着容易感染多种寄生虫病和细菌性疾病的危险。尤其是养殖量达到一定规模时,林下养鸡的疾病控制、饲养管理中遇到的问题可能比舍饲更棘手,而且林下养鸡效益的关键要做好草的文章。因而,掌握专业性的林下养鸡技术是必要的,本节通过介绍林下养鸡的一些技术要点,旨在提高林下养鸡的专业化程度,提高林下养鸡的经济效益。

一、林下养鸡品种与场址选择

1.林下养鸡品种

林下养鸡品种选择依据饲养目的(肉用、肉蛋兼用、蛋用)而定,由于放牧饲养环境较为粗放,应选择适应性强、抗病、耐粗饲、勤于觅食的鸡种进行放养。

(1)肉用型品种。主要选择经过改良的优质鸡品种或地方鸡品种,如三黄鸡、清远麻鸡、乌鸡、北京油鸡,以及肉蛋杂交等品种。舍饲条件下普通黄鸡一般饲养期 90 d,体重达 1.59 kg,料重比 3.27∶1;清远麻鸡(图 2-1A)105 d 出栏体重 1.4 kg,料肉比 3.7∶1。

图 2-1 鸡品种

北京油鸡(图 2-1B)105 d 出栏体重为 1.45 kg,料重比 3.8∶1。肉蛋杂交鸡 56 d 出栏,平均体重 1.65 kg,料重比 2.31∶1。如果利用天然草场和果树下 45 日龄起,经过 4 个半月放养平均体重 2.25 kg,成活率达 90.5%;料重比为 1.63∶1,降低精料消耗 40.94%。

(2)肉蛋兼用型品种。主要包括固始鸡、浙江仙居鸡、华北柴鸡等地方品种和选育品种。华北柴鸡(图 2-1C)84 d 前增重较快,112 d 体重在 1.0 kg,以后每周增重在 60 g 左右,并呈现下降趋势,成年母鸡体重 1.5 kg 左右,公鸡体重 2.5 kg 左右。

笼养条件下,华北柴鸡 120 d 见蛋,达 50%产蛋率时间为 160 d 左右,产蛋高峰日龄为 170 d,产蛋高峰 75%～80%,70%以上维持 4～5 个月,年产蛋量 220 枚。

放养条件下,华北柴鸡高峰产蛋率 65%左右,日补料必须在 105 g 以上,料蛋比 3.7∶1。

(3)蛋用型品种。适合放养的蛋用型品种有农大 3 号小型鸡、绿壳蛋鸡。

农大 3 号小型鸡(图 2-1D)22～61 周龄放养期间平均产蛋率 76%,日耗料 89 g,平均蛋重 53.2 g,每只鸡产蛋量 11 kg,料蛋比 2.2∶1。农大 3 号小型鸡还有温顺、不乱飞、不上树、不爱炸群、易于管理等特点。表 2-4 为绿壳蛋鸡商品代(舍饲)生产性能。

表 2-4　绿壳蛋鸡商品代(舍饲)生产性能

品种	AB 系	AC 系	AE 系
成活率	95%	98%	97%
毛色特点	黄麻	红麻	黑麻
蛋壳色泽	深绿	灰绿	深绿
300 日龄蛋重/g	48	54	48
5%产蛋周龄/周	21～22	20～21	20～21
50%产蛋周龄/周	23～24	22～23	22～23
高峰产蛋率	75%	85%	90%
70%产蛋持续	4 个月	8 个月	6 个月
成鸡日消耗/g	80	90	85
料蛋比	2.82	2.73	2.78
20 周龄体重/kg	1.15	1.25	1.15
64 周龄体重/kg	1.4～1.5	3.1～3.5	1.4～1.5
64 周产蛋数/枚	195	215	205
64 周产蛋重/kg	8.7	10.8	8.9
肤色	黄色	黄色	黄色
喙胫色	黑色	黑色	黑色

2. 林下养鸡场址的选择

林下养鸡虽然不能大规模建场,但雏鸡饲养舍或简易休息棚必不可少(图 2-2)。建议雏鸡饲养舍或简易棚搭建在林中离公路 0.5 km 以上地势高的地方,同时还要考虑水电的正常供应,以保证照明、保温、供水等的需要。

图 2-2　简易雏鸡饲养舍

二、雏鸡的饲养技术

(一)雏鸡来源

应从有种鸡生产许可证的正规种鸡场或孵化场引雏，进雏时应仔细检查雏鸡质量，避免引进弱雏或残雏；肚小、松软，脐带吸收良好，活泼有神的雏鸡为健康鸡雏；如果大肚子，脐带出现豆样突出(图 2-3)，或脐部发青，羽毛不全或粘一起、不活泼、打蔫则是弱雏，不能站立、眼睛不能张开或出现瞎眼，歪嘴、转勃等为残雏。

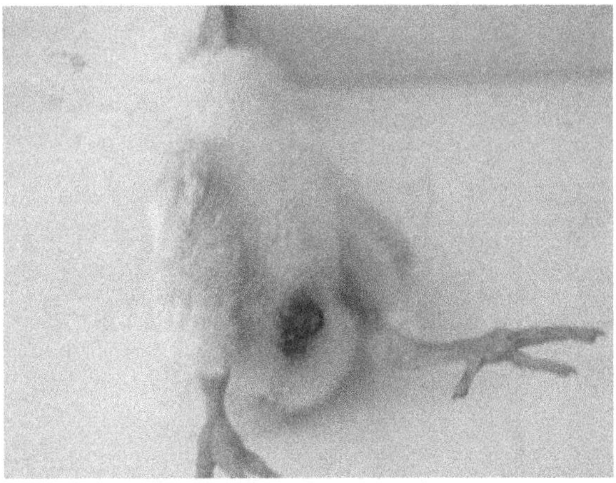

图 2-3　残雏(脐带豆样突出)

(二)育雏方式

育雏的好坏关系到养鸡的成败，所以育雏是养鸡中很关键的一步。育雏根据饲养条件分地面平养(图 2-4)、双层网上饲养或立体育雏笼养(图 2-5 至图 2-8)。

由于育雏期雏鸡怕冷，需要保温，需要经常抓鸡进行免疫，而且生长慢，该阶段对后期肉质没有影响，建议有条件的养殖户选择立体育雏笼进行育雏，或网上育雏，无育雏条件或育雏技术不成熟的养殖户请有条件的养殖户代育，或购入育雏结束雏鸡，尽量进行地面平养育雏。

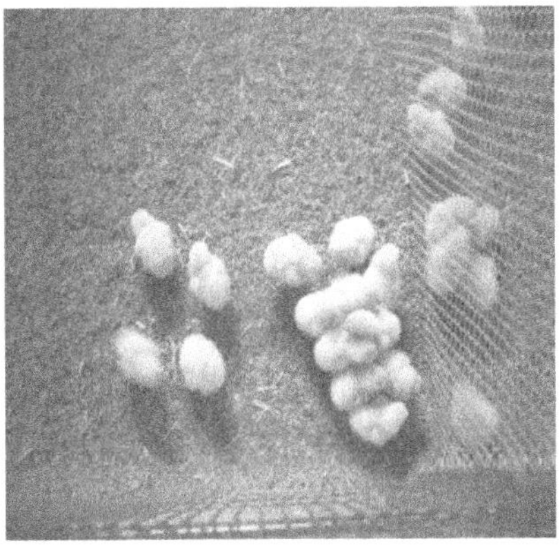

图 2-4　地面平养(铺设玉米绒)

图 2-5　简易雏鸡饲养舍

图 2-6　育雏设备

图 2-7　简易立体育雏笼

图 2-8　网上育雏

(三)雏鸡的饲养

1.进雏准备

鸡舍所有设备冲洗干净,并将鸡舍空舍干燥两周后,将所有的用具放到鸡舍。地面平养铺上干净、干燥、无霉变垫料(铡短成3～5 cm的麦秸或玉米绒)7～10 cm(图2-4)。如采用网上饲养,则搭好笼架,安装好隔网。先用广谱消毒药按说明书要求进行全面喷洒消毒,用氯制剂、百毒杀等消毒剂对饮水器进行浸泡1～3 h消毒,然后用清水冲洗干净,准备接雏。

2.接雏

接雏前2 d开始给育雏舍加温,让育雏室温度在鸡雏到达时达到33～35℃,然后将饮水器灌满水,水中可以加3%葡萄糖或水溶性电解质多维。雏鸡到来时,先教雏鸡喝水,2 h后,开始喂料。

3.温度控制

育雏室应在鸡背高度挂干湿球温度计来衡量鸡舍温度状况。第一周温度保持在33～36℃,以后每周下降2～3℃,21 d以后温度控制在25℃左右。

温度最好视鸡群活动情况而定:

①如果雏鸡分散良好,运动自如,则说明温度正常;

②如雏鸡扎堆,说明温度过低,应提高温度;

③如雏鸡翅膀张开,张嘴喘气,说明温度过高;

④温度过高应通过开门通风或调控火势措施逐渐降低温度,降温时注意不要过快,日夜温差变化不要大于±2℃。

4.通风

要注意经常通风换气,除去有害气体,促进鸡生长发育。

通风要循序渐进,窗户门在早晨、晚上凉时小敞,中午热时大敞;有风时小敞,无风时大敞。当进入鸡舍,感觉气味刺鼻时,必须敞开通风,同时注意保证室内温度。饲养前期以保温为主,兼顾通风;后期以通风为主,兼顾保温。炎热季节尽量多敞开窗户或撩起塑料布进行通风。

5.湿度

育雏前期(2周龄前)要求适度70%以上,可以通过经常带鸡消毒或洒水提高湿度,3周龄后要求适度50%左右,注意保持鸡舍干燥;冬天,空气过度干燥时,可以通过喷雾消毒增加湿度。

6.饲养密度

雏鸡饲养应分群,地面平养或网上饲养建议分成不同小群,鸡舍饲养密度1～3周龄时约为40只/m^2,4～5周龄20只/m^2,饲养密度还要结合饮水、采食器具,应提供足够的饮水器、料桶或料槽,避免雏鸡采食、饮水出现过度拥挤现象。

7.光照控制

前3 d采用24 h光照,4～7 d每天光照18～20 h,光照强度按5 W/m^2计算;8～14 d每天光照16 h,光照强度按每2.5 W/m^2(通过降低灯泡瓦数或减少灯泡数量)计算。14日龄以后逐渐过渡到自然光照14 h以上;如果日照时间短于14 h,建议保持每天光照14 h,光照强度按 1 W/m^2，保证微弱的灯光即可。

衡量光照强度是否适宜的方法：在鸡背高度放一张报纸，人以正常距离能看清字说明光照强度适宜，尽量选用多个低功率灯泡保证光照均匀，避免出现阴暗角落而影响雏鸡生长。

8. 饲料和饲喂

育雏期间饲喂草鸡 1 号配合饲料，营养水平为：代谢能 2 850 kcal/kg，粗蛋白质在 18%以上、赖氨酸在 1.05%以上，蛋氨酸＋胱氨酸在 0.78%以上，钙 0.9%～1.0%、有效磷 0.42%以上、食盐 0.5%；可以是粉料或颗粒料，饲料中应含有控制球虫、沙门氏菌等抗生素药物，雏鸡每日饲喂 3～5 次，保证自由采食。随时供给清洁卫生的饮水，每天应用百毒杀等可以饮水消毒的消毒药清洗饮水器具，但免疫前后 2 d 则避免使用消毒药。如果雏鸡体弱，或前期出现白痢，建议通过拌料或饮水添加控制鸡白痢、大肠杆菌的药物。

9. 雏鸡的免疫

雏鸡应做好疫苗的免疫接种，免疫成功的关键取决于疫苗的质量、保存条件、免疫时间和方法。林下养鸡，雏鸡免疫应制定科学的免疫程序；建议雏鸡阶段免疫程序和方法如表 2-5 所示，放养产蛋鸡，应按产蛋鸡免疫程序进行免疫。

表 2-5　放养肉用型鸡免疫程序

日龄	免疫措施	方法
1	马立克疫苗	皮下注射(孵化场家完成)
7～10	新城疫 lasota 传染性支气管炎 H120 二联苗	点眼和滴鼻
14～20	法氏囊病弱毒苗	点眼和滴鼻
21～25	新城疫 lasota 传染性支气管炎 H52 联苗	点眼和滴鼻(或饮水)
28	法氏囊病中等毒力疫苗	点眼和滴鼻(或饮水)
35	鸡痘疫苗 禽流感 H5N1，新城疫灭活苗	雏鸡翅膀的三角区内侧刺种 颈背部皮下注射，每只鸡 0.5 mL

疫苗使用时应注意：

(1)疫前疫苗应保存在 2～8℃冷藏冰箱中，使用前如果疫苗保存地点与鸡场距离较远，可以在保温箱中放入冰块对疫苗进行短暂保存。

(2)疫苗稀释和滴鼻点眼方法：免疫前将盛疫苗瓶和稀释液的瓶子盖启开，用吸管将一定量的疫苗专用稀释液移入疫苗瓶中，加盖混匀，待疫苗完全溶解后，再将其倒入稀释瓶中，稀释均匀后，再将部分稀释液重新倒回疫苗瓶冲洗疫苗瓶 1～2 次。如果没有专用稀释液，则用生理盐水，一般每 500 只鸡滴鼻点眼用生理盐水 40 mL，稀释前将免疫用塑料瓶用开水煮沸 30 min 进行消毒，然后用生理盐水冲洗 1～2 遍后盛稀释好的疫苗，给每只鸡的鼻、眼各滴 1 滴(图 2-9)。具体手法，左手从鸡背方向抓住鸡背，用食指和中指夹住鸡头，右手握疫苗瓶，轻轻挤压先滴眼一滴，然后滴鼻一滴，如果滴鼻吸入慢，可以用右手小指轻轻堵住另一侧鼻孔，加快滴鼻疫苗的吸入。滴鼻点眼时注意：一定待疫苗被鸡完全吸入眼睛或鼻孔后才能把鸡放开，否则鸡通过甩头会将疫苗甩掉。稀释的疫苗必须尽快(1 h 内)用完，否则，疫苗就会失效。滴鼻点眼免疫时注意滴管不能靠近鸡眼睛。

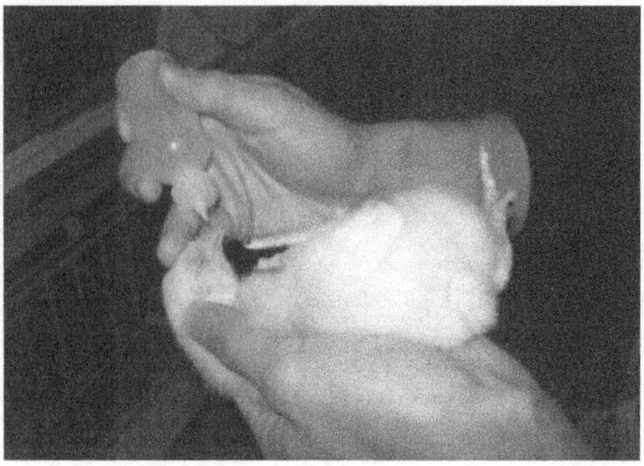

图 2-9　滴鼻滴眼免疫

(3)饮水免疫方法:一般是清晨刷洗饮水器后停水 2～4 h(夏天停水 1～3 h),将适量新鲜清洁的水(21 日龄前 1 000 只鸡需 10～20 kg,21 日龄后 1 000 只鸡需 40 kg)放入干净的塑料桶中,每千克水中加入 50 g 脱脂奶粉,再加入 1 500～2 000 头份疫苗混匀,给 1 000 只鸡饮用,稀释后的疫(菌)苗应确保混合后 2 h 之内全部饮完,如果半小时就饮完说明饮水量太少,会导致部分鸡没有喝到,影响免疫效果。饮水免疫不能用铁质容器进行免疫。

(4)未用完的疫苗以及用完疫苗空瓶应加消毒液或放入炉内作消毒或销毁处理。注意饮水免疫前 48 h 和免疫后 24 h,不能用消毒药清洗饮水系统,最好不在水中添加药物。

(5)用注射方法免疫时要经常更换针头,一般灭活苗每 500 羽换一次。注射后不要立即抽出针头,否则会流出疫苗。

10. 日常管理

每天注意观察垫料的潮湿情况,及时清出湿垫料。使用网上或立体笼养育雏方式要经常清理粪便,带鸡消毒要求每周至少 1 次,免疫期前后 2 d 不做。每周一次进行鸡舍外环境消毒。及时捡出病死雏鸡,并挑出发育不好的弱雏进行单独饲养。

三、肉鸡的放养技术

(一)围栏搭建

将准备放养鸡的林地按 5 亩左右用塑料网隔开成一栏一栏,每栏放养鸡数量 400～500 只。

(二)搭棚建舍

在每块林地的中间位置,利用杨树做支架或重新打树桩,用竹竿、木棍、油毡以及篷布、或塑料布搭成 35 m^2 左右的简易鸡棚,四周敞开或留通风口。鸡舍中间用木棍搭成高于地面 30 cm 以上的栖架,每只鸡栖架 15 cm(图 2-10)。

图 2-10　简易鸡舍(栖架)

(三)放养时间和准备

放养时间根据室外气温和青草生长情况决定，一般夏季 25 日龄，春秋季 40 日龄，寒冬 50 日龄起开始放养。如果元旦进雏，由于外界气温较低，林下野草或人工种植牧草可能在 4 月初才长出，放养时间要根据天气温度和牧草的生长情况而定。放养前应做好放养准备，包括：①逐渐减少饲料的饲喂次数，并在料槽中添加一些青草，让雏鸡熟悉并建立对青草的消化；②逐渐将鸡舍全部门窗打开，让鸡舍气温与外界环境一致；③将公、母鸡分开，分别放在不同笼内饲养；④将体弱或发育慢的小鸡单独挑出。

(四)转群和放养

应选择天气暖和的晴天进行转群，转群一般晚上借助于月光或手电筒光线进行。将公、母鸡、体重小的雏鸡分开放入不同围栏中；转群后第 2 天，建议上午 9～10 点开始在舍外喂料进行放牧过渡，饲料依然饲喂草鸡 1 号料，5 d 后按 1 号料和 2 号料 7/3 开、5/5 开、3/7 开的方法混合逐渐更换成 2 号颗粒料。

转群后一定要注意鸡舍温度(一般应在 15℃以上)和天气的变化，当雏鸡挤压扎堆、尖声鸣叫、缩颈闭眼时，表明鸡舍温度过低，不宜放出。正常气温下春、冬季上午 10 时至下午 4 时放出，夏、秋季上午 7 时半至下午 5 时半放出，如遇刮风下雨则不宜放养。炎热季节可以敞开帘布，让其自由进出。

(五)补饲

可以采取在林中放置一些料槽或料桶的方式。进行补料，80 日龄前补饲饲料选择草鸡 2 号料，营养成分：代谢能 2 950 kcal/kg，粗蛋白质 15%以上，赖氨酸 0.80%以上，蛋氨酸＋胱氨酸 0.65%，钙 0.7%～1.0%，有效磷 0.38%，食盐 0.5%；80 日龄后建议选择草鸡 3 号料，营养水平为代谢能 2 950kcal/kg，粗蛋白质 12%以上，赖氨酸 0.60%以上，蛋氨酸＋胱氨酸 0.52%以上，钙 0.7%～1.0%，有效磷 0.38%以上，食盐 0.5%以上。补饲的饲料中应添加有盐霉素等抗球虫药，否则每月要用阿维菌素拌料进行定期驱虫。

补料量在放养后 5～10 d 饲喂平常的 70%，10 d 后逐渐减少补饲量。补饲量依据雏鸡的日龄、生长发育状况和季节而异，如冬季杂草、昆虫少，可适当增加补饲量，春、夏、秋三季则可适当减少补饲量。补饲量还应与体重结合，应经常抽测鸡群体重，体重超过标准说明补饲过量；符合标准说明补饲正常；低于标准，则应增加补饲量。表 2-6 为华北柴鸡体重和日补料参考表。

表 2-6 华北柴鸡体重和日补料参考表 g

周龄	体重	只日补料量
6～7	410	20～25
8～11	675	30～35
12～16	1 100	40～45
17～20	1 500	45～50

建议每天早晨放牧前按补饲量 1/3 饲喂，傍晚再补饲其余 2/3，或按自由采食补饲。

(六)饮水

放养鸡离不开水，条件好的可以在林地铺水槽进行管道供水(图 2-11)，也可以采取其他简易方式供水，但一定要保持不断水，并注意水质清洁、卫生，要注意经常清洗水槽或其他饮水设备。

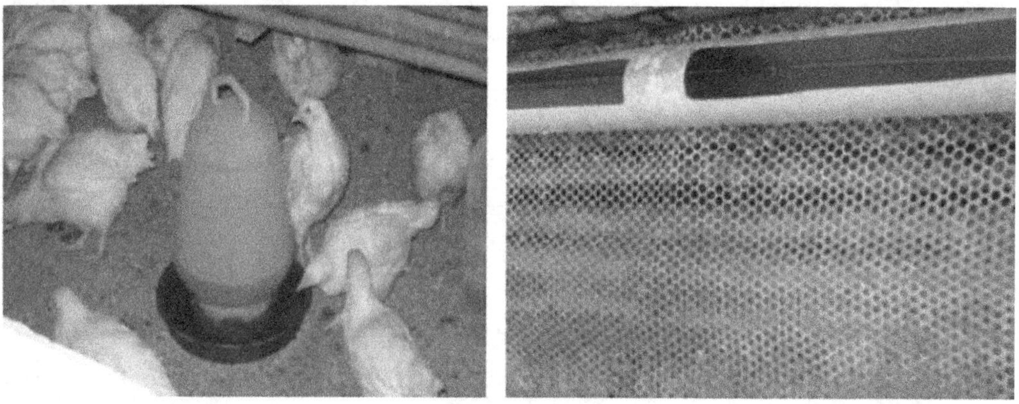

图 2-11 鸡饮水设备

(七)卫生消毒和疾病控制

及时清理简易棚栖架下的粪便以及死鸡，并进行堆积发酵、杀灭虫卵；每周对养鸡棚进行喷雾消毒 1 次。

(八)林下种草

林下可以采取套播苜蓿、三叶草、黑麦草等多年生牧草，提供大量新鲜牧草满足鸡采食需要、减少补料量，提高鸡肉风味(图 2-12)。

图 2-12　林下种草

(九)日常管理

每天喂料、供水时注意观察鸡群的状况，羽毛是否完整和粪便的形状、颜色，夜间注意观察栖木是否能满足鸡栖息？是否有卧地的鸡？应及时将卧地的鸡抓到栖架上，以及鸡群的呼吸状况，如发现啄羽要查明原因，发现鸡粪或呼吸异常应及时采取措施。注意防治野禽和兽害。

(十)出栏

放养鸡生长到 120 d 后生长速度逐渐减慢，应尽早出栏，避免延长饲养期导致补料增加，效益下降。如果每年饲养多批，应实行全进全出饲养制度，即每批鸡同时饲养，同时出栏，不能多批共存的现象。出栏后将鸡舍和用具彻底清洗干净，喷雾消毒后空舍 2 周以上再进下一批。

四、蛋鸡的放养技术

可以利用放养的柴鸡品种，根据体重发育选留作为产蛋鸡用进行放养，也可以选择专门的产蛋鸡品种如农大 3 号小型鸡进行放养。如果是 1 月左右进雏，则育雏育成期间正处于寒冷的冬季，不适合放养，建议采用一次性育雏育成笼进行育成直到 4 月初天气转暖，母鸡即将进入产蛋期开始放养。

(一)蛋鸡棚的搭建

按照分群原则，用围网将树林围成 5 亩左右不同区域。在每个区域中间搭建简易蛋鸡棚，蛋鸡棚可以建成坐北朝南、三面围墙，鸡舍南边敞门向阳的敞篷状，高度 2～2.5 m，前高后低，房舍跨度以 4～5 m 为宜，长度 8 m，容纳产蛋鸡 300 只，在房舍中间用木棍或竹竿钉制栖架(15 cm/只)。鸡舍以及产蛋箱四周建议适当铺些松软的垫料，减少鸡脚上的泥土，提高鸡蛋的清洁度。

(二)产蛋前准备

产蛋前应做好免疫工作，即：110 日龄，用新城疫＋减蛋综合征二联灭活苗每只鸡肌肉或皮下注射 0.5 mL。125 日龄，用禽流感 N9 和 H5 疫苗肌肉注射 0.5 mL。沿鸡棚四周按每 5～6 只鸡摆 1 个产蛋箱（图 2-13），或采取通长产蛋槽，中间不分隔，窝内放入少许麦秸或玉米麸作垫料（图 2-14）。

图 2-13　简易产蛋窝

图 2-14　简易蛋鸡舍

（三）光照要求

根据产蛋鸡 120 日龄时当地自然光照时间长短设定补光措施，如果每天自然时间不足 16 h，则分别从早晨提早开灯以及傍晚推迟关灯方法，每周增加光照 0.5 h，一直到每天自然光照加补光时间一共 16 h。以后一直固定早晨开灯时间至天亮，下午根据季节确定开灯时间，固定晚上关灯时间。光照强度为 2.5 W/m^2 左右。

（四）补饲

在散养鸡舍内或鸡舍外墙边防雨的地方，可设置补料桶或食槽。舍内补料桶摆放在鸡舍的中间，补料桶用绳子或铁丝吊起米，防止鸡晚上到上栖息。舍外及散养区域内根据鸡的活动范围设置补料食槽，注意食槽上方必须有遮阳避雨设施。如产蛋率达 5%以上，建议换成产蛋高峰期饲料进行补饲，饲料营养水平应达到：代谢能 26 000 kcal/kg，粗蛋白质 16%～17%，赖氨酸 0.72%以上，蛋氨酸＋胱氨酸 0.60%以上，钙 3.3%～3.5%以上，有效磷 0.38%～0.45%以上，食盐 0.4%，饲喂产蛋鸡高峰料如发现蛋壳品质较差，可以采取单独用料盆补饲骨粉来增加蛋壳强度。

补料量可以根据不同季节、散养地的植被情况、虫草的多少和鸡的觅食情况确定。一般每天补饲 2 次。早晨开灯时加料饲喂 1 次，晚上鸡回舍的时候再补饲 1 次，每次补料量按笼养鸡采食量的 80%～95%补给，剩余的 5%～20%让鸡在环境中去采食虫草。

(五)饮水

每天给鸡定时饮水 4 次。饮水设备可以采用水槽、水盆或其他饮水设备。建议每天刷洗水槽或其他饮水设备，保证饮水清洁、卫生。

(六)鸡蛋的收集

在产蛋窝预先放 1 个鸡蛋，引导产蛋鸡在预置的产蛋箱产蛋，上午为产蛋高峰期，建议每天在 9 点，11 点，15 点分 3 次捡蛋。应勤换产蛋窝中的垫草(图 2-15)。

图 2-15　简易产蛋窝

及时调整产蛋箱的数量，避免窝外蛋。如果产蛋箱太少，蛋鸡产蛋时往往挤在一起，或产很多窝外蛋，甚至在野外产蛋。

(七)卫生和消毒

应定期清理鸡棚内的鸡粪，并用喷雾器对鸡舍及周边进行消毒。

(八)日常观察

每天注意观察鸡群的活动、采食状况，以及粪便颜色和状态，发现问题应及时采取措施。

第二部分

生态循环养殖农业接口技术

有机废弃物能否有效的处理和高效的利用是生态循环农业高效运转的关键。从生态学的角度，有机废弃物是生态循环中的能流、物流的起始点和循环接口。做好农业有机废弃物的转化处理与资源化利用是高效生态循环农业的基础。从农业生产的角度，这些农业有机废弃物是种植业和养殖业的副产品。从传统农业的角度，它也是重要的肥料来源。然而，从环保的角度，规模化养殖业产生粪污已经成为影响环境和人类安全的主要污染源。粗略统计，我国畜禽养殖每年产生粪污 38 亿 t，折合氮 1 423 万 t、磷 246 万 t，而目前综合利用率不足 60%，导致了严重的农业面源污染。据行业统计，2014 年规模畜禽养殖化学需氧量、氨氮排放量分别为 1 049 万 t、58 万 t，占当年全国总排放量的 45%、25%，占农业源排污总量的 95%、76%。畜禽养殖废弃物具有强烈的两面性，即是矛盾对立的两个方面：一方面是“污”，如果无害化处理及资源化利用不妥，畜禽废弃物就是严重的环境污染源；另一方面是“宝”，如果无害化处理及资源化利用得当，畜禽废弃物就是宝贵的自然资源。做好畜禽粪污处理与利用工作，既可以实现零污染、零排放，促进农业全产业链清洁生产，也可以实现废弃物的资源化，促进有机肥对化肥的有效替代，真正做到“变污为净”、“变废为宝”和绿色生产。

以农作物秸秆和畜禽粪便为主的农业有机废弃物具有产量大、商品价值低、多分散在农村、不易贮运，加工技术层面低，利用率低的特点。目前已经成为制约农村持续发展和农村小康社会建设的重要环节。废弃物循环利用—循环农业—循环经济是废弃物产业发展的方向与目标。近年来，国内外农业废弃物的资源化利用技术和相关研究得到较大的发展，农业废弃物的资源化利用技术日益多样性。总体来看，国内外农业废弃物的资源化逐步向能源化、肥料化、饲料化、材料化、基质化和生态化发展。

据焦小强等对近十年我国农业有机废弃物研究文献分析，指出：①我国农业有机废弃物理论研究相对薄弱，科研成果较少；②研究主题分布广泛但发展不平衡，肥料化研究较多，材料化和能源化次之，饲料化研究少，处于起步阶段；③技术推广率低，由于企业与科研单位合作少，一些科研成果未能得到实践的充分验证，提质增效工作严重滞后。针对目前有机废弃物资源化存在的问题，结合甘肃省科学院生物研究所多年来对有机废弃物资源化促成产品——微生物菌剂开发和应用经验，以及当前国内在此方面的研究进展，将有机废弃物资源化促成产品研制和应用技术从以下几个方面进行总结，以期为我国农牧业资源循环以及可持续健康农业生产系统的建立提供一定参考。

有机废弃物资源化的途径有：

1. 有机废弃物能源化

生物可再生能源是最有前景的石油替代品之一，其中生物燃气，即沼气是有机废弃物能源化应用较早、较成熟的一项技术。其原理是高效微生物菌群（主要是甲烷菌）在厌氧条件下降解有机废弃物产生甲烷的过程。生物燃气在解决我国传统能源供应不足，增加可再生能源在能源需求份额中占有越来越重要的地位。随着对生物燃气产生原理和工程实践的不断深入研究，已经开发出不同的发酵工艺，来处理生活垃圾和工农业生产废弃物。在沼气发酵工程方面，全混式中温发酵占主导，欧洲技术处于领先地位，特别是德国的沼气发电和热电联产技术。该工艺技术和工程的成功主要取决于厌氧发酵菌群、反应器结构和发酵工艺。其中，厌氧甲烷菌群的发酵性能是实现沼气发酵成功的关键。尽管沼气的发酵底物、发酵工艺和反应器结构也会对沼气的发酵产生影响。利用各种农业废弃物生产沼气，可显著提高热效率。据统计，我国农村目前用作薪柴直接烧掉的农作物秸秆占总量的 65%～84%，这种方式只利用其热能的

10%左右，而若改为发酵沼气燃烧可使热效率提高94%；同样，通过沼气发酵也可使粪便中不能直接燃烧的能量得到充分利用。沼气除了可供烧饭、照明、取暖外，还可用来进行大棚温室种菜、孵化雏鸡、增温养蚕、发电等。

目前，农业废弃物能源化研究主要集中在：高效沼气发酵装置与配套设备及其发电工程系统研制，中热值秸秆气化装置和燃气净化技术，秸秆直接燃烧供热系统技术，纤维素原料生产燃料乙醇技术，生物质热解液化制备燃料油、间接液化生产合成柴油和副产物综合利用技术，有机垃圾混合燃烧发电技术的研究，以及"能源-环境工程"生态农业综合利用模式等方面。生物柴油、生物乙醇和生物甲烷等都是利用微生物发酵能力而实现的，研究开发高效微生物菌群在生物能源生产中的应用是有机废弃物能源化实现的关键。

2.有机废弃物材(原)料化

利用农业废弃物中的高蛋白质和纤维素资源生产多种生物质材料，是农业废弃物资源化利用的又一个重要领域。例如，利用农业废弃物中的高纤维性植物废弃物生产纸板、人造纤维板、轻质建材板等材料；通过固化、炭化技术制成活性炭材料，利用秸秆、稻壳经炭化后生产钢铁冶金行业金属液面的新型保温材料；利用稻壳作为生产白炭黑、碳化硅陶瓷、氮化硅陶瓷的原料；利用微生物降解甘蔗渣、玉米渣等制取膳食纤维产品等。

3.有机废弃物基质化

有机废弃物的基质化，包括肥料化和无土栽培基质化。农业废弃物经微生物发酵处理，可作为农业生产的良好基质原料，用来栽培食用菌和花卉，养殖高蛋白蝇蛆、蚯蚓等。利用各种秸秆、棉籽粉碎后作培养基，每1 kg基质可产菇1～2 kg；用食用菌下脚料喂蚯蚓，每1万条1 d消耗4 kg废料。大部分固体有机废弃物都可以经微生物处理生产有机肥料，而作为无土栽培基质化的原料是有限制的，主要以农业、林木废渣和食用菌下脚料为主。用有机废弃物生产栽培基质化的研究和应用文献很多，用有机废弃物栽培基质化的本质是细菌、放线菌和真菌等在好氧或厌氧条件下将固体废弃物分解成相对稳定的腐殖质物质的过程。作为栽培基质需要满足3项标准：易分解的有机物大部分被分解；栽培使用中不产生氮的固定；通过降解除去酚类有害物质、消灭病原菌、虫卵和杂草种子等。利用有机废弃物生产栽培基质，不仅解决无土栽培基质供不应求的现状，还解决有机废弃物的处理问题，提高自然资源的综合利用水平。

4.有机废弃物饲料化

农作物秸秆是一种常规性饲料资源，由于其质地粗硬、适口性差、难消化、营养价值不高等特点，不宜直接用作饲料，若经过合理加工后，可提高营养价值、消化率和动物采食量。青贮和微贮是常用的秸秆饲料加工技术。在秸秆饲料化过程中，常添加微生物菌剂以提高秸秆饲料风味、营养成分和贮存期限。微生物菌剂主要有乳酸菌、酵母菌、白腐菌属和食用菌类等。利用农业废弃物饲料化的研究较多，而利用工业废弃物、畜牧废弃物和生活垃圾生产饲料蛋白的研究较少，但也有成功范例。程文定等利用自主研制的沸石生物处理菌剂，对畜禽粪便等有机废弃物进行饲料资源化处理，有效降低饲料成本的10.31%～12.04%，提高饲料转化率3.73%～5.16%，改善畜禽胴体品质，饲用安全可靠。严武英和王莉等对餐厨垃圾生产饲料的可行性进行综合分析；庄禧懿等利用热带假丝酵母、啤酒酵母和枯草芽孢杆菌等微生物将餐厨垃圾发酵成为具有微生态制剂和蛋白饲料双重功能的饲料。可见，利用微生物将有机废弃物转化为优质饲料，不仅能够提高资源的利用率，而且对消除环境污染、改善生态环境具有重要的意义。

5.有机废弃物综合利用

综合利用是指依据循环经济的基本原理,对农业生产过程中产生的废弃物进行多层次、高效化循环利用。循环经济是由20世纪60年代美国经济学家波尔丁提出的,其本质是运用生态学规律来指导人类社会的经济活动。张西林基于循环经济理论,提出城市公园垃圾资源循环模式。郜敏等利用畜禽有机粪便发酵饲料,提出"饲料-奶牛养殖-粪便-饲料"的循环模式。齐英以沼气发酵为纽带,对农业循环经济模式进行探索和实践。资源循环利用是实现循环经济最重要的方式之一。有机废弃物各项资源化途径,是实现循环经济的关键部分。除了有机废弃物材料化对微生物菌剂没有要求外,其他资源化途径均用到微生物菌剂促成产品。资源循环利用最有效的方式就是利用高效微生物菌种强化发酵技术可实现废弃物的高效循环,根据生态学的食物链原理,将农业废弃物作为产业链中的一个重要环节,进而实现物质的多重循环和多次转化利用,提高资源利用率及整体效益。可见,循环经济模式的建立能提高经济利益和生态效益,但此模式在国内还没有进行大面积的推广应用,其原因主要是经济和技术,但主要瓶颈还是技术不过硬,其中高效有机废弃物资源化菌剂就是该技术的关键突破点。因此,研究和开发有机废弃物资源化高效菌剂,在实现我国循环经济模式和可持续发展方面具有重大作用。

20世纪80年代,日本琉球大学比嘉照夫教授进行了EM(effective microorganisms)在有机废弃物资源化处理方面的应用。20世纪90年代,EM及其应用技术被引入我国,在有机废弃物处理方面取得一定成效。EM技术其实就是一种生物强化技术,可以充分发挥微生物的潜力,改善难降解有机物的生物处理效果。由于该技术具有高效、稳定、节省投资的特点,成为有机废弃物生物治理技术的重点发展趋势,构建高效复合微生物菌剂,并将其应用到有机废弃物资源化,转化就形成新型的有机废弃物资源化促成产品,这既是这项技术的关键,也是有机废弃物资源化促成产品研发的重点领域,利用有机废弃物资源化促成产品治理废水、废气、废物,将大大提高污染物的处理效果。

微生物转化促进菌剂产品在有机物资源化利用方面具有很多优点,因此世界各国普遍都投入了大量的资金进行研究,已研制出一大批各种功能的微生物菌剂,并且已经申请专利形成系列化产品,能够根据客户的要求配制特殊用途的菌剂制品。我国应用于污水治理的微生物菌剂大都是从国外购进,价格昂贵(比如液态微生物的国际售价是一磅50美元)。因此,高效菌剂成为有机废弃物处理技术发展的"瓶颈"。近年来,国内相关研究机构和公司加大了相关研究力度,相继研制出了一系列的专用产品。如中国科学院成都生物研究所已筛选出降解多种污染物的高效降解功能菌株300余株,并形成8个系列的微生物菌剂;甘肃省科学院生物研究所也根据地方有机废弃物处理的特点,开发出秸秆还田、发酵床养殖、尾菜堆肥和废水处理等系列微生物菌剂产品并申请了发明专利。未来研究中,高效菌剂的研发仍然是有机废弃物资源化的重点领域。

第三章　有机废弃物的蚯蚓转化与产品开发

第一节　蚯蚓养殖概述

一、蚯蚓养殖发展前景

1. 利用蚯蚓处理有机废物是一项古老而又年轻的生物技术

农业废弃物(畜禽粪便和作物秸秆)及生活垃圾的资源化利用对改善生态环境,促进农业的可持续发展有现实和深远的意义。目前国内处理方法多以堆肥等方法为主,但占地大,用工多,而且不能有效地利用生物有机能源和营养物质生产高质量的有机肥,容易产生二次污染。利用蚯蚓的生命活动来处理易腐有机废物是一项古老而又年轻的生物技术,经过发酵有机废物,通过蚯蚓的消化系统,在蛋白酶、脂肪分解酶、纤维酶、淀粉酶的作用下,能迅速分解、转化,成为自身或其他生物易于利用的营养物质,即利用蚯蚓处理有机废物,既可生产优良的动物蛋白,又可生产肥沃的复合有机肥。这项工艺简便、费用低廉、不与动植物争食、争场地,能获得优质有机肥料和高级蛋白饲料,对环境不产生二次污染。因而这项古老技术获得了新生。

近20年来,各国对蚯蚓研究和利用在更大范围内进行,集生物工程学、营养学、土壤学、化学、生态学等多学科知识,交叉应用;对蚯蚓系列产品作了不同程度的研究开发,如蚯蚓复合氨基酸药肥、复合氨基酸螯合物饲料添加剂等高科技产品。利用蚯蚓的生物学特性,在养殖蚯蚓时通过在饵料剂中添加某些特殊物质,可生产某营养元素强化的蚯蚓生物制剂,例如高钙或富硒产品。既提高有机废物的处理效率,又提高了蚯蚓的利用价值(高值化产品)。这些安全、无毒、无公害、无污染的蚯蚓产品可用于有机动植物生产。在化学农业的延伸日益受到限制、有机食品将成为未来国际市场竞争中攻守相宜的利器之时,蚯蚓养殖及系列产品的研究开发,无疑有其自身价值和深远意义,也必将极大促进我国绿色农业的发展。

2. 小蚯蚓可以做成大产业

利用人工养殖蚯蚓,规模化处理日益增多的各种有机废弃物,生产蚯蚓及蚯蚓产品,在国外已经形成一个很大的产业(国外的行业分类上称为 Vermiculture),美国现在有蚯蚓养殖场及从事蚯蚓产品的贸易公司9万多家。1996年加利福尼亚圣河塞市一个蚯蚓养殖场,一年出售4 000 kg蚯蚓,用于垃圾的处理,其蚯蚓的价格为每千克10美元。由于每吃掉1 t垃圾可得到600 kg的生物腐殖土(蚓粪)。用蚓粪为肥料生产出来的作物制成食品可确保无化肥带来的污染,因此蚯蚓养殖业的发展日益受到欢迎。美国1998年的蚯蚓及蚯蚓产品的贸易额达680亿美元。日本、巴西、法国、印度等国的蚯蚓行业也发展迅速。不完全统计,我国现有大小蚯蚓场超过500家。小蚯蚓正在发展成为一个大产业。

3.抓住新一轮蚯蚓高科技产品产业化机遇，培育龙头企业，致富一方农民

我国的蚯蚓人工养殖开始于20世纪80年代初，当时主要是炒作从日本引进的大平2号蚯蚓种，除了简单地用作畜禽饲料外，在蚯蚓的深层开发利用上没有好办法。大量的蚯蚓卖不出去。1984年底95%的蚯蚓养殖场(户)倒闭，极大地挫伤了养殖户的积极性。20世纪90年代以来，随着蚯蚓高科技产品的研发与产业化，尤其是蚓激酶的发现和蚓激酶医药产品在治疗心脑血管病上的广泛应用，促使蚯蚓养殖再次兴起。近几年，随着国内外对蚯蚓的营养、药用和它本身一些特殊功能的深入研究，一批高科技的蚯蚓产品相继问世，如中国农业大学研制的蚯蚓系列农用生化产品。这些高科技含量的蚯蚓生物产品的面世促进了蚯蚓养殖业的迅速发展。应抓住新一轮蚯蚓高科技产品产业化发展的机遇，带动一批高水平生物技术企业上档次、上规模，形成新型产业开发中的龙头，并辐射带动一方农民脱贫致富。2003年在北京召开的首届亚太地区蚯蚓学术会议促进了现代生物技术和生态技术在蚯蚓应用开发研究中的应用。通过蚯蚓应用技术的研究开发，催生了蚯蚓在环境保护和污染控制、脆弱生态重建中应用的新领域。当前，有机农业的快速发展、农业部有机肥替代化肥行动的启动、规模化养殖场粪污资源化处理的巨大技术需要，为蚯蚓技术和产品的进一步发掘提供了机遇。2018年6月第11届国际蚯蚓生态学术研讨会暨第一届世界蚯蚓大会在中国上海召开，大会通过国内外专家和企业的集思广益，成立由世界不同国家组成的世界蚯蚓产业联盟(筹建)，这必将极大推动世界蚯蚓产业的大发展。

4.以“蚯蚓生态链”为核心，创立生态农业新模式，改善生态环境，符合各地发展“绿色经济”的战备目标

蚯蚓养殖在生态农业、环境保护和促进自然物质良性循环与人工生态产业有机结合方面具有独特作用，尤其南方的气候特点为蚯蚓的高产养殖提供了优越的自然条件。蚯蚓氨基酸营养液、叶面肥和生物药肥等产品不仅为发展绿色有机食品生产提供肥料和生物农药，而且形成了高效的“农业废弃物—蚯蚓—蚯蚓生物制剂—植(动)物生产”生态循环链模式。利用蚯蚓在生态循环农业中的这种接口与增效作用创立的生态农业新模式，达到了变废为宝，保护生态环境的目的，使农牧生产过程中的废弃物转变成有用的农业生产资料，生产出的蚯蚓有机肥和有机生物药肥恰好解决了绿色有机食品生产中对高效有机肥和高效生物药肥的需求。各地以“企业加农户”的形式推广这种模式，涌现了不少带动当地农民致富，促进特色绿色有机食品发展的典型实例。

二、蚯蚓的作用

蚯蚓在我国俗称曲蟮，又名地龙。肥沃的土壤中一般蚯蚓都较多。黄福珍20世纪80年代分析了不同土壤类型中蚯蚓粪与原土的养分差异(表3-1)。蚯蚓喜食腐败的有机废弃物，能利用、分解、转化有机废弃物成为优质的生物有机肥，有机废弃物通过蚯蚓的消化系统，在蚯蚓肠道中的蛋白酶、脂肪分解酶、纤维酶、淀粉酶的作用下，转化成为自身或其他生物易于利用的活性营养物质，同时产生动物蛋白和氨基酸，对环境不产生二次污染。蚯蚓体富含多种氨基酸和酶类，有很高的经济价值和药用价值，蚯蚓在环保、饲料、肥料、医药、保健品、化妆品等方面的深入开发和应用，使国内外对蚯蚓的关注与日俱增。

表 3-1　蚓粪与原土养分含量比较(自黄福珍)

测定物 \ 养分种类		腐殖质/%	全氮/%	全磷/%	水解氮/(mg/kg)	速效磷/(mg/kg)	速效钾/(mg/kg)	代换量/(毫克当量/100 g)
农田	原土	1.40	0.076	0.165	33.0	25.8	61.0	13.2
	蚓粪	1.91	0.105	0.177	61.5	31.0	80.4	16.6
菜园	原土	1.57	0.081	0.240	42.8	31.5	124.0	7.5
	蚓粪	2.32	0.144	0.248	74.7	46.3	148.0	15.3
林地	原土	1.34	0.056	—	40.1	29.9	318.0	12.0
	蚓粪	3.43	0.184	—	82.3	50.2	431.3	17.1

近年来许多国家都掀起了一个开发蚯蚓的热潮，尤其蚯蚓自动机械化高产养殖技术——蚯蚓生物反应器等的进一步改进，以及蚯蚓体、蚯蚓粪应用的深入研究，更加促进了蚯蚓养殖业的发展与蚯蚓在环保、循环农业上的应用。美国、加拿大、日本等国都在大力发展蚯蚓养殖业，目前已发展到工厂化养殖和商品化生产。我国蚯蚓已部分出口，一些企业在蚯蚓氨基酸肥料、氨基酸饲料、蚯蚓酶肽类药物、化妆品的开发上已处于国际先进水平，但我国新时期新技术下的蚯蚓养殖才刚刚起步，随着我国现代生物技术和生态学发展的巨大进步，用蚯蚓开发的新产品接连不断，蚯蚓产品在国内市场经常处于货缺价扬的局面。

(一)促进农业生态系统物质循环

通过几年的试验示范证明，饲养蚯蚓对于保护生态环境，提供优质有机肥，发展优质、高效有机农业，增加农民收入具有较好的效果，是促进农业可持续发展的有效途径。

1. 解决农业废弃物污染问题，保护生态环境

由于我国耕地复种指数高，农作物茬口紧，庄稼收获后大量的秸秆急需处理。近几年，不少地方秸秆过剩，堆在田间、地头、村口，秸秆处理成为一大难题。机械化还田效果不错，但成本增加，有些秸秆当季不能腐熟，成为病虫害沿袭的寄主，带来下茬危害。生物腐熟处理技术成本也较高，操作麻烦，不宜大面积普及推广。因此，每到农作物收获季节，焚烧秸秆现象屡屡发生，造成秸秆资源浪费和环境污染。

我国各省(区)城镇居民人口急剧增多，随着社会经济的快速发展、人民生活水平的大幅度提高，广大人民群众对肉、禽、蛋、奶及其他畜产制品消费的日渐增长，促进了畜牧业的生产和发展。由此，在畜禽饲养及加工过程中产生的大量排泄物和废弃物密集排出，对人类和其他生物，包括畜禽自身生活环境的污染问题就愈来愈突出，已到了不容忽视的地步。控制和降低畜牧污染已成为畜牧业生产、环境保护、卫生防疫等部门面临的共同问题。通过饲养蚯蚓，可以有效解决以上问题，良种蚯蚓的特点是：食量大、生长快、繁殖率高，蚯蚓可有效地原位消耗农田上的秸秆，消除了焚烧秸秆带来的环境污染问题。

2. 提供优质有机肥源，促进优质、有机农业发展

通过饲养蚯蚓，一亩秸秆可产蚯蚓粪 400 kg，蚯蚓粪颗粒均匀、无臭无味、不招引蝇虫，是上好的有机肥料，蚯蚓粪不但氮、磷、钾含量丰富，而且含有多种微量元素、有益微生物和酶类。此外，据多年来国内外科研结果表明，蚯蚓可消除农药残留和土传病害，人称土地净化器，因

此，饲养蚯蚓，对于发展优质、有机农业可起到较好作用。

3. 增加农民收入

饲养蚯蚓操作简便、费用少，农民易于接受，一般一亩秸秆可产 15 kg 蚯蚓和 400 kg 蚯蚓粪，放养蚯蚓每亩处理秸秆只需要种苗数十元，仅商品蚯蚓粪一项收入就达上百元，所产蚯蚓可作为饲料饲养畜禽、水产。

4. 促进农业可持续发展

通过饲养蚯蚓，可使秸秆、畜禽粪便变成蚯蚓和有机肥，有机肥又投入农业生产的良性循环，可有效促进农业的可持续发展。蚯蚓作为重要的蛋白质原料，不仅可以入药，提取有益的活性蛋白，有些蚯蚓还可做餐桌上的美味佳肴。此外，蚯蚓的深度开发还有很多发展，前景十分看好。

（二）蚯蚓的其他用途

（1）药用：除了蚓激酶已广泛应用之外，利用蚯蚓提取物可开发抗癌药物，利用“蚯蚓酶”生产降血脂、降血糖制剂。加上地龙糖浆、地龙洒、地龙接骨丹等传统产品，地龙可治疗四十多种疾病，被誉为是人类的“大救星”。

（2）化妆品：蚯蚓富含 SOD。既可以用于生产化妆品，又可以生产蚯蚓 SOD 食品，例如，SOD 血肠、SOD 特菜、SOD 大米，深受欢迎。

（3）蛋白饲料：蚯蚓含粗蛋白质 65%～70%，是畜禽的优质蛋白饲料，可用来喂鸡、鸭类、牛蛙、甲鱼、珍禽等。特别是在我国的特禽和名贵种类的水产养殖中已广泛应用。

（4）处理城乡生活垃圾，化废为肥：世界各国都在开展利用蚯蚓处理生活垃圾解决环环境污染问题。用蚯蚓处理垃圾的方法在日本、美国、德国等发达国家极为盛行。2000 年悉尼奥运会奥运村的生活垃圾处理就是靠 160 万条蚯蚓完成的。

（5）蚯蚓粪的利用：蚯蚓粪是优质有机肥料可以栽种各种蔬菜和花卉，美化城市，并可作为草坪肥料。蚯蚓粪具有明显的改良土壤作用，尤其是改善土壤的理化性质。有人试验，养殖蚯蚓的劣质地块，3 年后能变为高产农田。

（6）食品：国外有人利用蚯蚓生产蛋糕、面包，美国纽约州的摊贩生产蚯蚓煎包蛋生意兴旺，我国台湾基隆市有一酒家，生产地龙名菜，浙江、四川等地有人开发的蚯蚓菜肴，凡亲自品尝的人都说味道鲜美。自 2009 年 12 月地龙蛋白（不含蚓激酶）被卫生部列为新资源食品以来，已经开发有蚯蚓蛋白粉（丸）、蚯蚓蛋白含片、蚯蚓蛋白口服液、蚯蚓饼干等多种蚯蚓功能食品，用于高血压、高血糖、高血脂人群的绿色治疗或预防。随着国家“健康中国 2030 规划纲要”的出台，蚯蚓功能食品将为我国的全民大健康做出它应有的贡献。

三、蚯蚓养殖发展简史

规模化的蚯蚓养殖源于日本“大平 2 号”蚯蚓品种的选育成功，为全世界蚯蚓养殖业的兴起打下了基础。日本水产厅濑户内海栽培渔业中心主任、研究员前田古颜，收集世界各地的蚯蚓，经过 2 000 次的杂交试验，于 1975 年选育出适于人工养殖的“大平 2 号”蚯蚓，改良后的蚯蚓体长从 5～6 cm 增至 15 cm，能繁殖几千倍（通常野外蚯蚓种只有 200～300 倍），寿命约 3 年，而自然生长的蚯蚓平均繁殖率为 50～150 条，寿命为 8 个月到 1 年半。1977 年日本静冈县成立蚯蚓繁殖协会，在1978年建成1.65万 m^2 的蚯蚓工厂，每月可处理有机废料3 000 t，日本全国还增设7个蚯蚓工厂，生产蚯蚓饲料添加剂，以满足人工养殖蚯蚓的需要。日本兵库县蚯蚓工厂，养殖10亿条蚯蚓，每年可处理食品厂、纤维加工厂6万t污泥，之后增至3 500万条，并不断扩大。日本北海道蚯蚓养殖公司曾向我国天津出口50万条“北星2号”蚯蚓。日本造纸工业企业向美国订购125 t蚯蚓，利用蚯蚓处理造纸厂废渣，化废为肥，当年收回购买蚯蚓的投资。日本东京农业大学从事于蚯蚓改良土壤的研究。松本卢义、拓植利九等从事于蚯蚓粪粒的研究。日本的蚯蚓工厂达200多家，从事于蚯蚓养殖的人数达2 000余人，建立了蚯蚓协会。

另外，美国、澳大利亚、加拿大、印度、缅甸、菲律宾、新加坡等国养殖蚯蚓的规模都较大，有的国家已发展到工厂化养殖和商品化生产。日本有大小蚯蚓养殖工厂或公司200多家。而且在配合饲料中普遍含有蚯蚓粉作为动物性蛋白质的重要来源。缅甸为了推广人工养殖蚯蚓，1979年上半年在仰光举办了一个人工养殖蚯蚓的展览会。此外菲律宾、新加坡、马来西亚、印度等国也在发展人工养殖蚯蚓事业，这已成为一项全球性的事业。每年国际上蚯蚓交易额达10亿美元，并每年以30%～40%的速度增长。

我国在20世纪70年代末，上海市从日本引进红蚯蚓“大平2号”、天津市从日本引进红蚯蚓“北星2号”。后来，安徽省农科所、广西桂林的省农科所也相继从日本引进蚯蚓。北京、吉林、江苏、浙江、河北、山东、福建、广东、湖南、湖北、云南、四川、江西等地也相继开展了人工养殖蚯蚓的研究，形成了我国第一次“养殖蚯蚓热”。当时搞的较好的有天津市，1979年5月份从日本引进“北星2号”蚯蚓50万条，繁殖速度很快，一年多时间就为全国各地提供了人工养殖蚯蚓的蚓种，并利用蚯蚓作为蛋白质饲料。吉林省生物研究所1979年7月份开展人工养殖蚯蚓试验，养殖10 000条长春蚯蚓，对进行蚯蚓分类，从中筛选良种。中国农业科学院土壤肥料研究所养殖德州蚯蚓、北京环毛蚓和爱胜蚓，利用蚯蚓造肥和改土处理城市有机废弃物试验。上海水产研究所与上海自然博物馆和海安县饲料公司协作养殖爱胜蚓和环毛蚓初步获得成功，利用蚯蚓喂家畜家禽，获得良好效果；上海金山区科委引进“大平2号”蚯蚓，安排了22个养殖蚯蚓实验点，凡是冬季保温条件好的单位，蚯蚓都能大量繁殖，1980年在全县扩大实验。江苏镇江市乳品厂也从上海引进日本“大平2号”，并培养了本地适应性强的品种——背暗异唇蚓、赤子爱胜蚓、湖北环毛蚓、威廉环毛蚓。西北水土保持生物研究所研究人员从事于蚯蚓对土壤肥力和土壤结构的研究，试验结果表明，蚯蚓的活动，加速土壤结构的形成，促进土壤有机质的转化，提高植物营养及土壤微生物活性，提高土壤肥力和农作物的产量。认为蚯蚓是一种巨大的生物动力资源，利用蚯蚓可以改良土壤。

我国台湾省气候暖和，雨水充沛，适于蚯蚓的繁殖，蚯蚓资源十分丰富，人工蚯蚓养殖场有30多家。日本、美国、新加坡、马来西亚都向中国台湾订购蚯蚓，每吨活蚓价格在10 000美元(据国际贸易消息报道，台湾出口中东各国的蚯蚓达120 t)。台湾大学和中兴大学协作利用蚯蚓改良梯田试验并用蚯蚓喂鸭和青蛙试验。台湾彰化红蚯蚓养殖专家钟信男利用红蚯蚓处理垃圾，生产有机肥料，解决城市垃圾环境污染问题。

此外，还有湖北省黄梅县人工养殖红蚯蚓和青蚯蚓也获得成功，并进行了冬繁试验。北京市教育学院开展了北京郊区蚯蚓的调查工作，发现北京地区的蚯蚓种类繁多，主要的品种有10多种。广西壮族自治区从天津引进“北星2号”种蚓，繁殖了数十万条，在全自治区试验推广。江西省农业科学院土壤肥料研究所从日本农机公司引进“大平2号”种蚓，探索利用蚯蚓改良土壤的试验。

我国蚯蚓养殖起步并不晚，并且一开始发展就受到极为重视。1980 年由农业部、粮食部等单位在上海召开全国人工养殖蚯蚓经验交流会。一时全国有 27 个省市自治区 200 多个单位引种养殖。由于养殖技术，尤其是适合中国国情的高产养殖技术及配套的综合利用技术不成熟，养殖周期长，采收加工利用麻烦，经济效益不高。到 1984 年，所有养殖场几乎都下马。20 世纪 80 年代初的第一次“蚯蚓养殖热”，主要“热”于炒种，缺乏有效的利用方法和高产的养殖技术，众多的养殖户养出的蚯蚓没有销路，造成倒闭与破产。严重地影响了农民养殖蚯蚓的积极性。这些年来，由于蚯蚓药用产品的开发、蚯蚓在生态农业中的广泛应用和规模化高产养殖技术的成熟，又重新唤起了新一轮的蚯蚓养殖热。利用蚯蚓处理有机废弃物（包括生活垃圾）是废弃物资源化的有效途径，也是环保产业的一个新热点，但应该健康持续地发展。

近年来，世界各国因畜、禽和水产养殖业发展很快，对于动物性蛋白质的需求也越来越大，目前有不少国家着手利用养殖蚯蚓把纤维素类的有机废弃物转化为动物类的蛋白质饲料来源的研究。有的国家在这方面做了不少工作，进展很快。

蚯蚓含有很高的蛋白质，按干物质计蛋白质的含量可以高达 71%，一般风干蚯蚓的粗蛋白含量为 41.6%～66%。蚯蚓不仅蛋白质含量高，而且蛋白质质量高，氨基酸种类齐全、比例适宜，一些畜、禽和鱼类生长发育所必需的氨基酸含量高，其中含量最高的是亮氨酸，其次是精氨酸和赖氨酸。蚯蚓蛋白质中精氨酸的含量为花生蛋白的 2 倍，为鱼蛋白的 3 倍；色氨酸的含量则为动物血粉蛋白的 4 倍，为牛肝的 7 倍。

不仅蚯蚓体含有大量的蛋白质，蚯蚓排泄的粪粒也含有一定量蛋白质，日本食品分析中心曾对蚯蚓粪进行过分析，在含水量 11%左右的时候，蚓粪内所含的全氮约 3.6%，以此换算粗蛋白质为 22.5%。因此蚯蚓与蚓粪均可供畜、禽和鱼类食用。

用蚯蚓喂养的猪、鸡、鸭和鱼，长得快，味道又鲜美，主要原因是蚯蚓蛋白质质量高，而且容易被畜、禽和鱼消化与吸收，而且很合它们的口味。畜禽和鱼均喜欢吃混有新鲜蚯蚓的饲料，混合的用量要根据畜、禽和鱼种类以及个体的大小而定，以占饲料总重量的 5%左右较好，但有时可多达 40%～50%。用这种混合饲料喂养幼小的畜、禽或鱼苗，效果特别好，它们吃了蚯蚓以后生长快，色泽光洁，发育健壮，不生病或少生病，还减少死亡。据报道，每头猪每天喂以 0.1～0.2 kg 蚯蚓（按猪的大小而定），每天可增重 0.25～0.5 kg，而不喂蚯蚓的猪，每天只能增重 0.15～0.35 kg，用蚯蚓喂蛋鸭，可使每只鸭每天都产蛋，不间隙，并且每个蛋比原来的平均增重 10 g 以上。

四、养殖蚯蚓的生物与生态学特性

蚯蚓在分类上属于环节动物门（Annelida）寡毛纲（Oligochaeta）。目前全世界已记录的蚯蚓种数已超过 3 000 种，我国有 320 多种。据统计，用于人工规模化养殖的蚯蚓种类有 14 种，在蚯蚓养殖过程中，最常规选择的蚯蚓是赤子爱胜蚓（*Esenia fetida*），大平二号是其商品名，它属于正蚓科爱胜蚓属，20 世纪 70 年代末我国从日本引进的“大平二号”蚯蚓是人工养殖品种中的优良品种，体长 35～130 mm，体宽 3～5 mm，成蚓体重 0.45～1.12 g，身体呈圆柱形。体色多样，一般为紫色、红色、暗淡色或淡红褐色（图 3-1）。外观有明显条纹，体扁而尾略成鹰嘴钩。老体尾部则由红色变为黄色，愈老愈深。在适宜的条件下，蚯蚓每 3 d 产一枚卵茧，可孵化幼蚓 2～6 条，经过 50～60 d 达到性成熟，蚯蚓密度最高可达 3 万～5 万条/m^2，每条蚯蚓在合适的条件下每天采食量与其体重相当，甚至是其体重的数倍。蚯蚓喜在厩肥、烂草堰、污泥、垃圾场生活，具有趋肥性强、繁殖率高、定居性好的特性。蚯蚓肉质肥厚、营养价值高，但其土腥味和分泌物的特殊气味影响了蚯蚓在食品上的应用。

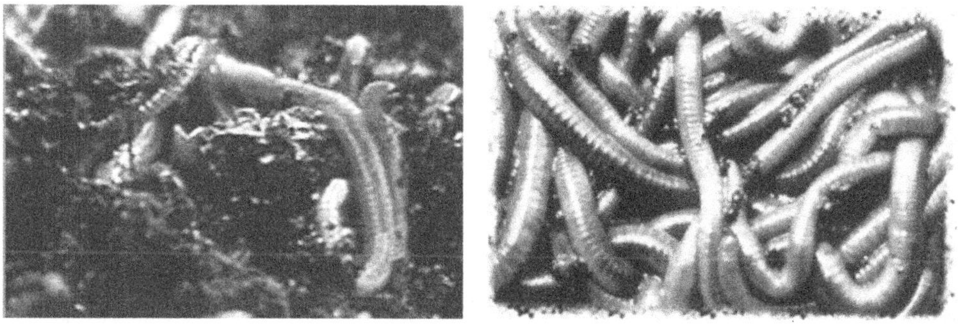

图 3-1　蚯蚓品种"大平二号"

我国有人从赤子爱胜蚓种群中选育培养和改良了爱胜蚓属的蚯蚓，其商品名有北星二号、进农 6 号、太湖红蚓、北京条纹蚓、川蚓一号等，但推广应用面积不大。目前大平二号仍然是规模化蚯蚓养殖的当家品种。

(一)蚯蚓的生物学特性

1. 形态特征

蚯蚓属于无脊椎动物中的环节动物，身体结构不复杂。从本质上说，蚯蚓就是一条被充满液体的体腔包被的消化管，外面是皮肤。

蚯蚓的身体是由 200～400 个肌肉环(体节)组成的，这些肌肉能够帮助它像液压钻头一样穿过土壤，完成其消化过程。

在蚯蚓身体的最前端是口前叶，它包被着口腔，用来压迫土壤挖掘洞穴。它的脑正处于口前叶后边咽之前。蚯蚓的脑好像并不十分重要，因为大脑切除后只会导致蚯蚓很小的行为变化。

蚯蚓的前端上部和背面有很多感受光的细胞。光在蚯蚓养殖与管理中是很有用的，可以用在养殖箱上避免蚯蚓夜间逃逸。

我国最常见的蚯蚓是巨蚓科的环毛蚓属(*Pheretima*)，其主要特征是身体呈长圆柱形，常见种长达 20 cm 左右，由多数环节组成，每节环生数十至百余条刚毛。生殖带环状，生于第 14～16 节。有雄性生殖孔 1 对，在第 18 节上；有雌性生殖孔 1 个，在第 14 节上；受精囊孔 3 对。没有大肾管，有多数小肾管。

2. 消化系统

蚯蚓是通过吞食土壤和有机质来构建洞穴的。如果它穿过的物质太大太硬就会难于吞食。小的颗粒经过口腔和咽，沿着消化道自前向后运动，在食道部位附有含钙腺。钙腺能分泌碳酸钙用来降低饲料的酸度，集中于蚯蚓嗉囊中的食物受碳酸钙、酶和细菌的溶解，为在砂囊中的进一步处理做准备。砂囊由强有力的肌肉所组成，其中的消化液、小石头颗粒和矿物颗粒共同作用把它磨至能够适于通过肠道消化的小颗粒食物，经过肠道壁的吸收进入毛细血管，蛋白质和糖类被分配到体细胞，而一些废弃物以黏性液体的形式排到体表，使蚯蚓在穿过土壤时能够保持润滑。

未经消化的较大食物颗粒经过肠道到达肛门以含氮废物的形式排出体外。蚯蚓体的解剖图见图 3-2。

从取食到排泄，整个的过程需要经历 24 h。随着蚯蚓的排泄物一起被排出的微生物会在土壤中继续进行消化作用，其中的一些物质会在蚯蚓穿过土壤时重新被蚯蚓吞食。

由于土壤中细菌的活动使食物腐烂，这个预消化作用有助于蚯蚓的消化作用。预消化作用比较适合于弱酸而不是强酸条件。蚯蚓消化需要 pH 在 6.8～7.2。赤子爱胜蚓能够忍受较强的酸度。蚯蚓每天能够吃掉相当于其体重的食物，所以食物的供应必须充足。

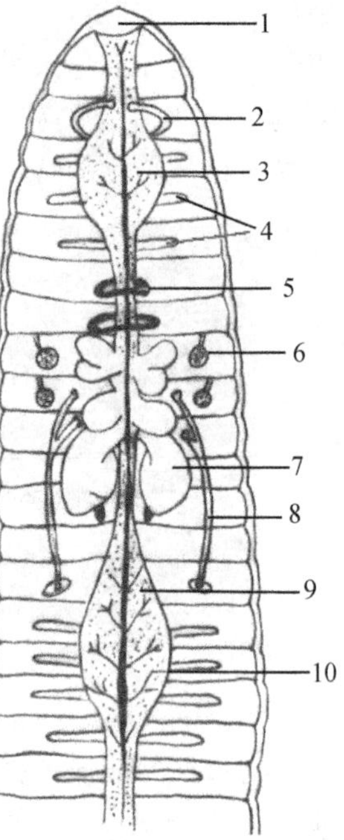

图 3-2　蚯蚓身体结构

1.口　2.神经节　3.食道　4.肾　5.心脏　6.受精囊　7.储精囊　8.输卵管　9.嗉囊　10.砂囊

3. 循环系统

蚯蚓在前端多达 5 个心脏，通过消化系统下面的腹血管把血液输送到身体末端，再通过另一条较大的背血管输送回心脏。在这一过程中血液经过毛细血管流经各器官和皮肤，不断进行着养分、水分和废物的交换。在蚯蚓的大多数体节上背血管和腹血管是互相连接的。毛细血管壁非常薄，能够使营养物质、氧气跟液体、气体废物较容易地进行交换。蚯蚓的循环系统极其脆弱，所以在操作时要非常小心。

4. 呼吸系统

蚯蚓的皮肤就是它的呼吸器官。小的毛细血管网络不断把外界的氧气带入血液，把二氧化碳从血液中排出。只有体表保持湿润蚯蚓才能正常呼吸。为了使其正常呼吸，蚯蚓的生活环境必须保持湿润，但太高的湿度会造成 CO_2 的积累。

5. 蚯蚓运动

尽管蚯蚓的身体摸起来很柔软，但是它非常强壮有力。蚯蚓的纵向肌肉非常有力，试验中能把自己拉伸到自己身长的 2 倍。在每一体节上存在环状肌可以使蚯蚓沿着身长收缩和伸长。蚯蚓的刚毛是肌肉从体壁伸出的小刺，就像是蚯蚓在移动时在表面上的锚。肌肉也能够把刚毛缩进体内。

环状肌肉与纵向肌肉相互协调连续运动。后面的肌肉伸展而前面的环状肌肉收缩，蚯蚓就会把前端推向前进。然后前面的肌肉伸展，利用自己的刚毛固定前端，把末端向前拖，进行着平滑而有节奏的运动。

口前叶在身体的最前端，代替了蚯蚓的鼻子。在土壤里，蚯蚓用口前叶跟肌肉系统联合运动而在土壤颗粒之间前进，把土壤颗粒排到两边形成洞穴，如果颗粒足够小就会吃掉。蚯蚓晚上取食会把末端固定在洞穴口，身体伸展到极限，把食物拖到洞穴。

6. 生活习性

(1)蚯蚓对穴居生活的适宜。蚯蚓由于长期生活在土壤的洞穴里，在它的身体形态结构与生活习性等方面必然会对生活环境产生一定的适应，这是自然选择的结果。

蚯蚓头部因穴居生活而退化，虽然在身体的前端有肉质突起的口前叶，在口前叶膨胀时能摄取食物，当它缩细变尖时又能挤压泥土和挖掘洞穴，但因终年在地下生活，并不依靠视觉来寻觅食物，所以在口前叶上不具有视觉功能的眼睛而只有能感受光线强弱或具有视觉的一些细胞。

蚯蚓的运动器官是刚毛，也就是说它是依靠刚毛来活动的。利用刚毛能把身体支撑在洞穴里，或在地面上蜿蜒前进或后退。

蚯蚓的身体是由许多的体节组成的，在每个体节与体节之间的背中央有一个小孔，叫背孔。这个小孔和身体里边相通，所以他的体腔液可以从这个小孔里射出来，利用这种液体湿润身体，以增加它在土穴中的滑润，减少与粗糙沙土颗粒的摩擦，并防止体表的干燥。此外，体表的湿润还与蚯蚓的呼吸密切相关，因为它没有特殊的呼吸器官，主要是通过湿润的表皮来进行氧气与二氧化碳的气体交换。

蚯蚓的感觉器官也因为穴居生活而不发达，只有在皮肤上能感受触觉的小突起，在口腔内能辨别食物的感觉细胞，以及主要分布在身体前端和背面的感光细胞，这种感光细胞仅能用来辨别光线的强弱，并无视觉的功能。

(2)蚯蚓的“六喜六怕”生活习性。蚯蚓属腐食性动物，怕光、怕水浸、怕震动、怕高温、怕严寒，喜欢栖息在温暖、潮湿、阴暗、通气、富含大量有机质的土壤里，难以在一般耕地、红壤中见到。蚓床基料适宜含水量为30%～50%，适宜pH为6～8。蚯蚓正常活动的温度为5～35℃，生长适宜温度为18～25℃，最佳活动温度为20℃，35℃以上则停止生长，40℃死亡，10℃以下活动迟钝，5℃以下进入休眠状态。

①“六喜”

a.喜阴暗。蚯蚓属夜行性动物，白昼蛰居泥土洞穴中，夜间外出活动，一般夏秋季晚上8点到次日凌晨4点左右出外活动，采食和交配都是在暗色情况下进行的。

b.喜潮湿。自然陆生蚯蚓一般喜居在潮湿、疏松而富于有机物的泥土中，特别是肥沃的庭园、菜园、耕地、沟、河、塘、渠道旁以及食堂附近的下水道边、垃圾堆、水缸下等处。

c.喜安静。蚯蚓喜欢安静的周围环境。生活工矿周围的蚯蚓多生长不好或逃逸。

d.喜温。蚯蚓尽管呈世界性分布，但它喜欢较高的温度，低于8℃即停止生长发育，繁殖最适温度为22～26℃。

e.喜带甜、酸味。蚯蚓是杂食性动物，它除了玻璃、塑胶、金属和橡胶不吃，其余如腐殖质、动物粪便、土壤细菌等以及这些物质的分解产物都吃。蚯蚓味觉灵敏，喜甜食和酸味，厌苦味。喜欢热化细软的饲料，对动物性食物尤为贪食，每月吃食量相当于自身重量。食物通过消化道，约有一半作为粪便排出。

f.喜同代同居。蚯蚓具有母子两代不愿同居的习性。尤其高密度情况下，小的繁殖多了，老的就要跑掉、搬家。

②“六怕”

a.怕光。蚯蚓为负趋光性，尤其是逃避强烈的阳光、蓝光和紫外线的照射，但不怕红光，趋向弱光。如阴湿的早晨有蚯蚓出穴活动就是这个道理。阳光对蚯蚓的毒害作用，主要是阳光中含有紫外线。据阳光照射试验，红色爱胜蚓阳光照射15 min 66%死亡，20 min则100%死亡。

b.怕震动。蚯蚓喜欢安静环境，不仅要求噪音低，而且不能震动。靠近桥梁、公路、飞机场附近不宜建蚯蚓养殖场。受震动后，蚯蚓表现不安，逃逸。

c.怕水浸泡。蚯蚓尽管喜欢潮湿环境，甚至不少陆生蚯蚓能在完全被水浸没的环境中较长久地生存。但它们从不选择和栖息于被水淹没的土壤中。养殖床若被水淹没后，多数蚯蚓马上逃走，逃不走的，表现身体水肿状，生活力下降。

d.怕闷气。蚯蚓生活时需良好的通气，以便补充氧气，排出二氧化碳。对氨、烟气等特别敏感。当氨超过17%时，就会引起蚯蚓黏液分泌增多，集群死亡。烟气中主要二氧化硫、一氧化碳、甲烷等有害气体。人工养殖蚯蚓时，为了保温，舍内生炉，其管道一定不能漏烟气。

e.怕农药。据调查，使用农药尤其是剧毒农药的农田或果园蚯蚓数量少。一般有机磷农药中的谷硫磷、二嗪农、杀螟松、马拉松、敌百虫等，在正常用量条件下对蚯蚓没明显的毒害作用，但有一些如氯丹、七氯、敌敌畏、甲基溴、氯化苦、西玛津、西维因、呋喃丹、涕灭威、硫酸铜、三九一一等对蚯蚓毒性很大。大田养殖蚯蚓最好不用这些农药。有些化肥如硫酸铵、碳酸氢铵、硝酸钾、氨水等在一定浓度下，对蚯蚓也有很大的杀伤。如氨水按农业常用方法兑水25倍施用，蚯蚓一旦接触这种4%氨水溶液少则几十秒多则几分钟即死亡。所以，养殖蚯蚓的农田，应尽量多施有机肥或尿素。尿素浓度在1%以下，不仅不毒害蚯蚓，而且可以作为促进蚯蚓生长发育的氮源。

f.怕酸碱。蚯蚓对酸性物质很敏感。当然，不同种类对环境酸碱度忍耐限度不同。八毛枝蚓、爱胜双胸蚓为耐酸种。可在pH 3.7～4.7之间生活。背暗异唇蚓、绿色异唇蚓、红色爱胜蚓则不耐酸，最适pH为5.0～7.0。碱性大也不适宜蚯蚓生活，据对环毛蚓在pH 1～12溶液中忍耐能力测定表明，在气温20～24℃、水温18～21℃情况下，pH 1～3和12时蚯蚓几分钟至十几分钟内便死亡。随着溶液酸碱度偏于中性，蚯蚓死亡时间逐渐延长。目前人工养殖赤子爱胜蚓和红正蚓，最好把饲料调至偏弱酸性，这样有利于蛋白质等物质的消化。

(二)蚯蚓的生活史

蚯蚓在一生中所经历的生长发育及繁殖的全部过程。生活史包括一个生殖细胞的发生、形成和受精，到成体的衰老、死亡。人为地一般分为蚓茧形成、胚胎发育和胚后发育3个阶段。

1.蚓茧形成过程及蚓茧的形态特征

(1)生殖细胞的发生。随着个体生长，生殖腺逐渐发育，其内也逐步进行着生殖细胞的发生过程，到一定的时期，再排入贮精囊或卵囊内，进一步发育成精子或卵子。成熟的精子包括头、中段和尾3部分。全长72 μm，有的可长至80～86 μm(为人类精子长度的2倍)。蚯蚓的卵多为圆球形、椭圆形或梨形。陆栖蚯蚓的卵较水栖蚯蚓卵小。赤子爱胜蚓卵的直径只有0.1 mm，由卵细胞膜、卵细胞质、卵细胞核以及最外面一薄层由卵本身分泌的卵黄膜所构成。

(2)蚯蚓的交配。异体受精的蚯蚓，性成熟后通过交配，使配偶双方相互受精，即把卵子输导到对方的受精囊内暂时贮存。交配时两条蚯蚓前后倒置，腹面相贴。一条蚯蚓的环带区域正对着另一条蚯蚓的受精囊孔区域。环带区分泌黏液紧紧黏附着配偶。在两条蚯蚓的环带之间有两条细长黏液管将配偶相对应的体节(Ⅷ-XXXⅢ)束缚在一起。赤子爱胜蚓两条蚯蚓相贴体节的腹面比较凹陷，形成两条纵行精液沟。雄孔排出的精液，由于沟内拱状肌肉有规律的收缩而向后输透到自身的环带区，并进入对方的受精囊内。当相互授精完成后，两条蚯蚓从相反的方向各自后退，退出束缚蚓体的黏液管。直至配偶脱离接触。以上交配过程 2～3 h。野生蚯蚓交配多发生在初夏、秋季的肥堆中，人工养殖蚯蚓，只要条件适宜，一年四季都可发生交配(图 3-3)。

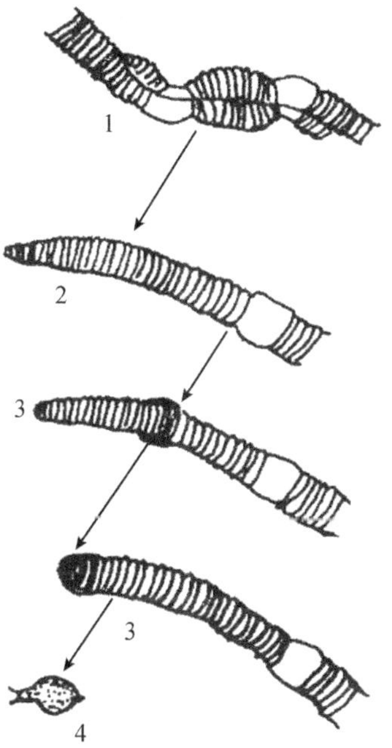

图 3-3 蚯蚓交配繁殖图

1. 蚯蚓交配
2. 正在分泌形成的蚯蚓茧
3. 正在脱落中的蚯蚓茧
4. 已脱落的蚯蚓茧

a. 排卵与受精。排卵是指蚯蚓通过雌孔将卵排出体外的过程。处在卵囊或体腔中的卵，由于没有运动器，主要依靠卵漏斗、输卵管上纤毛的摆动，被动地使卵经雌孔排出体外。雌孔往往在第一环带节腹面正中央(环毛蚓)，故卵直接排入环带所形成的蚓茧内。包含有一至多个卵的雏蚓茧，因其后的体壁肌肉较前的体壁肌肉收缩强烈，雏蚓茧与体壁间又有大量黏液起润滑作用，加上雏蚓茧外周与地表接触受阻，蚓体向后倒行，使得蚓体前端逐渐退出雏蚓茧。当受精囊孔途经雏蚓茧时，原来交配所贮存的异体精液就排入雏蚓茧内，从而完成受精过程。

b. 蚓茧形成。从环带开始分泌蚓茧膜及其外面细长的黏液管起，经排卵到雏蚓茧从蚓体最前端脱落、前后封口成蚓茧止，是蚓茧形成的全过程。蚓茧内除含有卵子外，还有精子及供胚胎发育用的蛋白液。

c. 蚓茧的生产场所。正蚓科蚯蚓如红色爱胜蚓、日本异唇蚓、背暗异唇蚓，一般产蚓茧于潮湿的土壤表层，遇干旱则产处较深。八毛枝蚓等多产于腐殖层中，赤子爱胜蚓多产于堆肥中。

d. 蚓茧的颜色。刚生产的蚓茧多为苍白色、淡黄色，随后逐渐变成黄色、淡绿色或淡棕色，最后可能变成暗褐或紫红色、橄榄绿色。

e. 蚓茧的形成。多为球形、椭圆形，有的为袋状、花瓶状或纺锤状，少数为细长纤维状或管状。蚓茧的端部较突出，有的成簇状、茎状、圆锥状或伞状。

f. 蚓茧大小。蚓茧大小与蚓体宽一般呈正相关，差别较大。赤子爱胜蚓一般长度 3.8～5.0 mm、宽 2.5～3.2 mm。

g. 蚓茧的含卵量。不同种类蚯蚓，蚓茧含卵量不同。有的仅含 1 个卵，有的则含多个卵，如赤子爱胜蚓，一般含 3～7 个卵，但有的蚓茧仅 1 个或 20 个甚至 60 个卵。

h. 蚓茧的生产量。蚓茧的年生产量依种类、个体发育状况、气候、食物因子等而变化。野生蚯蚓蚓茧生产有明显的季节性。处于不利环境时(干燥、高温等)可能在短期内多生产些蚓茧。栖息于土壤表层(如爱胜蚓)的一些蚯蚓其蚓茧生产量往往比穴居土壤深处(如环毛蚓)的要多些。在人工饲养的良好条件下，蚯蚓可全年生产蚓茧。在 20～26℃条件下，每条蚯蚓每天产 0.35～0.80 个蚓茧。

2. 蚯蚓的胚胎发育和生长

蚯蚓的胚胎发育是指从受精卵开始分裂起，到发育为形态结构特征基本类似成年蚯蚓的幼蚓，并破茧而出的整个发育过程（即孵化）。它包括卵裂、胚层发育、器官发生3个阶段。蚯蚓胚胎发育的完成即为蚓茧孵化过程的结束。孵化所需时间及每个蚓茧孵出的幼蚓数，随蚯蚓种类、孵化时的温度、湿度等生态因子而变化。赤子爱胜蚓每个蚓茧一般孵出幼蚓1～7条，孵化时间为2～11周。从幼蚓由蚓茧中孵化出来，经生长发育到达性成熟、生殖，然后逐渐衰老以及死亡，这个过程即为蚯蚓的胚后发育（即寿命）。蚯蚓生长，一般指蚓体重量和体积的增加，而发育指蚯蚓的构造和机能从简单到复杂的变化过程。两者既有区别，又密不可分。

蚯蚓的生长曲线一般呈"S"型。即幼蚓在达到性成熟前，体长、体重都急剧增加，性成熟（环带出现）到衰老开始（环带消失）前这一阶段，体重增加不多，但生殖能力很强。一旦环带消失，体重渐减。蚯蚓的胚后发育时间往往因种而异。赤子爱胜蚓为55个周。长异唇蚓为50周。自然条件下，不同发育阶段的蚯蚓常处在同一环境中，其组成往往随季节而变化。春天成蚓较多。到6月（夏季）因蚓茧孵化使幼蚓数量激增，到秋天幼蚓数量又逐渐减少，体重较大的成蚓数量渐增。在北方秋末产的蚓茧很多来不及孵化，故冬天蚓茧比例大。

3. 蚯蚓的寿命

蚯蚓的寿命，随种类与生态环境的不同而有差别。一种双胸蚓在干旱、贫瘠条件下，寿命仅为2个季度，而在较好的环境条件下，寿命可延长至2年多。环毛蚓为1年生蚯蚓，寿命多为7～8个月。在理想条件下，蚯蚓潜在寿命要更长些。如赤子爱胜蚓寿命可能达到4年半，正蚓6年，长异唇蚓为10年3个月。

据试验：赤子爱胜蚓在平均室温21℃情况下，蚓茧需24～28 d孵化成幼蚓，幼蚓需30～45 d变成蚓。成蚓交配后5～10 d产蚓茧。每条蚯蚓的世代间隔平均在59～83 d。

（三）蚯蚓的生态类型

蚯蚓周围所有一切有机和无机因子都属于它的外界环境。蚯蚓的正常生长、发育和繁殖需要适宜的环境条件。由于气候、食物、地理和地质等因素的影响，蚯蚓形成了不同的生态类型。一般将蚯蚓的生态类型分为三大类：表居型（如赤子爱胜蚓）、上食下居型（如威廉环毛蚓）和土居型（*Pontoscolex corethrurus*）。

1. 表居型（epigeic）

居住和取食都在土壤表面的残落物层，以植物残体为食。体型小，因土壤表面剧烈变化的温度和湿度的影响和天敌的捕食，死亡率高，但繁殖快。体壁有色素沉积，为红色或深黑色。在土壤中挖掘和穿插能力差，对土壤物理性状影响不大，主要通过对有机残体的破碎影响其分解速度。

2. 上食下居型（anecic）

居住在土壤内，到土壤表面取食有机物质。体型中等，身体背面体表有色素沉积，为灰褐色或紫褐色。他们将有机物质运至地下，挖掘至土壤表面的通道，并将下层土壤和未完全消化的物质排泄至土壤表面，对土壤通透性及土壤混合影响很大。

3. 土居型（endogeic）

居住和取食均在土壤内，主要取食土壤有机质。体型大，体壁无色素沉积，代谢繁殖均比较缓慢，在土壤内挖掘纵横交织的通道，影响土壤的孔隙度。

由于蚯蚓对环境条件如土壤类型、有机质含量、酸碱度、温湿度和通气状况等的要求随种类、产地不同而有差异，因此养殖蚯蚓要根据当地的自然条件因地制宜地选择品种。

(四)生态因子对蚯蚓的影响

1. 土壤

土壤是野生蚯蚓的食物来源，又是其栖息的场所。土壤包含着蚯蚓生活所必需的环境条件，各种生态因子对蚯蚓有着错综复杂的影响。

从全国来看，蚯蚓的分布、密度随着地区、土壤类型、季节、温度和有机质的数量而有较大的差异。蚯蚓在我国不同耕作土壤和自然土壤中的分布见表 3-2 和表 3-3。

表 3-2　蚯蚓在不同耕作土壤类型中的分布数量

耕作土壤	采集地区	有机质/%	数量/(条/m^2)
黑土	吉林长春	3.01	38
黄土	辽宁沈阳	0.69	16
夜潮土	北京	1.2	71
菜园土	北京	2.31	155
草甸褐土	北京	1.07	35
白油沙土	山东德州	0.76	67
马肝土	江苏南京	0.65	18
菜园土	江苏南京	2.68	126
菜园油沙土	安徽蚌埠	1.15	116
黑油沙土	湖北襄阳	1.47	181
油砂黄土	河南三门峡	0.97	46
黑垆土	陕西武功	1.52	64
苜蓿地红油土	陕西武功	1.52	109
耕作垆土	甘肃天水	0.64	18
耕作红壤	江苏湖口	0.65	17
耕作红壤	福建晋江	1.02	40

注：以深 50 cm 土层内所含蚯蚓的数量作为计算单位。

表 3-3　蚯蚓在我国各种自然土壤类型中的分布数量

自然土壤	采集地区	有机质/%	数量/(条/m^2)
黑钙土	吉林乾安	4.12	31
草甸黑土	吉林长春	5.68	58
棕壤	辽宁沈阳	1.44	49
山地棕壤	北京妙峰山	3.10	112
山地粗骨棕壤	山东泰山	4.12	39
山地棕壤	湖北神农架	—	28

续表 3-3

自然土壤	采集地区	有机质/%	数量/(条/m^2)
山地褐土	山西吕梁山	3.62	71
灰褐土	甘肃子午岭	—	17
黄褐土	江苏徐州九黑山	2.38	50
黄褐土	湖北李家大山	4.12	176
山地黄棕壤	湖北大洪山	4.0	94
黄棕壤	南京燕子	1.52	20
冲积草甸土	安徽蚌埠	1.45	101
林地红壤	江西阳	1.4	65
山地黄红壤	福建清源山	2.20	104
赤红壤	福建厦门	0.87	21

注：以深 50 cm 土层内所含蚯蚓的数量作为计算单位。

2. 季节

(1)蚯蚓活动的季节性变化。在温带和寒带，冬季低温干旱使蚯蚓进入冬眠状态，到翌年开春，随着温度的回升、雨季的来临，蚯蚓苏醒，开始活动。

在牧场，正蚓，红色爱胜蚓、绿色异唇蚓、夜异唇蚓、背暗异唇蚓等，每年 4～5 月及 8～12 月间最活跃；在草地，秋季特别是 10 月最为活跃。在北京，4 月底即可看到环毛蚓解除冬眠而活动，6 月底至 7 月初进入雨季，一直到 11 月初皆为蚯蚓的活动时期。

在热带，蚯蚓活动也局限在一定的季节，如我国云南地区，蚯蚓多活动在雨季的 5～10 月，当土壤含水量降到 7%以下时，蚯蚓也出现休眠。

从一年四季常见蚯蚓的垂直分布看，在 1～2 月土壤温度大约 0℃时，多数蚯蚓在 7.5 cm 以下，但到了 3 月，土温升到 5℃时，蚯蚓就到 10 cm 深处，多数的绿色异唇蚓、背暗异唇蚓、红色爱胜蚓和长异唇蚓、夜异唇蚓、正蚓移至 7.5 cm 土层中，较大的蚯蚓仍停留在较深的土壤中。6～10 月，除新孵化出的幼蚓外，都开始到 7.5 cm 以下。11～12 月多数蚯蚓又开始到 7.5 cm 土层中，促使蚯蚓移向更深的土层的因素是土壤表层的寒冷和干旱。除正蚓外，其他蚯蚓在夏季和冬季都要休眠，在这两个季节里，它们都停留在比 7.5 cm 更深的土层下。在夏季休眠的蚯蚓比冬季的更多，几乎所有的蚓茧都发现在 15 cm 顶端的土壤内，而且多数是在 7.5 cm 的顶部。

季节变化也会影响蚯蚓新陈代谢的强度。正蚓科蚯蚓在 5～8 月间，由于土壤温度和湿度不适宜，处于滞育状态，而在 9～12 月和 2～4 月的秋季和春季，由于土壤温度和湿度比较适宜，蚯蚓代谢活动旺盛，其活动达到高峰。

(2)蚓茧生产的季节性变化。季节变化不仅影响蚯蚓的活动和代谢水平，还非常明显地影响着蚯蚓的生殖与生长发育。若在人工养殖条件下，如果一年中始终保持适宜的湿度，那么，蚓茧的产量、也与土壤的温度呈正相关。蚯蚓在冬季各月生产蚓茧最少，在 5～7 月生产蚓茧最多。试验证明，蚯蚓产蚓茧有一个温度阈值，低于这个阈值就不产蚓茧。

(3)种群密度的季节性变化。通过调查发现，草地里蚯蚓种群的最大密度是在 8～10 月的秋季，尤以 10 月为最大，在冬季则很小。

正蚓、红色爱胜蚓、背暗异唇蚓、夜异唇蚓也在秋季出现最大的种群密度，而在冬季最小，到次年开春(4～5 月)又迅速激增。说明这 4 种蚯蚓的种群密度大小是随着季节而变化的。

第二节　蚯蚓高产养殖基础

一、蚯蚓生长繁殖对生态环境的要求

蚯蚓是以有机质废物为食的腐生性无脊椎动物。20 世纪 70 年代开始人工养殖蚯蚓用于生产蚯蚓蛋白粉，替代进口鱼粉。著者从 1985 年开始，在总结第一次“蚯蚓养殖潮”的基础上，重点对人工饵料条件下蚯蚓的高产生态因子进行探讨，创立了蚯蚓高产养殖理论与系列技术。筛选出了以蚯蚓(粉)代替鱼粉，以蚯蚓粪代替部分麸皮玉米的鱼、鸡、猪、优化饲料配方。同时以蚯蚓为中间纽带连接陆地和水体，形成了一个畜禽粪便—蚯蚓—鱼、鸡、猪组成的多级生产综合利用生态链。消除废弃物对环境的污染，形成农牧生态环境良性循环，同时为农民脱贫致富开辟了一条可行途径。

利用蚯蚓高效处理有机废弃物的关键是蚯蚓高产养殖技术。为了探索蚯蚓高产养殖技术，著者对温度、湿度、pH、C/N、密度等对蚯蚓生长繁殖影响较大的生态因子在人工饵料条件下对其最适范围进行了系统的观察研究，探讨了蚯蚓高产养殖的理论基础。

(一)蚯蚓生长和繁殖与温度、湿度及通气性的关系

1. 温度

蚯蚓属于变温动物，体温随着外界环境温度的变动而变动。环境温度不仅直接影响蚯蚓的体温及其活动，而且还影响它新陈代谢的强度，以至于呼吸、消化、生长发育、繁殖等生理机能。

一般来说，蚯蚓的活动温度为 5～30℃，最适宜的温度为 20℃左右，在这样的温度条件下，蚯蚓能较好地生长发育和繁殖。20～30℃时，蚯蚓能维持一定的生长；32℃以上时，生长停止；10℃以下时，活动迟钝；5℃以下时，处于休眠状态，并有明显的萎缩现象；40℃以上，0℃以下一般要导致死亡。

另外，温度也对其他生态因子有较大的影响，间接地对蚯蚓发生作用。由此可见，温度对蚯蚓生长繁殖影响最大。

不同种类的蚯蚓生长发育所需要的适宜温度是不一样的，其最高和最低致死温度也有差异。如环毛蚓的致死高温为 37℃，背暗异唇蚓为 39～40℃，红色爱胜蚓为 37～39℃，威廉环毛蚓、赤子爱胜蚓、天锡杜拉蚓为 39～40℃，日本杜拉蚓为 39～41℃。

土壤温度升高时，由于蚯蚓体表水分的大量蒸发而降温，因此，致死最高温度可适当上升，由于蚯蚓对温度的升高能产生适应性，因此，各类蚯蚓的致死最高温度可适当升高。一般来讲，蚯蚓在 0～5℃进入休眠状态。进入休眠状态的蚯蚓抗寒能力最强。在冻土层中采集到的蚯蚓多为红色爱胜蚓，杂以少数微小双胸蚓及杜拉蚓。

为了使蚯蚓能正常生长繁殖，夏季高温季节要采取降温措施，饲养床上要经常洒水，以降低床内温度，并进行遮盖，如在室外养殖，可把养殖床置于树荫下、荫棚或竹园内，亦可置于防空洞内，这样，即使在高温季节，蚯蚓也能正常地生长繁殖。

随着冬季的到来，气温逐渐降低，日照渐短，处于自然条件下的蚯蚓就深入到土壤深层休眠。

2. 湿度

水是蚯蚓的重要组成成分（体内含水量 75%～90%）和必需的生活条件，因此，湿度对蚯蚓的新陈代谢、生长发育和生殖有极大的影响，成为蚯蚓生存的限制因子之一。降雨、下雪、刮风、灌溉以及植被状况、大气湿度等，都影响到土壤及环境的湿度（一般指绝对含水量），从而对蚯蚓产生很大影响。蚯蚓对水分的吸收和丧失，主要通过蚯蚓的体壁及蚓体的各孔道进行。

不同种类的蚯蚓，适宜的湿度是不同的，而且往往还因其他生态因子的变化而变化。赤子爱胜蚓适宜的土壤湿度为 20%～30%，如栖息于发酵的马粪中，马粪的适宜含水量为 60%～70%。在砾石和沙占 5%～85%的土壤中，含水量从 15%增加到 34%时，背暗异唇蚓数量常常增加，如含水量超过 34%时，则并不能取得很好的效果。

3. 通气性

在气体生态因子中，对蚯蚓影响较大的是氧和二氧化碳的含量。因为多数蚯蚓呼吸时要吸收氧气，排出二氧化碳。仅有少数种类进行厌氧呼吸，它们专门栖息在缺氧的生态环境中。

在蚯蚓养殖时，要适当通气，以便补充氧气，排出二氧化碳。一般来说，土壤中二氧化碳浓度的极限在 0.01%～11.5%（有的蚯蚓也可能在 50%的浓度下生存）。一般蚯蚓超过上述极限时，则出现迁移、逃避等反应，或导致蚯蚓体弱，产生畸形后代。

在蚯蚓养殖中，还要防止其他一些有毒气体对蚯蚓的毒害。如有的地方为了保温，在养殖蚯蚓的场、室内生炉，由于管道漏烟气，致使蚯蚓大量死亡。就是因为烟气中含有二氧化硫、三氧化硫、一氧化碳等有毒气体的缘故。在饲料发酵过程中，会产生二氧化碳、氨、硫化氢、甲烷等有害气体，当达到一定浓度时，则对蚯蚓有毒害作用，导致其逃逸和死亡。因此，饲料投喂前要充分发酵，发酵后的饲料最好经过翻捣、淋洗或放置一段时间后再喂用，以便让有害气体尽量散失。

（二）蚯蚓生长与繁殖的最佳温度、湿度和酸碱度

选用赤子爱胜蚓，用牛粪和木屑充分混合发酵作为饵料，观察和比较不同的温度、湿度、pH 蚯蚓增重、产卵和成活情况。结果表明：

（1）赤子爱胜蚯蚓生长与繁殖的最适温、湿度、pH 不完全一致。最适的繁殖条件：25℃、70%湿度和 pH 6。对于以生产增重为主要目的的蚯蚓，其适宜条件是 18℃、65%湿度和 pH 8～9。

（2）蚯蚓对 pH 适应范围较大，在 pH 5～11 范围内蚯蚓均能生存。但出现 pH 6 和 pH 9 两个峰值，即酸碱均有较强适应性，这在其他动物不多见。

（三）大平二号蚯蚓在人工饵料中生活深度

观察蚯蚓在人工饵料中的分布深度和自然界差异很大。在质地均匀的人工饵料中蚯蚓潜

入的深度可达 70 cm；但 99.2%分布于 50 cm 深度范围内。以求高产(群体增重)为目的蚯蚓养殖饵料厚度加大到 50 cm 是可行的。

(四)蚓茧在饵料中的分布规律

观察了在饵料深度 10、20、50 cm 3 种处理下每 5 cm 深蚓茧的分布情况。结果表明，蚯蚓产卵空间主要在 6～20 cm 深度范围内，在 15 cm 范围内产卵数随着饵料深度增加而增加。种蚓池的饵料厚度以 15～20 cm 为宜。

(五)种蚯蚓适宜放养密度

蚯蚓的养殖密度要适当，如果密度较小，虽然种内个体间的生存竞争不剧烈，每条蚯蚓的增殖倍数较大，但整个种群单位面积的增殖倍数较小，产量低。放养过多，密度过大，由于食物、氧气等不足，生存空间拥挤，代谢废物积累过多，造成环境污染，致使种群内个体间生存竞争加剧，往往使个体增重下降，繁殖力也随之降低，病虫害与疾病蔓延，死亡率增高，幸存者逃逸等。

为了达到高产、优质、低消耗的目的，要摸索出合理的放养密度，使蚯蚓增殖倍数高，生长发育速度快。对每平方米 5 000、10 000、15 000 条蚯蚓 3 种密度下，大平二号蚯蚓的繁殖性能进行观察，结果表明，种蚓养殖密度、放养成蚓以(10 000±200)条/m^2，繁殖性能最佳。环毛蚓的养殖密度，以 1 000～1 500 条/m^2 蚯蚓为宜。如果采用较先进的通气恒温加湿法，为蚯蚓创造更好的生态条件，则养殖密度还可提高。

(六)生产群不同放养密度生长发育规律

观察 50 cm 厚饵料条件下，不同放养密度蚯蚓从幼蚓到成蚓的个体生长增重和群体生物量增长规律。结果表明：

(1)蚯蚓个体性成熟为 60～70 d，90～100 d 个体重达最大值。达性成熟和个体最大重的时间基本与放养密度无关。

(2)随着密度增大，个体重降低。但群体生物量随密度增大而增加。生产群蚯蚓放养密度可以增加到 5.5 万条/m^2。一般管理条件以 3 万～5 万条/m^2 为宜。

(3)蚯蚓增重曲线呈“S”形。在快速增长期与增重缓慢期的拐点处为蚯蚓最佳收获期，此时外部特征为环带刚形成，个体重随放养密度变化而变化。5 万～5.5 万条/m^2 条件下，为(0.38±0.02)g 时收获经济效益最佳。

(七)蚯蚓人工养殖高产饲料因子筛选

1. 蚯蚓对不同处理粪便的自由选食观察

选用牛粪、猪粪、鸡粪、人粪、马驴粪、混合粪，采用自然风干(15～20 d)、小堆发酵(15 d)、粪便(70%)+麦秸草(30%)混合堆积发酵 3 种处理。观察大平二号蚓对不同处理的不同粪便的喜食程度，结果表明，蚯蚓最喜食牛粪，以粪便加麦秸草混合发酵处理方法效果最好。

2. 最佳氮素料

不同粪便和麦秸草混合发酵对蚯蚓生长、繁殖的影响结果表明，各种粪便和麦秸草混合发酵后均可作为蚯蚓饲料。最佳氮素料为牛粪组。90 d 试验，繁殖倍数达 20.75，增重倍数为 12.7。

3. 最佳碳素料

以牛粪作为氮素料，以麦秸草、木屑、棉绒棉籽皮、食用菌渣、果渣、糟渣作为碳素料分别与之配合。配合比例为牛粪 70%、碳素料 30%，以筛选出最佳碳素料，组合成最佳蚯蚓饵料配方。结果表明，以食用菌渣与牛粪搭配组合效果最好。经 90 d 试验，繁殖倍数达 26.2，群体增重倍数为 15.95，个体增重以果渣组较好。

综合上述 3 个试验可以看出，牛粪、食用菌渣(锯末)果渣为蚯蚓高产饲料因子。这几种饲料搭配，最适宜蚯蚓生长、繁殖。其原因可能是牛粪比较细密、营养丰富，有害气体和异味较低；食用菌渣不仅营养丰富而且与粪便发酵后的饵料松散、质地均匀、通气性好；果渣含有一定量的糖、具蚯蚓喜食的甜味。故蚯蚓特别喜食或生活在含有这几种料的饵料中。

(八)不同饵料对蚯蚓生长及蚓体(粪)氨基酸含量的影响

不同饵料养殖蚯蚓对生长、繁殖速度有直接影响，但不同饵料及其组合对蚓体、蚓粪氨基酸含量有何影响是筛选高产优质蚯蚓饵料配方中遇到的问题。为此，我们选用生产中最常用的麦秸草和经筛选出的高产饲料的因子——牛粪、蘑菇渣组合成发酵麦秸草、发酵麦秸草＋牛粪、蘑菇渣、蘑菇渣＋牛粪 4 种处理，观察蚯蚓生长情况要分析蚯蚓氨基酸含量的差别。结果表明，4 种饵料中用牛粪＋蘑菇渣组合，蚯蚓增殖倍数和增重倍数最高，分别为 12.6 和 15.0，并且氨基酸总含量最高。单纯发酵麦秸草饲养的两项指标最低，为 4.5 和 7.9，不同饵料对鲜蚓、干蚓、蚓粪氨基酸含量有影响，呈直线相关。牛粪＋蘑菇渣高产优质配方饲养的蚯蚓，干蚓氨基酸含量接近进口鱼粉，优于国产鱼粉；蚓粪氨基酸含量较麸皮低，但某些限制性氨基酸含量高于麸皮，蚓粪完全可作为麸皮替代物在畜牧上应用。

二、蚯蚓饵料的调配

(一)蚯蚓饵料的组成与常见配方

1. 饵料的组成

蚯蚓主要以腐烂的有机物为食，只要是无毒的、酸碱度不过高或过低，盐度也不过高、能在微生物作用下分解的有机物都可以作为蚯蚓的饵料。但是要注意，蚯蚓一般不吃新鲜的植物有机体。任何畜禽粪便和酿酒、制糖、食品、制纸和木材等加工后的有机废料，如酒糟、蔗渣、锯末、麻刀、废纸浆、食用菌渣等，垃圾、生活有机废物(如蔬菜、剩余饭菜、米汤、废血、鱼的内脏等)，以及昆虫的幼虫、卵，动物的尸体，各种细菌、真菌，这些都可以作蚯蚓的饵料。

蚯蚓不大吃太酸、咸、涩、苦、辣的饵料，赤子爱胜蚓类(大平二号)多取食发酵腐熟的畜粪、堆肥等含蛋白质、糖丰富的饵料，尤其是腐烂的瓜菜、香蕉皮之类具有甜香味的食物。“大平二号”蚓每天摄食量为自身体重的 0.3～1.0 倍。

蚯蚓的生长繁殖需要多种营养物质，主要的营养指标是 C/N 比。目前人工养殖的“大平二号”蚯蚓，对 C/N 比的要求在 20～30 之间，饵料中的蛋白质不能过高，过高反而会有害。因为蛋白质分解时产生恶臭气味和氨气，对蚯蚓生长不利。因此，氮素饲料不宜单独使用，必须适量搭配碳素饲料，使 C/N 比调整在 20～30 之间。碳素饲料也不宜单独使用，由于营养不全面，也不利于蚯蚓生长繁殖。

饵料搭配的基本原则是：C/N 比例要合理，一般粪料 60%，草料 40%，品种尽量多种多样。蚯蚓是杂食性动物，要求营养丰富的有机物质。蚯蚓繁殖快或慢很大程度上取决于氮素营养，特别是有效氮。

2. 蚯蚓饵料常见配方

由于不同的饵料所含的营养成分和 C/N 比不同，不同的蚯蚓对饵料的取食和消化吸收率也不同，直接影响蚯蚓的产茧量和繁殖率。例如用牛、羊粪饲喂蚯蚓比以粗饵料和燕麦秸喂养所产的蚓茧数量要高出几倍到十几倍。说明以腐烂或发酵后的含氮丰富的有机食料如牲畜粪便，比植物性含氮少的有机食料如麦秸等，能促进蚯蚓更快地生长和繁殖。因此，为了养好蚯蚓，必须对饲料进行科学配比，做到就地取材、废物利用，减少运输和成本。

蚯蚓饵料常见配方：①首选牛粪 100%；②牛、猪、鸡等各种禽畜类便混合共 100%；③牛粪 20%＋猪粪 20%＋鸡粪 20%＋稻草 40%；④各种禽畜粪便 60%～70%＋草类(即杂草、稻草、树叶、锯末、粗糠、碎蔗渣、农作物茎叶等)30%～40%。草类要另行沤制腐烂，以免发热。是饲养蚯蚓常见饵料配方：①牛粪 50%＋纸浆污泥 50%；②马粪 80%＋树叶烂草 20%；③鸡粪 60%＋菜园土 40%；④蘑菇渣 70%＋猪粪 30%；⑤草菇渣 80%＋牛粪或猪粪 20%；⑥生活垃圾 70%＋畜粪 30%。

(二)蚯蚓饵料的堆制技术与操作规程

蚯蚓的饵料是经过充分发酵后的有机废物，如各种牲畜粪便和秸秆等。这些有机废物必须经过堆制发酵后，蚯蚓才能吞食利用。没有充分发酵的饲料作为蚯蚓的饵料，会使蚯蚓大量死亡。因此搞好饵料的发酵，是人工养殖蚯蚓的关键，一般有机废物经过 3～4 次的翻堆腐熟后，就可作为蚯蚓的饵料。

蚯蚓是杂食性环节动物。喜欢吞食腐殖化的植物性有机质，或发酵过的畜禽粪便。有机废物都要经过发酵，例如牛、猪、马、鸡的粪便和垃圾、果皮、树叶等都可养蚯蚓，但必须先经发酵腐熟，使之分解，达到无酸、无臭、无不良气味。

发酵前，所用的畜禽粪便，如马粪或猪粪都要经过洒水、捣碎；如用农作物秸秆，如稻草或麦秸，量好用铡刀切成 6～9 cm 长，再浇水，拌均匀，使其充分湿润，然后在地面堆制。

堆制方法，采用一层秸秆，约 20 cm 厚，一层牲畜粪，约 10 cm 厚，充分洒水，所含水分为 50%～60%。逐层堆积，依此类推，堆积 1 m 高左右，长度不限。要求堆料松散，不要压实，以利高温细菌的繁殖。上面可用塑料布覆盖，以达到保温保湿的目的。

15 d 左右翻堆 1 次，把上面的堆料翻到下面，四周的堆料翻到中间，并把堆粪抖松拌匀，添加水分，以改善空气条件和水分状况，达到促进微生物繁殖和堆料腐熟的目的。

饵料堆腐过程，是利用微生物分解有机物质，是物质的生物化学过程，大致可分为 3 个阶段。

①前熟期(糖类分解期)。堆积的有机废物经过 3～4 d 后，里面的碳水化合物、糖类、氨基酸、蛋白质等被高温微生物利用，温度可上升至 50～60℃，10 d 左右、温度开始下降，15 d 左右可翻堆 1 次，并添加水分，保持水分在 60%～70%，同时改善空气条件。

②纤维分解期。这个时期系高湿低温发酵阶段，含水分大约 70%，纤维素细菌开始分解

纤维素，经过半个月左右，再翻堆1次并补给水分。

③后熟期（木质素分解期）。主要由蘑菇菌参与分解，发酵物质为黑褐色的细片。在发酵过程，各种微生物交互出现，死灭，这时微生物数量趋于衰减，微生物遗体也是蚯蚓的好饵料。

此外如果发酵过程中添加EM活性菌剂，则应先将稻草、枯秆截成小段，铺一层厚10～15 cm的干料，然后在干料上铺一层厚4～6 cm的粪料，重复铺3～5层，每铺一层都用喷水壶喷水，EM活性菌就在此时加入粪堆中。1 t粪料需要EM 5 kg，兑水100 kg左右。在水中加入1 kg红糖更好，以有水渗出为度。若采用垃圾，一层垃圾一层粪，长、宽不限，并用薄膜盖严。在气温较高的季节，一般第2天堆内温度即明显上升，4～5 d可升至60～70℃，以后逐渐下降。当堆温降至40℃时（这个过程需要约15 d），则要进行翻堆，把上面翻到下面，两边翻到中间，堆放好并再加入EM稀释液。此后只需翻一次堆或不翻堆，2周以内发酵即可完成。如果100％用粪料，先把粪料晒到五至六成干，然后架堆、淋水，加入EM，用薄膜盖严，过10～15 d扒开，淋水，散热后即可使用。发酵草类，一定要挖坑或集堆渗透沤制，要堆沤至腐烂才可使用，以避免第二次发热。

此外要注意饵料堆腐过程中pH的调节：饵料发酵好以后，要测试pH。在粪料中加入EM后进行发酵，其pH会自然降至6.5～7.5，不必调节。蚯蚓饵料一般要求适宜的pH为6～7.5，但很多动植物废物的pH往往高于或低于这个数值。例如，动物排泄物的pH是7.5～9.5，因此对蚯蚓饵料的pH要进行适当的调节，使其接近中性，以适合蚯蚓生长。

当pH超过9时，可以用醋酸、食醋或柠檬酸作为缓冲剂，添加量为饵料重量的0.01％～1％，可使pH调至6～7。添加量太小，效果不大；但是超过1％，则会使蚯蚓产茧率急剧下降。

当饵料pH为7～9时，也可用饵料重量0.01％～0.5％的磷酸二氢铵调节，使饵料pH调至6～7，但不可超过0.5％，否则也会导致蚯蚓茧产量的下降。当饵料的pH为6以下时，可添加澄清的生石灰水，使饵料的pH调至6～7。

然后要进行鉴定：发酵后的饲料用感官即可鉴定，如饲料色泽黑褐，无异味，质地松软，不黏滞，即为发酵良好。

处理：饲料发酵过程中产生的有害气体，仍有少量溶于饲料的水分中，游离于其空隙里。此外，由于饲料来源复杂，可能含有某些无机盐和农药等。因此，投喂前应将饲料堆积压实，用清水从料堆顶部冲洗，直至料底有水淌出。

在喂养前，要进行试投：饲料经过冲淋后，使水分适当蒸发，取一小部分置于饲养床上，经1～2昼夜后，如有大量蚯蚓进入栖息，取食，并无异常反应，则说明饲料适宜，可大量正式投喂。

第三节　蚯蚓规模化养殖方法

在养殖前，要根据养殖的目的和其他情况选择养殖蚓种。因为不同种类的蚯蚓，对周围环境的选择和适宜情况不同，往往各有所长。如环毛属蚯蚓、背暗异唇蚓、赤子爱胜蚓、红正蚓等，生长发育快，较易饲养，用途较大。特别是赤子爱胜蚓，不仅易饲养，繁殖能力强，而且蛋白质含量高，可做人类的美味食品。至于药用，长期以来，人们多用直隶环毛蚓、秉氏环毛蚓、参环毛蚓和背暗异唇蚓等蚓种。若要利用蚯蚓来改良土壤，更应该根据当地自然条件，因地制宜选择蚓种。如微小双胸蚓、爱胜双胸蚓等适宜在 pH 3.7～4.7 的酸性土壤中生活，而且耐寒、喜水，因此可用来改造北方土壤偏酸、含水量大、阴凉的泥炭沼泽地。水位低的地方，可以考虑饲养耐旱的杜拉蚓。在沙质土壤地区，可养殖喜欢砂居的湖北环毛蚓和双颐环毛蚓。目前，我国人工养殖的蚯蚓种类，主要是赤子爱胜蚓和威廉环毛蚓。尤其是赤子爱胜蚓，虽然个体中等偏小，但生长期短，繁殖率高，食性广泛，便于管理，饲料利用率高，经济效益高，无论在室内室外均可人工养殖。威廉环毛蚓，个体中等大小，分布广，生长发育较快，个体粗壮，抗病力强，尤其适合大地养殖。即在农用饲料地、果园等大田上种植物，下养蚯蚓，双层利用土地。从日本引种的大平 2 号和北星 2 号经鉴定与我国的赤子爱胜蚓同属一种，为优良的养殖种。但发现引进时间较长，出现了近亲交配，后代衰退现象。主要表现在生长缓慢，个体细小，产卵少，生活力低，导致生产力下降，需进行提纯复壮。蚯蚓养殖的具体方法或方式根据不同的目的和规模大小而定。尽管各类养殖方法名目繁多，但其基本原理都是相同的，即根据蚯蚓的生活习性和繁殖习性进行科学养殖。下面介绍几种现在普遍采用的方法。

一、大田养殖

这种方法适于野外大面积养殖。利用动植物互相促进的共生原理，施行土地双层利用，既就近利用了果树盘和园林、作物的落叶、枯根、杂草、农家肥料等有机物，还可充分利用园林、大田作物适于蚯蚓栖息的有利条件。因有自然荫蔽的小气候条件，对蚯蚓繁殖更为适宜。

在这种条件下生长、繁殖的蚯蚓，比室内温度较恒定生长的蚯蚓身体粗壮，生活力更强。同时，还能利用蚯蚓改良土壤，使动植物共生，促进农林业增产。但这种养殖方法受自然条件影响较大，单位面积产量较低，当然，成本也相应地较为低廉。因此，这种方法值得大力提倡和推广。

园林中养殖，宜在开春以后，在果树或其他林木行间开沟，沟内铺放饲料，投入种蚓(或诱集野生蚯蚓)，覆土填平。要经常保持沟内饲料的湿度。

沟的宽度要视林木行距和饲料的多寡而定，沟的深度要视地下水位的高低、土壤干湿等情况而定。

值得注意的是，在美洲松、枞、橡、杉、水杉、黑胡桃、桉等林木中，不宜放养蚯蚓。因为这些树的落叶一般都不易腐烂，又多含有芳香油脂、单宁酸、树脂和树脂液。这些物质对蚯蚓有害，能引起蚯蚓逃逸。

在桑林中养殖，桑田行距一般为 1.3 m，在行与行中间挖 35～40 cm 宽、15～20 cm 深的行间沟，填入饲料后，养殖环毛属蚯蚓每亩桑田可年产蚯蚓 20 余万条，桑叶增产近 1 倍。

农田养殖，可结合作物栽培同时进行。在一般情况下，栽培多年生作物的农田比一年生作物的农田更适宜放养蚯蚓。叶面遮阴多，水肥条件好的农田养殖效果更好。

春暖花开，选择常年青绿饲料地块，开沟投放饲料，然后投入蚓种。

聚合草为多年生阔叶青饲料，其生长期与自然环境中蚯蚓的生长期基本相同，所需湿度也近似。夏季聚合草生长旺盛，叶片可为蚯蚓遮阴避雨。还可以在大行及田的四周种植向日葵遮阴。当气温为 34～38℃时，蚯蚓在作物根部 5～8 cm 深处活动。而没有作物遮阴的蚯蚓，则钻入 30～40 cm 深处。枯黄落叶蚯蚓可食。大雨冲击时，蚯蚓可爬到作物根部避水。一般全年可亩产环毛属蚯蚓 1 000～2 000 kg，聚合草也得到增产。

具体做法是：大田周围要挖好排水沟，以保持排水畅通。行距一般为 35 cm，在行距中央开宽、深均为 15～20 cm 的土槽，然后投入饲料，放养种蚓。

夏季收割聚合草时，要注意隔行采收，尽量保持蚯蚓的避光条件。另外，在甘薯、蚕豆、棉花、白菜、小麦、玉米等作物的农田中，都可以放养蚯蚓。有的农田可采用饲料与土壤混合的方法（随耕地施底肥时进行），结合作物收获翻地时收获蚯蚓。

二、高密度养殖

1. 半地下池养殖法

（1）修好蚯蚓池。采用半地下式，在地面向下挖 0.5 m 深，地面上修砌 20～30 cm，四周用砖砌（不用灰、泥灌缝），下面是土底。上边盖细铁丝网、牛毛毡或黑色塑料薄膜，以防老鼠、蟾蜍等天敌，并遮光和防雨。“大平二号”蚯蚓对适宜的湿度、新鲜的食料和食料中 20℃左右的温度层有明显的趋性，且群聚性强，当这些条件基本满足时，它们是不会逃跑的。池底不需铺砖或铺塑料薄膜。因铺底仅起到保湿作用，减少洒水次数，但在冬季却阻止了蚯蚓向土壤深处避寒移动，往往会造成大量死亡。

（2）保持适宜的温度。冬天加厚饲料厚度（30 cm 以上），增盖麦草、草帘和塑料薄膜，约 10 d 加水一次，20～30 d 加一次新料，防寒保温，做好越冬保苗工作；夏季减少饲料厚度（20～30 cm），遮阴和勤浇水以调节温度，做到蚓床内夏天不超过 30℃，冬天不低于 10℃，以利于蚯蚓的生长和繁殖。

（3）保持适宜的湿度。蚯蚓靠皮肤吸收溶解在水中的氧气进行呼吸，湿度不足时皮肤干燥，呼吸不能正常进行而引起死亡。夏天一般 1～2 d 于傍晚浇水一次，秋冬季 3～7 d 浇水一次。以手握饲料指缝中有水，但水滴掉不下来为宜。湿度过大蚯蚓会逃走或死亡。

（4）密度适宜，及时添料。蚓床接种以每平方米 600 多条、重约 300 g 为宜，生产群密度一般 1 万～1.5 万条为宜。密度过大则生长不好，孵化率低。

养殖过程中需及时添加经过发酵的混合饲料，以满足蚯蚓生长繁殖对养分的需要。当发现饲料像糟粕一样，有些蚯蚓已钻进砖缝时，说明蚓料缺乏，需要添加新料。添料时，先把旧料连同蚯蚓堆向一边，在露出的空床上加新料，待蚯蚓进入新料时，再在旧料上铺少量新料，待卵孵化后，将上部蚯蚓连同新料取走，旧料可作鸡饲料或肥料。一般 7～10 d 加新料一次，每次 8～10 cm 厚。

2. 肥堆养殖法

这种养殖方法多用来诱集野生种蚓，也可投放种蚓进行人工养殖。具体方法是：取农家肥 50%、土壤 50%，两者混合或分层（肥料和土壤均为 10 cm 厚，交替铺放）堆成 1～2 m 宽、0.5 m 高、长度不拘的肥堆。一般堆放 24 h 后，每平方米可诱入蚯蚓几十至几百条。

采用此法养殖，蚯蚓增重较快。据试验，6 月中旬经 10 d 养殖，体重可增至 60%～100%，环带显著。在 4～10 月间比较适于室外养殖。

3. 大棚养殖技术

养蚯蚓的塑料大棚与冬季栽种蔬菜的塑料大棚相似。棚体内设养殖床。但塑料大棚造价较高，适于大规模机械化养殖。条件较好的城郊、养鱼场、养鸡场和养鸭场均可建造。

棚体构造及规格可因地制宜，就地取材。常用型号一般有 25 型、30 型、50 型和越冬型等几种。

30 型塑料大棚长 30 m，跨度为 6 m，最高点不宜超过 2 m，棚内两侧各为两米长的饲育床，中央留 2 m 通道。地面可铺设水泥或三合土，棚顶为弧形，上覆盖带色无毒塑料薄膜。大规模饲养时，同型号的塑料棚应并排连在一起，这样，既节省劳力，又便于管理。一般 8 个并排的塑料棚可安排两人进行饲育管理。据测算，30 型塑料棚 8 个，月产成蚓约 200 kg，蚓粪 10 t。

塑料棚受外界气温影响较大，冬季要采取保温措施：第一，增加光照，入冬前，应把带色塑料薄膜改为透明膜；第二，棚外可加设风障，薄膜上加盖蒲帘，整个棚体衔接处要严密；第三，棚内可设小拱棚，罩严饲育床；第四，在拱棚内每 1～1.5 m^2 设红外线保温灯一盏；第五，把养殖层加厚到 40～45 cm，变为平槽堆放，这样当棚外气温在－10℃时，棚内气温一般可保持 4～7℃，拱形小棚内温度 9℃，床温 8℃，这样就能保证赤子爱胜蚓正常生长，安全越冬。

夏季棚内气温较高，要采取降温措施：第一，避光降温，换成蓝色塑料薄膜，棚外可盖苫布，棚顶内侧增加牛皮纸隔离层；第二，当棚内温度超过 30℃时，可将塑料薄膜裙边敞开 1 m 高，以利通风降温。第三，棚内可经常洒水。

为了降低棚体造价，可采用各种简易大棚。

塑料大棚养殖蚯蚓的管理措施如下：

(1)挖坑上料。为了提高饲育床的温度，宜在棚内挖深 20 cm。例如 12 月、1 月、2 月 3 个月，月平均气温为 6.2℃、3.3℃、4.6℃(上海)；而 20 cm 深的地下月平均气温为 9.1℃、5.3℃、6.7℃，地温比气温高 2～3℃。

入冬，可在棚底铺上厚 7～10 cm 的纤维料，如木屑、木花、杂草、城市垃圾使地面和床面隔开，收到增高床温的效果。由于地面和床列之间加入了一层热传导非常困难的空气层，白天热量不会一直下传。因此，白天对床温有积蓄作用夜间有增温效果。如果在纤维料中加一些鸡粪、马粪等发热材料时，这种效果就更为明显。国外用泡沫聚氯乙烯板等隔热材料代替上述纤维料，有同样的增温效果。

铺上纤维料后加水，让其缓慢发酵 10～15 d，以排除有害气体。然后在纤维料上加厚为 5～10 cm 的半腐熟料，其配比为粪料 65%、纤维料 35%。拌和后加水堆制，作第一期发酵，腐熟后可拆堆使用。

(2)利用饲料发酵热。在寒冷季节，大棚养蚯蚓日夜温差较大，可以利用饲料发酵热自动增温。只作一次发酵，呈半腐熟时应用。

寒冷、低温季节发酵料应多加，反之则应减少。11 月至次年 2 月可把发酵料逐步加厚至 30～80 cm。加料时，应抖松调水。天冷时多加牛、猪、鸡粪便，天气转暖时，可增加杂草、木屑等纤维料。采用这种方法可以使料温稳定，受气温影响小，当气温下降到－4℃时，床温仍可保持在 22～25℃。

(3)电加热线增温。当严寒天气又碰上较长时间的大风或降雪时，尤其是在东北地区，需用电加热线临时提高床温。

电加热线是一种地下加温的方法，可把加热线埋入饲育床底，如与饲料发酵热并用，可降低成本。

(4)加水调温。晴天应在上午 10 时左右喷水一次，天热多喷，天冷少喷，喷后将塑料大棚两头封住，以达到增温效果。

喷水后，水汽吸收太阳光的长波性能好，棚内水汽蒸发，造成闷热状态，使床温提高。

另外，水的热容量比土壤的热容量大 2 倍，比空气的热容量大 3 000 倍，水的保热木领是土壤的25倍，所以喷水后，水蒸气蒸发吸收了大量太阳能（每蒸发1 g水约需2 500 J辐射热），从而增加了环棚的保热能力和热容量，提高了夜间的床温。

（5）双重覆盖保温。棚体和饲育床采用不同保温材料覆盖，一般可使床温提高20℃左右。塑料棚冬季增温效果明显，一般比日平均气温提高5～15℃，其增温原理与玻璃房相似。

另外，由于在塑料薄膜覆盖下通风透气性差，使膜内空气中含的水汽多，而水汽对于长波辐射的吸收本领比较大，这也是塑料大棚温度较高的原因之一。

但是，塑料棚养蚯蚓也有不足之处。

（1）气温高、地温低。在冬季，塑料棚内的温度难于稳定在蚯蚓生活所需的最适温度。

（2）早、午、晚温差较大。和棚外气温相比，早上高1～3℃，中午高10～15℃，夜间高5～8℃，温差变化较大，对蚯蚓生长、繁殖有一定的影响。

（3）易受天气影响。晴天增温明显，阴天增温效果较差。棚内气温随外界气温升降，而日照强弱常有明显变化。蚯蚓不大适应较剧烈的气温变动。

（4）地面易发冷。“玻璃温室地暖，塑料温室地寒”，是有道理的。塑料棚的地温几乎全靠太阳照射。土壤表面热了之后，地面的大量热量从土表向深层传导，使土温逐渐升高。因此，土温受气温影响较大。地温升高1℃，与气温升高2～3℃的热能相等，而地温又不能保持，很快向地下传导，也用长波向外辐射，特别是在晴天的夜间，地面不端通过长波把热量散发到大气中，差不多每小时在一平方米面积上放出热量300～420 kJ，造成逆温差现象，在较小的环棚内特别明显。

为了适应蚯蚓生长、繁殖的要求，使床温保持在16℃以上，并达到昼夜大体均衡，需要扬塑料薄膜之长，避其所短。因此，要在养殖实践中继续研究和采取有效的管理措施。

三、蚯蚓的立体养殖

一般采用箱养，饲养箱可用木质包装箱、塑料食品箱或用废旧木材、竹、柳条制作。杉木、芳香性针叶木料及含单宁酸或树枝液的木料，对蚯蚓有害，含铅的油漆或杂有酚油，对蚯蚓也有害，不能用来作饲养箱。箱大小、形状不定，每个箱面积以不超过1 m^2 为宜，便于移动和管理。

养殖箱的长、宽、高一般有下列几种规格：50.8 cm×35.6 cm×15.2cm、60 cm×30 cm×20 cm、60 cm×40 cm×20 cm、60 cm×50 cm×20 cm、60 cm×50 cm×25 cm、40 cm×20 cm×30 cm、40 cm×35 cm×30 cm。

箱底和箱侧要有排水、通气兼用孔，两侧要有拉手把柄对称，饲料厚度一般不要超过20 cm，冬季可适当加厚。装料太多，易使通气不良；装料太少，饲料易于干燥，影响蚯蚓生长和繁殖。饲料表面要覆盖塑料薄膜、废纸板或稻草，可接露水，使饲料保持潮湿，并减少饲料中的水分蒸发。

箱孔的大小，以直径0.7～1.5 cm为宜，其面积可占箱壁面积的20%～35%。箱孔除通气排水外，还可控制箱温不致因饲料发酵而过高。同时，部分蚓粪也会从箱孔逐步掉落，便于蚓粪的分离。

将箱层叠起来养殖，就变成了立体箱式养殖。这可充分利用空间，增加饲养量，便于管理，适于专业化常年养殖。床体结构可用角铁焊接或竹木搭架养殖箱置于床上，一般以4～5层为宜，床间设有作业道，宽1.5 m。室内门两侧可设50 cm×25 cm的进气小门，屋顶设排气风筒一个，以利室内气体交换。冬季可利用附近工厂的蒸汽余热等热能调节气温，一般可保持在18℃左右。室中间可安装电灯或日光灯，供夜间照明，防止蚯蚓逃逸。

室内箱养法的养殖密度，一般应掌握在5 000～10 000条/m^2，饲料层上覆盖一层聚乙烯塑料薄膜，以减少水分蒸发。当冬季室外温度降至－1℃时，要及时启用加温装置，使室温升到18℃左右，并相对保持稳定。室内气门每天可开2～3次，以保持空气清新。在夏季，要全部打开气门，经常用凉水喷洒饲料层和地面，降温保湿。随着蚓体的生长，可适当减小箱内蚯蚓的养殖密度。在60 cm×40 cm×20 cm规格的箱中，开始时，每箱可放养2 000条，在较佳的温度(20℃)、湿度(75%～80%)条件下，养殖3～5个月后，可增至18 000条。

箱筐层叠和上架时，上下左右之间空隙以5 cm为宜，以利空气流通。

这种养殖方法的优点是：占地面积小，使用人力少，便于管理，生产效率比平地养殖高。

如果养殖规模再大，可采用室内立体层床养殖。该法可进一步降低生产成木，减轻劳动强度，有利于蚯蚓四季生长。繁殖产量比平养法增加2～3倍。

室内立体层床一般以左、右双行建造。每行宽1 m，长度视房间深浅，中间留人行道。建造的主要材料为砖块、水泥、砂石，底层泥拍实即可。一般以六层为宜，太高不便操作。每层间隔高度，从下而上逐层减低，如一、二层40 cm，三、四层35 cm，五、六层30 cm。总高度210 cm。

从第二层起，用厚5 cm、长105 cm、宽50 cm的水泥板两块平行铺放。每层左、右间隔1 m。两头用砖向上叠出空洞，以利通风。为讲究节约和便于砌筑搬动，在浇水泥板时可用105 cm长，手指粗细的篾条四根代替钢筋结扎。每块水泥板的重量控制在35 kg左右，浇制时水泥、砂、小石子配比为1∶3∶5。

建成的立体层床似中药房的药柜，每间饲料床1 m^2。在层床前面(人行道两边)需垂挂宽100 cm、长210 cm活动有色窗帘或有色塑料薄膜，用以遮光挡风，为床内的蚯蚓创造阴暗、安静的栖息环境。

管理要点：

(1)第一次饲料厚度，一般料每床10～15 cm；统糠料8～12 cm。统糠料养蚯蚓效果很好。其制作方法是：清水50 kg，统糠20 kg，尿素0.1 kg。先将尿素溶解在水中，再加入统糠拌匀，经7 d左右(夏季稍短，冬季稍长)发酵即成。饲料放入耙平后，放入种蚓1 000～2 000条。加料时，要等料面粪化，刮掉蚓粪后进行。每次加料厚度，一般料5 cm，统糠料3 cm。全年养殖蚯蚓时，加饲料要掌握薄料多施，夏薄冬厚，春秋适量。

(2)保湿。在饲料面上，盖一张1 m^2大、两边有固定的竹条、能卷展的饲料薄膜，起保湿作用。如果需要洒水，宜用喷雾器，力求均匀潮湿。

(3)收粪。为便利收粪，可在料面上、塑料薄膜下平放几根1 m长的小竹子或篾条，到刮蚓粪时，刮片(任何硬片均可)只需与小竹子呈“卅”形，把蚓粪一次刮至床沿，装入盛器，供家禽家畜添加。其他管理同常规饲养。

四、蚯蚓的生态养殖

近年来，应用畜牧生态工程，即在畜牧养殖中加入(或建立)新的食物链环节，使单一饲养结构转变为复合养殖结构，实现农业动物群落的综合化，建立以持续高效生产动物产品为目的的农业生态系统，在世界各国广泛展开。发达国家的工厂化畜禽饲养场都纷纷通过添加沼气工程和蚯蚓将畜禽粪转换为生物气和高价值的蚯蚓蛋白饲料，向复合型畜牧业联合企业发展。一些发展中国家新建畜牧场一开始就走畜牧生态工程的道路，大大加快了畜牧业的发展。

由于蚯蚓养殖对条件要求不严，操作简单。饵料是常见的作物秸秆、枯枝落叶、杂草和农家肥、牲畜粪便等，而且蚯蚓含有很高的蛋白质。在按干物质计，蚯蚓粗蛋白的含量高达70%左右，蛋白组成中的精氨酸含量为花生蛋白的2倍、鱼蛋白的3倍，色氨酸含量为动物血粉蛋白的4倍，牛肝的7倍。蚯蚓粪中也含有大约22.5%的粗蛋白。因此，蚯蚓和蚯蚓粪均可供畜、禽和鱼类食用。用含有蚯蚓的混合饲料饲喂畜、禽，可使其生长快、发育健壮、疾病少、死亡率低，而且畜禽产品质量大大提高。

将蚯蚓这种高蛋白饲料资源引入养殖业加以开发和利用，投资少、耗能低、无污染、效益高。蚯蚓作为"增益环"与农牧生态系统的其他食物链环节连接起来，形成以生产畜产品为主、兼顾环境效益的综合养殖生态系统。如秸秆喂牛—粪作蘑菇培养基—菇渣养蚯蚓—蚯蚓喂鸡—鸡粪喂猪—猪粪肥田、粮食喂鸡—鸡粪喂猪—猪粪养蚯蚓—蚯蚓养鱼—塘泥肥田。

早在20世纪70年代，饲料、家畜、沼气的复合畜牧生产模式在我国农村和城镇郊区开始盛行，各种小型沼气池相继建立，沼气燃料也广泛应用起来，我国曾有"沼气之乡"的美誉。最典型的例子就是北京郊区大兴区留民营村。用混合畜粪发酵制沼气，然后综合利用沼渣肥田，形成了复合农牧生产系统。如江苏里下河地区农科所承担的"蚯蚓生态链控制畜粪污染产业化示范项目"，采取蚯蚓三群分养规模养殖技术，每亩不但可消化30头奶牛产生的粪便，每年还可采收2 500 kg蚯蚓。研制的蚯蚓型奶牛健体增乳饲料添加剂，又可使中低产奶牛乳量提高5%～10%，从而形成了一条牛粪—蚯蚓—奶牛饲料高效生态链。

随着畜禽养殖业的不断发展，饲料尤其是蛋白饲料不足，以及畜禽粪便对环境的污染日益严重，寻求廉价的蛋白饲料和粪便无害化成为畜禽养殖业面临的亟待解决的问题。而蚯蚓自身的特点及其在处理有机废弃物方面的高效、无二次污染等诸多优点充分证明，蚯蚓在畜牧业和环保领域的应用前景将更加广阔。

蚯蚓在立体养殖中的应用。按照与蚯蚓养殖结合的作物种植畜禽饲养和池塘养鱼种类不同，可以区分为以下3种立体养殖类型。

(1)蚯蚓在渔、农综合经营中应用。在鱼与陆生作物(或饲草)、鱼与蔗、鱼与果、鱼与花综合经营的过程中，蚯蚓以"转化器"的作用，把水陆连成营养链(图3-4)。以鱼与作物综合经营为例，作物秸秆和渔塘泥都是副产品，利用作物秸秆和渔塘泥养殖蚯蚓，既处理转化了这些废弃物，又为养鱼提供了优质动物蛋白，蚯蚓粪返田。鱼与蔗综合经营是在鱼池边种甘蔗，塘泥作蔗地的肥料，以蔗叶和蔗尾(顶端幼嫩部分)喂鱼外，其他废弃物用于养殖蚯蚓养鱼。这种类型在广东最为普遍，当地称"庶基渔塘"。蚯蚓粪作为鱼池堤面种各种果树或种花(或盆花、苗木等)的肥料。上述种植各种作物的堤面土壤中的部分有机质和养分，随降水形成的径流，又以泥沫的形态返回鱼池。这样，堤面和鱼池中的物质，周而复始地循环，构成水陆相互作用的复合人工生态系统。

(2)蚯蚓在渔、牧综合经营中应用。主要有鱼—畜—蚓—鱼、鱼—禽—蚓—鱼综合经营等类型，都是各地较为普遍的做法。在池边或池塘附近建猪舍、牛房或鸭棚、鸡棚，饲养猪、乳牛(或肉用牛、役用牛)、鸭(鹅)、鸡等。利用畜禽的废弃物养殖蚯蚓，构成高效生态链，使养鱼和

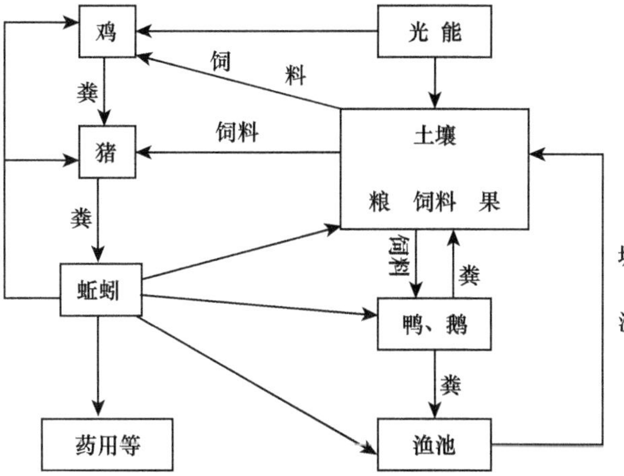

图 3-4　蚯蚓的良性循环作用

畜、禽饲养协调发展，降低生产成本，并减少了对环境的负面影响。在鱼、畜、禽结合中，有的还采取畜、禽粪尿的循环再利用，如将鸡粪作猪的饲料，再用猪粪养蚯蚓，以节约精饲料。

(3)蚯蚓在渔、牧、农综合经营中应用。以蚯蚓为核心将渔、农、牧的形式结合起来，以进一步加强水、陆相互作用和废弃物的循环利用。主要有鱼、畜(猪、牛、羊等一种或数种)、草(或菜)、蚓，鱼、畜、禽(鸭、鸡或鹅)、草(或菜)、蚓，鱼、桑、蚕综合经营等类型。前两种类型在各地较为普遍，都是以草或菜喂鱼和畜、禽，畜、禽粪用来养殖蚯蚓，蚯蚓用于养殖或进行更多层次的综合利用，例如牛—菇—蚓—鸭—鱼类型，利用乳牛粪种蘑菇，牛尿养鱼，蘑菇采收后的土用来培养蚯蚓，蚯蚓养鸭，鸭粪再养鱼。鱼、桑、蚕类型因要求的条件较高，故分布不及前两种普遍，过去主要集中在珠江三角洲和太湖流域，目前分布区域有所扩展。这种类型广东称"改进型桑基渔塘"。

含有蚯蚓的生态农业常见模式 10 例：

1. 牛—蘑菇—蚯蚓—鸡—猪—鱼

利用野草、稻草或牧草喂牛，牛粪作蘑菇培养料，用蘑菇收后的下脚料培育蚯蚓，将蚯蚓喂鸡、鸡粪发酵后喂猪，猪粪发酵后养鱼，养渔塘泥作肥料。

2. 家畜—沼气—食用菌—蚯蚓—鸡—猪—鱼

秸秆经氨化、碱化或糖化等方法处理后饲喂家畜，家畜粪便和饲料残渣用来制沼气或培养食用菌，利用食用菌下脚料繁殖蚯蚓，将蚯蚓喂鸡，鸡粪发酵后喂猪，沼气渣和猪粪养蚯蚓，将残留作养鱼或作肥料。

3. 果园养蚯蚓

施予果树盘下的有机垃圾、粪便、烂草、树叶等是蚯蚓的好食物，蚯蚓粪是理想的有机肥。蚯蚓还可制成干品做药或直接出售获利，也能作禽类的好饲料。在果园养蚯蚓，省工、省地、省钱、增加收入、增加地力，值得大力推广。

4. 牛—蘑菇—蚯蚓—鸡—猪—鱼

利用野草、稻草或牧草喂牛，牛粪作蘑菇培养料，用蘑菇收后的下脚料培育蚯蚓，将蚯蚓喂鸡,鸡粪发酵后喂猪,猪粪发酵后养鱼,养渔塘泥作肥料。

5. 家畜—沼气—食用菌—蚯蚓—鸡—猪—鱼

秸秆经氨化、碱化或糖化等方法处理后饲喂家畜,家畜粪便和饲料残渣用来制沼气或培养食用菌,利用食用菌下脚料繁殖蚯蚓,将蚯蚓喂鸡,鸡粪发酵后喂猪,猪粪经发酵后喂鱼,沼气渣和猪粪养蚯蚓,将残留物养鱼或作肥料。

6. 禽、蚓、菇、鱼结合模式

江苏如皋市高井乡某农民,1984 年搞立体开发,综合利用,收效很大。

(1)一地三用:笼养鸡 3 000 多只,把笼安装在离地 66.7 cm 高的空中,使鸡笼通风、透气,阳光充足。鸡粪发酵处理后,放在鸡笼下饲养蚯蚓,解决鸡、鸭的动物蛋白质饲料。在鸡笼上面搭葡萄架,共节省葡萄占地面积 340 m^2。

(2)一水三用:该农民利用屋后一条河和承包的 2 亩水池,河与水池里放养鸭子,鸭子的粪便喂鱼,河塘上空搭葡萄架。

(3)一料三用:该农民除用鸡粪养蚯蚓外,还把剩余的喂养 22 头肥猪,用猪粪种蘑菇、产沼气,用沼肥养鱼。

这样养 1 只鸡比过去节省成本 1.8 元,养 1 头猪节省 55.4 元。

7. 粮、鸡、鸭、貂、蚯蚓五位一体生态链养殖

辽宁铁岭县腰保乡一户农民,1984 年承包 12.4 亩土地,养鸡 400 只,养鸭 300 只,貂 15 只,蚯蚓 2 万条。建立起粮、鸡、鸭、貂、蚯蚓五位一体的链式养殖体系。他们用孵化中的废蛋 2 600 个代替肉食喂貂,用貂粪 1 500 kg 代替精饲料喂鸡、鸭,在鸡舍暖池里饲养 2 万条蚯蚓作鸡、貂、鸭的上等饲料,40 m^3 的优质鸡、鸭粪下地肥田。1984 年产粮 7 000 kg,孵鸡鸭雏 19 266 只,销售种蛋、商品蛋 39 200 个,出售种鸭 250 只,貂 15 只。年终收入 26 268 元,纯收入达 15 028 元。

8. 鸡、猪、蚓、鱼、粮综合经营模式

河北省泽县王庄村农民,采取鸡、猪、鱼及粮食综合经营,相互利用,使成本降低 40%,饲料节省 50%,效益高,获利大。

1989 年春,该农民承包了 10 亩渔塘,养了 2 头猪,80 多只鸡,用鸡粪喂猪。猪粪养鱼,创出一条节粮型种养新路子。

①鸡粪喂猪。取鸡粪 70%、玉米面 15%、谷糠 10%、麸皮 5%混合搅匀,入缸封口发酵,温度控制在 20～30℃,当鸡粪发酵色呈黄绿,没有臭味时即可。用鸡粪喂猪,每头猪可节粮 125 kg,降低成本 100 元以上。

②猪粪养鱼。将猪粪收集成堆或入坑发酵,再投入渔塘,使水变肥,不久浮游生物便大量繁殖起来,为塘中的鲢鱼、鳗鱼等上层鱼类直接吸收。每千克鱼可节粮 50%,生长期可提前 3 个月。

③废弃物养蚯蚓生产动物饲料。在农业生产过程中产生的无法利用的秸秆、粪便等废弃物被蚯蚓转化成动物饲料,用于养鸡和养鱼,极大地降低了饲料成本。

④塘泥肥田。在冬季,抽干塘水,捕净鱼后将塘底过多的淤泥挖出,分散放置于塘埂上,晒干后打碎撒到田里,肥田壮苗,既节省了资金,又避免了土壤板结现象,亩产可达 500 kg。

该农民每年大约有 2 500 kg 粮食作为鸡、猪、鱼的饲料,投入养殖业,养殖业又为种植业

提供了大量的农家肥，实现了养鸡、猪、鱼和种粮的良性循环。

9. 以庭院型种养能源配套模式

崇阳县一户农民，3 口人，承包责任田 4 亩，按生态学原理，以养为主，养种结合，农、牧、鱼、沼综合经营，形成生态、经济良性循环的立体生产体系。

①“海陆空”全面规划。利用房前屋后空闲地在庭院里上下左右、水陆空统一安排，种、养、沼综合利用。建成 140 m^2 的新型畜舍，内装栏圈，外悬笼巢，左设鱼池，右立果园，树下养蚯蚓。中有一个 6 m^3 的沼气池，前靠厨房，后接猪圈。养肉鸽 350 对，鸭 40 只，鹅 5 只，肥猪 4 头，母猪 2 头，植果木 100 多株。养蚯蚓 10 万条。

②生物质综合利用，良性循环效益高。该户按照生态经济规律组织生产，充分利用自然资源，挖掘出废弃物再循环利用的潜力，建成一个高效益的生态体系。将人畜禽粪和绿色作物的废弃物做原料，加入沼气池发酵，产生沼气，烧水做饭、照明，一年可节省柴 2 500 kg，电 120 度。而且池中肥水养鱼，沼渣养殖蚯蚓，为养猪、养鸭等提供蛋白饲料，蚓粪为果、粮作物的有机肥。建成种、养、能源配套，生物能量与物质多层次利用的最佳模式。不但减少了化肥用量，避免了土壤板结和环境污染，而且培养了地力，提高了单位面积产量。1986 年早晚稻连作 3.8 亩，亩产早稻 425 kg 和晚稻 450 kg，分别比 1985 年增加 75 kg 和 140 kg。养殖业可上市鸡、鸭、鹅 175 kg，肉鸽 250 对，鱼 100 kg，猪肉 425 kg，仔猪 4 窝。全年总产值过万元，纯收入 8 343 元，人均 2 781 元，比上年增长 91.2%。

10. 生态猪场

将猪场猪粪用蚯蚓处理后，转化为动物蛋白，养猪场的污水（粪尿和冲圈水）引入高耐肥水的水葫芦池内，净化为二级肥水；再引入细绿萍池内净化成三级肥水；然后将含大量浮游生物的三级肥水引入鱼、蚌、蟹池或稻田内，净化成四级水；经四级净化水基本变为清水，最后回到猪舍重复使用。这一近似“零排放”良性循环，使猪舍非常洁净，水生植物生长茂盛，池塘内鱼大蟹肥，稻谷丰收，使物质和能量都得到充分利用，制造出更多的使用价值和效益，达到了良性循环与生态循环的统一。

五、蚯蚓深层高密度养殖新技术

著者自 1985 年把大平二号蚯蚓引进山东沭浴水库处理鹿粪和水果加工废弃物以来，经过几年对其生活规律、繁殖习性等进行详细观察，对蚯蚓在人工养殖条件下的高产生态因子的系列研究，揭示了许多的蚯蚓丰产生态特性。根据这些蚯蚓高产养殖理论研究成果，并参照国内外有关资料，经数十次的设计验证和改进，摸索出一套蚯蚓高产养殖系列技术。该技术成果获得 1993 年山东省科技进步二等奖，该系列技术包括：露天高产养殖、温床塑料大棚高产养殖与周年循环养殖。其技术要点为：

(1)深层高密度养殖（生产群）。养殖深度由常规的 20 cm 加深为 50 cm，养殖密度由常规的 1.5 万～2 万条/m^2 加大到 3 万～5 万条/m^2。

(2)采用种蚓、生产蚓分开养殖，全进全出，连接作业养殖工作。

(3)选用含有牛粪、食用菌渣、果渣最佳饲料因子的高产优质蚯蚓饲料配方。

(4)最佳收获期（蚯蚓刚出现环带）适时收获，缩短养殖周期，提高经济效益。

(一)露天高产养殖技术与工艺

1.养殖池选择与建造

养殖场地选择背风向阳处,冬暖夏凉,无直射阳光,能防敌害,不积水而又通风的地方。采用半地下露天池养。每个养殖池面积 2 m×10 m,深 55 cm,地下部分 30 cm,地上部分 25 cm。床面下挖 30 cm 取平后,挖 5 股通风道,每条道宽 20 cm,两条边道各距南北边沿 10 cm。隔墙宽 20 cm,两边道在两头向内弯与二、四两条通风道相通,二、四两条通风道汇至中间一条道。各通道与两边道有横道相通,相间安排,间距 33 cm。床侧各建一个底口径 25 cm,上口径 15 cm、底部与中间通道相通的换气口,通气管道上铺箔或硬质秸秆。秸秆上撒一层草备用(图 3-5)。

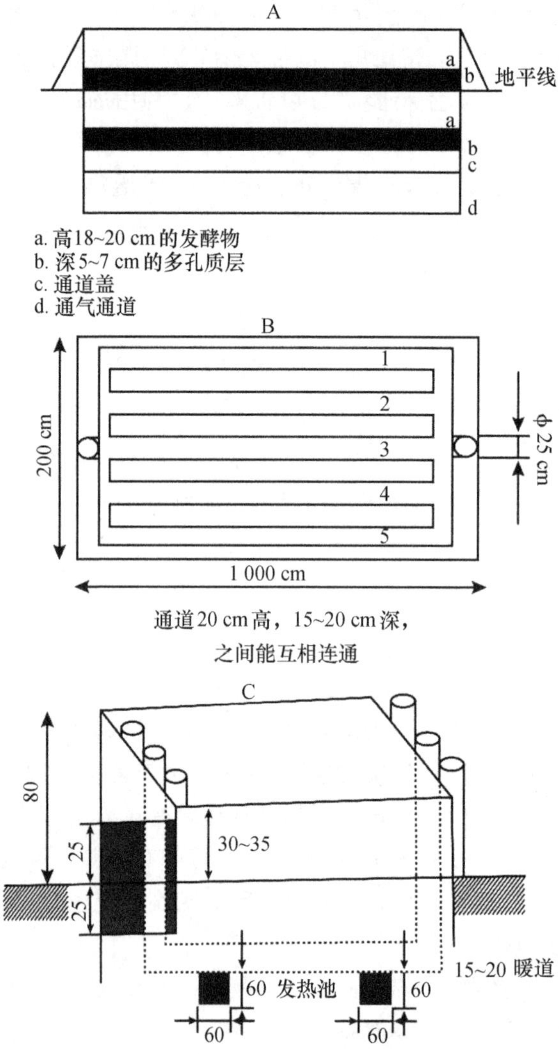

图 3-5　底部有发热池和回龙暖道的塑料大棚结构

A、B图：仰视图　C图：侧视图(单位 cm)

2.饲料加工调制

备料：饲料原料就地取材、因地制宜。基本配方：牛粪70%、麦秸草20%、食用菌渣或木屑10%（间起疏松剂作用）。同时要求去杂、碎细。麦秸草切短、鲜牛粪先晒几天，减少异味。调整C/N比：各种基料的搭配原则，除参照饲料配方外，还要计算各种基料的碳氮含量，按C/N为20～30调整基料配搭比例。

发酵：采用堆积法。将上述配料加水拌和，混合后料含水量保持50%左右。混合料堆积在避风朝阳处，发酵堆宽1.2～1.5 m，高1 m，长依量而定，自然堆积，不压实，堆表面覆盖未切的麦秸草或塑料薄膜，防干保温，以利微生物分解。

翻堆：发酵期间进行料温变化监测记录。当料温升高至50～70℃而后下降时，进行翻堆，将料内外上下翻匀，特别将四周未发酵好的饲料复入堆中。翻堆2～3次后，料温不再升高，饲料呈黑褐色，质地松散、无恶臭、不黏滞，即为饲料已腐熟标准。

调整pH：pH 6～8较适宜，过高过低都不适宜。调pH时多用自来水淋洗饵料，待下部流出黑水为止。这样既调节了pH又洗去了发酵过程中产生的有毒物质，还调整了饵料含水量。饲料保持温度60%～70%备用，防止干燥结块或发霉变质。

3.养殖方法

试饵：向养殖池投料之前，先将饲料堆摊开、通气。为确保安全，先做小样试饵，即取大小蚓各50条置于上述饵料中，经2～4 h观察生活是否正常，经4 h后全部进入饵料，一切正常，方可使用。

投料：养殖池底部，通气道上方先投5～7 cm食用菌渣或木屑，再投18～20 cm饲料，再平铺5～7 cm食用菌渣或木屑，上面再投18～20 cm饲料。

蚓种投放：品种大平二号。可以放成蚓，早春一般取种蚓床的蚓茧、幼蚓、蚓粪（占总体积1/3）混合物较好，折合每平方米投放幼蚓8 000条、蚓茧14 500个，折幼蚓共4.425万条/m^2（按每个蚓茧孵化出2.5条幼蚓计算）。

管理：试验期间每天测定外界温度及饵料层温度（10 cm处），根据饵料层干湿情况，每天喷洒1～2次自来水，保持温度。每星期用土壤酸温度计测量1～2次饵料层的pH。投蚓种1个月后，注意饵料变化情况、粪化程度，适时清除蚓粪并投鲜饵以保证饵料厚度。后期注意检查蚯蚓生长情况及是否出现环带及时收获。

4.试验结果

按上述高产养殖方法，一个养殖周期，历时90 d。根据试验结果（5月3日开始，8月1日结束），试验期间，饵料层最高温度30℃、最低温度19℃，平均温度24.8℃。饵料层最高湿度为73%，最低54%，平均湿度为64%，饵料层的平均pH为6.8。深层高密度精养两个试验池。折合亩产5 253.9 kg，较常规池养方法提高产量74.3%。在生产上较大面积达到这种水平，这在蚯蚓养殖上是一个突破。

（1）在增加养殖深度的基础上加大养殖密度，从本试验的面积看，密度是增加了1倍。但若从容积看密度则没有增加，即蚯蚓仍然有适宜的活动空间。故计算蚯蚓密度时，按单位容积计算更合理些。

（2）以增重为目的的生产群从蚓茧开始到性成熟（出现环带）即最佳收获期，在平均温度24.8℃、湿度64%条件下，为70～80 d。这与小面积盆养试验基本一致，但在大面积生产中，蚓茧间卵化时间有差异,造成 80 d 时有 10%～15%幼蚓未出现环带,故 90 d 时收获。这样有部分成蚓超过最佳收获期。

(3)通气是深层高密度饲养的技术关键之一。本试验床下设通风道,饲料中加有 10%疏松剂料,投料时又设二层食用菌渣疏松层,提高了饲料层的通透性,有利于蚯蚓的生长。

(4)合理的管理措施是高产的保证。尤其是饵料为蚯蚓赖以生存、生长、繁殖的基础。牛粪、麦秸草、食用菌渣、果渣、锯末等多种饵料充分发酵,这样的饵料营养较全面,且具有松、软、细、烂的特点,蚯蚓易食喜食。放养 1 个月后,对饵料定期进行翻松(10～15 d),使上下层饵料充分利用,同时使上下层饵料温度、湿度保持一致。每次翻松前先清除蚓粪、并及时补充新饵料。一般投蚓种后 1 个月内不翻动,以利于蚓茧的卵化。

(5)生产群和种蚓群分开养殖,避免了传统混养法由于成蚓、各种幼蚓、蚓茧、蚓粪混在一起,不易分离,混合利用,生产效率低的缺点。生产群的蚓种来自种蚓群的同一批蚓茧或幼蚓,便于管理及采收。只有在种蚓和生产蚓分开管理的基础上,才能获得高产。根据生产蚓小面积盆养试验结果,若温度降低些(由本试验的 24℃降为 18℃),饵料 pH 提高些(由本实验的 pH 6.8 提高到 pH 8～9),增重效果可能还要好。

(二)温床塑料大棚蚯蚓养殖与周年循环生产

温度是影响蚯蚓生存繁殖的主要因素。研究表明,蚯蚓生存的最适温度为 18～28℃,低于 3℃停止活动,低于－3℃即死亡或冻僵。我国北方冬季和早春外界气温较低,不适宜蚯蚓生长,一年往往只有 6 个月的养殖期,致使全年产量不高,且成蚓供应不连续,给以蚯蚓作为原料的饲料厂的生产造成困难,影响蚯蚓养殖的大面积推广。

为了进一步探索蚯蚓的周年循环养殖,他们在借鉴国内外养殖方法的基础上,创造了温床塑料大棚蚯蚓养殖与周年循环养殖法,即 5 月初到 10 月底露天养殖,11 月至来年 4 月底对养殖床略加改造,进行温床塑料大棚养殖,取得了周年生产、年亩产达 1.5 万 kg 鲜蚓的良好效果。

1.温床塑料大棚养殖池的建造

养殖床东西长 10 m、宽 2 m。在上一养殖期过后,清理干净养殖床,包括通风道上面的铺箔。在深层高密度养殖床的基础上在床中间挖长深各 60 cm 的贮热池(与床面宽相同),池内填充生马粪等酿热物。原来的通风道变成 5 条回笼输热道,输热道上面铺箔或硬质秸秆,上面铺 5～8 cm 马粪与食用菌渣或木屑混合物。床北面及东西两端和泥土或砖筑墙,北墙高 80 cm,南墙高 20～25 cm,墙内涂黑,以利吸热,墙上搭支架,再覆盖双层塑料薄膜。南北墙间各留间隔均匀的调温孔 5 个,每个 20 cm 见方,用来通风调温。

2.温床塑料大棚养殖的饲料调制加工、投料、管理

温床塑料大棚养殖的饲料调制加工、投料、管理基本同上述的露天深层高密度养殖。除日常管理外,注意严冬夜晚加盖草帘,温床四周(外侧 1 m)挖好排水沟。晴天上午 8 点左右掀开草帘,接受太阳辐射热能,待床内温度过高时,打开通气孔散热,下午 3 点左右盖好草帘。阴雨风雪天不揭帘、不开气孔,注意保温。

3.周年养殖生产过程

在我国北方,全年可划分为 4 个养殖周期,每个周期大约 3 个月。11 月和来年的 1～2

月，和3～5月两个养殖周期采用温床塑料大棚养殖。11月一次投蚓种，两次收获。2月1日收获一半面积补加新料。5月初全池收获。5月至8月初和8月至10月底两个养殖期，采用露天养殖投放新蚓种，90 d后一次性收获(图3-6)。

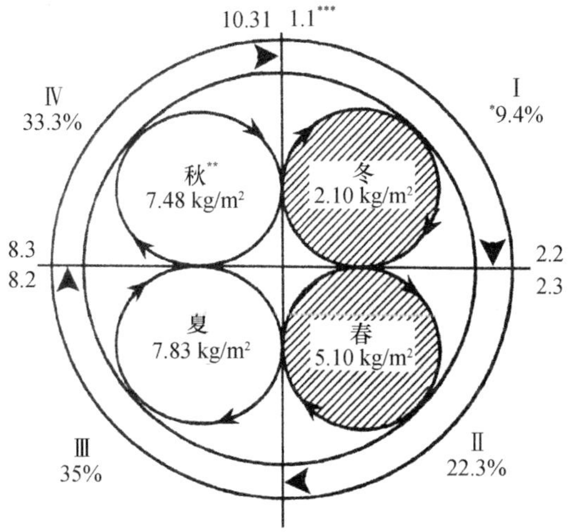

图3-6 中国北方蚯蚓周年生产

4. 产量及分析

以山东的实验情况为例，对蚯蚓周年养殖生产进行分析。

(1)温床塑料大棚的增温效果。温床塑料大棚养殖床是利用透过塑料薄膜的太阳辐射热能，提高床内温度。由于床内外温差产生虹吸现象，热空气由贮热池流经输热道，床上饵料吸收并贮存大量热能，因而使床温明显提高，同时空气的流动促进了贮热池和床底层酿热物的分解，产生了大量的热能，进一步增加了床温，从而保证了蚯蚓正常生产繁殖的温度需要，这是一种充分利用太阳能辅以生物能的新型养殖方式。

温床塑料大棚明显提高棚内气温和床温。12月31日至次年1月30日棚外平均气温4～6℃，棚内气温则保持4～12℃，10 cm处床温保持8℃以上。分析塑料大棚内气温、床温、贮热池内马粪发酵及棚外气温变化可以看出，床温变化幅度较棚内气温变化幅度小，即棚内气温往往随着棚外气温变化而变化。床温则由于床底的发酵热和太阳能提供上部热能，双重作用较恒定，较外界气温平均提高3～14.5℃。棚内温度随着太阳高度角的日变化和外界温度的变化而发生变化。从典型天气温度日变化看，棚内最低温度出现在清晨5～6时，从7时开始有微弱升温，8时后升温迅速，10时以后即可达到30℃。在密闭情况下，棚内最高温度出现在12～14时，可达41.5℃，比外界温度高24.5℃，通风状态下为32.5℃。塑料大棚中午的通风是很必要的。

(2)温床塑料大棚养殖床床温变化。棚内床温的变化直接影响蚯蚓的生活与增重。一天内最高地温、最低地温出现的时间较气温的出现迟2 h，5 cm床温月变化最剧烈昼夜温差达20℃以上，10 cm以下地温比较稳定。棚内床温变化在整个养殖期(90 d)，10 cm处平均床温14.6℃。在2月2日到5月2日养殖期间10 cm处平均床温18.8℃。完全适宜或较适宜蚯蚓生长发育。

(3)蚯蚓周年高产养殖结果。实验从 11 月 1 日开始到来年 11 月 1 日结束，共收获 4 次。第一次收获在 1991 年 2 月 1 日，先用 0.9 cm^2 见方的测产木板框，按不同收部位取 3 个点测产，再相间收获 6.3 m^2，收取时先定好点，划出待收范围，然后连同饵料一起取出，取出后利用光赶并结合上到下驱法把蚯蚓从饵料中分离出来，称量计数。收取后的空间以新饵料补充，其他区域蚯蚓很快进入采食。第二次收获于 5 月 2 日进行，全池收获。收获前用测产框分 6 个点测产（测产面积 5.4 m^2）。第一、二次养殖周期采用温床塑料大棚养殖，清床并修整后于 5 月 3 日进行第三养殖投种。第三次收获期为 8 月 1 日，全池收获。第四次养殖期于 8 月 2 日开始，10 月 28 日收获。第三、四次收获测产方法基本同第二次收获情况。第三、四次养殖采用露天深层高密度养殖法。各养殖期蚯蚓放养成蚓收获及产量情况见表 3-3。

表 3-3　蚯蚓周年高产养殖结果

养殖池号	养殖期	放养情况				收获情况					折亩产/kg
		日期	幼蚓数量/(条/m)	幼蚓重/(g/m)	蚓茧数量/(个/m)	日期	收获面积/m	测产面积/m	蚓重/(g/m)	净增重/(g/m)	
1 号池	11.1～2.1		15 000	2 880	14 000	2.1	10	2.7	4 993	2 115	1 410.0
	2.2～5.2	5.31				5.2	20	5.4	8 190	5 260	3 506.8
	5.3～8.1		8 000	1 234	14 500	8.1	20	5.4	9 175	7 941	5 294.2
	8.2～10.28		5 500	794	14 800	11.1	20	5.4	8 258	7 464	4 976.2
全年合计	90.11.1～91.10.28		28 500	4 908	43 300		70	18.9	30 568	22 780	15 187.2
2 号池	11.1～2.1	11.1	15 000	2 652	14 000	2.1	10	2.7	4 746	2 094	1 396.1
	2.2～5.2	2.2				5.2	20	5.4	7 299	4 647	3 198.3
	5.3～8.1	5.3	8 000	1 155	14 500	8.1	20	5.4	8 978	7 820	5 213.6
	8.2～10.28	8.2	5 500	820	14 800	11.1	20	5.4	8 327	7 507	5 004.9
全年合计	90.11.1～91.10.28		23 500	4 627	43 300		70	18.9	29 350	22 068	14 812.9

(1)2 号池第二养殖期 2 月 14～16 日养殖池一角塑料薄膜被风掀起，造在部分蚯蚓冻僵。
(2)含有 1/3 的接近性成熟的大蚓。
(3)测产时间为 10 月 18 日。

①从上表中收获结果看：经过一周年的连续养殖、分期收获，总养殖面积 140 m^2。经过 37.8 m^2 测产，平均每平方米产鲜蚓 22.50 kg，折合年亩净产 1.5 万 kg，其中第一次收获占总产量 9.4%，第二次收获占总产量 22.3%，第三、四次收获分别占总产量 35.0%和 33.3%。基本符合动物养殖业饲料供需规律，尤其与养鱼生产的饲料蛋白的需求量变化相吻合。

②从养殖方式看，经第三、四次养殖期的露天深层高密度养殖较好，产量占全年产量的 68%。这主要是温度适宜，料床通气性好，温度等易控制。本次试验温度塑料大棚养殖产量没有达到理想产量值，原因之一是由于种蚓越冬池 2 月份正值严冬，不便取茧（茧产量也低），故 11 月 1 日一次投蚓种（折合幼蚓每平方米 5 万条），二次施用，这样就可能使第一养殖期密度偏高，第二养殖期密度偏低；原因之二是昼夜温差变化较大，通气性差。上述问题尤其是保温

与通气的矛盾如何解决，有待于以后进一步研究。

5.经济效益分析

两个实验池面积140 m^2，根据实测计算，每平方米产鲜蚓22.5 kg，每养1 m^2 蚯蚓，年需饵料1.5 t，饵料与蚓粪的比例为2∶1，即养平方米蚯蚓可产蚓粪0.75 t/年。收入盈余情况下：(按照2012年石家庄地区价格计)

年产鲜蚓产量	22.5 kg/m^2×10元/kg×140 m^2＝31 500元
年产蚓粪	0.75 t×300元×140 m^2＝31 500元
合计收入	63 000元
饵料消耗	1.5 t/m^2×30元/t×140 m^2＝6 300元
建池材料费	2 000元
水电费等	100×12个月　1 200元
工人工资	2 000元/月×12个月＋临时用工200元＝25 200元
合计支出	34 700元
盈　余	28 300元

由于目前蚯蚓、蚓粪销售价格波动很大，上述按照每千克蚯蚓10元、蚓粪300元销售价格偏低。蚓粪在北京、天津、上海等大城市主要作为优质的有机肥销售，每吨300～1 000元。花卉专用肥则价格更高。若蚯蚓养殖和养牛(猪、鸡)结合起来，不仅自己解决了动物饲料蛋白源，而且养蚯蚓需要的粪便可就地解决，减少了费用开支，则经济效益更佳。

(三)小结

蚯蚓高产养殖系列技术包括深层高密度养殖、温床塑料大棚养殖和周年循环养殖。解决了蚯蚓养殖中产量低、生产不连续这两个多年来一直不解决好的问题，为生产上大面积推广，以解决饲料工业中动物蛋白源缺乏问题开辟了广阔的前景。

该系列养殖技术，简便易行，成本低，特别适于广大农村或养殖场推广，既处理了有机废弃物，又生产了动物蛋白，化害为利，改善了环境，一举多得。

蚯蚓高产养殖系列技术高产原理主要是满足了在人工养殖情况下，蚯蚓对各种生态因子的需求。根据试验结果看，影响蚯蚓生长繁殖最主要的因子是温度、饵料和活动空间。

该养殖系列技术较好地解决了以下几个问题：

(1)温床塑料大棚较好地解决了冬春季温度太低，不能养蚓的问题，增温养殖延长了蚯蚓养殖时间。

(2)以牛粪、食用菌渣、果渣为主要成分的高产优质饵料配方，满足了蚯蚓对饵料的要求。

(3)深层高密度养殖解决了养殖密度与生活空间的矛盾。

(4)种蚓、生产蚓分开，全进全出，连续作业，可以按蚯蚓繁殖规律和生长发育规律分别管理，使各环节之间既有密切的内在联系，又有不同的操作管理内容。这样种蚓繁殖率高，生产群生长快，发育也较整齐，使蚯蚓养殖形成了比较完善的管理工艺。

(5)最佳收获期适时收获，利用蚯蚓生长增重规律和阶段增重优势实行短期高密度养殖，增加了年采收提取次数，防止了养殖床内蚯蚓过载而减产，使其经济效益最佳。

(6)蚯蚓种的更新和周期轮换,避免了在同一个床位养"老蚯蚓"或"三室同堂"而形成种群的自然衰退。

(7)从粗蛋白质产量看,按高产养殖技术亩产蚯蚓 10 000 kg,鲜体蚯蚓粗蛋白含量近 10%计算,则一年亩产粗蛋白质可达 1 000 kg,并合有 18 种氨基酸,营养成分丰富全面,一亩粮田年产 450 kg 小麦,550 kg 玉米。籽实粗蛋白质含量按最高数小麦 13.6%、玉米 9%计算,一年也只能生产小麦粗蛋白质 60.75 kg,玉米粗蛋白质 49.5 kg,合计 110.25 kg。养蚯蚓与种粮食作物相比要增加 9.3 倍,而且人工养殖蚯蚓不占用良田面积。从我们养殖结果测定,蚯蚓高产养殖系列技术的高产效果达到了:露天高产养殖一个养殖周期每平方米产鲜蚓 7.9 kg,折亩产 5 354 kg;温床塑料加大棚周年循环养殖,每平方米年产鲜蚓 22.5 kg,折合亩产为 15 000 kg,比种植任何经济作物的经济效益都高。该技术在生产上大面积推广也是可行的。该成果获得山东省科技进步二等奖。目前已有十几个省、市、单位推广,取得了较好的经济效益和社会效益。

六、蚯蚓生物反应器处理有机废弃物新技术

(一)蚯蚓生物反应器的设计

蚯蚓处理有机废弃物涉及重建一个物质再循环过程,由于蚯蚓体内具有丰富的酶系统,肠道中具有多样的微生物区系,被蚯蚓吞食的物质经过 2～3 h 体内酶和微生物的作用,生产出小而均匀的颗粒状,含有丰富有益微生物和酶类的蚯蚓粪。同时能将部分无机态 N、P、K 及矿物微量元素等转化为易被植物所吸收利用的有效态营养元素。

1.设计原理

蚯蚓生物反应器的设计是基于蚯蚓在自然界转化分解动植物碎屑等有机废弃物,改良土壤以及蚯蚓的自然生物学、生态学特性,针对采用常规的方法不能高值、高效转化有机废弃物,而蚯蚓以其特殊的生物学功能与环境中的微生物协同作用加速废弃物中有机物质的分解转化设计的。蚯蚓生物反应器设计原理图见图 3-7。

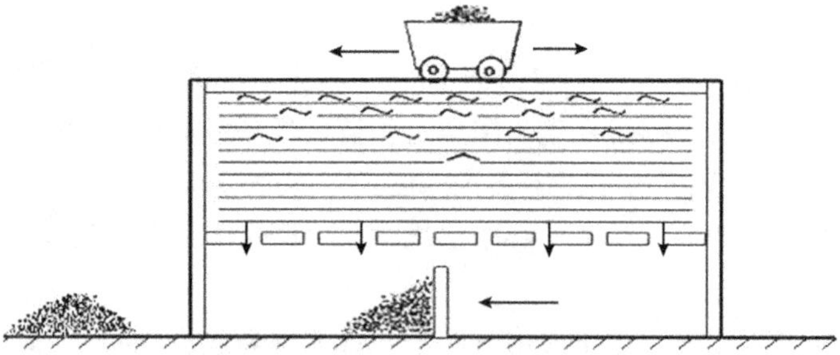

图 3-7 蚯蚓生物反应器原理图

人们发现,土壤中蚯蚓越多,就越肥沃。进一步的研究表明,蚯蚓为了自身的生活需要,吞食大量的有机物,经过消化和分解,排出的蚓粪为酸碱度适宜的团粒结构,具有保水、保肥、促进植物生长的性能,这样的土壤非常适合农作物的生长。

中国农业大学资环学院孙振钧教授所领导的蚯蚓生物生态实验室，20多年来在国内外蚯蚓研究领域取得了多项科研成果，如“蚯蚓规模化高产养殖技术”、“蚯蚓饲用氨基酸营养液”、“蚯蚓氨基酸叶面肥”、“饲用蚯蚓蛋白预混料”、“蚯蚓抗菌肽的诱导、纯化及其抗病机理”等。“利用蚯蚓高效转化处理农业有机废弃物”是近年来推出的一项科研成果，利用蚯蚓生物反应器规模化处理有机垃圾和养殖场粪便已经在多地推广应用。在人工费用不断攀升的当下，该机械设备凸显出了巨大的应用潜力。

2.反应器的结构

蚯蚓生物反应器最早是由世界著名蚯蚓专家爱得华滋(C. Edwards)20世纪80年代设计完成。最初在英国用于处理植物生产废弃物(土豆加工废弃物)和动物粪便。该设备仅仅是一个蚯蚓生存环境的简单外套，是为蚯蚓提供一种良好外部环境的设想与尝试，但其为后来蚯蚓生物反应器的问世奠定了基础。进入20世纪90年代以来，英美科学家在原设计的基础上，对该反应器进行了机械化的装备，使之全过程运作自动化，有更高的处理效率。1998年孙振钧教授受美国农业部资助和爱得华滋教授的邀请到美国进行蚯蚓生物反应器的合作研究。孙教授依据国内蚯蚓高产养殖技术的成果与经验，结合中国的国情，对反应器进行了进一步得改进，使之除具有国外产品自动化的功能外，成本更低，更符合我国及发展中国家推广应用。2002年该产品获得国家专利(专利号:ZL02208871.7)。

蚯蚓生物反应器主要由3部分组成:反应器主体、加料部分和出料加工部分。该机械是以针对城市生活垃圾中的有机部分、农业有机废弃物的无害化、减量化、资源化为目的生物处理技术，蚯蚓在反应器中是一种活的加工机，该技术采用中央调控器的方式自动监控蚯蚓生存小环境(温度、湿度、酸度、通气性能等)，根据废弃物的产生量和蚯蚓繁殖速度、种群结构及分解不同有机废弃物的能力自动布料、出料、收集、包装，合理地将人工工作、机械活动、蚯蚓生物学的特性结合在一起，全程自动化(图3-8)。

图3-8 大型蚯蚓生物反应器(处理能力6 t/d)

反应器的结构为:布料机位于反应器主体上部，能调整加料量和湿度，并把物料均匀分布于反应器料床上面;反应器主体是处理有机废弃物的核心，由多个单元组成，可根据处理废弃物的多少横向拆装组合，主体纵向分成两个层次，上半部分为处理主体，下面为收集装置;出料装置由筛网和刮料器组成，筛网主要起将蚯蚓粪生物有机肥分离的目的，兼有支撑蚯蚓生物反应器料床的作用，筛网上面的刮料器兼具破碎与分离的作用，刮料器在筛网上往返运动使网上的蚓粪掉落到网下再被收集器收集。收集器根据条件的不同，配备不同的收集装置，收集器与刮料器同步运行，蚯蚓粪同步收集，经过分离筛后进行进一步的加工。

采用蚯蚓生物反应器处理有机废弃物技术，根据处理量的不同分为不同的层次，技术要求也不一样，以处理生活垃圾为例，一是小型蚯蚓生物反应器，以处理家庭和庭院废弃物为主，即属于源头控制型的，废弃物量少，危害小，分散；二是中型生物反应器，以处理社区、宾馆、学校等的垃圾或小型养殖场的废弃物为主，废弃物量集中，成分复杂，危害较多；三是处理垃圾厂或大型养殖场的废弃物的大型生物反应器。虽然反应器的类型不同，但不同类型的反应器处理有机废弃物的主要技术机理都是一样的，都是依靠蚯蚓和微生物的互作消化有机废弃物，技术关键点是调控优化蚯蚓的生存环境条件，保持蚯蚓在高密度条件下的持续活力。所以，所有反应器的共性技术和关键技术主要包括蚯蚓品种的选择、蚯蚓生活环境的调控和反应器管理技术。

(二)蚯蚓生物反应器的管理

反应器的设计主要是为了高效处理有机废弃物，如何实现高效是孙振钧教授及其团队研究的核心，选择什么样的品种有最好的处理效果？在保证怎样的蚯蚓种群密度下，反应器的效率最高？此外，蚯蚓的种群结构如何，需要什么样的环境条件都是蚯蚓生物反应器提高效率的决定性因素。其中 3 个重要的问题是：最适宜处理有机废弃物的蚯蚓种的选择、反应器生产和环境条件控制、有机废弃物的高效预处理。

1. 蚯蚓种的选择

在选择蚯蚓的过程中，3 个影响因素必须考虑，一是蚯蚓种群呈集中分布又便于管理；二是能高密度的生长并保持旺盛的活力；三是具有高的繁殖率。在反应器环境下保持蚯蚓高密度下的持续工作是关键和难点。或者简单地说，就是作为一个活的生物群体，如何来选择最佳条件，能使它保持并且处于一种最佳的工作状态。

许多蚯蚓品种都能加工有机废弃物，从各种蚯蚓的生物学特点以及世界各地研究应用考虑，目前世界的蚯蚓从生活型分为 3 种类型：表居型、上食下居型和深居型。从管理的角度表居型是一个选择，其皆具集群分布、高密度生长的特性。赤子爱胜蚓(*Eisenia fetida*)成为选择对象，它是最常见的用于分解有机质的品种，广泛分布于世界上的温带地区。其生态和环境需求已进行过深入研究，易于养殖管理，适应温度范围宽，在许多种有机物中都能很好地生长、繁殖。非洲品种 *Eudrilus eugeniae* 与 *Eisenia* spp.，形体大，生长速率快，繁殖能力强，这类品种能迅速分解大量有机质并且在作为动物蛋白源方面有相当潜力，不足之处是，对温度要求比较高，忍耐的最低限度为 16℃，低于 5℃后不能生存。亚洲蚯蚓 *Perionyx excavatus*，有处理有机废弃物的潜力，但该品种是一种高产、适宜养殖的热带品种，最低的耐受温度范围也不能低于 5℃。从我国的国情出发，20 世纪 80 年代就从日本引进的优良品种大平二号，赤子爱胜蚓，在我国养殖范围广泛，而且蚯蚓高产养殖技术就是从它的身上实现的，但是大平二号在我国的养殖，在最初引进由于技术不成熟和商业运作的不规范，导致大量养殖户受到了伤害，从而也导致品种的严重退化，也不能很好地适应目前处理垃圾的需要，孙振钧教授从美国购进红蚯蚓和我国养殖的大平二号进行杂交选育，并提纯复壮。为达到处理不同废弃物的目的，通过为蚯蚓提供不同的饵料诱导，选育出能适应不同要求的蚯蚓。由于垃圾的成分比较复杂，也可以采用逐渐诱导的方法，在蚯蚓最适宜的饵料中，从添加10%的有机垃圾量逐步提高比例，直到有机垃圾的比例占80%以上，通过试验发现，选育出蚯蚓处理垃圾不比处理牛粪等农业废弃物的效率差。

2. 预处理的控制

蚯蚓是腐食性的动物，由于新鲜的有机废弃物来源广泛，成分复杂，而且含有对蚯蚓生长不利的因素，蚯蚓为适应这种变化会消耗太多的能量，必将影响其处理效率，有时也不能适应废弃物的这些变化，有机废弃物必须经过一定的分选、成分调整和处理杀死有机废弃物中的大量病原菌和其他有害生物并达到一定的腐熟度才能适应蚯蚓的处理。预处理的方法通常是高温堆肥，堆肥的最常见的方法有静态暴气、堆肥反应器和条形堆制3种。预处理有机废弃物必须经过一次高温发酵阶段，其有机质的含量要达到一定的要求，C/N应在20～30，pH在6～8，而且投喂蚯蚓前不存在有毒气体，温度要低于30℃。

3. 反应器的环境调控

反应器的设计完成只是为蚯蚓处理生活垃圾提供了一个场所，蚯蚓种的选育为处理有机废弃物处理提供了条件，但该成果的真正核心是反应器的环境条件控制和生物群落的调节，以保证蚯蚓最大的活力和持续性。

蚯蚓是非常敏感的穴居生物，它的新陈代谢和生理机能会随着环境的变化而有不同的表现。要使蚯蚓能够在反应器中处于最佳的工作状态，实际上是为蚯蚓提供最佳的环境因子，保证蚯蚓旺盛的活力和吞食转化有机废弃物，这就要从蚯蚓生物学特点和生态学特点开始，蚯蚓在什么样的环境条件下最活跃呢？从1999年第一台蚯蚓生物反应器诞生，经过两年多对不同的有机废弃物、不同规模在不同模式控制不同的条件的试验研究，尤其在落户到天津西青区和曲周试验站的反应器进行的中试实验，摸索出蚯蚓生物反应器的环境条件范围（表3-4），即蚯蚓在处理有机废弃物过程中种群及其生物群落的变化过程。这些生态因子是相互作用、相互影响的、综合地对蚯蚓生物反应器和处理有机废弃物产生作用。

表3-4　蚯蚓处理垃圾的最佳环境因子

环境因子	pH	温度/℃	湿度/%	C/N	氨/(mg/g)	盐分/%	蚯蚓密度/(kg/m^2)	加料厚度/cm
范围	5～9	15～30	60～70	20～30	低于0.5	低于0.5	>40	4～6
最佳条件	6.5	25	65	23	—	—	25	4

4. 反应器的运行调控

反应器的工作流程是将堆肥化处理的适合蚯蚓食用的有机废弃物，通过布料机均匀布置在反应器的主体的表面，控制反应器的环境条件，利用蚯蚓的生物学特性到反应器饵料的表面采食，经过蚯蚓的转化处理，变成蚯蚓粪，反应器装满后，通过刮料器和收集器取出蚯蚓粪，同时每天添加新料，使反应器中的物料量保持动态平衡，而能进行连续生产。蚯蚓粪依据其功能特性可加工成不同的功能肥料。

(三)反应器的类型及应用范围

一个标准反应器的主体规格是20.0 m×2.5 m×1.0 m。日处理有机废弃物5～6 t,同时生产有机肥4～5 t/d,年产蚯蚓有机肥1 800 t。针对不同的废弃物来源可利用不同蚯蚓生物反应器,主要的有大、中、小3种类型,其使用范围和自动化程度差别很大(表3-5)。大、中、小3种蚯蚓反应器分别是针对社区和集约化养殖场、学校和宾馆以及家庭使用。处理废弃物的规格可根据废弃物的来源、环境条件甚至艺术要求自行设计。

表3-5　几种蚯蚓处理废弃物方式的比较

反应器类型	处理效率	自动化程度	技术关键点	适用范围
大田养殖处理	低	无	管理难度大,需要投入大量的人工	农村地区
大型反应器	高	高	反应器的生物群落控制和环境调控	垃圾处理站和集约化养殖场
中型反应器	高	有	预处理	社区、学校、饭店等
小型反应器	低	无	卫生管理	家庭

(四)高效资源化的有机废弃物处理系统

为实现高效处理有机废弃物的目的,将快腐高温堆肥和蚯蚓高效处理废弃物技术整合形成三段生物处理与转化技术。利用堆肥的高温快腐阶段达到废弃物的无害化和减量化,该高温堆肥的最高温度可达80℃,温度在53℃以上维持近10 d,足以杀死有机废弃物中的大量病原菌和其他有害的微生物,同时经过6 d的中温微生物熟化阶段,使堆肥达到一定的腐熟,温度回落后,将预处理的废弃物加入到反应器中利用蚯蚓进行进一步的深度处理和资源化、高值化(图3-9)。

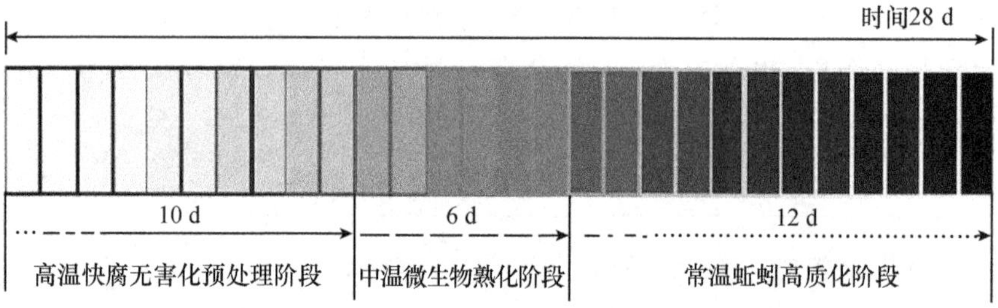

图3-9　有机废弃物三段生物处理与转化流程图

(五)蚯蚓生物反应器处理猪粪工程实例设计

新鲜猪粪尿中含氮元素0.5%,含磷元素0.25%,含钾元素0.5%,另外,还有一种胡敏酸的成分,它具有胶性,能改良土壤的团粒结构,增强土壤的蓄水和通气,有利于庄稼的生长。1头猪1年排粪尿2～2.5 t,如折合成化肥,则相当于硫酸铵50 kg,过磷酸钙27.5 kg,硫酸钾20 kg,施到地里可增产粮食50 kg。通过土层的过滤、土壤粒子和植物根系的吸附、生物氧化、离子交换、土壤微生物间的拮抗,使进入土壤的粪肥中的有机物降解、病原微生物失去生命力或被杀灭，从而得到净化；同时，还可增加土壤肥力而提高作物产量，实现资源化利用。但是，畜禽粪便含水量高、有恶臭，而且氨的大量挥发造成肥效降低，病原微生物还会对环境构成威胁。土壤的自净能力有限，施用过多粪便容易造成污染，鲜粪在土壤里发酵产热及其分解物对农作物生长发育都有不利影响，未腐熟的猪粪施入土壤后，由于不稳定有机物的强烈分解，消耗根际土壤的氧气，并产生有机酸等有毒物质，抑制作物生长，不利于作物的发芽和发育。为避免长期过量使用未经处理的鲜粪尿，而造成其中所含微生物、寄生虫等会对土壤造成污染以及寄生虫病和人畜共患病的蔓延，粪便采用发酵或高温腐熟处理后再使用，一般采用堆肥技术。猪粪好氧堆肥是使猪粪在有氧条件下利用好氧微生物的作用使有机物分解，形成腐殖质同时灭活病原微生物，将猪粪转变为有利于土壤性状改良并对作物生长有益和容易吸收利用的有机肥的方法。腐熟的猪粪作为有机肥不仅可以提高作物的产量和品质，而且可以提高土壤肥力。但猪粪含水量太高，要适宜于堆肥处理必须添加很多其他辅料，以调节 C/N 比和含水量等，这势必加大了容积、增加了成本。

用蚯蚓处理有机物是一种古老而又新生的生物技术。目前的蚯蚓生物反应器技术有很强的处理规模化猪粪粪污的能力，能分解粪便中的物质合成生物蛋白及多种营养物质，为人类所利用，不仅具有环保价值，而且具有经济价值。有研究发现经过蚯蚓处理的猪粪，其氮素经矿化和经蚯蚓处理作用，C/N 比达到一个稳定的范围，有机氮更多的转化为 NO_3^--N；且在蚯蚓处理过程中，一部分 NH_4^+-N 转化成 NO_3^--N，一部分挥发到大气中去，故 NH_4^+-N 的含量很少；蚓粪 pH 呈中性偏碱，适于大多数作物生长，所以经蚯蚓处理后的蚓粪不仅肥效好，而且避免直接施用畜禽粪便造成的污染。蚯蚓体含有丰富的蛋白质，是鱼、蟹等水产动物和各种畜禽极为理想的优质蛋白质饲料。蚯蚓具有嗜粪的习性，不仅生长快，繁殖倍数高，而且能产生具有增强免疫功能的抗菌肽，提高生物的抗病力。蚯蚓养殖方法简单，投入少、成本低，利用蚯蚓生物反应器设备可以进行机械化的规模化养殖。

1. 设计思想

首先将猪场粪污进行固液分离后得到固体残留物（余下物）经高温堆肥灭菌处理（干清粪方式可直接堆肥），然后应用蚯蚓生物反应器进一步制成不同类型的多功能生物有机肥。

2. 工艺流程

采用如下工艺流程：

（1）堆肥预处理工艺流程（图 3-10）。

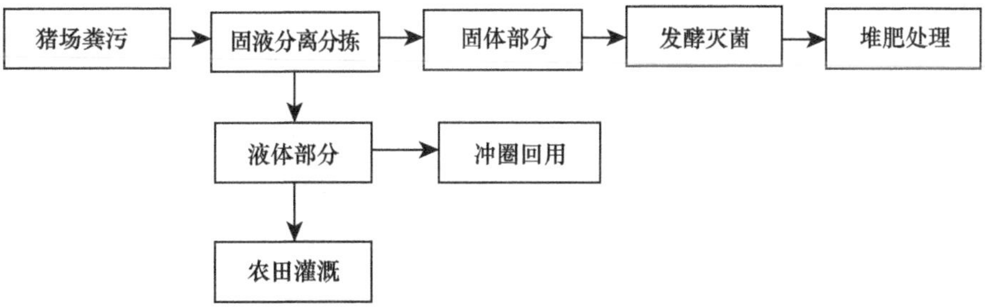

图 3-10　堆肥预处理工艺流程

(2)蚯蚓粪肥工艺流程(图 3-11)。

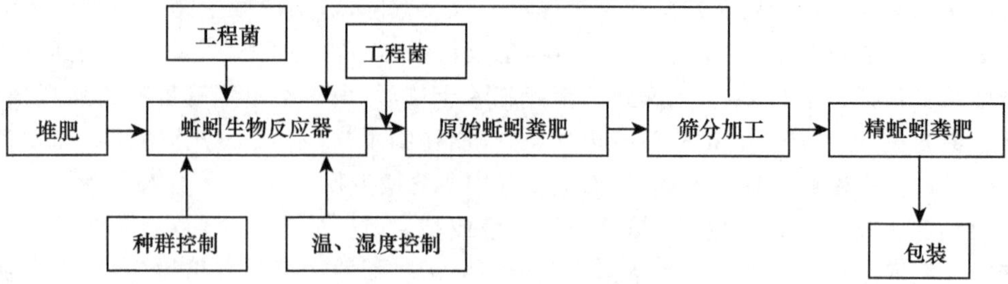

图 3-11　蚯蚓粪肥工艺流程

(3)复合肥生产工艺流程(按用户要求备选)(图 3-12)。

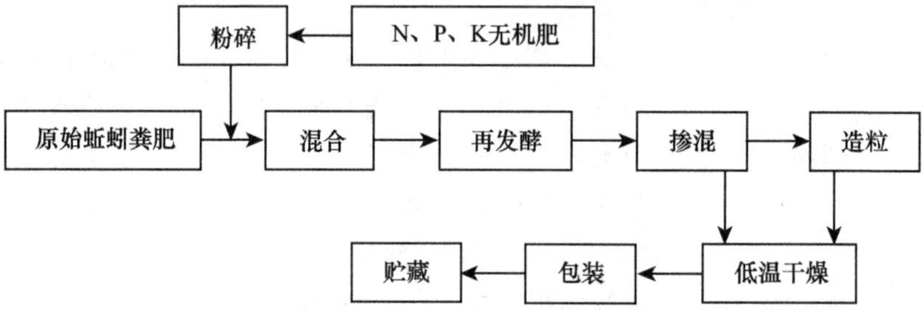

图 3-12　复合肥生产工艺流程

3. 生产方案

(1)生产规模。拟建肥料厂规模为年产 1 万 t,按一年 300 d 计算,日生产量为 45 t。需用 15 个反应器。每个反应器日处理 6 t 有机固废物,日产 4～5 t 有机肥,大约需 20 t 粪污,即年处理 75 万 t 以上养殖场粪污。

(2)堆肥场地。采用水泥地面或严实地面堆肥,需 2 500 m^2 堆肥场。采用人工翻堆方法或机械翻堆方法进行堆肥管理。

(3)厂房和仓储。厂房面积 800 m^2,仓库面积 300 m^2。

4. 经济效益分析

(1)费用预算

试验费	5 万元
蚯蚓粪肥生产	
有棚场地建设费:	50 万元
反应器购置费:	225 万元(15 台)
蚯蚓购置费:	5 万元
车间和库房建设费:	10 万元
260 kW 供电装置:	10 万元
1～2 t/h 锅炉:	10 万元
深水井:	5 万元

流动资金(用煤、工程菌液、人工费、包装袋、广告等):100 万元。

(2)经济效益分析(表 3-6)

表 3-6　成本计算(按 45 t/d)

成本项目	成本/(元/t)	备注
原料	15	
C/N 调整物	5	
发酵剂	5	
电耗	35	包括堆肥用翻堆机和通风
煤耗	7.5	只冬季棚舍加温用
工人工资	13.3	三班,每班 10 人,按 20 元/人计
管理人员工资	3	5 人,按 20 元/人计
其他管理费	10	
设备折旧费	26.0	260 万元×10%(年)
银行利息	20.75	415 万元×5%
包装袋	20	
广告宣传费	20	
合计	180.55	

按每吨多功能蚯蚓粪肥销售价 600 元计(极保守价格,若制成小包装花肥,每吨市价在 1 800 元以上),扣除成本 180.55 元,可获利 419.45 元/t,年产 1 万 t,可获利 419 万元,1.5 年可收回成本。

(六)蚯蚓生物反应器规模产业化分析

1.大型蚯蚓反应器规模产业化分析

每个标准蚯蚓反应器,日处理有机废弃物 6t,同时生产生物肥料 4～5 t/d。每个生物反应器造价为人民币 10 万～15 万元(不包括厂房)。年产蚯蚓有机肥 1 800 t。按每吨有机肥 1 000 元计,年产蚯蚓有机肥 1 800 t,年产值为 180 万元。而每个生物反应器造价为人民币 10 万～15 万元,加上包括厂房、流动资金等投入 15 万～20 万元,总投入 30 万～40 万元。其经济效益和生态效益均是十分客观的。在美国,蚯蚓生物肥料的售价比一般化肥高 2～3 倍。作为一种新型肥料,我国的市场很大,发展前景广阔。

2.小型蚯蚓反应器规模产业化分析

小单元,大规模模式:一户拿出一分地,一个劳力,用 1 000 元,建一个小型反应器,可收入 1 万元。据初步计算,每年养 100 万条蚯蚓(50～60 m^2),可处理粪便等有机废弃物 40 t,可生产蚯蚓原液 1 t,产蚯蚓粪 20 t,按成本价,每千克蚯蚓液原液按 7.5 元计,可收入 7 500 元。每吨蚯蚓粪按 150 元计可收入 3 000 元,合计 10 500 元。经济效益可观。

大规模,产业化模式:企业自己建立大型处理场,或采用企业加农户方式,以实现年产花卉专用有机肥 1 500 t 算,按每吨多功能蚯蚓粪肥销售价 600 元计(保守价格,若制成小包装花肥,每吨市价在 1 800 元以上),扣除成本 180.55 元,可获利 419.45 元/t,年产 1 500 t,可获利 63.9 万元。

第四节　蚯蚓采收加工技术与营养价值分析

一、蚯蚓采收及加工技术

获得蚓体，是人工养殖蚯蚓的主要目的之一。因此，适时采收蚓体，是人工养殖蚯蚓活动中的关键。

成蚓的采收时间，与蚯蚓的生长发育有着密切的关系。从蚓茧孵化到蚯蚓性成熟，一般要经过3个月左右的时间，这时，环带明显，生长缓慢，饲料利用率降低。如果单单为了收获蚓体，此时即为采收的适宜时期。

成蚓还有不与幼蚓同居习性，当幼蚓大量出蚓茧后，成蚓会自动移居到其他饲料层，或纷纷逃逸。因此，在幼蚓大量孵化之前，及时采收成蚓十分必要。

1. 成蚓的采收及蚓体、蚓茧、蚓粪的分离

蚯蚓采收是目前国内外蚯蚓养殖业中尚待进一步解决的技术问题。目前，群众在养殖实践中创造了不少采收办法，大多是根据蚯蚓的生活习性，运用一些物理或化学方法，或驱逐，或诱集，或用简单机械方法挖取与分离。

(1)诱集采放法：对坑养、沟养、沟后、园林大田养殖及肥堆等养殖的蚯蚓，可在养殖地周围设点堆制新鲜饲料进行诱集。诱集饲料堆如能拌和少量炒熟的饼肥，效果更佳。

(2)翻箱采收法：箱养蚯蚓在采收时，可将大箱放在阳光下晒片刻，蚯蚓由于逃避强光或高温而钻入箱子底层，然后将箱反转扣下，蚯蚓即暴露于外，便于采收。

(3)简易筛选法：用木料做一个长1.3 m、宽0.97 m,、高0.18 m的长方形蚯蚓筛，筛孔直径视蚓体大小掌握在0.5 mm左右。再做一个长1.34 m、宽1 m、高0.20 m的长方形蚯蚓盒。收取蚯蚓时，将蚯蚓筛套送盒中，并把蚓筛垫起来，便于蚯蚓钻入，形势可垫高2.5 cm左右，随着下钻蚯蚓的增多逐渐加高。

筛取时，把饲料连同蚓体投入蚓筛，用细齿成厚5～6 cm，再用200 W电灯在蚓筛上来回移动，并用细齿耙耙动同时刮掉上层蚓粪，促使蚯蚓下钻。

(4)筐诱采收法：用孔径为1～4 mm(或2～3 mm)的筛网做成诱集筐，筐内装入蚯蚓喜食的饲料(如香蕉皮、腐熟的水果、西瓜皮、浸有啤酒等含酒精成分的合成树脂、海绵等)。然后将诱集筐埋入饲料床内，在20℃左右时约1周取出，里面会钻进很多蚯蚓。时间短，主要诱集的为大蚓，时间长，小蚓也逐渐云集采食。因此，此法即可进行蚓粪与蚓体的分离，也可进行大、小蚯蚓的分离工作。

2. 蚓粪的采收

适时采收蚓粪，一是为了获得产品；二是为了清除饲育床上的堆积物，以利于投料和操作；三是为了消除环境污染，有利于蚯蚓的生长发育与繁殖。

蚓粪的采收，多与蚓体采收和投料同时进行，已如上述。这里另补充几个方法。

(1)刮皮除芯法：多与上投饲喂法并用，上投饲喂一段时间之后，表层饲料基本粪化，这时便可采收蚓粪。

采收前，先用上投饲喂法补一次饲料，然后用草帘覆盖，隔 2～3 d 后，趁大部分蚯蚓钻到表层新饲料中栖息。取食时，迅速揭开草帘，将表层 15～20 cm 厚的一层新饲料快速刮至两侧，再将中心的粪料除去，然后把有蚯蚓栖息的新饲料铺放原处。除去的粪料也常混有少量蚯蚓，可以采用其他方法分离。如粪料中有大量蚓茧，可置一处孵化，也可摊开 10 cm 厚，使其风干至含水率 40%左右，将蚓粪用孔眼 2～3 mm 有筛子筛出一部分，把筛上物另置一床加水至 60%，继续孵化。

风干的蚓粪可直接利用或用塑料袋包装贮存。

(2)上刮下驱法：当用下投饲喂法后，蚯蚓多被计算所集到下部新饲料中，可用手慢慢逐层由上而下刮除蚓粪，蚯蚓则随着刮粪被光照驱向下部，直到刮至新饲料层为止。刮下的蚓粉，其处理法与刮皮除芯法相同。

3. 活蚓的运输

我国目前养殖蚯蚓，多为自产自用。运输或蚯蚓主要用于引种过程中。

一般来说，短时间运输活蚓，可在容器内装入潮湿的饲料或养殖床上所铺的草料当填充物，然后将蚯蚓放入。长时间运输可用混炭作填充物，有的用纸浆作填充物，外包以纱布，放入适当大小的容器内。少量的蚯蚓也可装入铁盒或塑料筒内，用小邮包托运或用转运箱邮寄。有的是用类似包装橘子的纸板箱，内装潮湿的草料，约容纳 2 000 条蚯蚓进行转运销售。大量的蚯蚓运输，有时就在卡车里铺上罩布，在其上铺些潮湿的填充物，然后放入蚯蚓。有的在运输期间保持低温，使蚯蚓处于休眠状态。不论何种运输方式，均应注意保持适宜的湿度和通气条件。运到目的地后要进行检查，除去死蚓和病蚓，并给活蚓提供良好的生态条件。

4. 蚯蚓的干燥和粉碎

收获的成蚓，除直接应用外，有时还要贮存。为了防止腐烂，并提高嗜好性，有些蚯蚓还要进行干燥和粉碎。

干燥的方法有烘干、晒干、风干和冷冻干燥等几种。干燥的方式不同，对蛋白质利用率有很大的影响。如在通风干燥法中过快干燥时，饲料投放率明显下降，蛋白质利用率也降低。

干燥后的蚯蚓所制成的蚓粉能长期保存，同时能像鱼粉一样添加于各种动物的基础饲料中，易于为动物食用。

为了保持新蚯蚓对鱼、猪、鸡的引诱作用，又克服鲜蚯蚓不易粉碎的特点。他们把鲜蚓与配方中一定比例的麸皮混合，经颗粒机挤出，蚯蚓预混料晾干后与蚓粪一起按优化饲料配方比例加入各种饲料，若新蚓经开水处理后，晾开，粉碎的蚯蚓粉往往破坏了某些特殊蛋白质，失去了对动物诱食的特性。

5. 蚓粪的处理

蚓粪处理包括干燥、过筛、包装、贮存、运输等。干燥又分为自然风干和人工风干两种。为了降低成本，宜多采用自然风干为主。人工干燥速度快，并能杀死一种特别的土壤菌的优点。在干燥时，除在生有霉菌的情况下，没有必要达到完全无水的程度。在美国、蚓粪中还混入砂和某些动物粪、混炭等其他肥料。蚓粪的包装，以 1～25 d 比较适当(因含水量不同，每升重 400～600 g)。多封存于印有商标的塑料袋内，然后运往各地销售。在自产自用的情况下，蚓粪可边采收，边直接利用。

二、蚯蚓(粪)的营养价值

蚯蚓用作饲料由来已久,很早以前,我国民间就有用蚯蚓喂鱼、鸭的传统习惯。但大规模地人工养殖蚯蚓,把蚯蚓作为优良蛋白饲料,用以代替鱼粉、豆饼一类传统饲料而推广应用则是近几十年来的事情,20世纪80年代以来,随着人民生活水平的提高。居民的膳食结构发生了很大变化,对肉、蛋、奶、鱼、虾等的需求量越来越大,各种养殖业包括特种动物养殖业的迅速发展,对鱼粉、豆饼等各种植物蛋白饲料需求量很大,由于环境污染,加上对鱼类盲目捕捞,鱼产量逐年下降,引起鱼粉等动物性蛋白饲料严重不足,粗略估计,我国每年有35%~40%鱼粉需进口。因此,这类饲料价格大幅度上升,而且供不应求,直接影响了养殖业的发展,开发新的饲料蛋白源是亟待解决的问题。蚯蚓养殖正向工业化生产阶段发展。在美国年产20亿条蚯蚓的养殖企业就有50多个,日本有规格不等的蚯蚓养殖公司和养殖场200多个。应该说,养殖蚯蚓以开辟饲料动物蛋白源非常符合我国国情。特别在水产养殖业中,由于鱼粉用量大、养殖成本成倍提高,致使许多养殖单位和个人亏损。开展蚯蚓综合养殖利用是解决动物蛋白饲料来源缺乏的重要途径之一。

蚯蚓含有丰富的营养成分,其蛋白质含量稍低于秘鲁鱼粉,而高于国产鱼粉、饲料酵母、豆饼,是玉米蛋白质含量的6倍。蚯蚓的脂肪含量较高,每千克代谢能接近3 000 kcal(1 kcal=4.19 kJ),仅次于玉米,而高于秘鲁鱼粉、豆饼和饲料酵母。其他如灰分、钙、磷的含量也很高。蚯蚓粪营养价值也较高,除含氮、磷、钾、镁以外还含有钼、硼、锰等微量元素,完全可以用它代替部分麸皮。用于饲喂猪、鸡,能促进家畜(禽)的生长,有利于解决饲料不足,使饲料成本大幅度降低。

三、蚯蚓粪的性质与有机肥利用

在人类未来到地球之前,蚯蚓已耕耘了地球亿万年。自然界的各种有机废弃物经发酵后,在蚯蚓消化系统蛋白酶、脂肪酶、纤维酶和淀粉酶的作用下迅速分解,转化成为自身或易于其他生物利用的营养物质,经排泄后成为蚯蚓粪。蚯蚓处理废弃物后主要生化指标的变化见表3-7。蚯蚓粪从本质上讲是大自然的产物,真正能全面地满足植物生长的各种需求和营养成分,对植物有难以置信的神奇肥效。蚯蚓粪在任何浓度下,即使是非常娇贵的种子或者是花坛植物都不会因过量而烧苗。生物学家达尔文曾说"除了蚯蚓粪粒之外没有沃土"。1981年5月5日在北京日报发表署名石力的文章,称蚯蚓粪为"有机肥之王(肥王)"。

表3-7 蚯蚓处理废弃物后主要生化指标的变化

废弃物类型	生物学指标		化学指标					物理指标	
	微生物	大肠菌群数值	速效N/%	速效P/%	速效K/%	微量元素/(mg/kg)	有机质	含水量/%	pH
生活垃圾	6.2×10^8	25	1.10	0.18	0.85	183	32	72	6.9
牛粪	5.6×10^8	12	1.35	0.35	0.65	176	17	70	7.2
猪粪	5.4×10^8	38	2.01	0.47	1.21	265	19	65	7.4
禽粪	6.4×10^8	54	2.40	0.29	0.94	243	18	56	7.9
污泥	6.7×10^8	68	1.73	0.16	0.86	549	26	85	6.8

(一)蚯蚓粪的成分

蚯蚓粪的成分因季节和原材料配比的不同略有差异,但养分齐全,肥效显著,充分体现了蚯蚓粪的功效和特性。

1.肥效测定

全氮	0.95%~2.5%	全磷	1.1%~2.9%
全钾	0.96%~2.2%	有机质	25%~38%
腐殖质	21%~40%	有益菌群 2 000 万至 2 亿个/g	
pH	6.8~7.1		

2.营养成分(风干)

吸附水	4.60%~5.2%	粗脂肪	0.59%~0.65%
粗纤维	5.10%~6.2%	粗蛋白质	5.10%~21.7%
粗灰分	70.8%~73.55%	无氮浸出物	12.15%~13.95%
钙	3.60%~4.2%	磷	0.30%~0.4%

主要特点是粗灰含量高,粗蛋白含量远高于禾本科秸秆,而接近或超过豆科秸秆,是畜禽的良好饲料之一。

3.矿物质微量元素含量(μg/g)

铁(Fe)3 100~3 200	锰(Mn)210~250
锌(Zn)2.5~3.1	铜(Cu)20.1~21.1
镁(Mg)8 400~8 530	

4.氨基酸含量(%)

蚯蚓粪含氨基酸种类 16~18 种,风干物中的含量如下:

天门冬氨酸	0.50~0.60	苏氨酸	0.20~0.35
丝氨酸	0.30~0.51	谷氨酸	0.40~0.65
甘氨酸	0.10~0.20	丙氨酸	0.35~0.75
缬氨酸	0.30~0.40	蛋氨酸	0.10~0.15
异亮氨酸	0.15~0.18	亮氨酸	0.25~0.33
酪氨酸	0.10~0.15	苯丙氨酸	0.20~0.25
赖氨酸	0.18~0.23	组氨酸	0.00~0.10
脯氨酸	0.16~0.19	胱氨酸	0.00~0.12
色氨酸	0.20~0.23	精氨酸	0.11~0.16

5.微生物含量

蚯蚓饲料采用 EM 菌群发酵,经蚯蚓体内砂囊磨碎后,其表面面积大大增加,便于微生物对其快速转化,在整个消化过程中,微生物与蚯蚓相互依存,互相促进,既利于蚯蚓吸收营养,又利于有益微生物的迅速增加。有研究表明,蚯蚓粪中的微生物总量甚至会超过进入蚯蚓体时的数量。经检测,蚯蚓粪有益微生物含量在每克 2 000 万至 2 亿个。

6.拮抗微生物

经检测,蚯蚓粪中正常情况下含有至少两株拮抗微生物(球孢链霉菌和丁香苷链霉菌),对土传真菌植物病害有一定的控制作用。

(二)蚯蚓粪的性质

1. 物理性质

蚯蚓粪是一种黑色、均一、有自然泥土味的细碎类物质，其物理性质由原材料的性质及蚯蚓消化的程度决定，具有很好的孔性、通气性、排水性和高的持水量。蚯蚓粪因有很大的表面积，使得许多有益微生物得以生存，并具有良好的吸收和保持营养物质的能力，同时经过蚯蚓消化，有益于蚯蚓粪中水稳性团聚体的形成。

2. 化学性质

和原材料相比，蚯蚓粪中可溶性盐的含量、阳离子交换性能和腐殖酸含量有明显增加，也就是有机质转化成了稳定的腐殖质类复合物质。许多有机废弃物，尤其是畜禽粪便，一般呈碱性，而大多数植物喜好的生长介质偏酸(pH 6～6.5)，在蚯蚓消化过程中，由于微生物新陈代谢过程中产生有机酸，使废弃物的 pH 降低，趋于中性。蚯蚓粪中营养物质的含量随原材料不同而有差异，但一般来说，植物生长所必需的一些营养元素及微量元素在蚓粪中不仅都存在，而且含量高，是植物易于吸收的形式。

3. 生物学性质

蚓粪中富含细菌、放线菌和真菌，这些微生物不仅使复杂物质矿化为植物易于吸收的有效物质，而且还合成一系列有生物活性的物质，如糖、氨基酸、维生素等，这些物质的产生使蚓粪具有许多特殊性质。

(三)蚯蚓粪的功能及特点

纯蚯蚓粪有机肥具有颗粒均匀、干净卫生、无异味、吸水、保水、透气性强等物理特性，是有机肥和生物肥在蚯蚓体内自然结合的产物，能提高植物光合作用、保苗、壮苗、抗病虫害和抑制有害菌和土传病害，可明显改善土壤结构，提高肥力和彻底解决土壤板结问题，在提高农产品品质，尤其是茶、果、蔬类产品的品质方面效果显著。

1. 养分全面

纯蚯蚓粪有机肥不仅含有氮、磷、锌等大量元素，而且含有铁、锰、锌、铜、镁等多种微量元素和 18 种氨基酸，有机质含量和腐殖质含量都达到 30%左右，每克含微生物有益菌群在 1 亿以上，更可贵的是含有拮抗微生物和未知的植物生长素，这些有效成分是任何化学肥料，有机肥成微生物肥所无法达到的。

2. 富含有机质，增强地力，减少化肥用量，根本解决土壤板结问题

判断土质肥沃程度的首要标准是土壤中有机质的含量，如果不提高土壤有机质含量，那么提高产量、改善品质、减少化肥农量、降低成本就无从谈起。

蚯蚓粪有机肥，有机质含量约 30%，而且有机质经过 2 次发酵和 2 次动物消化，所形成的有机质质量高，易溶于土壤中，易被植物吸收。促进土壤团粒结构，提高土壤通透性、保水性、保肥力，利于微生物的繁殖和增加，使土壤吸收养分和储存养分的能力增强，从源头上解决化肥施用次数多、量大、易流失、利用率低等问题。经蚯蚓消化后的有机质颗粒细小，表面面积比

消化前提高100倍以上，能提供更多的机会让土壤与空气接触，从根本上解决土壤板结的问题。据国内研究机构的研究成果，每500 g蚯蚓粪其效果可等同于5 kg农家肥，既经济实惠又方便施用。

3. 富含微生物菌群，提高作物抗病防病能力，保护土地生态环境

沙漠与耕地的区别除了有机质含量外，更重要的是耕地中含有大量的有益微生物菌。我国的耕地由于长期单施化肥和大量使用农药，使土壤中的有机质含量、微生物含量逐年下降。我公司采用大量有益微生物菌群(EM)对动物排泄物进行2次发酵，然后投喂蚯蚓，在通过消化道时，随食物进入体内的真菌营养体及大部分细菌被杀死，只有真菌孢子和部分细菌仍保持活力，生长缓慢的细菌通过消化道后群体下降，而生长快的细菌，在消化道内迅速繁殖，在蚯蚓排泄物中的群体数量甚至会超过进入蚯蚓体时的数量。

蚯蚓粪有机肥中微生物含量在1亿个/g左右，并含有至少两种以上拮抗微生物。这些大量有益微生物施入土壤后，迅速抑制有害菌的繁殖，有益菌得以繁殖扩大，减少土传病害的发生，使农作物不易生病，同时增加植物根部的固氮、解钾、解磷的能力。研究表明，大量微生物的代谢能改善土壤的理化性质，使土壤成分多样化和易于吸收，并产生土壤肥力形成和发育的生物能，提高土壤在有机物和无机物之间能量转换的动力，保护土地生态环境。

4. 富含腐殖酸，调节土壤酸碱度，提高土壤的供肥力

蚯蚓粪有机肥腐殖酸含量在21%～40%，并且含有多种消化酶和中和土壤酸碱度的菌体物质，能提高土壤中性磷酸、蛋白酶、脲酶和蔗糖酶的活性，从而提高土壤的供肥能力，改善土壤结构和平衡酸碱度，最终体现在作物的生长发育、产量及品质上。蚯蚓肥所含的腐殖酸是有机质经蚯蚓消化后产生的，不同于一般有机肥中的腐殖酸，因为蚯蚓把许多有机营养成分有规律地消化混合使其转变为简单、易溶于水的物质，使植物轻而易举地摄取，这是其他有机肥料所无法办到的。

5. 抗旱保肥，促根壮苗

在蚯蚓粪特有而丰富的营养成分和奇特理化性质的共同作用下，在施用蚯蚓粪后，作物明显表现出抗旱能力提高和化肥用量减少，特别是作物的根系尤显发达，从而使作物在壮苗、抗倒和抗病等方面表现突出。

6. 重茬不减产

由于蚯蚓粪所含营养物质丰富，而且能显著提高土壤中微生物数量，改善土壤结构。多年的试验表明，在连续使用我公司产品后，可使重茬不减产，对于薯类作物甚至产量一年比一年高。

7. 明显改善作物品质，恢复作物的自然风味

蚯蚓粪同时具有生物肥、生物有机肥、有机肥、氨基酸肥、腐殖酸肥、菌肥、微肥的特点，但又不是这些肥料的简单组合，是蚯蚓亿万年进化过程中逐渐形成的最适合植物生长的组合。应用表明，蚯蚓粪在提高作物品质，合理增加作物的蛋白质、氨基酸、维生素和含糖量，恢复作物的自然风味等方面的效果突出，明显优于普通有机肥。

8. 应用范围广，使用方便，清洁

蚯蚓粪有机肥能适用于各种农作物，既可作基肥，也可以作追肥。也可用于高级花卉营养土、草坪栽培、还可作为无土栽培的基质，无臭无味，干净卫生，不会发生烧根、烧苗现象。产品所含粗蛋白质在5.1%～21.7%，远高于禾本科秸秆，而接近或超过豆科秸秆，而且含有18种氨基酸和大量改善水质的微生物菌群，是各种动物的良好饲料，因此有农民用于养鱼和养虾。

9. 蚯蚓粪的功能及特点小结

综上所述，施用蚯蚓粪有机肥可改变土壤物理性能，使黏土疏松，使沙土凝结；可促使土壤空气流通，加速微生物繁殖，有利于植物吸收养分；可增强保水、保肥性，防止土壤流失；能吸着盐基成分起交换作用，防止过量化肥的使用带来的危害；能分解土壤中的矿物质，供植物利用；与其他化学肥料混合使用，肥效长久；对植物、人、畜无害，还可以增强植物对病虫害的抵抗力，抑制植物土传病害，改善作物品质，恢复作物的自然风味。

(四)蚯蚓粪有机肥的特点及与普通有机肥的区别

1. 蚯蚓粪抑制植物土传病害的机理

经发酵后的有机质，含有大量的微生物，这些微生物经蚯蚓消化后，其有益菌的数量成倍增加，而营养依赖型病原菌受到控制。蚯蚓粪施入土壤后，迅速对土壤中有机营养物质的活性进行调控，一些病原菌的繁殖体由于得不到足够的营养而不能生长繁殖，从而抑制病原菌对寄主植物根系的伤害。

蚯蚓粪抑制土传病害的另一方面体现在蚯蚓粪中含有一定数量的拮抗微生物，其中经检测和鉴定的有球孢链霉菌和丁香苷链霉菌。链霉菌能产生抗生素及其他次生代谢物，并利用可溶性有机质产生胞外水解酶，通过渗入介质中的菌丝将所分泌的水解酶集结为很高的浓度，使其在土壤中具有很强的竞争力，从而抑制其他病害菌的繁殖，减少植物土传病害的发生。

2. 蚯蚓粪微生物作用机理

国内外有多家研究机物对蚯蚓粪微生物的作用机理进行了多年研究，取得了大量的研究成果，归纳起来主要有以下5个方面的机理：一是通过有益微生物的生命活动，固定转化空气中不能利用的分子态氮为化合态氮，解析土壤中不能利用的化合态磷和钾为可利用态的磷和钾，并可解析土壤中的10多种中、微量元素；二是通过有益微生物的生命活动，分泌生长素、细胞分裂素、赤霉素、吲哚酸等植物激素，促进作物生长，调控作物代谢，按遗传密码生产优质产品；三是通过有益微生物在根际大量繁殖，产生大量黏多糖，与植物分泌的黏液及矿物胶体、有机胶体相结合，形成土壤团粒结构，增进土壤蓄肥、保水能力；四是蚯蚓粪中的大量微生物增加了土壤中的微生物数量和活性，增强了病土中与病原菌进行营养和能源竞争的微生物的竞争力，限制了病原菌繁殖潜力的充分发挥；五是蚯蚓粪中的有益微生物还能产生拮抗活性强、抗菌谱广的抗生素，限制病原菌的生长，使植物土传病害得到抑制。

3. 蚯蚓粪腐殖酸的作用机理

腐殖酸的主要元素有碳、氢、氧、氮、硫，是一种多价酚型芳香族化合物与氮化合物的缩聚物，分子质量分布较宽，为几万至几百万之间。结构组成相当复杂，含有酚羟基、羟基、醇羟基、醌羟基、烯醇基、磺酸基、胺基、游离的醌基、半醌基、醌氧基、甲氧基等多种功能团。各组成间通过键合、氢键、吸附等化学、物理作用纠结在一起。由于这些活性基团的存在，决定了腐殖酸性的酸性、亲水性、离子交换性、络合性和较高的吸附能力、缓冲、催化力。腐殖酸具有的生物活性和特殊的结构性能，在植物生长中起到了奇特的作用，对植物酶类物质活动和呼吸作用有很大影响。可提高植物的抗病和抗逆能力；有利于改良土壤理化性质，改善团粒结构；抑制、缓解大量使用化肥造成的土壤板结；促进土壤微生物的活动和繁殖；分解土壤中的有机物，为植物提供养分。

4.蚯蚓粪有机肥与普通有机肥的根本区别

(1)普通有机肥因未完全发酵，存在施用后二次发酵而导致烧苗的问题，而且有异味，甚至异臭，而蚯蚓粪不存在这些问题。

(2)普通有机肥难以把各种养分全部转化成简单、易溶于水的简单物质，不易被植物摄取，而蚯蚓粪极易被植物吸收。

(3)蚯蚓粪是坚固的团粒结物。保水性、排水性强，长期使用不会分散压密，这是普通有机肥无法办到的。

(4)蚯蚓粪富含腐殖酸和大量的有益微生物菌、18种氨基酸和多种微量元素，而这些在普通有机肥中含量都很少。

(5)蚯蚓粪中含拮抗微生物，可抑制土传病害，而有普通有机肥不存在这种微生物。这是与普通有机肥的根本区别。

(五)蚯蚓粪的应用

蚯蚓粪质轻、粒细、均匀，无异味，干净卫生，保水保肥，营养全面，结构及功能特殊，可全面应用于各种植物，基至可应用于名贵鱼虾的养殖。由于蚯蚓粪价格相对较高，而且数量有限，目前的主要应用范围有：虾塘、跳渔塘育肥、有机茶种植、有机水果、蔬菜种植、花圃、花卉营养土或追肥、草坪卷营养土或追肥、土壤改良介质、高尔夫球场、足球场营养土或追肥、家庭盆花、温室花卉、高档花卉栽培基质、名贵细小种子培养基、无土栽培基质、轻型屋顶花园、新栽培或新移植的树木、灌木促生营养土等。

蚯蚓粪的使用方法：

(1)在花盆中按1∶3(1份蚯蚓粪、3份园土)的比例拌入蚯蚓粪后种花，1～2年内不需追施任何肥料，也无须集翻盆换土。或每2～3个月在盆土表面轻轻拌入1～2杯(约2两)蚯蚓粪。

(2)每个蔬菜坑放半杯蚯蚓粪或1～2个月施一次。

(3)作为配方营养土，一般按1份蚯蚓粪、3份土壤的混合比例使用。

(4)新栽培成新移植的树木、灌木，可按1份蚯蚓粪3份园土的比例混合遍施洞内，再把植物植入坑内，覆土浇水即可。

(5)新草坪：以每平方米1～2斤(1斤＝500 g，下同)蚯蚓粪轻轻施入表皮土壤，然后用碎稻草覆盖好已点进草坪种的土壤，并保持其湿度。

(6)球场、运动场草坪：以每10 m^2 4斤蚯蚓粪均匀散施在草坪表层即可。

(7)果实、花或生病的盆栽植物：把1份蚯蚓粪浸泡在3份水中保持24 h以上制成混合物

(茶水),施于植物、果实或花的表面。

(8)茶叶种植:每2～3个月每棵施200～300 g于根部,覆土即可。

(9)一般经济作物,每亩每茬施用100～200 kg,并建议把70%作基肥、30%作追肥,同时可按(1∶1)～(1∶3)的比例相应减少化肥的用量,施用2年以后,可进一步降低化肥使用量。果树的用量可提高到200～300 kg/(亩·年)。花卉可降到100 kg/(亩·年)左右。其他作物的用量可根据地力(肥沃)情况适当增减。

四、蚯蚓(粪)优化饲料配方筛选与应用

蚯蚓是一种优良的支物性蛋白质饲料。国内外不少饲料厂应用蚯蚓粉作为动物的配合饲料,并报道用以养鸡、养猪、养水貂等取得了良好的效果。蚯蚓粪作为饲料用于养殖业,除报道可用于养鱼外,用于鸡、猪饲料中的不多。为了探索蚯蚓(粪)喂猪、鸡、鱼的效果,摸清适宜的添加比例,著者在山东莱阳沐浴水库用生长肥育猪、蛋鸡、肉用鸡、罗非鱼分批进行了试验研究,筛选出相对应的优化饲料配方(表3-8)。现将试验结果简述如下:

表3-8 蚯蚓(粪)喂猪、鸡、鱼试验结果简表

动物组别	始重/kg	终重/kg	增重/kg	饲料报酬		千克增重饲料支出/元	单位
				期内耗料	料重比		
生长肥育猪							
蚯蚓组	22.16	87.80	65.24	556.2	3.23	0.71	头
对照组	21.84	80.82	58.94	449.8	3.44	1.20	
肉鸡							只
蚯蚓组	0.062	1.56	1.49	3.12	2.09	1.42	
对照组	0.061	1.45	1.39	3.58	2.57	2.57	
罗非鱼							箱
蚯蚓组	899	5 643	4 744	9 146.5	1.93	1.78	
对照组	948	4 328	3 290	8 335	2.53	3.16	

1. 蚯蚓(粪)喂生长肥育猪试验

选用30头约克夏×烟台黑同父异母杂交仔猪,蚯蚓组料用2.5%蚯蚓代替对照组2.5%鱼粉。用15%(前期)和20%(后期)蚓粪替代相应能量饲料,经118 d试验,日增重较对照组提高10.2%,料重比降低6%,每千克饲料价格较对照组降低0.49元,饲料成本降低41%。

2. 蚯蚓(粪)喂肉鸡试验

选用5日龄AA商品代雏鸡500只。蚯蚓组料含12%、蚯蚓6%蚓粪,对照组含11%鱼粉,经52 d试验,全期只均增重,蚯蚓组为1.49 kg,比鱼粉组高7.2%,料重比较鱼粉组下降18.7%,差异极显($P<0.01$),每千克增重降低饲料成本1.15元。

3. 蚯蚓(粪)喂罗非鱼试验

采用5 m×4 m×2 m封闭式六面体网箱9个,用15%蚯蚓代替15%鱼粉,15%蚓粪代替

15%麸皮的优化配方料水库网箱养罗非鱼，与15%鱼粉料配方组比较其增重效果，结果表明，试验组每平方米产鱼141 kg，折合亩产为94 097 kg，比对照组70 668.5 kg/亩，增产23 438.5 kg/亩，增产33%，饲料系数试验组平均为1.93(最好的一箱为1.72)，较对照组2.53低0.6，每千克鱼饲料成本试验组为1.78元，对照组为3.16元，试验组比对照组降低饲料成本43.1%，经济效益十分显著。

4.蚯蚓(粪)喂蛋鸡试验

采用京白Ⅲ系商品蛋鸡1 200只，对21～43周龄产蛋鸡饲喂蚯蚓料(5%～6%蚯蚓粉代替5%～5.7%鱼粉)，与鱼粉料和无鱼粉料比较。结果无鱼粉组、鱼粉组、蚯蚓组300日龄产蛋量分别为100、112、126枚。蚯蚓组比鱼粉组提高11%，比无鱼粉组提高21%。无鱼粉、鱼粉组、蚯蚓组的累计耗料和料蛋比分别为16.2、15.8、16.99 kg和2.93、2.52、2.36。每千克料饲料成本分别为0.66、0.81、0.55元，每生产千克蛋所需饲料成本分别为1.93、2.04、1.3元，蚯蚓组比无鱼粉组、鱼粉组分别降低0.63元和0.74元。综上所述，人工养殖蚯蚓，成本低，不争良田，不与其他畜禽争饲料，而且管理方法简易，室内外均可养殖，养蚯蚓用的饲料是人类废弃的取之不尽的有机废弃物，在配合饲料中，添加一定量的蚯蚓(粪)既可作为全价饲料或补充饲料的动物性蛋白源，本身又是某些动物(鱼、猪)极佳的摄食促进物质，从而提高了畜、禽、鱼的适口性、摄食强度和饲料利用率，大大提高了动物生产率。蚯蚓粪直接作为饲料成分用于动物养殖不多。以往的研究多用作肥料用于农作物、蔬菜、花卉等。根据他们对蚯蚓粪营养成分分析和用作饲料的实验证明，蚯蚓粪完全可以替代麸皮等饲粮。另外蚓粪中含有某些未知的促摄食物质，用于养鱼、养猪效果特明显。蚯蚓的综合开发利用大有前途。

蚯蚓作为鱼、虾饲料在《本草纲目》中就有记载："蚯蚓粪又称蚯蚓泥，性味寒酸无毒、有泄热、利小便之奇效。"现行的中医方剂大全中有多个处方把蚯蚓粪作为中药使用。用于虾塘、跳渔塘育肥时施用，亩施100～300 kg。用于鱼、虾配合饲料施用按总饲料量的5%～30%添加蚯蚓粪。

五、蚯蚓全产业链综合开发

利用蚯蚓的生命活动来处理农业有机废物仅仅是全产业链的开始，蚯蚓直接做饲料(饵料)、蚓粪直接做有机肥或有机肥原料是蚯蚓产业链上的初级产品。蚯蚓(粪)的深度开发高值化产品近几年发展很快。中国农业大学创建并推广了蚯蚓全产业链综合开发技术项目。该项目包括以农业废弃物(秸秆和畜禽粪便)为主要原料的蚯蚓高产养殖技术、蚯蚓氨基酸及螯合产品(蚯蚓氨基酸叶面肥、药肥)等系列高值化农用产品及配套生产技术，构成了农业有机废弃物转化成高价值的生化产品系列。2002年该技术作为"省校合作项目"落地云南以来，已在全国16个省市推广应用。该技术系列内容和效益概述如下：

(1)建立蚯蚓养殖基地。建蚯蚓养殖中心场10亩规模，带动500户农民搞蚯蚓养殖(基地+农户)；

(2)利用蚯蚓粪开发活性有机花肥，用鲜蚯蚓开发烟草、蔬菜、茶叶、花卉、水稻、玉米、牧草等作物专用叶面肥；

(3)生化制剂生产基地：建设300 m^2 面积的系列蚯蚓氨基酸农用制剂生产车间，日产系列蚯蚓氨基酸农用制剂2.2 t，蚓粪有机肥5 t。产品销售价格按蚓粪有机肥600元/t，蚯蚓肥精 10 000 元/t，蚯蚓氨基酸叶面肥 15 000 元/t，氨基酸农药 18 000 元/t。按销售蚓粪有机肥 1 500 t/年，蚯蚓肥精 150 t/年，蚯蚓氨基酸叶面肥 360 t/年，氨基酸农药 150 t/年计算，全年销售收入(产值)为 1 050 万元。利税总额达 572.6 万元。上缴国家税收 286.12 万元，企业净利润 286.48 万元。

第四章　有机废弃物处理微生物技术与实例

第一节　堆肥菌剂的筛选与应用

一、堆肥技术概述

规模化养殖业蓬勃发展的同时，所产生的大量排泄物却给环境卫生带来了很大的压力，长期堆弃的畜禽粪便所造成的环境污染给人类生存带来严重的威胁。好氧堆肥是目前处理禽畜粪便的行之有效方法之一。

（一）堆肥化定义及原理

堆肥化就是在人工控制下，在一定的湿度、温度、C/N 比和通风条件下，利用自然界广泛分布的细菌、放线菌、真菌等微生物的发酵作用，人为地促进可生物降解的有机物向稳定的腐殖质生化转化的微生物学过程。根据堆肥化过程中氧气的供应情况，可以把其分为好氧堆肥和厌氧堆肥。厌氧堆肥是在通气条件差、氧气不足的条件下由厌氧微生物发酵堆肥；好氧堆肥是在通气条件好、氧气充足的条件下借助好氧微生物的生命活动降解有机质。通常好氧堆肥堆体温度高，一般在 50～70℃，故亦称为高温堆肥，其可以最大限度地杀灭病原菌、虫卵及杂草种子，同时将有机质快速地降解为稳定的腐殖质，转化为有机肥。目前，多采用高温好氧堆肥。

（二）堆肥发酵的过程

堆肥发酵的过程一般分为 4 个阶段，分别为：中温阶段（即升温阶段）、高温阶段、降温阶段和腐熟阶段。由于不同阶段微生物种群数量、新陈代谢速度等不同，堆体温度差异也相对较明显。

1. 中温阶段（即升温阶段）

在发酵前期，堆体中便存在各种大量的有益的、有害的、中性的微生物，当温度和湿度等其他物理条件适宜时，堆体中微生物菌群便逐渐加快自身新陈代谢水平，并利用一定的有机质和微量元素进行快速分裂，同时堆体的温度也逐渐升高，当达到 20℃以上时，中温菌群逐渐进入繁殖的旺盛期，开始快速地对堆体中有机物进行分解、转化。此阶段微生物以中温、好氧型为主，通常以细菌和霉菌等嗜温好氧型微生物为主。此阶段主要是将堆体中的寡糖、淀粉、蛋白质、脂类等易分解的有机物快速分解。在大量中温微生物不断进行生命活动的同时，堆体热量不断累积，致使温度迅速升高并逐渐进入高温阶段。

2. 高温阶段

即堆体温度达到 50～65℃，此时堆体中中温微生物的新陈代谢受到抑制并开始大量死亡，嗜热细菌、芽孢杆菌、真菌、放线菌等微生物新陈代谢逐渐旺盛、并占据优势。易分解有机物继续分解的同时，一些较难分解的有机物，如木质素、纤维素等也逐渐开始被分解，腐殖质逐渐形成。当温度达到 70℃以上时大量的嗜热微生物开始死亡或形成芽孢休眠，在各种酶和物理条件综合作用下，有机质继续进行分解。同时由于大量死亡的微生物的酶的作用消退而逐渐减少热量的产生，当温度回落 70℃以下时，休眠的嗜热菌群的新陈代谢活性又逐渐活跃起来并再次产生热量，如此反复几次维持在 70℃左右的高温水平，腐殖质便基本形成，堆肥物质逐渐趋于稳定。

3. 降温阶段

当高温阶段进行一段时间后，微生物的新陈代谢活动逐渐减弱，当温度缓慢下降到 40℃时，其中易腐熟的有机物基本腐熟完成，剩下的大部分为难降解的纤维素和其他较难分解的物质。剩余难分解物质不再需要分解，因为在土壤中，由于土壤中微生物的存在和代谢可以被完全分解，使这些物质达到促进植物的生长和改良土质的效果。

4. 腐熟阶段

到此阶段，堆体中的大部分有机物已被分解、趋于稳定，温度逐渐下降。堆体中的腐殖质和氮、磷、钾肥等营养物质，已趋于稳定，为使腐熟的营养成分维持稳定，堆体应处于厌氧条件，以防止营养物出现矿化。同时堆体温度应维持在 60℃左右 4 d 以上，以便有效杀死堆体中的病原微生物、虫卵等，达到堆肥无害化的目的。在高温堆肥化过程中，固体粪便中不同有机物被分解的时间、难易程度不同，糖类、蛋白质、淀粉最易被分解利用，其次是脂类物质，木质素、纤维素抗分解能力较强，不容易被微生物分解。在高温堆肥进程中，由于堆体中溶解氧气的量有限，当溶解氧气的量降低到一定程度时，好氧微生物的新陈代谢趋于停止甚至濒于死亡，故在高温发酵的同时若采用通风或翻堆等供氧措施则能更好地发酵堆体。经过高温发酵后，堆体中有机物质的耗氧量会逐渐降低。如果堆肥化进程处于合理状态，温度便持续降低并预示堆肥化进程即将结束。当温度趋于稳定则堆肥基本形成腐殖质。上述进程称堆肥发酵过程。研究表明，好氧微生物发挥主要作用在于其自身利用氧气进行新陈代谢活动的同时将有机质进行氧化，同时伴有大量的能量释放。

(三)堆肥条件

堆肥过程中微生物的活动程度直接影响堆肥周期与产品质量。因此，堆肥过程的控制参数主要是与微生物生长有关的因素。

1. 水分

含水量是高温堆肥的一个重要参数。水分是微生物生存繁殖的必需物质，堆肥材料吸水后软化易被分解，水分在堆肥中移动，有利于腐熟均匀。水分含量过低，不利于微生物的生长；水分含量过高，则易堵塞料堆中的空隙，影响通气，导致厌氧发酵。堆肥堆料的含水量应在 50％～60％。

2. pH

pH 是影响堆肥过程的重要参数之一。pH 对微生物活动和氮元素的保存有重要影响，过高或过低的 pH 都会对堆肥的效率产生影响。

3. 温度

温度是堆肥顺利进行的重要因素。温度的作用主要是影响微生物的生长，一般认为高温菌对有机物的降解效率高于中温菌，现在的快速、高温、好氧堆肥正是利用了这一点。初堆肥时，堆体温度一般与环境温度相一致，经过中温菌 1～2 d 的作用，堆肥温度便能达到高温菌的理想温度 50～65℃，在这样的高温下，一般堆肥只要 5～6 d 即可达到无害化。过低的温度将大大延长堆肥达到腐熟的时间，而过高的堆温（≥70℃）将对堆肥微生物产生有害的影响。

4. 碳氮比（C/N）

C/N 是微生物活动的重要营养条件。过高的 C/N 会使微生物因为缺乏足够的氮而无法快速生长，使堆肥进展缓慢，并且堆肥施入土壤后，将会发生夺取土壤中氮素的现象，产生"氮饥饿"状态，对作物生长产生不良影响；过低的 C/N 又会使微生物生长过于旺盛，甚至出现局部厌氧，散发难闻气味，同时大量的氮以氨气形式放出，降低了堆肥质量。一般堆料 C/N 值控制在 25～35。

5. 通风供氧

通风是好氧堆肥的关键性因素之一。其主要作用是提供氧气，促进微生物的发酵过程；通过供气量的控制，去除堆料中多余的水分；调节堆体温度，稀释臭味。堆肥需氧的多少与堆肥材料中有机物含量息息相关，堆肥材料中有机碳愈多，其好氧率愈大。堆体中氧含量保持在 5%～15%比较适宜；氧含量低于 5%会导致厌氧发酵；高于 15%则会使堆体冷却，导致病原菌的大量存活。

6. 菌种

堆肥化是微生物作用于有机废物的生化降解过程，说明微生物是堆肥过程的主体。堆肥微生物的来源主要有两个方面。一是来自有机废物内部固有的大量微生物种群；二是人工加入的特殊菌种，这些菌种在一定条件下对某些有机物废物具有较强的分解能力，具有活性强、繁殖快、分解有机物迅速等特点，能加速堆肥反应的进程，缩短堆肥反应的时间。堆肥中发挥作用的微生物主要是细菌和放线菌，还有真菌和原生动物等。随着堆肥过程有机物的逐步降解，堆肥微生物的种群和数量也随之发生变化。

（四）堆肥腐熟度评价指标

堆肥腐熟度评价是保证有机废物达到无害化处理的必要环节，目的是评价堆肥产品是否熟化，以确定其能否安全应用于农业生产。用于腐熟度评价的指标和方法有物理方法、化学方法、微生物活性、酶学分析以及植物毒性分析等。

1. 物理学指标

物理学指标主要有颜色、气味、温度等参数揭示腐熟变化过程。对堆肥腐熟评价的最早的物理学指标是指直观的观察指标，一般用烂、黑等作为经验定性总结，没有一个准确的用数量表达的量度。

(1)颜色:腐熟堆肥后的颜色一般呈黑褐色或黑色,成熟堆肥的颜色是褐色或黑色,并带有湿润的泥土气味。

(2)温度:温度是表观上可以直接判断堆肥腐熟度的指标。堆肥要经过 4 个阶段,堆肥达到腐熟后,已经过了高温阶段,温度则应保持和外界环境温度一致或接近。

(3)气味:堆肥腐熟过程中会产生一些发臭物质,气味很难闻,但这种气味随堆肥后期逐渐减弱并消失。

2. 化学指标

(1)pH:pH 是堆肥过程的重要指标,该指标可以宏观说明堆肥进程。pH 调控要求 6～8,由于堆肥过程中,常常伴随有机酸的生成而使 pH 小于 6,妨碍堆肥腐熟;另一方面由于产生游离氨,也有可能使 pH 大于 8,造成氮素损失。

(2)含水率:测定含水率的方法有多种,常规的方法是在规定温度 105℃左右,按规定的停留时间 2～5 h,测定物料的失重;也可以采用快速测试方法,即利用微波炉干燥物料 15～20 min,来测定物料含水量。还可根据堆肥物料的一些现象来判断含水率是否适宜。

(3)C/N 比:一般认为,稳定或已经腐熟的堆肥全 C/N 应该≤20 左右。人们将全 C/N 作为堆肥稳定的一个指标,但是,有研究发现一些已达稳定或腐熟的堆肥其 C/N 范围为 8～29,相差很大。因此,全 C/N 并不能作为检验堆肥腐熟的一个很好的指标。

(4)水溶性氮:堆肥过程中含氮物质在微生物作用下要发生降解释放出氨气,或发生硝化作用,水溶性氮会产生变化。有研究表明,以畜禽粪便为原料堆肥,堆肥过程中 NH_4^+-N 含量初期较高,在堆肥的 33～40 d 时直线下降,这时,NO_3^--N 含量开始上升,在 40～59 d 时,$NH_4{}^+$-N 继续降低而 NO_3^--N 垂直上升。由于硝化细菌是中温性化能自养菌,在氧气供应充足、异养生物竞争不激烈的时候,硝化细菌在 28℃活性最适。但是关于 NH_4^+-N、NO_3^--N 没有一个明确的指标界限来确定,因此在应用过程中只作为一个参考。

3. 发芽率指标

未腐熟堆肥的植物毒性主要来自小分子有机酸和大量 NH_3、多酚等物质,种子发芽试验是一个综合性指标,是最敏感且最有效的评价指标之一。

4. 粪大肠菌群

该菌群是一群需氧及兼性厌氧在 44.5℃、24 h 内能分解乳糖、产酸产气的革兰氏阴性无芽孢杆菌。菌值表示方法的含义是含有一个粪大肠菌的被检样品总数或毫升数。菌值越大,含菌量越少。

综上所述,堆肥作为处理禽畜粪便较成熟的一种方法,还有很多需要改进的地方。掌握堆肥的原理和条件,做好参数测定,达到彻底腐熟,无论是对禽畜粪便的处理,还是对资源的再利用,都有着决定性作用。

二、快速堆肥菌剂的筛选

(一)微生物菌剂产品制备

首先从多样化环境和有机废弃物物料中分离、驯化具有不同功能、发挥不同作用的优势微生物菌株，将优势微生物发酵培养形成均有特效功能的菌剂。然后将菌剂接种到有机废弃物物料中，研究微生物发挥的作用和功效，将应用结果分析、信息反馈，并进一步优化菌剂产品，其工艺见图 4-1。

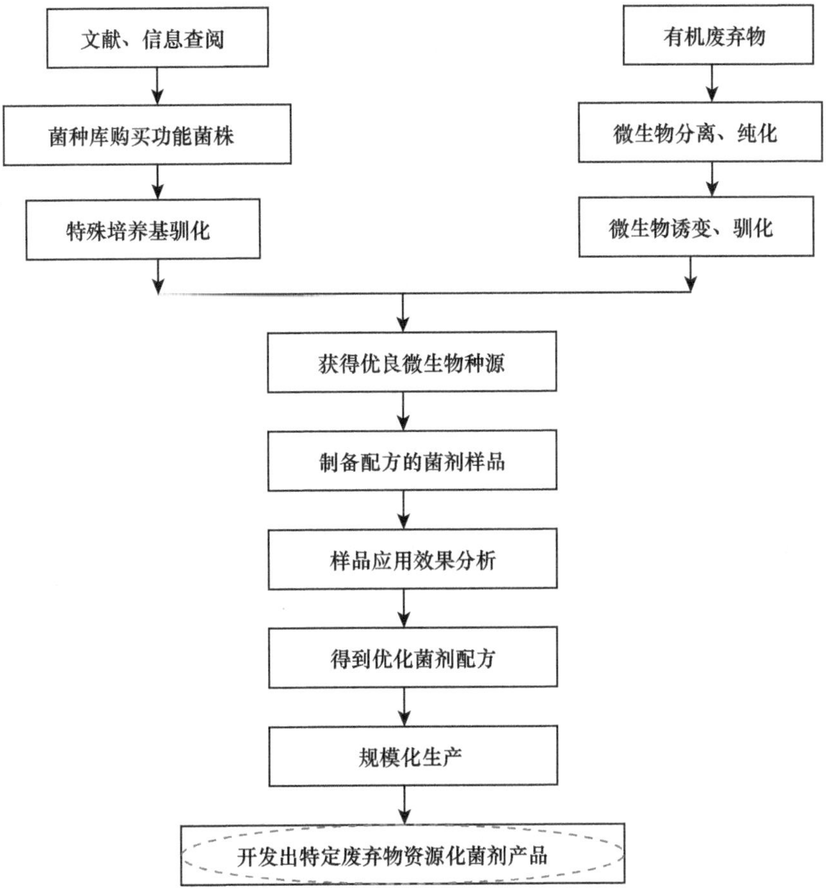

图 4-1 有机废弃物资源化菌剂产品开发工艺

1. 堆肥菌剂菌种筛选

堆肥过程通常分两个阶段：中温阶段（30～40℃）和高温阶段（55～67℃）。中温阶段优势微生物为嗜温微生物（细菌、酵母、真菌），最适生长温度在 25～37℃，微生物总的生物量大；高温阶段优势微生物为嗜热微生物（放线菌，部分真菌），最适温度在 50～60℃。

堆肥菌剂筛选目的主要是：快速升温、缩短堆肥时间，物料腐熟度高和具有除臭效果，因此待选微生物菌种必须具备适应堆肥养分和环境条件，同时能实现共生。乳酸菌、酵母菌、放线菌和丝状真菌等适应堆肥条件要求。不同菌种的基本作用机理是：

乳酸菌：适应温度范围宽，有助于前期升温；可产生细菌素类物质，拮抗抑制致病菌；产生有机酸中和碱性物质，降低氨的挥发。

酵母菌：可促进堆肥前期升温；产生有机酸，降低氨的挥发。

链霉菌：高温阶段产生抗生素，可抑制致病菌；同时生长阶段产生纤维素酶分解纤维素，并在较长时间维持分解半纤维素的活性；产生磷酸酶、植酸酶和甘油磷酸酶，矿化复杂的有机磷酸盐。

曲霉：降解脂肪类物质，产生有益的酶类、糖代酶、淀粉酶，分解纤维素，促进秸秆腐熟；将蛋白质分解成氨基酸，淀粉分解成糖。

毛霉：产生淀粉酶、蛋白酶、脂肪酶，分解淀粉、蛋白质、脂肪等有机质。

不同菌种的温度适应范围见表 4-1。

表 4-1　不同菌种温度适应范围

菌种属名	温度范围
链霉菌(*Streptomyces*)	45～50℃以上生长温度，最适生长温度在 50～60℃
乳酸杆菌(*Lactobacillus*)	生长温度 2～53℃，最适生长温度一般是 30～40℃
乳酸球菌(*Lactococcus*)	生长温度 10～45℃，最适生长温度 25～35℃
毛霉(*Mucor*)	最适生长温度 22～30℃
毛霉(*Mucor*)	最适生长温度 22～30℃
曲霉(*Asporgillus*)	最适生长温度 22～30℃
酵母(*Saccharomyces*)	最适生长温度为 25～30℃，生长范围 10～40℃

2. 堆肥优势菌种选育

以农用复合微生物菌剂和生物肥料为材料，分别在牛肉膏蛋白胨培养基、高氏 1 号培养基、查氏培养基、马铃薯培养基和麦氏培养基平板涂布，设置 3 个平板重复。28℃培养 2～5 d，观察菌落形态，计数并采集照片。选不同菌落特征的单菌落，在相应的培养基上再次纯化，选取生长好的菌落，转接到试管斜面备用，一方面做形态鉴定，另一方面做分子鉴定。

3. 常用堆肥菌种的特性

①褐色球形固氮菌、根瘤菌、灰色链霉菌锈色变种等微生物，具有固定氮素能力，可以减少化学氮肥的用量；②韦氏芽孢杆菌、灰色链霉菌锈色变种、假单胞菌等微生物，含有丰富的酶系，能降解多种有机物和化学污染物；③紫色变异链霉菌、胶冻样芽孢杆菌、灰色链霉菌锈色变种等微生物，能分解有机磷，转化无效磷、钾等，有利于植物对元素的吸收；④蜡状芽孢杆菌、胶冻样芽孢杆菌等微生物，能降解硅酸盐，还原硝酸盐，改善土壤板结等问题，在堆肥发酵过程中还具有耐高温的功能；⑤解淀粉芽孢杆菌、鲁酵母等微生物，分解有机质，能耐受盐碱，而且能够代谢盐碱成分，改良基质的盐碱度；⑥细黄链霉菌、灰色链霉菌锈色变种、紫色变异链霉菌等微生物，能分泌植物所需激素，促进植物生长、结实，提高产量；⑦细黄链霉菌、灰色链霉菌锈色变种、枯草芽孢杆菌、解淀粉芽孢杆菌、苏云金芽孢杆菌等微生物，能分泌一些抗生素或产芽孢，可耐受堆肥高温，堆肥结束后可提高作物的抗病性，减少农药用量。

堆肥生产中多用复合菌剂。如中国农业大学开发的堆肥菌剂 VT。另外，甘肃省科学院选择假单胞菌(*Pseudomonas putida*)、紫色变异链霉菌(*Streptomyces violovariabilis*)、根瘤菌(*Rhizobium* sp.)、褐色球形固氮菌(*Azotobacter chroococcum*)、枯草芽孢杆菌(*Bacillus subtilis*)等 14 种微生物作为堆肥和植物促生用菌种，研发了堆肥促成微生物菌剂，按照不同种类和比例复配，制备出微生物复合菌剂。他们开发的“一种复合微生物堆肥菌剂”已获得国家发明专利。

4. 微生物菌剂开发及应用存在的问题和展望

因为微生物菌剂在治理污染、实现资源化经济循环方面具有很多优点，所以世界各国普遍投入大量资金开展研究，并且已经有很多专利成果，形成了系列化产品，有些菌剂产品也得到较好应用。由于有机废弃物成分和气候条件的复杂性，如放射性污染物、贫瘠营养环境、低温、严寒、高温、干旱等条件均不利于微生物的生长，普通的菌剂产品有可能发挥不到作用，所以就需要开发研制特殊环境下使用的菌剂产品。另外，各种有效微生物之间的协同机制和菌剂使用安全性方面还需要做大量工作。随着这些问题研究的不断深入，微生物菌剂产品越来越完善，有机废弃物资源化水平不断提高，通过高效循环经济模式的建立，最终实现自然资源与农业资源的可持续发展利用。

（二）有机废弃物堆肥化菌剂的应用试验

1.添加堆肥菌剂缩短牛、羊粪便堆肥时间的试验

（1）试验方法。试验采用好氧堆肥发酵法，主要包括养殖粪便的发酵腐熟和有机肥的深加工。10 t原料按照羊粪：牛粪：麦秸秆＝3：5：2的比例投料，原料理化性质见表4-2。此时C/N控制在25～30，水分控制在60%左右，pH控制在6.0～9.0，腐熟菌剂添加1‰，即100 kg菌剂，用搅拌机混合均匀后，室温堆肥发酵。

表4-2 原料的基本理化性质

原料	水分/%	C/%	N/%	C/N	P/%	K/%
羊粪	50.7	33.6	2.01	16.8	0.496	1.321
牛粪	75.04	36.8	1.67	22	0.429	0.948
玉米秸秆	68.5	12.4	0.3	41	0.044	0.38
麦秸秆	44.1	27.8	0.31	66.5	0.04	0.65

（2）堆肥工艺。具体工艺见图4-2。

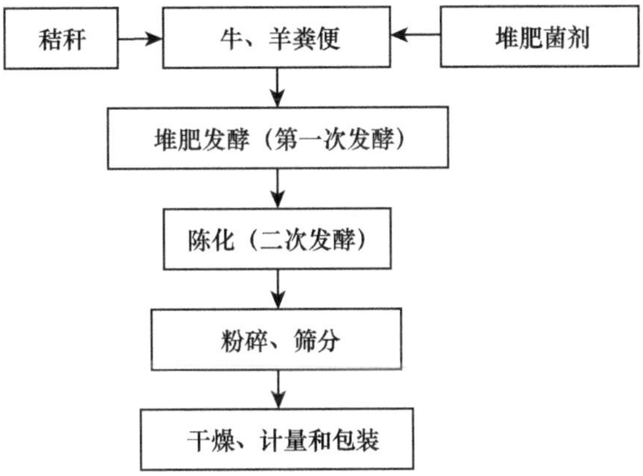

图4-2 牛、羊粪好氧堆肥处理工艺流程

（3）试验结果。传统堆肥即自然堆肥，其发酵周期一般在3个月左右，耗时占地，条件不好控制。本实验加入腐熟堆肥菌剂后，发酵20 d即可腐熟，各项理化指标均达到腐熟指标。腐熟菌剂显著缩短堆肥发酵周期。

2. VT 菌剂在堆肥中的应用试验

(1)试验材料与方法。堆肥原料为鸡粪、麦秸、锯末,基本性质见表 4-3。鸡粪取自于中国农业大学动物科技学院养鸡场;麦秸为中国农业大学植物与生物技术学院在科学园种植的麦秸;锯末来自北京市海淀区黑龙潭木器厂,锯末均来源于木材原料(非木材加工产品,不含甲醛)。

表 4-3 堆肥原料的性质

原料名称	TOC/%	全氮/%	C/N	含水率/%
鸡粪	28.15	2.05	13.73	46.5
锯末	52.65	0.29	181.55	7.9
麦秸	34.03	0.48	70.89	12.30

堆肥过程中 VT 菌剂施加方法:先将一定量的红糖溶于水,红糖的量为堆肥原料干重的 0.1%,加入 0.2%的 VT 菌剂,并用少量的麦麸作为菌剂的吸附材料,然后将麦麸与堆肥原料混匀,进行堆肥。

(2)试验设计。堆肥试验均采用室外露天堆肥法,实行翻堆通气。试验设两个组。第一组采用鸡粪+麦秸为堆肥原料,设两个堆体,堆体高 1 m,直径约为 1.2 m,呈垛形;均调节 C/N 为 28,水分 60%,其中一个加 2‰VT 菌,另一个堆体不接种 VT 菌;模拟工厂化堆肥,堆肥时间控制在半个月左右。由于堆肥在 6 月中旬,环境温度高,第 10 d 时调节水分至 60%。试验二组采用鸡粪+锯末为堆肥原料,设两个堆体,堆体高 1 m,堆体直径约为 1.2 m,呈锥形;均调节 C/N 为 28,水分 60%,其中一个加 2‰VT 菌,另一个堆体不接种 VT 菌;模拟传统堆肥,堆肥时间控制在 1 个月左右。两个试验组配比如表 4-4 所示。比较两种堆肥方式下 VT 菌剂作用效果。两组试验中每个堆体的原料加上水分共计 500 kg,这样能保证堆体的大小,受外界的干扰较小。

表 4-4 堆肥各原料的配比

堆肥原料成分	干重比	湿重比
鸡粪+麦秸	鸡粪:麦秸=1:1.42	鸡粪:麦秸:水=1:5.29:6.64
鸡粪+锯末	鸡粪:锯末=1.5:1	鸡粪:锯末:水=2.6:1:2.18

(3)测定指标及方法。测定指标:温度、发芽率、总有机碳(TOC)、全氮(TN)、电导率、pH 值、发芽率、氨氮、硝氮。

测定方法:

①物理化学分析法。取样:取样点在堆体中间距上部约 40 cm 的部位,分 5 个不同点位取样混合。当堆体温度超过 65℃时翻堆,当堆体温度低于 65℃时,间隔 1~2 d 翻堆。

温度测定:每天分别于上午 9:00,下午 3:00 测定堆肥温度。测定点在距离堆体最上部约 30 cm 处取 3 个点,温度计插入堆体 30 cm 深测定。

发芽率、总有机碳(TOC)、全氮(TN)、电导率、pH、氨氮、硝氮,测定方法见《堆肥工程实用手册》。

②微生物分析法。

微生物分析采用平板记数法，使用培养基如下：

细菌培养基：牛肉膏 5 g，蛋白胨 10 g，NaCl 5 g，蒸馏水 1 000 mL，琼脂 15～20 g，pH 7.5；

酵母菌培养基：200 g 土豆去皮切成小块儿，放入 1 L 水中，煮沸 30 min，葡萄糖 20 g，麦芽糖 10 g，琼脂 15 g，蒸馏水 1 000 mL；

真菌培养基：KH_2PO_4 1.0 g，葡萄糖 10.0 g，$MgSO_4 \cdot 7H_2O$ 0.5 g，蛋白胨 5.0 g，1%孟加拉红水溶液 3.3 mL，琼脂 18 g，蒸馏水 1 000 mL；

放线菌培养基：NaCl 0.5 g，KNO_3 1.0 g，K_2HPO_4 0.5 g，$MgSO_4 7H_2O$ 0.5 g，$FeSO_4$ 0.01 g，可溶性淀粉 20 g，琼脂 15 g，冷开水 1 000 mL，pH 7.2～7.4。

大肠菌群：滤膜法测定，培养基为伊红美蓝琼脂平板，乳糖蛋白胨发酵管(内有倒置小套管)。

③酶分析法。纤维素酶活的测定采用土壤纤维素酶活的测定；脲酶活的测定采用土壤脲酶活的测定，参见《农业微生物学实验技术》。

(4)试验结果

①接种 VT 菌剂与不接种的处理在高温阶段温度相差不大，但到了降温阶段接种 VT 菌剂比不添接种的温度下降缓慢，接种 VT 菌剂温度高于不接种的温度，接种 VT 菌剂在堆肥中能使堆肥降温缓慢，有很好的保温作用。接种的堆肥在堆肥后期 pH 为 7.5 左右，比不接种的 pH 低，有利于减少氨的挥发。

②4 个处理中接种比不接种的堆体的有机碳降低的多，而全氮则增加的多，两个处理中接种比不接种的堆体的 C/N 比降低的也多；VT 菌剂对堆肥的有机碳分解和全氮的保持有一定的促进作用。

③鸡粪＋秸秆接种的处理比不接种的处理 NH_4^+-N 高约 5.19%，鸡粪＋锯末接种的处理比不接种的处理 NH_4^+-N 高约 2.78%。而鸡粪＋秸秆接种的处理比不接种的 NO_3^--N 则多 3.6%，鸡粪＋锯末处理中接种比不接种的 NO_3^--N 高 2.9%。加入 VT 菌能抑制 NH_4^+-N 的减少，促进 NO_3^--N 的增加，有一定的保氮效果。

④各个处理均在 20 d 左右 GI 达到 50%，基本无毒性，但接种比不接种的处理要提前 2～4 d 达到基本无毒性。堆肥过程中接种的处理比不接种的处理发芽指数 GI 高，接种 VT 菌对堆肥的植物抑制较小。

⑤各个处理均符合大肠菌群数为 10^1～10^2 粪便无害化卫生标准。在鸡粪＋锯末处理中接种比不接种的提前 1 d 符合粪便无害化卫生标准。

⑥微生物的数量直接反映堆肥的进程。在对各个处理中的微生物数量分析比较中，细菌、真菌、酵母菌的变化趋势随温度的升高而减少，放线菌变化趋势是随温度的升高而增加。堆肥过程中接种处理的细菌、放线菌、酵母菌的数量均比不接种处理的多。接种的堆肥中的微生物活动较不接种的要剧烈，堆肥速度加快，有利于提早腐熟。

⑦不同堆肥处理中纤维素酶、脲酶的变化趋势为先增加后减少，接种 VT 菌剂比不接种的纤维素酶和脲酶含量都高，进一步说明接种后微生物活性得到提高，可以提高堆肥肥力，并促进腐熟。

第二节　生态循环农业中的沼气工程新技术

一、沼气工程技术及基本原理

在生态循环农业中，废弃物的资源能源化利用是农业废弃物再生利用循环模式中非常重要的环节。农业废弃物的成分一般比较复杂，难以处理，已造成了严重的环境污染。沼气化利用是农业废弃物资源化的一种有效方式，目前在循环农业中占据了相当大的比重。沼气工程是以厌氧发酵为核心的能源环保工程，以污染治理为主要目的，以沼气厌氧发酵为主要技术环节，以粪便的资源化为效益保障，集环保、能源、资源再利用于一体，将农、林、牧、渔各业有机地组合在生态循环农业中，是以农业废弃物能源化利用为主要途径的系统工程。

沼气发酵是指在厌氧条件下由多种微生物共同作用，降解有机物并产生 CH_4 和 CO_2 的过程，它广泛地存在于自然界，是一个非常复杂的由多种微生物共同作用的生化过程，是由微生物所进行的一系列生物化学的偶联反应，主要包括水解过程、产酸过程、产氢产乙酸过程、产甲烷过程。

(1)水解过程：水解又称液化，是整个厌氧发酵反应的第一步，将有机物(主要是碳水化合物、脂肪和蛋白质)降解为可溶性聚合物或者单体化合物。

(2)产酸过程：该过程将溶解性单体或二聚体形式的有机物转化为以脂肪酸或醇为主的末端产物。产酸发酵过程的稳定性及发酵末端产物的组成、含量对产甲烷过程的稳定起着重要作用。

(3)产氢产乙酸过程：该过程将产酸发酵阶段中产生的两个碳以上的有机酸和醇转化为乙酸、H_2 和 CO_2 等的过程。

(4)产甲烷过程：由严格专性厌氧的产甲烷细菌将乙酸、甲酸、甲醇和 H_2、CO_2 等转化为 CH_4 和 CO_2 的过程，是整个厌氧消化工艺的限速步骤。

二、沼气技术在循环农业中的作用

生态循环农业是人类对难以持续的石油农业模式反思后提出的一种理想模式，是一种全新的理念和策略，是人口、资源、环境相互协调发展的农业经济增长新方式。循环农业以科学发展观为指导，把循环经济理念应用于农业发展中，以资源的高效和循环利用为核心，以“减量化、再利用、再循环”(reduce、reuse、recycle，3R)为原则，以低消耗、低排放、高效率为基本特征，通过农业系统的设计和管理，实现“光热自然资源利用效率最大、购买性资源投入最低、可再生废弃资源利用最多、有害污染物排放最少”的农业模式。

沼气技术参与的循环农业模式是依据生态学原理，利用沼气技术的纽带作用，把生物生产、社会生产和农村生活有机联接起来的复杂系统，能够使农业生产形成一个比较完整和闭合的产业网络，资源得到最佳配置，废弃物得到有效利用，环境影响减少到最低水平。在沼气技术的作用下，人工自然的范围得到持续扩展，即使在原有范围之内，人工自然物也在不断更新，趋于复杂化，沼气工程的发展使之成为循环农业发展的重要组成部分。以沼气为纽带的循环农业，在模式构成上，以沼气建设为中心，将能源利用、养殖业和种植业有机结合起来，通过厌氧发酵将畜禽粪便和作物秸秆等废弃物转化为清洁、廉价、安全的能源—沼气，农业生产的优质肥料—沼液、沼渣，促使系统整体更加协调、高效，促进物流、能流合理利用和良性循环，如图 4-3 所示。

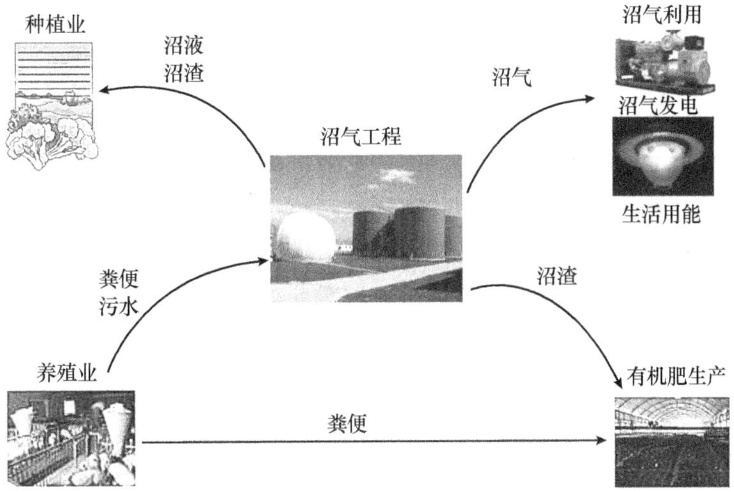

图 4-3　沼气循环农业示意图

以沼气技术为核心构建循环农业模式，需要综合考虑农业废弃物资源化利用技术的可靠程度及技术适应性，针对能源、肥料和土地资源的现实，以发展循环经济，推动新农村建设为目标，引进沼气工程和有机肥生产技术，优化产业结构，形成以农业废弃物能源化和资源化利用为核心的技术模式。我国当前发展循环农业的几种主流发展模式有：南方"猪-沼-果"生态模式、北方"四位一体"生态模式、西北地区"五配套"生态循环农业模式、平原地区生产生活循环链条模式、农业生态园区循环模式、农工商循环模式。各种模式虽然过程性、输入输出端不是完全相同，但是，所有的模式都体现了循环经济的"3R"原则，沼气工程在各个链条上起到衔接物质和能量流动的作用。

三、沼气工程技术与方法

沼气工程是沼气技术推动的循环农业链条的关键纽带，沼气工程的高效稳定运行是循环农业可持续发展的重要保障。农业废弃物具有分散性、季节性等特点，沼气工程的首要任务就是原料的收集贮存；秸秆类废弃物难降解，粪便类废弃物含砂量大，原料在进入沼气发酵罐前需要进行预处理；要保证沼气的产量品质，需要维持发酵罐的稳定高效运行；沼气成分复杂，甲烷含量相对较低，要实现沼气的有效利用，需要对沼气进行分离提纯；沼气工程会产生大量的沼液沼渣，沼液沼渣的处理和资源化利用是沼气工程链接循环农业的关键步骤。

(一)原料收集贮存技术

我国农村地域辽阔，农村大部分地区的农业机械化水平较低，资源分散。畜禽粪便类原料的收集通常使用罐车直接运送到沼气工厂，也有部分采用管道输送。而秸秆类原料收集难度大、成本高，主要体现在收购价格因地区差异较大，平均每吨 200～300 元，秸秆的运输成本也较大。秸秆类原料资源丰富，但季节性较强，其贮存方法一般分为干贮存和湿贮存。干贮存一般在秸秆收割后水分含量 20%～25%时捆包，最普遍的作业是切碎并将秸秆尽可能铺开，使其在捆成包之后更容易干燥。秸秆比较难干燥，风干处理占地面积大，风干储存时间长，风险大。达到包装的水分含量要求所需的风干时间依赖于周围的温度与雨量，一般为几天到几周。秸秆收获后码垛储存时的含水量仍很高，码垛存放 13 个月生物质含水量才可降至 20%左右，一旦存储不当，会发生腐烂发霉现象，降低热能量，甚至会发生自燃现象，造成损失。存储期间还需要防雨防水和防火，如果对生物质进行干燥处理，虽然可以迅速脱水干燥，但需要使用相应的机械或添置各种干燥设备，并消耗能源，增加了生物质原料的成本。干贮存较低的水分含量可以阻止微生物的生长，在干旱的地区是最有效的方法。

湿贮存(青贮)最初用于给喂原料的贮存或高水分含量青绿作物的保存，可以在地窖(高地窖、水平地窖、地堡)或者使用塑料包装袋"热缩塑料包"进行。用于湿贮存的玉米秸秆在水分含量大于 45%时收获，并且在收割后立即通过湿贮存保存，饲料收割机收集并磨碎秸秆用于青贮。湿贮存过程中的干物质损失能减少 5%以上，贮存之后的产品比干贮存条件下的木质纤维素生物质更容易降解，甚至是在潮湿的地区也是如此。使得湿贮存兼具贮存和预处理的作用。青贮发酵一般依赖于自然产生的微生物，但是接种一些特殊的微生物会加速厌氧发酵过程，并且提高青贮的品质。青贮接种菌包含一种或多种的乳酸菌，最普遍的是 *Lactobacillus plantarum*、*Lactobacillus buchneri*、*Enterococcus faecium* 和 *Pediococcus species*，青贮乳酸菌(LAB)发酵依据产物不同分为同型发酵和异型发酵，同型发酵乳酸菌按照糖酵解途径，以乳酸为主要产物，而异型发酵或兼性异性发酵按照 6-磷酸葡萄糖途径以乳酸、乙酸、乙醇和 CO_2 为主要产物，所以异型发酵能够为后续的厌氧发酵产甲烷提供更多的中间产物。目前，科学家和工程师们正在致力于湿贮存过程的研究，以改良方法将其应用于各种木质纤维素原料贮存。将湿贮存技术应用于沼气工程农作物秸秆的贮存前景广阔。目前，我国的秸秆收集储运和预处理技术亟待升级，而且缺乏关键的核心技术装备，沼气工程原料的收集与贮存仍需大量研究工作。

(二)原料预处理技术

畜禽粪便类废弃物易于降解，但是含砂量大，现在一般利用栅格或沉砂池进行分离，分离效果并不好，例如北京市留民营沼气工程每年都要进行除砂，严重影响沼气罐的运行，而采用螺旋分离器，对砂子进行主动分离效果良好。木质纤维素生物质由纤维素、半纤维素和木质素组成，可以为生物转化提供丰富的多聚糖(纤维素和半纤维素)，农业废弃物的木质纤维素含量如表 4-5 所示。但是由于秸秆中的纤维素被木质素和半纤维素包裹，木质素在纤维素纤丝中的存在，阻碍了微生物和酶与易降解纤维素的接触，造成原料对厌氧消化的抗性。采用适当的方法对秸秆原料进行预处理，增大微生物和酶与纤维素的接触面积，提高纤维素和半纤维素的生物降解性，能够改善秸秆原料厌氧发酵甲烷化的性能。秸秆预处理主要体现在营养调节和质地改善两个方面。营养调节通过调节营养比例以适合产甲烷微生物的生长；质地改善通过物理、化学或生物方法改变或改善秸秆的结构和质地来提高秸秆原料的利用率。

表 4-5　农业废弃物的纤维素、半纤维素和木质素含量　　%

木质纤维素原料	纤维素	半纤维素	木质素
硬木梗	40～55	24～40	18～25
软木梗	45～50	25～35	25～35
松木	46.4	8.8	29.4
坚果壳	25～30	25～30	30～40
玉米棒子	45	35	15
玉米芯	14.3	16.8	8.4
玉米秸秆	37.5	22.4	17.6
牧草	25～40	35～50	10～30
小麦秸秆	30～39	22～50	15～24
分类的垃圾	60	20	20
叶子	15～20	80～85	0
纸	40～69	25～40	12～30
柳枝稷	31～45	21～31	12～18
猪粪	6.0	28	na
牛粪	1.6～4.7	1.4～3.3	2.7～5.7

1. 物理预处理

物理法主要是通过各种机械方法(切碎、研磨等),或采用热处理方法对秸秆的外部形态或内部结构造成改变或破坏,其目的都是为了破坏植物的木质纤维素构造,使微生物与纤维素及半纤维素素的接触面积增大,加快水解反应的进行。粉碎是目前秸秆沼气最为普遍使用的机械预处理方法,粉碎预处理常常与化学预处理和生物预处理结合使用,以提高整体预处理效果。但研究发现,研磨的效果优于粉碎,这是因为研磨能通过压榨作用更多地破坏原料的内部结构。10 mm 和 25 mm 两种粒径下,沼气产量研磨比切碎分别提高 17.5%和 12.2%。但研磨处理能耗远远高于粉碎,成本大大增加,因而目前关于将研磨法预处理用于实际沼气工程的报道很少。

秸秆蒸汽爆破预处理是利用高温高压蒸汽进行蒸煮,在这个过程中会产生酸性物质,使秸秆半纤维素降解成可溶性糖,复合胞间层的木质素发生软化和部分降解,秸秆内部成分间的黏结力被削弱,蒸煮完成后瞬间降压对秸秆进行爆破,使秸秆中纤维素的活性基团更多暴露出来,从而有利于纤维素酶的充分接触。研究发现蒸汽爆破预处理后的秸秆比未经预处理秸秆厌氧发酵的产气量提高 34～67%,蒸汽爆破预处理后,秸秆厌氧发酵的启动时间和发酵周期都大大缩短。气爆处理棉花秸秆沼气发酵时,也发现气爆处理试验组的沼气发酵效率与未经气爆处理的试验组相比,产气量提高了 25%。可以看出蒸汽爆破对多种农作物秸秆都具有很好的预处理效果,处理后原料的厌氧发酵产气效果明显提高。但由于需要高温高压,对设备的要求较高,成本也相对较高,限制了其在实际工程中的应用,目前也很少见有报道沼气工程采用这种预处理方法。

2. 化学预处理

常用的秸秆化学预处理有臭氧预处理、酸处理、碱处理、氧化法处理及有机溶剂处理。该法可使纤维素、半纤维素和木质素膨胀并破坏其结晶性，使天然纤维素溶解，从而增加其可消化性。目前，在沼气研究和生产中，运用较多的是酸处理和碱处理。强酸具有很强的腐蚀性和氧化性，可以有效地对纤维素原料进行水解，如 H_2SO_4 和 HCl 等，但由于强酸的腐蚀性和氧化性很强，对反应器的抗腐蚀性要求很高，并且废液也可能造成二次污染。因此人们开始尝试用稀酸对秸秆原料进行预处理，研究发现稀酸对秸秆同样具有很好的预处理效果。用 10% 的盐酸对水稻秸秆进行处理，研究发现秸秆厌氧发酵的产沼气量和甲烷的含量分别提高了 25% 和 67%。稀酸加热预处理对设备的腐蚀性较小，适用范围较广，预处理效果也很好，但酸处理有可能对环境造成二次污染，环境友好性较差。

碱法预处理与酸法预处理的不同之处在于，碱法预处理可直接通过生化反应，将木质素去除，从而打开三素的晶体结构，使得纤维素与半纤维素更易被厌氧发酵菌群利用并产生沼气。碱法预处的原理是碱提供的氢氧根离子可以与木质素分子中的化学键发生反应，通过皂化反应最终将木质素去除，但对半纤维素和纤维素的破坏较小，这使得原料的利用率较高。李湘等研究发现秸秆经碱处理后分解效率较高，pH 在第 0～3 天下降很快，第 3 天即可以降到 6.3 左右，3 d 以后 pH 便开始回升。较于其他处理方法，碱处理 pH 维持在 7.0 以下的时间最长，微生物活动旺盛。秸秆分解产生的有机酸积累量最多。碱法预处理不但可以提高厌氧发酵的产气量，研究发现经 NaOH 处理后，沼气的成分中甲烷的含量也有较大的提高。可以看出稀碱法预处理秸秆能明显提高厌氧消化效率和产气率，并且稀碱法处理成本较低，对环境的污染也较小，已成为近年来研究的热点，实际工程中也有所应用。随着碱法预处理研究的深入，研究人员也开始使用稀碱法对秸秆进行预处理。

3. 生物法预处理

生物法预处理是通过具有生物质降解能力的好氧微生物菌群，将秸秆类物质中的木质素分解，从而使得秸秆更利于厌氧发酵菌群的利用和分解的预处理方法。与化学法预处理和物理法预处理相比，生物法具有反应温和、能耗较小，设备简单，不会带来环境污染等诸多优点，因此也成为近年来研究的热点。很多学者认为自然界中可以分解纤维素和木质素的细菌、真菌和放线菌常与其他一些不具备纤维素分解能力的微生物菌群混合生长，单一优势菌种很容易被环境中的其他菌种所淘汰，难以实现规模化利用，复合菌种则可以相互补充，避免失效。复合菌剂一般包括多株纤维素、木质素分解菌以及由霉菌、细菌和放线菌等多种微生物菌种组成的一些辅助功能菌。研究发现很多复合菌剂对秸秆有着很好的预处理效果，能明显提高厌氧发酵消化率和产气率。利用复合菌剂对玉米秸秆进行预处理，并进行实验室干发酵产沼气试验，结果表明，经复合菌剂预处理后的秸秆产气量比未加复合菌剂预处理的对照组提高 29.5%，TOC 降解率提高 136.3%，纤维素降解率提高 47.7%。复合菌剂对秸秆的预处理效果已被大家所认可，很多科研单位或企业也已经将其做成产品出售，目前在国内得到了较为广泛的应用。

目前研究表明，只有少数真菌具有分解木质素的能力，而白腐真菌被认为是主要的降解木质素的微生物，也是目前研究最多的木质素降解真菌。降解木质素的真菌可以分为 3 类：白腐真菌、褐腐菌及软腐菌。白腐真菌降解木质素的能力较强，后两者能力较弱。白腐真菌能够分泌胞外氧化酶降解木质素，也是目前研究最多的木质素降解真菌微生物。国内外都对白腐真菌做了大量研究，研究结果显示利用白腐真菌对秸秆进行预处理，可以明显提高秸秆的降解率和产气率。从经白腐真菌 *Phanerochaete chrysosporium* 和褐腐真菌 *Polyporusostreiformis* 预处理稻草的产沼气性能看，处理稻草的总产气量和甲烷产量比对照分别提高了 34.7% 和 46.2%。但目前我国对白腐真菌在秸秆沼气工程中的应用推广还鲜有报道，而国外已经实现工业化发酵生产，广泛应用于规模化秸秆沼气工程之中。生物预处理具有很大的发展前景和继续研究的潜力。

4. 青贮预处理

青贮技术是目前较为成熟的秸秆饲料化方法，其原理主要是通过乳酸菌发酵，利用青贮原料中的可溶性碳水化合物合成乳酸，使 pH 下降至 3.8～4.2，以抑制各种微生物的繁衍，达到保护饲料的目的。青贮也可用于沼气原料的预处理，青贮技术将秸秆软化，可消化性能增加，能提高厌氧消化产气率。周玮实验结果表明：经青贮预处理过的秸秆产气性能明显提高，产气量高，产气启动时间也略为缩短。研究发现青贮处理后，原料每千克有机干物质（ODM）的甲烷产量提高，如表 4-6 所示。然而青贮过程中有机干物质会有所损失，研究发现，青贮时造成的干物质损失量与单位质量青贮料甲烷产出增加量相补偿，青贮后的甲烷产量与鲜能源草的甲烷产量基本相当或略有减少。因此，青贮只是一定程度上起到了软化秸秆的作用、使其在秸秆沼气发酵过程中便于进料和搅拌，以及防止漂浮和结壳，然而它对纤维素消化率提高甚微，对厌氧消化率和产气量的提高也很有限，其木质纤维素原料生物降解性还有很大的提升空间。

表 4-6　不同青贮时间的厌氧发酵产甲烷量

青贮时间/d	甲烷产量/(L/kg ODM)			
	玉米	杂交高粱	黑麦饲草	黑小麦
0(新鲜)	329.9±6.6	317.1±11.7	293.3±3.0	339.5±4.8
10	341.7±13.0	317.8±12.2	320.6±3.1	342.4±9.9
90	359.8±7.1	327.4±2.7	333.7±3.6	364.2±2.0
180	373.1±9.6	333.3±14.3	346.2±7.5	365.0±9.6
365	378.4±18.5	345.7±3.8	343.±20.7	353.6± 3.5

5. 其他预处理方法

物理、化学和生物预处理方法各有利弊，但将其中两种或更多种预处理方法结合起来，可以互相弥补单一预处理方法的缺陷，例如化学碱处理结合生物预处理法，用 NaOH 溶液和沼液的混合液来处理秸秆原料，既能保证较好的处理效果，也降低了碱的用量，目前该方法在山东省德州市黄河涯镇的秸秆生物气化站已有应用。以玉米秸秆为原料，对其进行超声波辅助处理后，再进行氢氧化钠-纤维素酶水解综合预处理，然后进行沼气发酵试验，发现玉米秸秆经超声波-氢氧化钠-纤维素酶水解综合处理后，产气能力明显提高。以水稻秸秆为原料，联合超声波与稀碱法对秸秆进行了预处理，研究发现，联合预处理比单纯用碱进行预处理的最大产气量提高了 21.5%。

使用物理、化学和好氧生物等方法对秸秆进行预处理，都能提高秸秆厌氧发酵效率和产气率，但预处理在改善秸秆特性、提高原料消化率和增加产气量的同时也存在一系列问题，各有其局限性。物理预处理的效果与成本投入密切相关;化学处理简单方便,处理效果也较好,但对设备有一定的要求,并且有可能造成二次污染;生物预处理反应温和、能耗较小、设备简单,不会带来环境污染,但预处理周期长,占地面积大,需要高效的生物菌剂,我国现有技术离规模化的应用还有一定的差距。鉴于木质纤维素原料的结构特点,应着眼于工程应用,开展多种处理方法综合利用的预处理技术的研究。另外我国现有预处理技术之所以难以实现工程化应用,除了因为上述技术上的难点外,更主要的原因在于无论哪种预处理都会增加建设和运行费用,再加上目前我国沼气工程商业化运作程度低,盈利困难,预处理或多或少都会给沼气工程建设带来经济压力。因此找到有效、便捷、便宜的预处理方法是推动我国秸秆沼气发展的重要内容之一。

(三)沼气工程稳定高效运行技术

沼气工程在其参与的循环农业模式中是十分关键的一环,它以其他环节产生的废弃物为资源,回收能量并"变废为肥",使产业链条闭合形成循环。因此,沼气工程的高效稳定运行对其推动的循环农业体系的可持续发展至关重要,但是沼气工程有时候会由于设计、建设、运行方面准备不足,工程实际运行中逐渐显现诸多问题,而最终导致工程瘫痪,尤其表现在运行过程缺乏控制、运行效果不佳,运行管理意识模糊、缺乏有效的改进技术措施等。除设计及发酵设备等客观因素外,厌氧发酵的过程对沼气工程自身的稳定运行也至关重要,只有维持各环境条件适宜,才能保证厌氧发酵过程的正常稳定运行。通过缓冲能力监测可以预警厌氧发酵过程的 pH 和产气量,通过原料 C/N 比和微量元素调控可以促进厌氧发酵过程的稳定性和效率,通过加温保温可以保证厌氧发酵的温度环境,而通过功能微生物菌剂的添加则可以提高发酵效率。

1. 沼气工程的监测预警技术

厌氧发酵过程的稳定性取决于发酵液的缓冲能力。为实现沼气工程的长期稳定运行,需要实时监测沼气发酵过程中各项指标的波动情况,并及时对沼气工程的运行过程的风险进行提前预警。但目前,大中型沼气工程中,普遍只有 pH、温度、沼气产率、沼气成分和水力停留时间等的简单控制与监测,表现在运行结果上就是产气不稳定、容易酸败等,监测手段的预警性不足,往往系统已经失稳,上述指标才表现出稍许波动。针对沼气工程监测手段的滞后性,开发实时监测厌氧消化系统中碱度和有机酸变化的自动化沼气工程在线监测及预警系统具有重要意义及市场推广价值。

厌氧消化系统失稳指标主要基于中间代谢产物、关键代谢调控物以及厌氧系统内微生物系统的变化,但还没有一种公认且有效的厌氧消化系统预警诊断指标。通过优化改进的德国 Nordmann 滴定法,可同时测定发酵液中挥发性脂肪酸浓度及碳酸氢盐碱度,监测沼气工程酸碱缓冲能力,提前 10 d 预警沼气工程的酸败风险,保持沼气工程运行稳定性。有研究结果表明,修正后滴定法可实现由滴定法测得厌氧发酵中的总酸浓度估算乙酸浓度,而且修正后滴定法测得的 VFA/TIC 在对厌氧发酵系统的酸化预警中比 pH 及时有效,可实现有效的系统酸化预警作用。基于碳酸氢盐碱度和 VFA 的联合滴定法的在线监测系统可实现滴定过程的实时监测功能,并对监测过程参数自动存储,还能够以表格和波形图像的形式对历史数据进行回放,实现了信息化管理;用实际发酵液进行的验证试验表明:该系统误差较小,准确度高,相对标准偏差在 5%以内,重现性好。

2.沼气工程的微量元素调控技术

厌氧发酵中的微生物生长繁殖除了C、N、P和S等大量营养元素外，微量元素也是微生物生长所必需的成分。研究发现通过优化培养液的微量元素浓度，能显著促进产甲烷效果，微量元素能调节或减轻高乙酸负荷对产甲烷的抑制作用。微量元素对厌氧发酵过程起着重要的调控作用，其常作为辅酶、辅基、辅因子的成分出现在厌氧发酵微生物的酶系统中。目前国内外对厌氧发酵过程中微量元素需求的认识不足，阻碍了厌氧生物发酵技术的进一步应用和发展。在正常条件下，沼气工程运行不稳定，微量元素缺乏已被证实是首要的考虑因素。对于大型沼气工程添加微量金属元素虽不能解决厌氧处理运行中所有的问题，但是添加适量微量元素可解决运行中的一些问题，保证厌氧消化的长期稳定运行。大量的试验研究表明，微量元素添加能够提高厌氧消化的效率和运行稳定性(表4-7)。

表4-7 微量元素对产甲烷过程的协同促进作用

原料	添加元素及添加量	发酵工艺	结果
餐厨废弃物	Co:0.22 mg/kg、Se:0.16 mg/kg	批式36℃和半连续(CSTR)36℃发酵	有效促进了有机酸尤其是丙酸的转化，提高了反应系统的运行负荷和稳定性
餐厨废弃物	Fe:200 mg/kg COD，Co:6.0 mg/kg COD，Ni:5.7 mg/kg COD	批式37℃和半连续(CSTR)37℃发酵	在相同有机负荷条件下，Fe、Co、Ni促进了有机酸转化，提高反应器容积产气率
餐厨废弃物	Fe、Co、Ni、Mo	半连续(CSTR)37℃发酵	促进了有机酸的快速转化，可使反应系统在6.64 g/(L·d)的负荷下稳定运行
餐厨废弃物	Fe、Co、Ni、Se、Mo、W	半连续(CSTR)37℃发酵	有机负荷由3.0 g/(L·d)提高到了4.0 g/(L·d)，维持了反应器运行稳定性
蔬菜废弃物	Fe、Co、Ni、Se、W、Mo、Mn、Cu、Zn	半连续(CSTR)35℃发酵	有机负荷由2.0 g/(L·d)提高到了4.0 g/(L·d)，维持了反应器运行稳定性
小麦酒糟	Fe:0.5 g/(L·d)、Co:0.5 mg/(L·d)、Ni:0.2 mg/(L·d)	半连续(CSTR)37℃发酵	Fe、Co、Ni可使反应系统在有机负荷为4.0 g/(L·d)下稳定运行
屠宰场废水	含(Fe、Co、Ni、Se、W、HCl)的混合溶液	半连续(CSTR)35℃发酵	使有机负荷由1.5 g VS/(L·d)提高到了2.25 g/(L·d)
食品业废水	Fe:500 mg/L，Co:0.5 mg/L，Ni:0.25 mg/L	批式37℃和半连续(CSTR)37℃发酵	促进了有机酸的降解，引起了产甲烷菌优势菌群结构变化

有机酸累积、氨氮抑制、钠离子抑制和长链脂肪酸抑制是阻碍厌氧消化稳定运行的关键因素。国外学者从20世纪70年代起，围绕对产甲烷菌有激活作用的Fe、Co、Ni等微量元素在厌氧消化中的作用进行了较为深入的研究；并在研究的基础上，研制了商业化的微量元素添加剂。与国外相比，国内对微量元素在厌氧发酵中的重要性认识较晚，针对微量元素在厌氧发酵过程的工程应用也相对较少，目前也尚未研制出自己的商业化微量元素添加剂。国内一些沼气工程为保证其高效产气只能从国外购买沼气工程高效添加剂，但其进口价格高昂且对外进行技术配方封锁，因此，开发适合中国沼气工程厌氧消化特性的微量元素添加剂，对推动我国沼气工程的高效稳定运行具有重要意义。

3. 沼气工程的微生物菌剂添加技术

厌氧消化过程是一个多种微生物协同参与的生化反应，主要是由多种水解产酸菌和产甲烷菌的菌群组成，各种微生物在发酵各阶段中发挥着不同的作用。水解阶段主要是拟杆菌，相关学者已选育到针对纤维素成分原料预处理水解菌种，如复合菌系CN6、MC1等，水解菌群的添加可有效提高厌氧发酵产气率30%～60%。程辉彩等构建的复合菌系CN6应用于以牛粪为原料的沼气厌氧发酵，纤维素降解率比对照提高6.8%，沼气总产量比对照提高18.4%。由于沼气厌氧发酵过程中约70%的甲烷来源于乙酸，所以关于甲烷菌群研究较多的集中在嗜乙酸产甲烷菌上面，包括甲烷鬃菌 *Methanosaeta* 和甲烷八叠球菌 *Methanosarcina*。高活性的产甲烷菌不仅是厌氧消化高效进行的保证，而且能避免氢分压过高和挥发性有机酸积累所导致的发酵过程运行稳定性差的问题。反应器中厌氧微生物的群落结构及代谢类型决定有机物的降解途径及产甲烷效率。功能微生物发酵菌剂的投加可以有针对性、有方向性的引导厌氧反应沿着高效、稳定的途径进行。为了有效提高厌氧发酵过程中乙酸转化率和甲烷产量，将CD-2(*Clostridium sordellii*)、ZY-3(*Clostridium bifermentans*)和ZQ-1(*Clostridium-butyricum*)3株利用不同底物的产乙酸菌混合培养，人工构建一个高效产乙酸复合菌系Th3，经过代谢稳定性测定，Th3连续培养10代，乙酸产量维持稳定。在发酵初期和中期加入复合菌系Th3均能显著提高沼气日均产气量和产气率，初期添加可缩短发酵启动时间2～3 d，但在发酵末期加入复合菌剂对整个发酵产气过程没有显著影响。

不同菌种因对有机物的利用能力不同而产生对有机物的相互竞争效应，如何提高外源微生物对有机物的竞争能力是研究的重点和难点。针对不同物料在不同环境条件下的代谢途径，在添加不同类型的功能微生物提高反应器的甲烷化效率同时，对添加菌种对特殊环境的适应度、菌种添加效果验证，以及功能厌氧菌种与原有厌氧发酵罐中土著菌种的协同与竞争作用等机理仍需要进一步研究。分析连续投加进行强化能强化菌体形成优势菌群与土著菌群的竞争，避免功能微生物流失，不仅可以全面的评估功能微生物对生态系统的影响，而且对于群落特征、种群结构、分布格局研究群落竞争及互生作用的响应尤为重要。针对功能微生物在厌氧消化中的应用，日本琉球大学开发并商品化的EM(effective microorganisms)菌剂就是由乳酸菌、光合菌、放线菌、酵母菌等10个属80多种微生物组成的，该菌剂已在污水处理等多个领域得到良好应用效果。欧洲国家也研制了商业化功能微生物菌剂，而中国市场上现还没有商业化的功能微生物菌剂。国内一些沼气工程为保证其高效产气只能从国外购买沼气工程高效添加剂(功能微生物菌剂等)，进口价格高昂且对外进行技术封锁；国内用微生物菌剂正处在快速发展阶段，购买量也不能满足国内逐年增长的需求。此外，国外产品对我国环境中长期的影响研究，残留菌剂的污水回用对土壤、作物、地下水的影响还没有论证。因此，开发适合中国沼气工程厌氧消化特性的功能微生物菌剂，对推动我国沼气工程的高效稳定运行具有重要意义。

(四)沼气高效分离提纯技术

随着矿石燃料的枯竭，沼气利用的需求不断增长，经提纯和净化后的沼气甲烷质量分数可达 96%以上，几乎与天然气无异。随着我国未来 5 年天然气缺口的继续扩大，以及对可再生能源的需求，沼气提纯逐步成为沼气利用的发展方向。提纯后沼气热值高，可用作化工原料、燃料电池、车用燃料，也可用于热电联产或进入天然气管网取代天然气。除此之外，研究发现，采用沼气提纯工艺不仅能极大地降低碳排放量对温室效应的影响，还能通过能量的回收替代传统能源，具有理想的碳减排效益。

传统的沼气提纯技术主要包括水洗和变压吸附等，其中水洗过程为纯物理吸收过程，过程中会有一定量的 CH_4 损失，而且水洗只适用于低品质沼气的初步提纯。变压吸附法(pressure swing adsorption，简称 PSA)是利用压力的改变引起气体在分子筛上进行吸附和解吸，从而达到分离混合气中不同成分的目的。目前这一方法在沼气领域应用较广泛，二氧化碳在加压过程中被吸附于某种材料表面，进而从沼气中分离出来，当压力降低后，二氧化碳自然释放，这样吸附材料就可以得到重复利用，常用的吸附材料有活性炭和沸石等。然而，PSA 法对气体的来源要求非常严格，高压/低压变换操作对设备要求较高且能耗较高。

膜分离工艺的原理是在薄膜的表皮层中，有许多很细的毛细管孔，气体通过这些孔的流动主要是 knuden 流(自由分子流)、表面流、黏滞流及筛分机理联合作用的结果。当混合气体在压力推动下通过膜分离器时，不同气体的通过速率有极大的差异，从而使气体成分发生分离。与传统的沼气提纯技术相比，膜分离技术具有低能耗、维修简便、工艺简单、操作方便、产品回收率高等优点，有广泛的应用前景。

膜材料是气体进行分离的关键，研发具有良好气体选择性、优良耐热性和化学稳定性以及机械强度高的膜材料已成为世界各国膜分离提纯技术的重点。目前，大部分工业气体分离采用的都是高分子聚合物膜。然而，综合考虑投资成本、操作成本及维护成本，研究者认为目前可用于沼气提纯的膜材料处理成本高，而膜技术用于沼气纯化时，由于分离过程不足，采用多级膜纯化会造成较大的甲烷损失。高分子聚合物膜还存在不耐高温以及在有机溶剂环境中的溶解和溶胀问题。已商品化的膜材料如醋酸纤维素等虽有一定的选择性，但气体渗透性差。因此，试验并研发适用于沼气分离提纯的新型膜材料显得尤为重要，可以优先考虑膜纤维根数多、膜纤维内/外径和膜纤维长度合适的膜组件，以达到优异的分离能力和尽可能大的通量。

为了获得综合性能优异的沼气分离膜材料，除了继续研制合成新型膜材料以外，在尽量减小影响膜本身性能的前提下，对现有膜材料进行共混、改性也是一个提高膜处理能力的有效途径。目前，研究较多的共混膜分离材料主要有有机-无机共混膜材料。有机-无机共混膜材料也可以描述为微观的或纳米级的复合材料分散在聚合物基质中。如混合基质膜(mixed matrix membranes)就是通过将分子筛分无机单元分散在聚合物基质中制得。对于沼气膜材料的改性近年也日益引起人们的兴趣和重视，然而，现阶段沼气膜分离法尚处于实验室研究和小规模二氧化碳分离应用阶段，对现有工业膜材料进行改性成本高，一次投资大，沼气中存在的少量杂质也会导致膜受损。因此，常规气体膜分离材料的共混合改性处理是目前研究的重点，对于提高沼气膜分离提纯能力和膜化学稳定性有重要意义。

(五)沼渣沼液资源化利用技术

沼气工程会产生大量的沼液,虽然其肥料性能优越,但是如不经过有效处理和合理使用,其环境污染的潜力也巨大。沼气工程技术推动的循环农业模式之所以能够循环,其关键一点就是沼液的处理与资源化利用,使得物质在模式内多条产业链条上的流动与消耗形成了物质的宏观循环。沼液成分复杂,相关的处理与使用技术仍需要大量的资金和科研力量的投入。

1. 沼渣沼液成分和贮存特性分析

要研究沼渣沼液的合理利用,首先要研究其营养成分构成,沼渣沼液含有丰富的氮、磷、钾等大量营养元素和钙、铜、铁、锌、锰等中、微量营养元素,原料不同,矿质营养的含量差异较大,其中沼液总氮 0.55～3.45 g/L、氨氮 0.3～2.9 g/L、总磷 0.05～0.21 g/L、总钾 0.1～1.45 g/L。由于沼气发酵所涉及的微生物群类相当复杂,所以沼气发酵过程的代谢产物非常丰富,除了大量的矿质营养,沼液还含有多种蛋白质、氨基酸、活性酶、维生素、赤霉素、生长素及抗生素等,具有营养、抑菌、抗逆、刺激等功效。

有研究通过液质联用、核磁共振等技术,定量分析了猪粪发酵沼液中植物激素和喹啉类成分,表明沼液中存在三大类植物激素:吲哚乙酸、赤霉素(GA4、GA19、GAS3)、细胞分裂素 iPR,含量分别为 332 μg/L,0.857 μg/L,1.47 μg/L,0.271 μg/L,0.001 94 μg/L;同时,分析到沼液内存在喹啉酮类化合物,分别为 8-羟基-3,4-二氢喹啉-2-酮和 3,4-二氢喹啉-2-酮,在沼液中的含量为 737.5 μg/L 和 177.5 μg/L。激素类成分和喹啉类化合物的分离及分析检测,为解释沼液在农业生产中具有抗病促生机理奠定了理论基础。沼渣沼液的营养成分速缓兼备,养分可利用率高,是多元、卫生的速效复合肥料和生物农药,可以增加产量、提高品质、增强抗性、抑制病害、改良土壤,具有较高的应用价值。

中国农业大学在国家“十一五”科技支撑计划课题“规模化沼气工程沼液、沼渣高值利用技术研究与工程示范”研究中对沼液的营养成分进行了系统的检测,为沼渣沼液增产提质、抗病抑虫、土壤改良效果及机理的分析提供了数据支持和理论依据。沼液的成分多达百种,不同原料、不同发酵参数产生的沼渣沼液其营养成分构成也会存在不同,沼渣沼液从沼气发酵罐排出后,在处理和贮藏过程中,其存在环境不断发生变化,光、热、氧等外在因素会对各种营养成分含量产生影响,而目前关于各种营养成分在沼渣沼液处理和贮藏过程中的变化规律研究较少,因此有必要对不同来源的沼渣沼液的营养成分进一步研究,并探索其在处理和贮存过程中变化规律。

2. 沼渣沼液作为肥料农田施用技术

沼渣沼液的氮磷钾回收率高达 90%以上,且有很大一部分已转化为速效态,可补充营养,促进生长平衡;提高叶绿素含量,增强光合作用;提高作物产量,改良作物品质等,另外能节省农药和化肥,是一种绿色的环保肥料。沼渣沼液作为肥料农田施用是一种传统的、经济有效的处置方式。研究发现,施用 20 g 沼液氮的处理组小白菜产量最高,单颗质量达 172.4 g,比化肥处理提高 17%,且在实验设计的用量范围内小白菜产量随着沼液用量的增加而提高;高量沼液处理组小白菜维生素 C 含量最高,达 404.2 mg/kg,比化肥提高 27.5%;化肥处理小白菜硝酸盐含量最高,达到 27.95 mg/kg,施用沼液可以降低小白菜硝酸盐含量,高量沼液处理对于小白菜的增产提质作用要优于其他各处理。

沼液作为肥料施用，不同的农田施用工艺会影响施用效果。研究发现，不同沼液施用量对稻谷产量及稻米营养品质有一定的影响，随沼液施用量的增加，均有利于提高稻谷的产量、蛋白质含量，但是当沼液用量过高时，水稻产量、蛋白质含量又会下降，甚至低于常规化肥处理。总结目前的研究结果，作物产量、品质随着沼液施用量的增加呈先增后减的趋势，甚至会造成毒害作物现象。由此可见，作物对沼液的承受量是有一定限度的。

沼渣沼液为何可以增加作物产量和改善作物品质？主要是施用沼液促进了玉米植株叶面积发展，提高了叶绿素含量，增加了源库两端碳氮代谢的关键酶活性：硝酸还原酶(NR)、谷氨酰胺合成酶(GS)、蔗糖合成酶(SS)和蔗糖磷酸合成酶(SPS)等，从而施用沼液表现出明显的增产效应。未来的研究需要揭示沼渣沼液中营养物质在土壤中的迁移规律，以及对作物品质提升的影响机理，从而推动沼气工程综合效益的提高和农业“优质高效增产”增长方式的转变。

3. 沼渣人工基质无土栽培技术

现代化无土基质栽培历史可追溯至19世纪中叶早期，植物营养学家和植物生理学家对植物矿质营养生理进行了研究。基质材料的筛选是研制合理基质成分配比很重要的环节，也是幼苗能否成功栽培的基本条件之一，各国均高度重视基质材料的研究。将沼渣作为无土栽培的有机基质，同时为了克服单一基质可能造成的容重过轻、过重、通气不良或通气过盛等弊病，和其他基质配比形成复合基质进行蔬菜栽培，既可以减少环境污染和浪费，变废为宝，还可增加其经济效益和生态效益。

沼渣作基肥在不同的土壤和不同的作物上均有良好的增产效果，一般增产7%～13%，连续施用能起到改良土壤、培肥地力的作用。在蔬菜无土栽培生产中发现，施用沼肥可在一定程度上替代化肥或减少化肥用量，这不但不会引起蔬菜产量的下降，相反可提高产量，而且还改善了蔬菜的品质，如提高还原糖、总糖、维生素C的含量，特别是可显著降低蔬菜中硝酸盐等有害物质含量，为无公害蔬菜的生产提供了一条有效途径。另外，沼肥中含有包括Mn、Mo在内的多种微量元素和稀有元素，有利于提高硝酸还原酶的活性，所以与施用化肥相比，施用沼肥能够有效降低硝酸盐的积累。

中国农业大学研发了番茄育苗基质、黄瓜育苗基质、观赏向日葵肥料配方等多个沼渣人工育苗基质配方。这些沼渣人工基质可完全或部分替代草炭。应用沼渣人工基质配方进行了多种蔬菜、花卉(番茄、黄瓜、小白菜、观赏向日葵)的穴盘、营养钵、基质块育苗试验及生产示范，育苗效果优于草炭、蛭石、珍珠岩配比施用化肥的人工育苗基质。这对解决我国目前育苗成品基质少、育苗质量得不到很好保障、工厂化育苗水平低等问题具有重大意义。沼渣人工基质无土栽培技术除应用于蔬菜、花卉的育苗，还可以应用于大面积粮食作物、经济作物的育苗及培育中，开展基质块生产工艺研究和生产设备开发，便于商品化进行大范围的推广应用。

4. 沼液回流工艺和养分回收技术

沼液的另外一种“利用”(减少外排)方式是在固液分离后将沼液回流到沼气发酵系统前端稀释进料，从而减少沼液向沼气系统外的排放量，大量减少用于稀释进料的清水；这种回流主要适用于低含水量的物料，例如秸秆、干清粪、固体有机垃圾等。通过回流还可以使消化液中残留的有机组分重新被微生物利用，同时也促进养分与酶的均匀分布，提高厌氧消化的效率。有人利用转鼓式反应器(RDFS)研究了渗沥液循环对食品有机固体废弃物厌氧酸化性能的影响，结果表明，系统有机酸的产量和一级水解速率常数都有所提高，渗沥液循环改善了固体有机废弃物厌氧酸化的酸化性能。采用单相连续反应器研究发酵液回流及不同回流比对餐厨垃圾厌氧消化过程的影响，结果表明，在 1 gVS/L 的有机负荷下进行 3 种比例（10%、30%、50%）的发酵液回流使系统日平均产气量比不回流阶段分别提高 0.7%、13.0%、4.9%，且对气体甲烷含量无显著影响；回流使 VFA 降解更充分，也使系统缓冲能力得到调节，但在较高的回流比（50%）下会造成 Na^+ 积累从而抑制系统产气性能。

厌氧消化处理后，消化液氨氮浓度会有一定的升高，而且消化液中含有较高的 SS 胶体物质；消化液回流还会导致厌氧消化系统中氨氮浓度升高，氨氮浓度过高将抑制产甲烷菌的活性，降低厌氧消化处理效果，甚至导致厌氧消化系统停止工作。因此在回流处理厌氧消化液时，需要采用高效的氮磷回收技术，去除沼液的氮磷、SS 和胶体物质等对厌氧发酵过程不利的成分。李小平研究发现往沼液中投加 30 g/L 的添加剂，正磷去除率达到 93%，8 h 后 COD 去除率达到 46.8%，以过滤 CO_2 后的空气为载气，通气量 6 L/min、35℃下吹脱 8 h 后，氨氮浓度由起始的 2 000 mg/L 降低到 4.7 mg/L，氨氮去除率达到 99.8%。金明军发现持续搅拌能够增大氨氮去除率，空气流量小于 4.5 L/min 时，持续搅拌对氨氮去除效果的影响随空气流量的增大而增强，实验条件下氨氮去除率可以达到 89.9%，而氨氮的脱除效率的增加随着温度、pH 的增加变得缓慢。

向 UASB 出水中加入 Mg^{2+} 和 PO_4^{3-}，形成鸟粪石（$MgNH_4PO_4 \cdot 6H_2O$，MAP）回收沼液中的 NH_4^+-N（浓度为 1 318 mg/L）。试验证明，在 pH 9 时，加入 $MgCl_2 \cdot 6H_2O+KH_2PO_4$ 效果最好，并且 NH_4^+-N、COD 和色度可以同时达到最大去除率，分别为 85.4%、53.5% 和 49.8%。之后，获得的 MAP 施用于 3 种不同作物，通过对比试验发现，施用 MAP 后作物鲜重、干重和株高分别提高了 28%～257%、60%～402% 和 18%～156%。

5. 沼液高效、低耗膜分离浓缩技术

沼液由于其体积大，不便运输、储存，而又含有高浓度的有机物、氨氮等污染物，如得不到妥善处理，将造成农田、地下水的严重污染，需利用水处理措施将其无害化处理。膜生物反应器（MBR）作为一种新型的水处理技术，国内外已在多种水处理领域进行了研究与应用，运行结果表明其具有出水水质好、结构紧凑等特点。而应用膜生物反应器处理沼液，膜组件不仅可以澄清出水，还具有浓缩原液的功能。

梁康强等采用高耐污反渗透技术对沼液进行浓缩，通过对膜通量及其影响因素的分析，探讨了反渗透技术浓缩沼液的可行性，沼液浓缩效果良好，对电导率、COD、NH_4^+-N 的浓缩效果达 90% 以上，最佳压力运行范围为 4～5.5 MPa，进水电导率和温度符合反渗透膜技术的要求，沼液通过膜浓缩后透过液水质能够达到调浆等回用标准；浓缩液中营养元素更加集中，所含营养物质是原液的 4 倍，其所含氮素能满足大白菜生长要求，最佳施入量为 1 100 kg/hm^2 氮，在此条件下既能维持大白菜的高产，又能协调周边环境效应，利用沼液种植能提高大白菜品质，硝酸盐含量能较好地维持在 600 mg/kg 以下。

用温室盆栽的试验方法研究浓缩沼液对油菜的生长、产量及品质的影响，结果表明，与施用无机营养液及新鲜沼液处理相比较，施用浓缩沼液后，油菜增产 19.54% 和 32.15%，显著降低了油菜中硝酸盐含量，增加氮素吸收量的同时减少了表观氮素损失。

针对沼液悬浮物颗粒过大浓度过高、钙镁离子超标等问题，梁康强等采取预处理手段对反渗透膜片进行保护，以保证系统的产水量和运行成本达到最佳。结果表明，在自然沉淀、混凝、离心过滤和滤袋过滤 4 种去除悬浮物工艺中，自然沉淀和离心过滤效果最佳，其出水悬浮物粒径均在 10 μm 以下。自然沉淀最佳时间为 1 d，既能保证出水效果，又能节省沉淀池容和投资。对于钙镁离子和硫酸根离子结垢，采用反渗透膜厂家提供配方，并智能化添加阻垢剂，长期运行结果证明，防结垢效果较好，平均碱洗周期为 120 h，酸洗周期为 360 h。

中国农业大学完成的国家科技支撑计划项目中，对规模化沼气工程沼液、沼渣高值利用技术进行了研究与工程示范，开发了沼液膜浓缩工艺，研制了碟管式反渗透膜（DTRO）超浓缩沼液系统，在示范点进行工程示范应用，并实现稳定运行，浓缩液养分含量提高 50%以上，出水 COD 和氨氮去除率均达 95%以上，可作为回用用水稀释发酵原料，并无抑制作用，达到了减少沼液量和节水的目的；课题研究过程中还进行了浓缩沼液在基质栽培和水耕栽培中的试验研究，效果良好。虽然膜生物反应器具有多种突出的优势，将其用于沼液处理仍处于研究和试验的相对初级阶段，但如何控制膜污染，使膜能长时间、可持续运行，防止频繁的膜清洗与更换，是膜生物反应器研究的一个重要方向。

第三节　鄂尔多斯农牧业现代园区堆肥-沼气联合工程案例

一、项目背景概述

生态循环经济，本质上是一种生态经济，它要求运用生态学规律来指导人类社会的经济活动。随着 20 世纪五六十年代以来生态学的勃兴，使人们产生了模仿自然生态系统的愿望，按照自然生态系统物质循环和能量流动规律重构人类的经济系统，使得经济系统和谐地纳入到自然生态系统的物质循环过程中，建立起一种新形态的经济。

生态农业是以物质循环和能量转化规律为依据，以科学技术为支撑，以经济、生态、社会效益有机统一为目标的良性循环的新型农业综合系统。发展生态农业，一是抓好无公害农产品生产基地建设，应通过科学规划、突出重点、成片开发、综合治理，把农业产业化基地建成农业生态园；二是积极发展有机农业；三是积极探索循环农业，根据生态循环再利用、再生产的循环链原理发展农业，不仅可以净化生活环境，解决能源与照明问题，而且还可以有效转化利用废弃物，促进种养业的良性循环，实现农业生产无害化。

鄂尔多斯现代农牧业科技示范园由鄂尔多斯市人民政府、达拉特旗政府、美国维蒙特工业公司、内蒙古农牧业科学院等单位合作共同建设。以建设社会主义新农村，发展现代农牧业为目标，以农牧业“高新、高效、示范辐射、科技培训和产业化”为切入点，以体制创新、技术创新和机制创新为原则，按照发挥优势，突出特色，强化功能，注重效益的基本思路，把园区建设成为园林化的基本农田、现代化的生产装备、集约化的生产技术、企业化的管理体制、生态化的资源环境，成为由传统农业向现代化农业转变的示范园区和样板区，以推进鄂尔多斯市现代农牧业发展。园区建设目标是遵循生态养殖、生态经营、生态消费的观念，以商品羊养殖业为基础，以能环工程为纽带，建立起养殖、生物质能、有机肥料、种植共 4 个节点构成的循环经济架构；要把园区打造成一个集土地整合，机械化作业，节水灌溉、栽培集成技术应用及科学管理的示范样板，为推动鄂尔多斯市现代化农牧业建设与发展起到示范带头作用。

探索一条养殖粪污处理处置以至于有机固体废弃物的可持续发展道路对于现代农牧业的

发展意义十分重大。目前，畜禽粪尿如果不加以妥善处理随意丢弃不仅造成有机资源的浪费、恶臭等问题也会造成严重的环境二次污染；而不合理的利用，如粪便直接入田、未腐熟入田等都又会导致植物病虫害的发生，对农田作物带来危害。畜禽粪便的好氧堆肥处理方式和厌氧产沼气处理方式是目前国内外应用较多的两种处理方式。以畜禽粪污为原料将沼气工程和堆肥处理技术结合起来是循环经济的集中体现。堆肥工程可将沼渣作为一种堆肥原料，解决沼渣的出路问题，同时通过快速堆肥技术在保证粪便充分无害化的前提下，保证了肥料的最大养分，堆肥接种复合的功能性微生物菌剂对于抑制土壤病虫害、增强作物养分吸收等都有极大的促进作用。堆肥产品是一种良好的土壤改良剂和有机肥料，可用于有机食品或绿色食品（AA级）生产，或利用部分堆肥产品进一步制成各种作物专用有机无机复混肥，用于绿色食品（A级）、无公害食品或农业大田生产，对减轻由于长期施用化肥造成的农村环境污染，增加土壤肥力，提高农产品品质，增加农业收入，具有良好的社会效益、经济效益和生态效益。

鄂尔多斯现代农牧业科技示范园由鄂尔多斯市人民政府、达拉特旗人民政府、内蒙古自治区农牧业科学院、内蒙古万通路桥集团有限责任公司、美国维蒙特工业公司合作共建，总投资14 000万元，其中鄂尔多斯市人民政府、达拉特旗人民政府投入启动资金11 000万元，内蒙古万通路桥集团有限责任公司投资2 000万元，并对园区进行经营管理，内蒙古自治区农牧业科学院提供技术支持服务，美国维蒙特工业公司无偿馈赠1 000万元的时针式与平移式节水喷灌设备和有关科研仪器设备。

项目目标是经过2～3年建设，要把鄂尔多斯市现代农牧业高科技示范园打造成为集种植、养殖、加工相结合的高科技示范园；达到自治区规模最大、标准最高、模式最新的科技农业旅游中心；科普教育及高新技术的实习基地；科技培训及技术传播的辐射中心；成为由传统农业向现代化农业转变的示范园区和样板区，以推进鄂尔多斯市现代农牧业发展。

二、项目规划与内容

（一）功能区划分与规模

内蒙古自治区鄂尔多斯市建成了现代农牧业高科技示范园区，园区占地面积5 850亩，种植园区要实现“水、电、林、路、机”五配套。统一作物种类，统一机耕、机播，统一配方施肥，统一节水灌溉，统一病虫草害综合防治统一机械收获脱粒的六统一作业。养殖园区基础设施建设实现标准化，各个饲养环节实现全程机械化作业；以2万只肉羊养殖为核心，建设了6 000亩饲草种植基地以供应新鲜饲料，同时建设1 000 m^3 的厌氧沼气工程处理养殖过程中产生的粪污，对沼气作为可再生能源在园区内全部利用的同时，进一步对沼渣和沼液进行处理和就地利用，其中沼渣和园区内秸秆等其他废弃物进入有机肥生产环节，生产的有机肥作为大田和高品质有机蔬菜种植的优质肥料，沼液则通过管道输送后进行大田和温室灌溉，达到企业节能环保、农户能源结构优化、建设生态校园、提高经济作物产量和品质四大目标，整个园区的废物“零排放”和“零污染”。从而实现了“养殖、加工、种植、沼气、肥料”五环产业并举和互补型绿色农牧业生产的良性循环。具体建设七大功能区：

(1)现代养殖园区。养殖园区350亩，主要由养殖区、饲草料储藏和加工区、生活区、育种和技术服务区、办公管理区及场区附属设施组成。

(2)农业高新技术试验示范展示区。试验区300亩，用于开展科学研究，主要进行集成技术组装配套研究及新品种、新技术的引进试验。

(3)高效节水示范区。示范展示区 700 亩，用于将试验区研究成熟的集成技术及国内外最新农业科技成果进行示范展示。

(4)设施农业示范区。设施农业示范区 200 亩，主要展示绿色有机蔬菜品种及珍奇花卉植物的观赏，作为科技旅游观光的主要衬托。

(5)循环农业区。连接养殖和设施农业生产，配套建设用于废弃物处理和有机肥生产的大型沼气和堆肥项目。

(6)成果转化推广区。成果转化推广区 4 200 亩，以利用现代装备，集成技术进行大规模的生产推广与效益展示。

(7)休闲娱乐区。休闲娱乐区 100 亩，充分利用废弃地、建设集垂钓、休闲、生态餐饮为一体的旅游娱乐服务区。

该示范园区充分利用现代科学发展成果，高标准建设水、电、路、讯、林等现代农业生产设施和配套设施，广泛配备与各功能区相适应先进的喷灌节水设备、全程作业机械和必要的科研器材，生产中推广应用集成组装、综合配套的模式化、标准化栽培技术和养殖技术，示范基地的科技水平和先进性达到国内领先水平。现代农业示范基地建设坚持政府引导、市场运作、统筹规划、因地制宜、注重实效的原则。突出高科技现代农业规模化、市场化、产业化特点，促进各种资源的高效配置。示范基地建设要高起点规划设计，各项生产设备、配套设施要高质量施工建造，达到国家、行业和地方相关建设标准。

项目总体思路如图 4-4 所示。

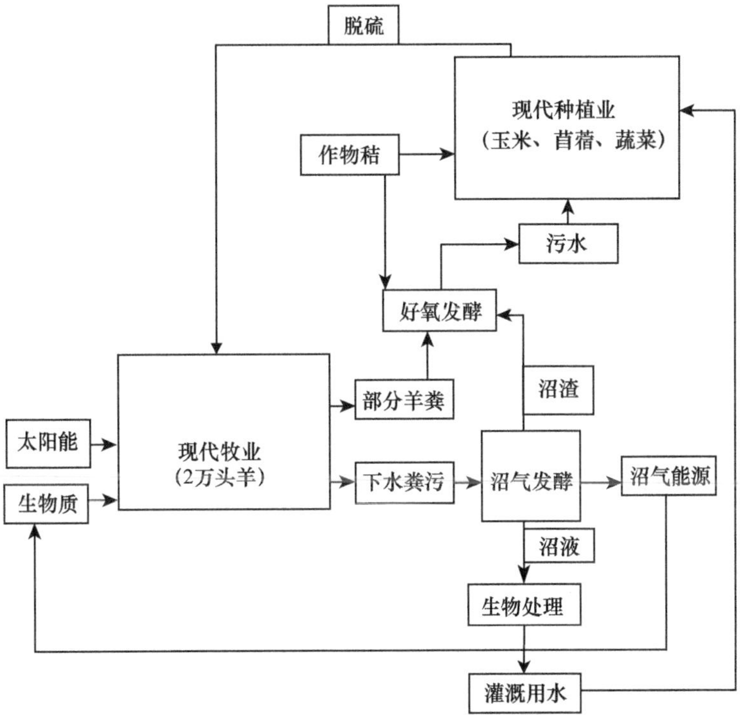

图 4-4　现代农牧业高科技示范园循环农业概念框架

各子项目规模如下：

(1)养殖羊数:20 000 只；

(2)饲草种植基地:建设了 6 000 亩玉米、苜蓿种植基地,以供应新鲜饲料；

(3)鲜粪量为:15 t/d,收集率为 80%,收集到的粪污为 12 t/d；

(4)羊粪有机固含量 TS:20%～30%,设计取 30%；

(5)干粪总量:3.6 t/d；

(6)1 kg 干粪产生 0.25～0.35 m^3 沼气,设计取 0.25 m^3;总产气量为 900 m^3/d；

(7)产生的沼液沼渣经固液分离池后,湿沼渣含水率 85%,湿沼渣产量 7.2 t/d；

(8)沼液量 52.80 t/d,回用 26.80 t/d 以稀释发酵原料,剩余沼液产量 26.0 t/d；

(9)沼气工程 USR 进料液 TS 浓度为 6%,则处理粪污总量为 60 m^3,设计取 60 m^3。

(二)现代示范养殖园规划

种植园区要实现"水、电、林、路、机"五配套。统一作物种类,统一机耕、机播、统一配方施肥、统一节水灌溉、统一病虫草害综合防治、统一机械收获脱粒的六统一作业。具体建设 5 大功能区,即农业高新技术试验示范展示区、高效节水示范区、设施农业示范区、现代养殖园区以及培训、科研等办公生活区。

养殖园年饲养肉羊 20 000 只,出栏 15 000 只,其中,向社会提供种羊 2 000 只;引进优质种公羊无角道赛特、萨福克和德克赛尔;占地面积 324 亩。将建成鄂尔多斯市规模最大、标准最高、模式最新、带动力最强的现代化商品肉羊养殖园区。

养殖园区基础设施建设实现标准化,各个饲养环节实现全程机械化作业,全部采用机械化饲喂及视频监控系统监控,保证饲养环境的安全与卫生。该园区的主要任务是进行科学研究,打造肉羊种羊纯繁基地,选择杂交改良最佳组合,实行科学饲养管理,充分体现以养增值理念。另外,养殖园区内配备有太阳能烘干牧草设备一套,年处理牧草 465 t,可有效地保存牧草蛋白含量,提高饲草品质。同时,配备有国内首例利用沼液生产小球藻营养液示范项目一处,日生产液体蛋白饲料 2 t,可有效地节省饲料,改善羊肉品质。

三、粪便的沼气发酵工艺设计

(一)工艺选择原则

以"整体、协调、循环、再生"为总的指导思想,按照"减量化、无害化、资源化、生态化"的原则选择并确定工艺技术方案。

1.减量化原则

养羊场可实行干清粪工艺,冲圈和降温用水减少到最低限度,从而减少治理经费,达到把污染源控制在最低限度的目的。

2.无害化原则

选用先进工艺技术,所有污水、粪便必须采用封闭式的厌氧发酵工艺,无毒无味运行,经过一段时间的厌氧发酵,可去除污水中的 COD 约 80%,病毒菌杀灭率达 96%以上,消除蚊蝇滋生地和寄生虫生长的寄生体。

3.资源化原则

有害粪污经过治理，达到变废为宝的目的。粪便治理后可作为果树、蔬菜的有机肥或深加工成有机复合肥。污水、粪水治理经过厌氧发酵所产生的沼液中富含溶解氮、磷、钾的黄腐酸，浓缩后可制成植物叶面有机喷施肥。

4.生态化原则

选用先进处理工艺治理后，将沼渣和沼液分别制成固体有机复合肥和液体有机复合肥，固体有机肥可作为农作物的底肥或追肥，液体有机复合肥可作为叶面肥或滴灌施肥，形成"养殖—能(沼气)—肥料—种植—养殖"生态模式。整个工程是一个可持续发展的生态环保能源工程，注重资源综合开发利用和生态平衡，利用现代科学技术，通过人工设计生态工程，协调发展与环境之间、资源利用与保护之间的关系，形成生态与经济两个良性循环。

(二)发酵工艺方案

沼气发酵工艺是指在厌氧条件下，通过厌氧微生物的活性作用，在处理有机废物的同时，并产生沼气的过程。实践证明，厌氧生物处理工艺不仅可以大量去除可溶性有机物(去除率可达 85%～90%)，还可杀死传染性病菌，有利于防疫。对于规模化养羊场粪污处理而言，厌氧消化、厌氧接触工艺、升流式固体床 USR、升流式厌氧污泥床反应器 UASB、厌氧滤池、厌氧流化床反应器、厌氧塘等均获得了工程应用。本沼气工程着眼于羊场畜禽粪污处理和沼气生产两方面，进入厌氧系统的粪水含固率较高，宜选择升流式固体床反应器(USR)工艺。升流式固体床反应器是一种结构相对简单，适用于高悬浮固体原料的消化器，该工艺采用标准速率消化池的结构(图 4-5)，无须搅拌，体外加热。USR 池内可同时具备消化反应、污泥浓缩和出水澄清等功能。与传统消化池不同的是，USR 采用升流式方式进水，原料从底部进入消化器内，高浓度的污泥沉积在反应器的底部，在进料时置换出去的是上部含固量较少的清液，靠污泥的自然沉淀作用，从而在一定程度上加大了固体停留时间，使得固体停留时间远远超过水力停留时间，从而提高了固体有机物的分解率和消化器的效率。

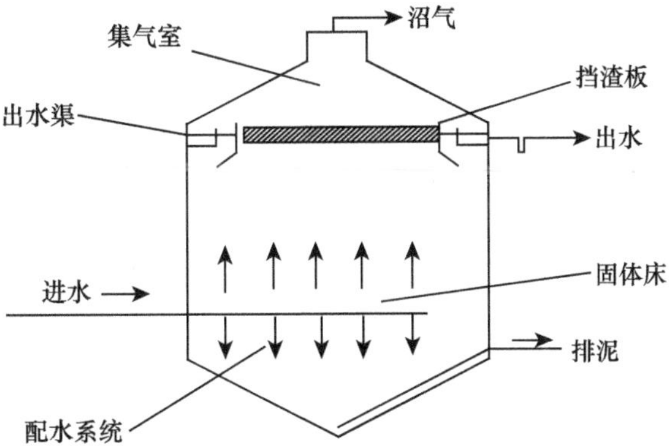

图 4-5　USR 反应池工艺示意图

鄂尔多斯农牧业现代园区沼气工程平面布置图及效果图见图 4-6。

图 4-6 鄂尔多斯农牧业现代园区沼气工程平面布置图及效果图

本项目采用升流式固体床(USR)中温厌氧发酵工艺，主要工艺流程如图 4-7 所示。

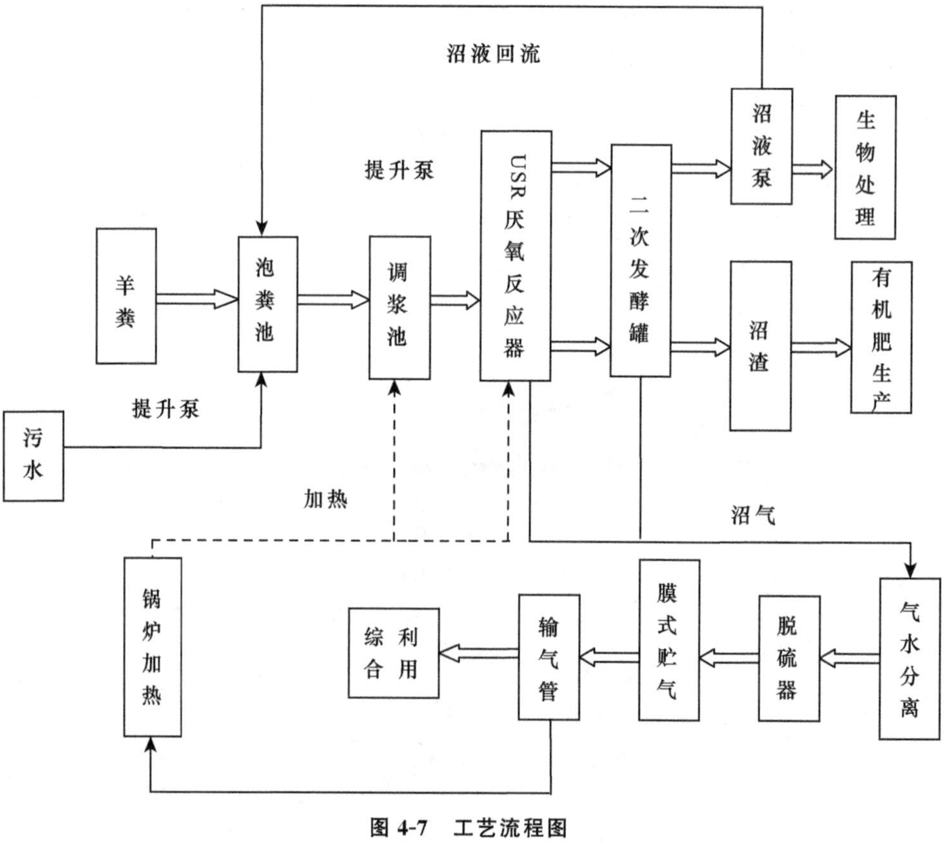

图 4-7 工艺流程图

1.预处理

养殖场的全部废水通过管道由场区自流进入集粪池内，部分废水直接泵入调浆池与粪污混合，调浆池用来化粪和沉砂，并设置格栅清除浮草。利用搅拌机混合均匀，使其干物质浓度维持在6%左右。利用切割泵将混合液泵入调节池，调节物料、流量。

2.厌氧反应器

USR中温厌氧反应器单池容积500 m^3，采用2个发酵罐，出液采用溢流方式，利用水头压力自行排渣，水力停留时间15 d。

3.沼气的贮存

鉴于美观性与安全性，同时考虑到湿式气柜冬季防冻问题，选用德国高分子双层膜囊干式常压气柜。沼气经脱水、脱硫塔后，进入600 m^3 的常压干式膜囊储气柜一座。储气柜用于调节产气和用气平衡，出气经调压箱调压后输送到用户。

气柜的静压力设计不高于400 mm H_2O柱，保证在高峰用气时，5 km范围内，灶前压力不低于80 mm H_2O柱；在非高峰用气时，不会因压力过高而造成熄火或损坏煤气计量表。

4.加热保温

USR采用中温发酵，利用热水锅炉实现冬季保温，并配有温控监测系统，以维持USR反应器的中温发酵温度。

(三)产出计算

1.产气量计算

每1 kg干粪产生0.25～0.35 m^3 沼气，设计取0.25 m^3；

产气量＝3.6 t×1 000×0.25＝900 m^3。

2.沼渣及沼液产量计算

干沼渣：3.6×(1－0.7)＝1.08 t/d；

经固液分离池后湿沼渣含水率：85%；

湿沼渣产量：7.2 t/d；

沼液量：52.80 t/d，回用26.80 t/d以稀释发酵原料，沼液肥料产量26.0 t/d。经浓缩后可减少到12～15 t/d。

四、沼渣沼液综合利用

沼气生态农业把种植业、养殖业、能源和农业环保有机地连接为一个整体，达到生物质良性循环，形成无污染、无废料的农业体系。养殖业和种植业以沼气为纽带，紧密联系在一起，形成一个完整的循环体系，使之达到多业结合，集约经营。这种循环体系采用先进的生产技术，达到高度利用有限的土地、劳力、时间和资金等，以获得高利益的增加。

羊粪中含有大量的病原体，往往造成环境污染。沼气工程实施后，粪便经过沼气发酵后达到无害化，可以防止粪便污染环境；减少对土壤的污染，消灭蚊蝇滋生场所，切断了病原体的传播途径；工程产生的沼气、沼液和沼渣可以在农村就地利用，解决农村的燃料及肥料的实际问题。因此，沼气发酵处理粪便，净化了环境，减少了疾病，大大改善了农村的卫生面貌，提高了农民的健康水平。

(一)沼气利用

沼气是一种混合可燃气体，其成分不仅取决于发酵原料的种类及其相对含量，而且随发酵条件及发酵阶段的不同而变化。沼气的主要的成分是CH_4和CO_2，还含有少量其他气体，如H_2、H_2S、CO、N_2和O_2，以及除甲烷外的其他碳氢化合物(C_mH_n)。沼气是一种优质能源，沼气中含有60%左右的甲烷，燃烧后基本上是CO_2和水蒸气，其热值约为37.84 kJ/L，可作为生活燃料、生产原料、生产用能或用于发电；沼气还可以用于蔬菜大棚或温室内的气体施肥，提高产量，或用于粮食、水果的贮藏保鲜，提高保存时间。

一个三口之家日用沼气1.5～2.0 m^3即可满足餐饮需要。本项目沼气工程的用途为：

(1)50 m^3/d沼气可常年供给农牧生态科技示范园内100位职工及观光游客炊事使用。

(2)沼气站内使用沼气灯进行照明，每天消耗量为50 m^3/d沼气。

(3)在每年的4月至10月的7个月中，700 m^3/d沼气可用来供给厂区内职工洗浴使用。可与冬季供暖共用同一热水系统。

(4)在每年的11月至次年3月的5个月中，沼气站自身需要使用200 m^3/d沼气进行加热。另外剩余的600 m^3/d沼气可使用沼气热水锅炉供给园区温室加热使用，供热面积为1 547 m^2。

由以上几种利用方式可知，在农牧生态科技示范园内不论是夏季还是冬季，沼气都得到充分的利用。

(二)沼液利用

从施肥的安全性分析，与粪污直接施用相比，采用沼气发酵技术处理后的沼渣、沼液增加了施用的安全性，沼液中含有氮、磷、钾、钙、铜、锌、铁、B族维生素、赤霉素、氨基酸和酶活性物质，并且经沼气厌氧发酵后，约95%的寄生虫和有害细菌被杀灭。从而恶臭污染减轻、蚊蝇滋生减少、土壤污染程度降低、肠道传染病和寄生虫病发病率普遍降低。因此，发酵后的沼液进行农田施用，可以消除农业生产中单一、超量施用化肥所出现的环境污染和对土壤结构的破坏。

沼液肥用可使土壤疏松，增强土壤保水保肥能力；沼液浸种具有催芽、刺激生长和抗病作用。另外，沼液还可作为无土栽培的营养液，既适合植物的营养要求，又原料来源广、成本低。田间实验证明，沼液施肥对多种作物、蔬菜、果树等都有一定的增产作用，对改善品质、早熟、抗旱、抑制病虫害都有一定的效果。

农业部农村经济研究中心等对江苏省单位农田粪水施用量进行的研究结论表明：①以江苏省一年两季计算，每亩大田每年养分推荐量纯N为40 kg，P_2O_5为18 kg。以满足作物氮素需求为前提计，则每亩每年需干粪1 476.6 kg，或需未经处理的粪水73.8 m^3；以满足作物磷素需求为前提计，则每亩每年需干粪354.1 kg，或需未经处理的粪水17.7 m^3；以满足作物磷素需求为前提计，每亩每年需沼液17.7 m^3。②大棚每亩每年养分推荐量纯N为80 kg，P_2O_5为32 kg，K_2O为60 kg。以满足大棚作物磷素需求为前提，则沼液或未经处理的粪水每亩每年需31.5 m^3；而其中氮量为17.1 kg，钾量为10.1 kg，每亩每年氮素将亏缺62.9 kg，钾素亏缺49.9 kg。可以采用不含磷的化肥补充养分。

1. 沼液施肥方法

沼肥可以作为大田的底肥，在种植农作物前喷施或灌施到大田中。

大棚施用沼液一般以底肥、追肥、喷施的形式，甜瓜每个生长季需追肥 5～6 次；西红柿每个生长季需追肥 2～3 次，育苗阶段不施肥。沼液随浇水时一起灌施，水量与沼液量的比例以(1～3)：1 为佳，也可以根据沼液的浓度适量调整。施用沼肥时应注意秧苗的涨势，及时进行肥量调整。

2. 果树和林地施用沼液

果树主要以追肥的形式，于封冻前、花前、花后、果实膨大期、果实着色期分别浇灌粪水 1 000 kg/棵，沼液含量占 25%～50%。叶面喷施：每次喷施 25%～50%浓度的沼液，一个生长季需喷 7 次左右，每次每棵树喷施粪水总量为 20 kg。林地以追肥的形式进行灌溉，每次水量 500 kg/棵左右，沼液浓度 30%左右。

本沼气工程日产沼液 15 m^3，年产沼液 5 475 m^3。该村目前蔬菜基地面积 200 亩，按每亩年施用沼液量约 31.5 m^3，年施用量 6 300 m^3，该村的蔬菜基地可以将沼液完全消纳，同时还需要其他肥料予以补充。

(三)沼渣利用

主要采用堆肥方式生产有机肥。具体见下面沼渣堆肥处理。

五、沼渣堆肥处理

1. 概述

堆肥项目主要处理园区内养殖区产生的部分粪污和全部的沼渣，设计处理规模为 35.6 m^3/d。物料供应量见表 4-8。

表 4-8　物料供应量

处理物料	数量/(t/d)
羊粪	12.0
沼渣	7.2
辅料	5.76
合计	24.96

采用的堆肥方法为好氧堆肥法。好氧高温堆肥实际上是一个微生物发酵的过程，在这个过程中，有机物料在微生物的分解作用下，变成 CO_2 和小分子的有机化合物(有机质)，实现有机物料的降解，是一个稳定化的过程。同时堆肥物料也聚集大量的热使堆体的温度达到 55℃以上，并且持续一段时间，对病原菌和杂草种子等有杀灭作用，实现堆肥无害化过程。

本项目采用的主要堆肥工艺是条垛式好氧堆肥工艺。好氧堆肥是在有氧条件下，好氧细菌对废物进行吸收、氧化、分解的过程。微生物通过自身的生命活动，把一部分被吸收的有机物分解成简单的无机物，同时释放出可供微生物生长活动所需的能量，而另一部分有机物则被合成新的细胞质，使微生物不断生长繁殖，产生出更多的生物体的过程。

2.工艺过程

(1)原料预处理

目的:原料预处理的目的是调整物料的水分和碳氮比,同时添加菌种以促进发酵过程快速进行。

过程:将主要的有机固体废弃物料和辅料、填充剂等分别加入到各个料斗中,由配料机根据程序按配料比例进行混合,VT生物菌液储存在菌液罐中用小型计量泵加入,添加菌种以促进发酵过程快速进行。各种物料混合后送到搅拌机中充分地搅拌均匀,用皮带输送机输出,再由小型装载机分配到各个发酵槽中。

(2)好氧堆肥

目的:使废弃物中的挥发性物质降低,臭气减少,杀灭寄生虫卵和病原微生物,达到无害化目的。另外,通过堆肥发酵处理使有机物料含水率降低,有机物得到分解和矿化释放N、P、K等养分,同时使有机物料的性质变得疏松、分散,便于储存和使用,达到资源化的目的。

过程:好氧堆肥在发酵槽内进行,在发酵槽底部安装曝气管,由鼓风机通过曝气管强制通风供给氧气,形成好氧发酵环境,避免有机物料在堆肥过程中厌氧发臭(图4-8)。发酵槽采用翻堆机搅拌物料并同时向后移位,氧的供给情况和发酵间保温程度对堆肥的温度上升有很大影响,堆肥周期为10～15 d,堆肥温度可以上升至60～70℃。工艺控制中根据堆肥物料的温度、水分、氧含量等参数的变化,由控制系统开启鼓风机向发酵槽内曝气同时抽出废气。经过一个周期的堆肥,发酵后的含水率大幅度降低(一般<40%),由小型装载机出料转入陈化棚。

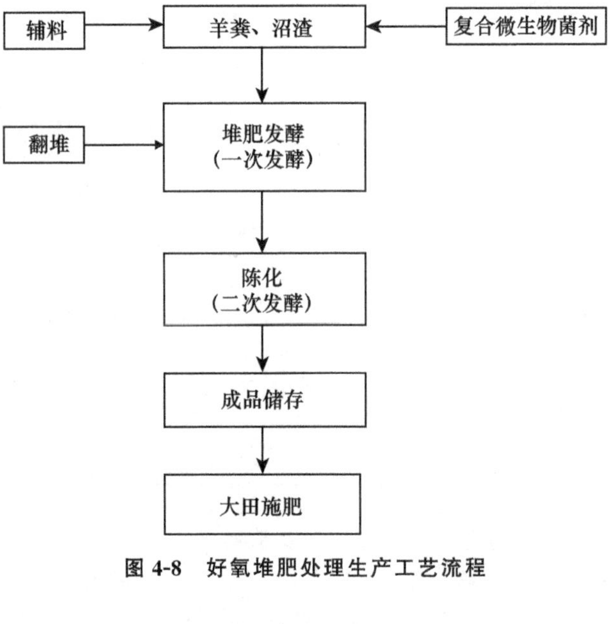

图4-8　好氧堆肥处理生产工艺流程

(3)陈化

目的:经过第一次堆肥发酵后的有机固体废弃物尚未达到腐熟,需要继续进行二次发酵。陈化的目的是将有机物中剩余大分子有机物被进一步分解、稳定、干燥,以满足后续制肥工艺的要求。

过程:堆肥阶段后期大部分有机物已被降解,由于有机物的减少及代谢产物的累积,微生物的生长及有机物的分解速度减缓，发酵温度开始降低，此时用小型装载机将发酵槽内的物料移至陈化棚进行二次发酵。在陈化棚中用小型装载机进行堆垛、翻堆等操作。陈化周期为 15～20 d，堆肥的温度逐渐下降，稳定在 40℃时，堆肥腐熟，形成腐殖质。

(4)成品及储存

目的：堆肥产品还应根据用途进行后期加工储存，本项目中生产的有机肥料主要供园区种植施用。

过程：发酵物料由小型装载机运到成品仓中储存。项目配套了进口大型施肥车一辆，能满足有机肥料的大田施用，在种植季节，用大型施肥车将成品有机肥料运出，进行大田施肥操作。

堆肥场规划图见图 4-9。

图 4-9 堆肥场规划图

六、效益分析

1. 经济效益分析

项目建设总投资 14 000 万元，其中农田基础设施 3 000 万元，现代牧业 2 200 万元，灌溉工程 560 万元，设施农业 1 500 万元，沼气工程 510 万元，堆肥工程 300 万元，太阳能 486 万元，生活服务区 3 200 万元，绿化园林 2 200 万元。

项目建成后年经济效益 5 000 万元，其中，肉羊出栏 15 000 只，向社会提供种羊 2 000 只，年收入可达 2 400 万元；日产沼气 900 m^3，用于大棚灌溉的液肥 26 t，每年可生产生物有机肥 4 100 t；生物有机肥成本 300 元/t，吨售价 500 元/t；则产品年销售收入可达 205 万元，利润可达 82 万元。

2. 环境效益分析

项目建成后可为当地居民提供高品质纯天然有机饲料喂养的肉、羊，解决了粪污对环境的潜在污染威胁，提高了当地的生态环境质量，产生的沼气部分供给园内职工及游客炊事使用，剩余部分可用于沼气灯照明、沼气热水锅炉供给园区温室加热使用等，有机肥料可供 4 000～20 000 亩土地使用。同时可减少农药的投入量，实现污染“零排放”，又可改善土壤的质地，提高作物的产量和抗逆性，改善当地的农业生产环境质量，推动当地生态农业发展。因此，本项目具有较好的环境效益。

3. 社会风险分析

本项目建设将进一步改善当地的环境质量，促进农业增效、农民增收，发挥示范作用，推动生态环境和农业的可持续发展。本项目建设从循环经济的角度，遵循生态养殖、生态经营、生态消费的观念，以商品羊养殖业为基础，以能环工程为纽带，建立起养殖、生物质能、有机肥料、种植共 4 个节点构成的循环经济架构，成为一个现代化高科技的农牧循环示范园；同时又为当地农民提供了具有高科技含量的农资产品；因此他们对项目建设是拥护和支持的，不会产生抵触情绪，社会风险小。

总之，本项目建设与项目所在地发展具有互适应性，项目的实施在产生经济效益的同时将产生显著的社会效益。增加就业机会，城乡互动，加快城镇化进程速度，为企业发展注入新的活力。起到经济发展、社会稳定，人民生活水平提高的积极作用，对于繁荣当地经济也具有十分重要的意义。

第五章 食用菌转化模式与实例

中国是个农业大国，每年产生大量农业秸秆，如何对这些秸秆进行无害化处理或循环再利用是一个主要难题。大部分秸秆种类均可用作栽培食用菌的原材料，这为解决“菌林矛盾”、促进食用菌产业的发展提供了技术支撑。例如，以蘑菇、姬松茸、草菇为代表的草生菌可利用稻麦秸秆栽培，以香菇、平菇、木耳为代表的木生菌也可利用木质素含量较高的秸秆栽培。随着现代农业生产和农村经济建设的发展，劳动力成本快速上涨并向城市集中流动，农村剩余劳动力少，且在我国许多田地因不适宜机械化耕作，农作物秸秆与畜牧业粪便出现了大量剩余和遗弃浪费现象，在我国东南地区尤以水稻秸秆数量最大，同时原有分散多点的家庭秸秆栽培产业迅速萎缩。自 2013 年起，国家鼓励发展家庭农村经济，如何更好地发展农田秸秆菌业，既有利于促进草生菌产业持续发展，又保护了生态环境；既能用于千家万户田园式小规模生产，又能适用于工厂化、集约化产业发展。其关键技术突破在于规范生产模式的推广普及，可为农业增效和农民增收创立一条因地制宜的节林型食用菌产业的道路。

生态循环农业的核心将废弃物变废为宝，提高秸秆资源的利用率。食用菌养殖是循环农业中最典型的连接环节，经过食用菌环节，形成一个多物种共生、多层次搭配、多环节相扣、多层次增值、多效益统一的物质和能量体系，构成农业生态系统的良性循环，并促进生态的可持续性和协调发展。食用菌产业同种植业、养殖业一样，成为现代大农业中的三大基础，三者互补互促，相得益彰，食用菌产业已经成为集高效农业、循环农业、低碳农业和可持续农业特征于一体的现代农业方式，是经济效益、社会效益和生态效益极其显著的新兴产业，它不仅在循环农业中转化农林牧废弃物资源，而且在增加蛋白质供给和增强食物安全保障能力方面发挥重要作用。

第一节 食用菌产业在现代循环农业中的地位和作用

1. 食用菌产业在稳定农业循环体系中具有不可替代的作用

传统农业产业模式是由“作物生产＋动物生产”二维要素构成，这是一种极不平衡的消耗性不可持续的产业发展模式。而在原有的二维生产要素中引入食用菌生产，就形成了由“作物生产＋动物生产＋食用菌生产”三维要素构成的稳定的农业循环体系。这一体系不仅加速了自然界的物质循环、能量循环，更有利于动植物生产副产物的资源化，推进节能减排，保护生态环境。通过食用菌产业发展，将动植物生产副产物作为食用菌生产基质，进入一个新的生产体系中，即可实现生态农业发展目标，降低对生态环境的负面影响。否则，将导致严重的环境污染、健康、安全危害。近几年，我国粮食主产区出现了较为严重的秸秆焚烧现象，引发交通事故，影响道路交通安全；引发火灾，威胁群众的生命财产安全；污染空气环境，危害人类健康；破坏土壤结构，造成农田质量下降等。

2. 食用菌产业成为大农业的重要组成部分

1973年能源危机以后，唤醒了人们对农业、工业废弃物利用的重视，在全球范围内开始利用农作物秸秆、棉籽壳、木屑等废弃物质来栽培食用菌，通过生物转化生产人类需要的优质蛋白质并解决环境污染等问题。在中国，自20世纪80年代以来，随着人工栽培食用菌技术的不断进步和推广，以及国民食品消费结构与层次的改善和提高，人工栽培食用菌迅速发展。中国已成为世界上的食用菌栽培量、加工、贸易最大的国家。2011年全国食用菌生产总量达到257.17万t，产值超过1 400亿元，出口创汇24.07亿美元，目前我国食用菌产值千万元以上的县有500多个，亿元以上县100多个，从业人员达到2 000万人。全国形成了以平菇、香菇、木耳、双孢菇、金针菇为主导，鸡腿菇、滑子菇、茶树菇等30多个规模种植生产的食用菌品种共同发展的格局。截至2011年底，我国食用菌专业合作社已超过4 000家。工厂化生产企业352家，这些企业均为全年生产，每天鲜菇产量达到3 000 t以上。食用菌已跃居我国继粮、棉、油、果、菜之后的第六大农副产品。同时，伴随着品种优良化，栽培标准化和市场品牌化进程，食用菌生产在我国已呈现产业化发展态势，已成为大农业的一个重要组成部分。

3. 食用菌生产促进农业废弃物的循环再利用

食用菌生长的全过程都可以降解利用农业有机废弃物，利用木屑、稻（麦）草、玉米芯、玉米秸、豆秸、棉籽壳等农林产品的有机废料代替段木进行食用菌栽培，不仅节省了木材，还缩短了生产周期，提高了农林产品废弃物资源的利用率，实现变废为宝，利国利民。

食用菌的生产主要以棉籽壳、玉米芯、稻草、木屑以及工业废料（酒糟、醋糟等）为原料，它们主要有纤维素、半纤维素及木质素等组成。这些大分子物质不易被直接利用，故而绝大多数被焚烧或丢弃，造成资源的极大浪费，并污染了环境。当用于栽培食用菌时，食用菌在生长繁殖过程中产生大量的胞外酶和胞内酶，具有较强的纤维分解能力，使它们的结构发生质的变化，可使纤维素降低50%，木质素降低30%，粗蛋白增加6%～7%，粗脂肪增加1倍左右，并利用这些分解产物产生大量可以利用的菌体蛋白（子实体）以及一些有用的代谢产物和生长因子。食用菌收获后剩下的培养基废料（菌渣），仍含有大量菌类多糖、蛋白质、氨基酸和Fe、Ca、Zn、Mg等微量元素及嘌呤、维生素等生长因子，经加工处理又可作为绿色有机肥再作用到农田；或加工生产节粮型饲料，用于鱼、禽、畜喂养；或经过配方调整继续作为原料栽培其他品种食用菌，使废弃物得到“整体、高效、循环、再生”的利用，在获得最佳经济效益的同时，完成农业生态的良性循环。

4. 食用菌产业在循环农业中实现了农菌牧的有机结合

食用菌生产在获得高蛋白子实体的同时，也产生了大量的菌渣，菌渣营养成分含量丰富，可用作食用菌再生产的配料、制作家畜养殖的饲料和垫料、直接还田和生产有机肥、生产育苗基质、作为燃料和沼气发酵底物等，因此通过食用菌生产能够连接植物生产、动物生产、菌物生产，实现农菌牧的有机结合和农业废弃物资源的高值化利用（图5-1）。

根据李玉教授的观点，菌物在自然界属于还原者，在生产者（绿色植物）和消费者（人类、动物）之间搭建物质和能量循环的纽带。同样在大农业生态体系中，食用菌生产以作物生产副产物（秸秆、木屑等）或动物生产副产物（畜粪等）作原料，将其转化为可被人类利用的菌体蛋白和生产废弃物——菌渣；菌渣又可开发作为动物生产系统的饲料，通过动物体转化为可食用的肉

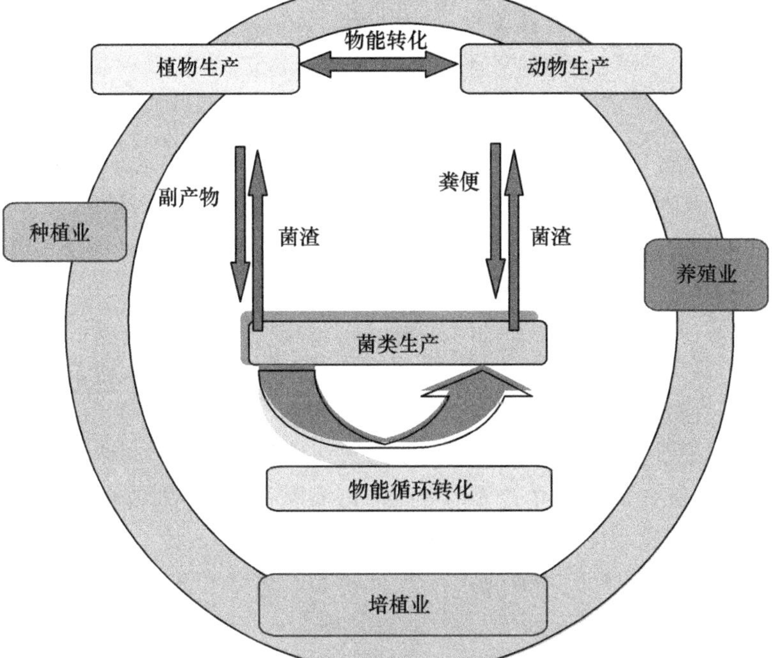

图 5-1　食用菌生态循环农业示意图

类蛋白，实现物能转化和多重经济转化，并形成食用菌生态子系统。正是由于这种独特的生产特性，赋予了食用菌产业在由林业、种植业及养殖业组成的大农业生态体系中“还原者”的重要地位，使其成为农业循环经济中实现原料和能量循环的枢纽，如图 5-1 所示。

这种新型生态农业体系既大大减少农业污染排放，有效降低化肥使用，减少农村污染源，创造农村优质生态环境；又可以实现资源的高效利用，大幅度增加农民收入，真正实现可持续的绿色的农业循环经济。随着食用菌产业的形成和规模逐渐扩大，必将引导资源消耗农业向资源循环利用型农业转化，为推动农业循环经济的发展起到重要作用。

5. 食用菌产业对促进农业增效、农民增收和改善国民膳食结构具有重要作用

食用菌消费量每年以 5%～8%的速度递增，种植食用菌的经济效益是蔬菜的 3～4 倍，是粮食的 10～12 倍，每亩大棚栽培食用菌可以消化 20～30 亩作物秸秆，一年生产两季可收获 15 000 kg 鲜菇，相当于 4.5 亩耕地生产的粮食，形成 6 万元以上的产值效益，说明食用菌产业是建设新农村、发展循环经济中经济效益较高的产业模式。

食用菌产品(干)蛋白质含量在 30%～40%，其在均衡蛋白质营养过程中具有不可替代的作用。如我国每年在进行动植物生产获得粮食和肉蛋奶的同时，会同步产生约 30 亿 t 左右的“废弃物”，如果将这些废弃物资源化，只要将其中的 5%废弃物用于食用菌生产，按照 60%生物转化率进行计算，就可生产 1 800 万 t 干菌(80%含水量)，食用菌中蛋白质含量一般为干重的 35%计算，相当于增加 600 万 t 左右膳食蛋白，这个数值相当于每年增加约 1 200 万 t 瘦肉，或 1 800 万 t 鸡蛋，或 7 200 万 t 鲜牛奶蛋白质含量，同时食用菌产品还富含维生素、膳食纤维、氨基酸。按照国家统计局 2011 年 4 月 29 日公布数据，2010 年全国 13.4 亿人口计算，相当

于全国人均消费食用菌 17 kg，奠定了“一荤、一素、一菌”健康科学饮食模式的推广基础。由此看来，中国的食用菌产业必将在国家食品安全体系中发挥重要的作用。但是，目前中国人均食用菌消费量在 1.0～1.5 kg/年，仅为发达国人均消费量的 30%～50%，还有很大的拓展空间。

第二节　农菌牧循环模式的主要类型

1. 秸秆-食用菌-菌渣-堆肥/有机肥-种植业模式

目前农业生产中化肥的大量生产和使用危害着生态环境平衡和人类健康。食用菌菌渣中有机质含量高，各种速效性养分齐全，菌丝在生产过程中分泌的一些生物活性物质，能够分解复杂的有机物，抑制部分土传性病害，促进植物生长。而且菌渣质地疏松，有较好的持水能力，在土壤中可进一步分解成具有良好通气蓄水能力的腐殖质，可有效改良土壤。菌渣堆肥或菌渣商品有机肥作为一种化学肥料代替品是极具潜力的生物肥料。

测定了十余种工厂化和农户菌渣的营养成分，有机质含量在 30%～75%，总养分含量($N+P_2O_5+K_2O$)除以木屑为主料的菌渣的养分含量稍低外，其余菌渣的总养分含量都在 3.0%～5.5%。以工厂化金针菇的菌渣为主要原料，与其他辅料复配生产出符合国家标准的菌渣有机肥(养分含量 5%)，并在油菜、花生、棉花、生姜、番茄等作物上开展了肥效试验。种植油菜：每亩使用菌渣有机肥 300 kg，15∶15∶15 复合肥(下同)25 kg，化肥和菌渣有机肥都做底肥使用，比农民习惯施肥(每亩单施用化肥 50 kg 做底肥)显著增产，增产幅度为 24.6%，增收 21.5%。种植花生：每亩使用菌渣有机肥 500 kg，复合肥 20 kg，化肥和有机肥都做底肥，与农民习惯施肥(每亩单施用化肥 40 kg 做底肥)相比，每亩增产 16.2%，增收 0.8%。种植棉花：底肥每亩 200 kg 菌渣有机肥，12.5 kg 复合肥，追肥 20 kg 复合肥，比农民习惯施肥(底肥每亩 25 kg 复合肥，追肥 20 kg 复合肥)显著增产，每亩籽棉增产 8.2%，增收 5.5%。种植生姜：每亩施用 300 kg 菌渣有机肥配合化肥减量施用，相比农民习惯施肥产量有所下降，但每亩可增加收益 74.9 元，增收 5.2%。种植番茄：底肥每亩施用 700 kg 菌渣有机肥替代农民常规的 1 000 kg 鸡粪，每亩产量可提高 4.5%，效益增加 5.2%，适当增施菌渣有机肥，减少化肥用量，仍然可以获得较高的产量。

菌渣又可通过发酵生产菌渣堆肥，具体方法如下：建梯形条垛发酵堆，堆底宽 1.5～2.0 m，高 0.8～1.2 m，长度不限。在料堆上每隔 30 cm 打一直径 6 cm 的垂直通气孔。当最高堆温升到 60℃左右时，保持 3～4 d 开始翻堆，翻堆时要求均匀全面，并补充水分。重新建堆后，当最高堆温再次升到 60℃左右时，每隔 3 d 翻堆一次。依次翻堆，当最高堆温不能升到 50℃时，料堆表面覆盖薄膜，隔 7～10 d 翻堆一次。当最高堆温不能升到 40℃，料呈深褐色或黑褐色，且无异味时，发酵即可结束，摊堆备用。有研究表明，菌渣堆肥种植番茄，底肥每亩施菌渣有机肥(工厂化食用菌菌渣堆肥)1 000 kg，高钾复合肥(16-8-18)74 kg。追肥方式为浇水时冲施复合肥(16-8-18)，每次 50 kg/亩，整个生育期冲施 4 次。每亩比习惯施肥增产 2.5%，增收 1.9%。菌渣堆肥种植生姜，底肥每亩施菌渣有机肥 1 000 kg，尿素 20 kg，二铵 24 kg，硫酸钾 24 kg。苗期、分枝期和膨大期分别施(18-9-18)配方肥 32 kg、48 kg 和 24 kg。每亩比农民习惯施肥增产 1.3%，增收 11.8%。而且对改善土壤理化性质、提高土壤肥力、降低病虫方面都具有很好的作用。

2. 秸秆-食用菌-菌渣-生物饲料-畜禽业模式

食用菌的多数栽培基质或因蛋白质含量较低，或因粗纤维含量过高，导致了其可饲用性能较差，严重制约了畜禽对营养物质的消化吸收，所以通常很少或根本不作为畜禽饲料，但经过多种微生物的发酵作用和食用菌的分解作用，纤维素、半纤维素和木质素等均被不同程度的降解，同时还产生了大量的菌体蛋白、多种糖类、有机酸类、多种活性物质，这样不仅增加了基质中有效营养成分的含量，而且提高了营养物质的消化利用率。据报道，各种食用菌的培养基经降解后木质素可降解 30%左右，粗纤维降低 50%左右，而粗蛋白质可提高 20%～50%，脂肪含量增加 1～5 倍。有研究表明，金针菇菌渣营养成分粗蛋白质含量达到了饲料用玉米、小麦、小麦麸的标准要求。粗纤维含量与饲料用小麦麸的标准接近。而且金针菇菌渣的粗脂肪、粗纤维、粗灰分、钙、磷等也达到了肉兔和生长肥育猪的饲料标准。金针菇菌渣氨基酸齐全，其中许多氨基酸的含量都与玉米中氨基酸含量接近，氨基酸总量与玉米也较接近。其中赖氨酸含量较饲料标准略低，蛋氨酸和苏氨酸含量与饲料标准接近。因此经适当加工处理后可替代部分饲料用粮与其他饲料进行科学配比生产饲料。

相关研究，以工厂化金针菇菌渣为主料制备肉兔、肉羊、奶牛菌渣饲料并开展饲喂试验。菌渣饲料养兔：添加比例为玉米 21%，金针菇菌渣 19%，豆粕 19%，磷酸氢钙 1.5%，食盐 0.5%，兔用预混料 1%，花生秧粉 38%，蒙脱石粉 0.2～0.5 g/kg。用于养兔料肉比为 2.93，即生长 1 kg 兔肉，需消耗饲料 2.93 kg，与对照组相比，每生产 1 kg 兔肉，少消耗饲料 0.57 元。菌渣饲料养肉羊：精料添加比例为玉米 58%，豆粕 9%，菜粕 6%，菌渣 16%，预混料 5%，按精料 30%∶苜蓿草粉 40%∶干草 30%配比配成全价料喂养肉羊，平均日增重高于对照组 16.58%，效益提高 14.08%。菌渣饲料养奶牛：精料配方为玉米 50%，菌渣 15%，豆粕 14%，棉粕 13%，DDGS 8%，枣 9%，大豆皮 8%，食盐 1%，小苏打 3%，磷酸氢钙 1.5%，石粉 1.5%，预混料 1%，将 9 kg 精料与 27 kg 青贮玉米和 3 kg 羊草混匀，制成全价饲料饲喂。与对照组相比，奶牛产奶量和乳脂率差异不大，每日每头牛增加经济效益 4.53 元，增效比例为 8.84%。

3. 秸秆-食用菌-菌渣-养殖垫料-无害化处理/沼气-还田模式

发酵床生态养殖技术是一种新型的环保养殖技术，畜禽在铺有锯末、稻壳和微生物的发酵床垫料上生长，畜禽粪污被垫料中的微生物分解，畜禽舍无臭味，对环境无污染。我国森林资源缺乏，锯末、稻壳等垫料原料供应紧张，导致发酵床垫料成本上涨，制约了发酵床养殖技术的进一步推广，需要寻找锯末、稻壳的廉价替代原料。许多食用菌的栽培原料也含有一定量的木屑，菌渣作为垫料来制作发酵床，研究报道不多，其配方配比、生态作用、制作及发酵工艺等均需要开展系统试验工作，相对于以木屑和稻壳为主料的发酵床，菌渣的纤维素、木质素部分已经被食用菌降解，菌体蛋白及小分子物质含量丰富，透气性好，便于发酵床中的微生物活动，可用于制作发酵床。清床后的垫料中有可能存在病原菌、虫卵及其他有害物质，可以通过发酵进行无害化处理还田，也可以利用沼气池产气，增加循环链条，并防止有害物质的直接排放。

选用以木屑为主料的工厂化金针菇菌渣，开展菌渣垫料堆积发酵试验和菌渣发酵床养雏鸡试验。金针菇菌渣和稻壳组成不同配比进行堆积发酵试验，各配方的堆积垫料最高温度都达到或超过 60℃，表明菌渣与稻壳配伍可以用于发酵床养殖，菌渣在发酵床中的用量以 40%～60%为好，玉米面和发酵床菌种的添加量分别为 2.0 kg/m^3 和 200 g/m^3。按 25%菌渣，25%锯末、50%稻壳、2.0 kg/m^3 玉米面、150 g/m^3 发酵床菌种制作发酵床饲养雏鸡，结果表明，垫料表面及垫料 10 cm、20 cm 深处的温度逐渐增加，菌渣发酵床的保温效果明显优于常规组。菌渣发酵床的雏鸡平均体重、每天增重、每天的采食量和料肉比与常规的发酵床养鸡无明显差别，饲养效果基本一致。计算成本，菌渣组垫料成本为 74.7 元/m^3，与常规相比降低 10.75%。清床后的废垫料因含有大量的菌体蛋白和畜禽粪便，经过无害化处理更适合生产堆肥或加工成商品有机肥。

4. 秸秆-食用菌-菌渣-二次种菇-堆肥/有机肥-种植业模式

不同种类的食用菌对培养料的利用程度不同，有些培养料栽培完食用菌后仍具有丰富的营养成分，特别是工厂化栽培的食用菌，由于只收 1 潮菇，其他的营养物质并没有消耗殆尽，还有充分的利用价值，晒干粉碎后添加到新料中可用来栽培其他食用菌。食用菌采收之后，有大量的菌丝体和有益菌留在了菌棒上，并且在菌丝生长过程中通过酶解作用产生了多种糖类、有机酸类、酶和生物活性物质，因此菌渣中含有丰富的蛋白质、纤维素和氨基酸等，还含有铁、钙、锌、镁等微量元素，营养成分含量丰富。目前报道的利用菌渣栽培的食用菌品种有鸡腿菇、草菇、平菇、香菇、秀珍菇、茶树菇、金福菇、榆黄蘑等，效果很好。利用菌渣再次栽培食用菌可部分替代棉籽壳、阔叶木屑、玉米芯等，拓宽了食用菌培养料来源，降低生产成本，二次种菇后的菌渣可直接沤制肥料或加工成有机肥。食用菌栽培料的种类和降解利用程度有关，不同种类菌渣的理化性能与物质成分也各有特点，因此在菌渣种类和添加比例选择上应通过研究进一步规范。

以工厂化金针菇、真姬菇和杏鲍菇菌渣为原料开展栽培金福菇、榆黄蘑、秀珍菇、鸡腿菇、平菇、姬菇等试验，结果显示：①以工厂化金针菇菌渣为主要基质进行了袋栽秀珍菇配方试验，不同配方上秀珍菇长势均良好，在菌渣含量一定的情况下，随着培养料中棉籽壳含量的增加，秀珍菇的产量也逐渐增加，最优配方组合是：金针菇菌渣 60 kg、棉籽壳 30 kg、玉米芯 10 kg、蔗糖 1 kg、石膏粉 1 kg，成本较对照降低约 26.9%，产量也高于对照。②以工厂化金针菇菌渣为主要原料，筛选获得了 1 个栽培金福菇的科学配方（工厂化金针菇菌渣 60 kg、棉籽壳 40 kg、麦麸 5 kg、过磷酸钙 1 kg、石灰 2 kg、石膏 1 kg，磷酸二氢钾 1 kg)，生产成本降低 28%，产量比常规棉籽壳配方提高 25%，而且转潮期明显缩短。同时筛选获得了 1 个栽培榆黄菇的科学配方（工厂化金针菇菌渣 40 kg、棉籽壳 60 kg、麦麸 5 kg、过磷酸钙 1 kg、石灰 2 kg、石膏 1 kg、磷酸二氢钾 1 kg)，生产成本降低 18.49%，产量与常规棉籽壳配方无明显差异，转潮快。③确定了工厂化金针菇菌渣（主料木糖醇渣）栽培平菇时，菌渣的添加量不能过高，应控制在 30%以下。④筛选出工厂化真姬菇菌渣栽培金顶侧耳的适宜配方：菌渣 40 kg、木屑 60 kg、棉籽壳 10 kg、麦麸 10 kg。用此配方栽培平菇菌丝吃料快，长速快，污染率降低，生物学效率达到 137.8%，高于常规对照 6.9%，成本显著降低。⑤筛选出工厂化金针菇菌渣培养料栽培鸡腿菇的适宜配方：金针菇菌渣 64 kg、玉米芯 25 kg、麸皮 5 kg、熟石膏粉 1 kg、过磷酸钙 1.5 kg、生石灰 3.5 kg。用此配方栽培鸡腿菇时发菌质量高，生长速度快，病杂菌少，出菇早，子实体单菇重，生活力强，总生物转化率达 108.0%，比酒糟培养料提高了 13.3%。⑥以工厂化杏鲍菇菌渣为主要基质，与棉籽壳等配制成不同的组合进行袋栽姬菇试验，以纯棉籽壳为对照，结果培养料中随着杏鲍菇菌渣含量增加，姬菇生长速度和产量逐渐提高，说明杏鲍菇菌渣可以替代部分棉籽壳用于姬菇栽培，在菌渣含量 75%的水平时产量最高，比对照提高 17.24%，发菌期缩短 5 d。二次种菇后的菌渣又可加工成商品有机肥或建堆发酵生产堆肥。

5. 秸秆-食用菌-菌渣-沼气(燃料)+沼液沼渣(肥料)-还田模式

菌渣中含有丰富的有机物质,原料经食用菌分解后形成较多的小分子水解物,这些物质容易被沼气微生物利用,此外菌渣中还含有铁、钙、锌、镁等生长因子,能促进微生物生长,因此菌渣可以作为沼气生产的一种良好原料。剩余的沼液和沼渣又可作为有机肥还田。

用玉米芯为主料的菌渣进行沼气厌氧发酵试验,分析了不同碳氮比、不同接种量、预处理方法、pH 和搅拌对菌渣产气量的影响,结果表明利用菌渣生产沼气是可行的,菌渣添加量控制在 80%～90%,少添加人畜粪便,特别适合无畜禽养殖地区应用。菌渣的发酵效率高,产气量稳定,沼气产量与以畜禽粪便为原料的沼气池产气量相比差别不大或稍高,应用于户用沼气池可满足农户生活用气需求。沼液和沼渣可直接施到田间或分离浓缩制肥后使用。具体方法如下:将菌渣打碎成粒度均匀的颗粒,充分浸湿后用 10%的氨水浸泡 20～24 h,氨水用量为 150～200 kg/t 菌渣,浸泡期间每隔 2～3 h 搅拌 5 min,浸泡后用水清洗菌渣至 pH 为 7.5～8。再将处理后的菌渣进行堆沤,按一层菌渣、一层猪粪或牛粪堆放,沼气菌剂加水溶解后均匀加入料堆中,料堆上覆盖塑料布,堆沤时间为 5～10 d,期间每隔 1～2 d 进行一次翻堆。最后将发酵原料投入户用沼气池或厌氧反应器中,原料投量为 80～100 kg/m^3 池容。沼液和沼渣可直接施到田间或分离浓缩制肥后使用,可以增加土壤有机质的含量,促进土壤微生物的均衡生长,提高土壤酶活性和土壤呼吸强度,还可起到防治病虫害、增加产量、改善品质的作用。

6. 秸秆-食用菌-菌渣-育苗/栽培基质-种植业模式

草炭土是一种矿物质,属于不可再生资源,目前在栽培基质中广泛应用,成本高。菌渣容重小,疏松且通气性好,总孔隙和持水孔隙大于草炭,且与草炭相比,菇渣中的速效磷、速效钾含量更高,不但能够确保水分和空气的供应,还能不断释放养分,促进根系生长,是替代草炭土做育苗基质的很好原料。据报道,种植花卉时,把菌渣与肥土混合后堆肥发酵,也可起到改善土壤结构、提高通气性及保水持水能力的作用,使花草枝繁叶茂,降低成本。

菌渣作为育苗基质最大的问题是 EC 值过高,淋溶处理可降低菌渣中的含盐量。利用淋溶处理后的菌渣开展了黄瓜、南瓜和茄子的育苗培养试验,设 6 个处理,对照配方为草炭土∶蛭石∶珍珠岩=6∶1∶3,其余 5 个处理分别用菌渣发酵料替代草炭用量(体积比)的 20%、40%、60%、80%、100%,结果表明,用于黄瓜育苗使用 40%～60%的替代比效果最好,用于南瓜育苗使用 60%的替代比效果最好,用于茄子育苗替代 80%草炭土的效果最好,黄瓜、南瓜和茄子苗的株高、地上部干物质、地下部干物质都有了全面的提高。目前正在开展更详细、更深入的研究,包括菌渣快速简便的降盐措施,菌渣做栽培基质的发酵工艺和参数指标筛选,研制适宜不同作物生长的基质配方和加工工艺等。

7. 秸秆-食用菌-菌渣-生态修复材料-农业生产模式

菌渣的一个重要利用方面是对生态环境的修复作用,菌渣中含有大量的菌丝体,具有较高的漆酶活性。可用于护坡基质材料;菌渣对土壤的修复作用也非常明显,能够明显改善微生物多样性和酶活性,在培肥土壤和土壤结构中发挥特有作用,在增加土壤中各种微生物数量的同时,增加了土壤的有机质含量和肥力;菌渣堆肥可用来降解被石油污染的土壤,降低有毒物质;菌渣也可用作印染废水处理填料、人工湿地的填料。目前这些方面的研究国内较少,开发前景广阔。

近年来，以食用菌生产为纽带循环利用农业有机废弃物已取得了显著进展，在利用食用菌转化农业废弃物的同时，实现菌渣的综合利用才能更好地符合农业废弃物循环型农业的循环利用与资源化、多级利用与产业链延伸、产业化与价值增值的基本原则。在菌渣资源化利用方面文中列举了菌渣的肥料化、饲料化、垫料化、能源化、基质化以及食用菌再生产原料等方面的应用，并构建了多种农业循环模式。此外菌渣还有其他方面的应用，比如活性物质的提取、生态修复材料等，今后菌渣利用研究将会越来越深入。通过农业废弃物栽培食用菌和菌渣综合利用途径，将农业废弃物利用与生态养殖、无公害种植、加工增值和产业化服务有机衔接，建立闭路循环工艺，形成多级利用和循环利用相结合的农业废弃物循环型农业模式，延长了农业废弃物利用的循环链条，经济、生态和社会效益明显。

第三节　秸秆利用与农菌牧循环模式的实践

1. 山东做法

山东省是一个农业大省，是我国重要的粮食主产区，也是秸秆资源最丰富的省份之一。据统计，2010 年，山东省农作物播种面积 16 146 万亩，粮食产量 4 260 万 t，秸秆总量 7 506 万 t。其中小麦播种面积 5 288 万亩，秸秆产量 2 441 万 t；玉米播种面积 4 311 万亩，秸秆产量 2 530 万 t；棉花播种面积 1 332 万亩，秸秆产量 496 万 t；水稻播种面积 196 万亩，秸秆产量 146 万 t；花生播种面积 1 200 万亩，秸秆产量 366 万 t；大豆播种面积 261 万亩，秸秆产量 110 万 t；薯类播种面积 339 万亩，秸秆产量 196 万 t；瓜菜播种面积 2 975 万亩，秸秆产量 1 084 万 t；其他农作物播种面积 244 万亩，秸秆产量 137 万 t。按照《全国新增千亿斤粮食生产能力规划》和《山东省千亿斤粮食生产能力建设规划》的目标要求，到 2015 年，全省粮食产量预计达到 950 亿斤，仅此一项，就可新增秸秆 640 万 t。随着科学技术的不断进步，复种指数将进一步提高，其他农作物的播种面积和秸秆产量也会持续增加，预计到 2015 年，山东省的秸秆总量将达到 8 500 万 t 左右，秸秆资源量大，利用潜力十分可观。

传统上，秸秆主要作为人们日常生活所需的燃料、畜禽饲料和沤制肥料原料。近年来，秸秆利用方式发生了很大的变化，用作燃料的秸秆数量大幅度减少，秸秆沤肥还田率也显著降低。目前主要的几种利用方式是：秸秆直接还田约占 6.89%、过腹还田约占 14.89%、沤肥约占 13.33%、农村生活用能约占 11.89%、食用菌栽培约占 1.25%、工副业生产原料约占 7.78%，仍有 40%左右的秸秆得不到有效利用，秸秆直接焚烧仍然占很大比例，导致环境污染，影响交通安全。因此，秸秆的多渠道、多模式综合利用将秸秆资源化，进一步提高秸秆的利用率，被列入山东农业生产实现可循环和可持续发展的一项重要工作，食用菌循环经济产业的发展存在着巨大的空间。

为保障山东食用菌产业健康、科学、持续发展，山东省农业科学院农业资源与环境研究所承担了国家食用菌产业发展科研体系一系列科研项目，把研究食用菌废菌渣的循环利用作为一项重要课题研究，为我省食用菌循环经济产业的发展提供力强有力的科技支撑。

多形式、多渠道、多模式实现秸秆高效利用：一是充分利用丰富的棉籽壳、棉秆、玉米芯、麦秸等农作物秸秆资源生产食用菌高产栽培料，利用食用菌菌渣发展水产类养殖产业，如此实现了棉粮种植-食用菌培植-水产养殖（棉花-双孢菇-水产类）的科学循环产业链条，相互依存，共同发展。二是利用果树枝条、桑树枝条种植香菇。我省是林果业和桑蚕业大省，每年修剪大量的果树枝条和桑蚕枝条。通过调整和优化配方，利用枝条种植香菇，再将完成了出菇使命的香菇菌棒经过腐熟发酵形成有机肥还原到果树下。将果树枝条在果园内反复利用，既提高了果品质量，降低了果农的生产成本，也为食用菌生产开辟了一条新的资源渠道。三是引导、鼓励工厂化种植企业，增加有机肥生产车间，利用工厂化种植产生的废菌包生产有机肥料还田，不仅提升了企业的功能，提高了经济效益，延长了秸秆转换链，还为社会增加就业机会，实现了社会效益和经济效益双丰收。四是将工厂化生产的废旧菌包再次出菇。在冠县建立了白灵菇和灵芝搭配周年种植食用菌示范与推广点。这样一来，菇农既回避了白灵菇菌包制作的技术风险，节省了成本，同时增加了经济效益，提高了设施的利用率。出菇后的白灵菇菌包继续作为有机肥还田。此模式为探讨食用菌循环经济产业的发展开辟了一条新的路径。同样的模式在邹平建立了杏鲍菇二次出菇示范与推广点。五是将废菌包压制成木炭，用作火锅餐饮的燃料。通过引进技术和设备，把出菇后的废菌包采用专业的技术，压制成木炭用作燃料。制成的木炭几乎没有烟，热值基本达到 5×10^{6} cal，非常适合做涮火锅的燃料，既解决了餐馆烟尘污染就餐环境难题，又保障了就餐者的身体健康。

2000 年，山东省农业厅专门成立了山东省食用菌工作站，负责全省食用菌全面工作。通过十多年食用菌产业的发展，形成科学的食用菌产业链，不仅促进了山东大农业循环经济的发展，也促进了食用菌循环经济产业的可持续发展，进一步推进了全省大农业循环经济的发展。在山东食用菌循环经济产业的发展中，涌现出了许多充分利用食用菌高效转化农作物秸秆、促进当地经济发展的典型地区和企业，为促进山东现代农业的发展提供了宝贵的经验。

(1)山东省邹城市的经验。山东邹城市坚持把食用菌产业作为转变经济发展方式、发展现代农业的战略工程来抓，通过构建“公司＋基地＋合作组织＋农户”的发展模式，形成了政府引导、市场运作、龙头带动、科技支撑、全市上下共同参与的良好局面。自 2002 年开始，邹城市充分发挥当地的资源和产业优势，大力实施优先发展食用菌战略。经过十年的发展，邹城市食用菌发展由最初的单一品种平菇，发展了到包含有双孢菇、白金针菇、大球盖菇、杏鲍菇等多种菇类，形成多种类菇共同发展的产业格局。栽培面积发展到 600 多万 m^2，食用菌从业人员 50 000 余人。食用菌种植由过去低档菇棚的栽培模式发展到以智能温室为主的现代化高档栽培，同时以标准化中档栽培和低档栽培等多种栽培模式并存情况；规划建立了平阳寺食用菌高科技示范园 1 180 亩，设立了良种繁育、栽培示范、产品加工、技术培训 4 个区域，具备了集科研开发、优良菌种繁育、品牌产品加工、科技成果推广、栽培技术培训和技术信息服务六大功能。

截至目前，该市已发展华源食品、普泰贝尔、绿山园科技、友和菌业等一批省市级重点龙头企业。据统计显示，全市食用菌生产加工企业及合作经济组织已经发展到 49 家，其中工厂化、智能化的生产加工企业 27 家，食用菌种植面积达到 696 万 m^2，年产鲜菇 12.6 万 t，产值 11 亿元，种植户人均收入 9 600 元，年创汇 3 000 万美元。食用菌生产主要以双孢菇、杏鲍菇和金针菇等产品的工厂化生产。原料以麦秸、鸡粪等为主。前些年生产的下脚料在厂区外随便堆积，这几年新上了鲁青种苗和一部分有机肥企业，将菌渣加工成栽培和育苗基质、菌渣有机肥。集盛食品有限公司，是一家食用菌工业化种植与深加工企业，该公司引进玉米秸秆粉碎打捆机，将玉米秸秆粉碎后制作成食用菌菌包，食用菌收获后，菌包中的秸秆也发酵成了上好的有机肥料，该公司利用秸秆养菇，又把秸秆变成肥料过腹还田，年可消化农作物秸秆 20 万 t，又可生产有机肥 20 万 t，通过作物秸秆发酵、食用菌生产加工、废料生产有机肥料的再利用，形成完整的生态循环链条。利马菌业年消耗 5 000 t 农业废弃物生产食用菌，还利用食用菌下脚料与兖州客户联合生产有机肥，并尝试利用菌渣生产平菇、鸡腿菇和双孢菇等。

(2)山东芳绿公司的经验。山东芳绿农业科技有限公司是一家集秸秆栽培珍稀食用菌工厂化生产、产业化带动、食用菌特色餐饮、科技推广于一体的高科技现代农业产业化示范企业，主要从事工厂化生产菌种、菌袋、鲜菇及菌肥加工、销售。形成“企业＋专业合作社＋标准化生产基地＋农户”的产业化经营模式，企业发挥优势把资源、技术、人才、信息等生产要素引入农业农村，把高效生态农业示范园区建成了农业生产要素集聚区、优质安全农产品的生产区。5 年多的时间里，芳绿农业科技有限公司带动了邹平周围乡镇 10 000 多个农户，实现增收 5 亿多元，先后荣获全国休闲农业与乡村旅游五星级企业、全国“十佳”休闲农庄、全国科普惠农兴村先进单位、全国青少年农业科普示范基地、全国食用菌行业优秀龙头企业、农业产业化省级重点龙头企业、山东省村企互动示范单位、省级农产品加工骨干企业等 30 余项荣誉称号。主导产品被认定为“山东省著名商标”“绿色食品”。

2009 年 10 月 17 日，当时的中共中央总书记、国家主席、中央军委主席胡锦涛亲临公司视察，对企业发展前景、带动农民致富给予了高度评价，并勉励企业：“继续加大科技投入，切实搞好生产经营，为农民群众走向市场架起桥梁，帮助更多乡亲增收致富奔小康”。

近年来，芳绿公司以“加大科技投入、振兴蕈菌产业、发展循环经济、带领百姓致富”为己任，大力实施产业带动，引导食用菌栽培由传统生产向现代产业化模式转变，引领了黄河三角洲地区食用菌产业的迅猛崛起。2012 年投资近 2 亿元建设了“年产 1.2 万 t 双孢菇工厂化生产基地”，利用农作物秸秆、牛粪、鸡粪，经过三级发酵工艺，采用荷兰技术工艺、西班牙种植技术，对双孢菇生长需要的温、湿、气进行智能控制，使原料最大限度地发挥出了潜能，每平方米鲜菇产量由传统生产 15 kg 左右提高到 25～35 kg，带动示范基地建设智能菇棚 400 个，从而改变目前我国双孢菇生产相对落后的现状。年产 6 万 t 的菌渣有机肥厂也顺利投产，促使企业和示范基地产生巨大的经济效益和社会效益。形成了完整的高效循环经济产业链，既利用秸秆及农业废弃物栽培食用菌，出菇后的袋装菌渣经发酵添加有机质后栽培草腐菌，二次利用出菇后的菌渣生产菌肥，菌肥是优良的土壤改良剂，可提高农作物的产量和品质，丰收后的农作物又为食用菌栽培提供了充足的原料。

利用废弃的农作物秸秆生产食用菌，发展绿色循环经济，是国家倡导鼓励，群众显著受益的庞大工程。芳绿科技抢抓《黄河三角洲高效生态经济区发展规划》这一国家战略的大好机遇，编制了“黄河三角洲食用菌产业基地建设项目规划”，计划利用 5 年时间，总投资 5.6 亿元，逐步在黄河三角洲高效生态经济区建设集工厂化生产、深加工、科研培训教育示范、物流配送于一体的全国最大的食用菌产业基地。“黄河三角洲食用菌产业基地建设项目”达产运营后，整个项目区食用菌栽培面积将达到 21.3 万亩，可年转化农作物秸秆 425 万 t，年产食用菌 318.8 万 t，农民增收 162.6 亿元，纯收入 86.1 亿元，带动 40 万农民从事食用菌产业，年人均实现增收 2.15 万元。

2. 河南省灵宝市循环农业实践

近年来，灵宝市深入贯彻科学发展观，从实际出发，围绕“建设生态文明，形成节约能源资源和保护生态环境的产业结构、增长方式、消费模式”的要求，以增加农民收入为目标，优化产业布局，发展循环经济，最终形成了以果、菌、牧为载体的生态经济链。

灵宝市现有果树面积 100 余万亩，是一个具有鲜明区域特色的农业大市。全市每年果园更新和修剪枝量超过 2 亿 kg，麦草、玉米芯、秸秆等其他农作物下脚料约 1 亿 kg。长期以来，这些农业副产品一直被废弃或当作薪材烧掉。1998 年底，灵宝市从农业结构调整的战略出发，充分利用当地果树剪枝资源，引导广大群众大力发展以代料香菇为主的食用菌产业。十几年来，始终坚持“香菇为主，多菌发展，产销并重，龙头带动，科技兴菌，生态菌业”的可持续发展战略，按照“因地制宜，科学规划、合理布局”的方针，通过宣传发动、典型带动、行政推动和效益牵动，发挥资源优势，挖掘增产潜力，完善运作机制，健全服务体系，使食用菌产业由小变大、由弱变强，品种由少变多、由劣变优，基本实现了栽培规模化、生产专业化、管理集约化、技术标准化和营销一体化。全市栽培食用菌品种达 15 种，已形成香菇、平菇、金针菇、黑木耳等传统品种为主，白灵菇、杏鲍菇、茶薪菇等珍稀品种和灵芝、天麻、虫草等药用菌为辅的品种结构，食用菌生产总规模达 6 000 万袋，年产鲜品 7 万 t，总产值达到 5 亿多元。其中苹果剪枝香菇栽培技术全国领先，规模超过 3 500 万袋，年产量 4 万 t 以上，并且每年还以 20%的速度递增。特别是林下夏香菇生产增速快、规模大、效益高，全国闻名。全市已建成 30 万袋以上的香菇标准化生产示范基地 30 个，80%的乡镇食用菌生产规模达百万袋以上，其中焦村、阳平、朱阳等乡镇已超千万袋；30%的村规模超 10 万袋，其中 26 个村香菇超过 50 万袋；全市万袋以上香菇大户达 1 100 多个，其中 108 户规模超 5 万袋。灵宝市先后被评为“全国食用菌产业化建设示范县”、“全国小蘑菇新农村建设优秀团体”、“全国食用菌文化产业建设先进县”、“河南省食用菌行业先进基地县”和“河南省无公害食用菌生产基地”。主要菌品香菇、黑木耳、金针菇、杏鲍菇、双孢蘑菇、灵芝等 6 个品种已获得国家无公害农产品认证，“灵宝香菇”通过了国家农产品地理标志产品认证，“灵珍”牌香菇、黑木耳被评为河南省名牌农产品。目前，仅食用菌一项每年可使全市农民人均增加收入 500 元以上。食用菌已成为灵宝特色农业中具有比较优势的主导产业之一和农民致富增收奔小康的一条重要渠道。

为了充分发挥食用菌产业在农业循环经济中的作用，近年来，灵宝市积极探索食用菌在农业大循环和菌业自身循环中应用模式，现阶段，灵宝市主要的循环利用模式有业间循环型：果树剪枝-香菇、木耳、灵芝-鲜品销售(灵芝盆景)-市场销售(出口创汇)-菌渣肥料-果园、农田、烟田。农作物下脚料(棉籽壳、玉米芯)-平菇、白灵菇、杏鲍菇、金针菇-市场销售-菌渣肥料-果园、农田、烟田。果树剪枝-香菇、木耳-菌品销售-菌渣肥料-畜枚养殖。业内循环型：果树剪枝-香菇-菌品销售-废菌棒-平菇、杏鲍菇、金针菇。相互结合型：果树剪枝、农作物下脚料-香菇、平菇等-市场销售-废菌棒-沼气-肥料-果园、农田、烟田、林地等。朱阳镇、五亩乡等山区乡镇推广了“果-菌-烟”模式，2008 年累计发展香菇 300 多万袋，施肥烟田 5 000 多亩，亩均节省投资 120 元，增加农民收入 3 000 余万元。焦村镇、阳店镇、川口乡等乡镇群众实验了“果-菌-畜”模式，用栽培过的废香菇料作为养猪的粗饲料，并添加玉谷、麸皮、鱼粉等配成养猪饲料，所养猪生长健壮、体滑红润、抗病力强；把平菇废料打碎浸泡后喂牛，牛上膘快、皮毛光滑，取得较好效果。城关镇菇农试验了“果-菌、菜间作-沼”模式，利用蔬菜大棚进行香菇冬季出菇，并在大棚边建沼气池，用废菌袋作沼气原料，冬季用沼气升温，以提高蔬菜和香菇的产量。在香菇废料的综合利用上，用香菇废料栽培杏鲍菇，每袋成本 0.5 元左右，较老法每袋节省 0.2 元，菇农每袋获得净利 1 元以上。采用废香菇菌棒生产平菇，较传统配方减少直接投资 0.60 元，菇农每袋平均收入 4.5 元，每袋获利润 4 元。近两年，灵宝市沿黄乡镇利用速生杨林进行反季节香菇生产和春菇越夏，既减少了菌业生产投入，也减少了林业投入，取得了良好的效果，实现了菌兴林旺、林菌互补。目前，全市香菇生产林地利用面积超过 2 000 亩，各乡镇哪里有林地哪里就有菌袋，出现了林户邀菌户、菌户寻林户生物现象，林地租金升至千元，大大超过了耕地租金。

为实现菌业循环利用，进一步转变经济增长方式，灵仙公司从2008年开始筹划“利用果树剪枝发展1 000万袋香菇暨万t生物菌肥”项目，计划建设3万～50万袋示范基地50个，年产鲜香菇3 000万斤，实现产值6 000万元，建成一座万吨生物菌肥加工厂，年产生物菌肥1.2万t，实现产值120万元，又为灵宝市万亩有机苹果基地奠定了肥源基础。项目建成后，每年能消化废弃果树剪枝4 000万斤，可为国家节约材木3.5万立方，菌袋废弃物可生产生物菌肥，施用于果园，实现废物零排放，并且每亩可为果农节约投资500元，经济效益十分显著。同时，项目的实施，将形成“果-菌-肥-果”一套完整的农业循环经济新模式，全面带动全市苹果树剪枝的综合利用，可生产6 000万袋香菇，为国家节约材木20万立方，并辐射带动周边省市县苹果产区农民发展这一新型循环经济模式。

灵宝市在农村经济实现可持续发展方面，规划要充分利用果、牧、菌、菜等产业间的互补性，把几个主导产业连接为一个整体，形成了农业循环经济发展新模式：畜牧业产生的大量有机肥料，为果品、蔬菜和食用菌无公害生产提供保障；果业每年产出的10万多吨废弃果树剪枝，为菌业发展提供充足的原料；食用菌产业的发展不仅产出高质量的绿色无公害食品，而且产后的菌棒废渣既能为种植业发展提供有机肥料，又能为养殖业发展提供优质配料。按照这一模式，在巩固提高果业这个支柱产业基础上，积极推进产业链条向前与畜牧业对接，向后拉动菜菌业特别是食用菌产业的兴起，形成果、牧、菌、菜复合体系，实现了农业内部产业间的良性循环和相互促进。

3.河北省平泉县循环农业实践

近年来，平泉县按照国家、省、市对提高农业综合生产能力的要求，立足于农业资源的优化配置，充分应用生物、发酵等高新技术，不断探索推进食用菌产业循环发展之路，并以此来推动资源转化利用效益的最大化，走出了一条经济效益、社会效益、生态效益和谐统一的循环经济发展之路，实现了农村经济、社会全面、协调、可持续发展。

20世纪80年代起，平泉县充分发挥毗邻辽、蒙，地近京、津的区位优势，四季分明、昼夜温差大的气候优势，农林业副产品丰富的资源优势和水质无污染的无公害环境优势，适应市场需求，开辟了食用菌这一新兴的富民立县产业。多年来通过强龙头、扩基地、倡科技、活机制、拓市场等一系列强有力措施，产业不断发展壮大。到2012年，全县5万户菌农年生产香菇、滑子菇、黑木耳、双孢菇等各类食用菌3.2亿盘(袋)，年产量32万t，产业产值近35亿元，农民年纯增收12亿元。其品种由当初的香菇、滑子菇等4～5个品种发展到香菇、滑子蘑、平菇、黑木耳、双孢菇、鸡腿菇、灵芝等八大系列30多个品种，生产基地逐步向集约化、标准化方向发展。几年来，群众不仅靠食用菌走上了致富路，而且还安排了近万人的农村剩余劳力和城镇富余人员、下岗职工实现了再就业，带动了包装业、运输业、机械制造业、餐饮业、信息等相关产业发展。在产业发展过程中，平泉县没有就产业抓产业，而是引入循环经济的科学发展理念，即以“减量化、再利用、资源化”为产业发展的准则，最大限度地利用进入系统的物质和能量，提高资源利用率，最大限度地减少污染物排放，以尽可能少的资源消耗和尽可能小的环境代价实现最大的发展效益，提升经济运行质量和效益。

平泉县在食用菌产业在发展过程中，探索出了多条循环经济发展模式。目前，以“五料”为主要目的废弃菌袋开发正在进行，一是将木腐菌废料的一部分用来生产草腐菌，即再生原料，如用生产香菇、滑子菇的废料生产鸡腿菇、草菇等，充分利用木材资源，实现再次利用。二是利用废菌渣中含有丰富的菌体蛋白，粗脂肪、维生素等营养成分开发生产菌渣饲料。菌渣饲料的使用，既能促进畜禽的生长发育、提高产量、改善品质、增加经济效益，又能增强畜禽的免疫力，预防、减少和治疗一些疾病，同时还可以节省粮食 10%～40%。三是木腐菌废料开发生产粉状活性炭，即炭原料。用生产完香菇的废料颗粒，经过加工处理，再次开发生产活性炭及工艺品。这个产品成本低，市场需求量大，开发前景广阔。四是食用菌废料发酵为有机肥料直接还田、还林，即有机肥料。五是利用压块技术把废料直接做成燃料。六是玉米地套种大球盖菇技术的应用。就是在 1 亩玉米地里，每隔两垄玉米，种植一垄大球盖菇，到 8 月份，大球盖菇全部出菇，每平方米产量可达到 7.5 kg，每亩地种植一半大球盖菇，产量可以达到 2 000 kg，采收完成后，剩下的半亩玉米产量也可达到 350 kg，大球盖菇按市场最低价 6 元/kg 计算，玉米按 1 元/kg 计算，1 亩玉米套种大球盖菇模式的毛收入可达到 12 350 元，去除种子、菌种等投入，每亩纯收入可达到 1 万元。七是“日光温室黄瓜-双孢菇-硬果西红柿”三种三收高效生态种植模式的应用。该模式主要体现以下几个特点：茬口紧凑、周年生产、棚室利用率高。冬茬黄瓜生产：10 月下旬育苗，11 月末至 12 月初定植，1 月上旬上市，到来年 4 月中上旬结束。双孢菇生产：3 月初异地发菌，4 月中下旬入棚生产，5 月上中旬出菇，6 月中旬结束，采 2～3 茬菇。越夏番茄生产：5 月初育苗，6 月中旬定植，7 月末至 8 月初上市，10 月上旬结束，而后进行冬茬黄瓜生产。双孢菇废弃料就地还田，提高肥力，抑制病害。双孢菇出菇后废弃料作为下茬硬果西红柿的肥料循环利用。同时，利用废弃料中的有益菌抑制土壤中有害病菌的发生，利用菌体蛋白等有机质改良土壤，增加营养，改善生态环境。促进下茬硬果西红柿和黄瓜的生长，并有效防治土传病害的发生，减少化肥、农药用量。八是废袋物料制作的循环应用。即将废弃的菌袋，经过打包回收，生产加工成塑料颗粒，再将颗粒经过添加生产成周转筐、塑料箱等多种循环经济链条的开发与创新，形成了以食用菌为核心的多节点、多闭路的循环链条，通过资源在这些链条的综合作用，实现了减量化、再利用与资源化的综合效益。

平泉县利用食用菌微生物循环工程发展食用菌循环经济，实现了多种效益的统一。生态效益：首先，按照新农村建设标准，改善了农村的居住环境，在平泉县的卧龙镇，昔日菌袋遍地，废料四处堆放的景象看不到了，通过企业加工，菇农生产使用过的废弃菌袋，被加工成塑料颗粒，再加工成盛装食用菌所用的塑料容器，这种循环利用，不仅解决了废弃塑料袋四处乱飞的问题，而且大大降低了菇农的生产成本；其次，有效利用了资源。作为食用菌生产原料的秸秆和林木枝条是抢手货，过去，农村以燃烧秸秆和林木枝条为主要生活能源的落后局面得到了有效改善。在平泉，没有人舍得再把山上的枝条当作柴火烧掉，而是用来生产食用菌，再把食用菌生产的废料经过菌渣发酵生产成一种带有甜味的饲料，动物养殖的粪便放进沼气池中发酵，目前的生活能源主要是沼气。经济效益：县里推广的循环模式，大大降低了每一个产业的生产成本，由于食用菌生产中分解木质纤维，这种微生物的分解加工，大大拉长了产业发展的链条，实现了整体经济效益的提升。在平泉县食用菌生产的废料不仅可以被生产为饲料和肥料，而且可以通过活性炭加工技术，生产成粉末活性炭，作为工业品销往全国各地。以食用菌为核心的循环经济模式，大大提高了产业对资源的利用率，从而降低了成本，提高了经济效益。据统计，在再循环、再利用的过程中，实现了资源化增值，整体循环链条可以提高效益达到 15%左右。社会效益：通过循环经济的发展，延长了产业链条，促进了就业、资源转化等社会效益的发展。

4. 湖北省远安县循环农业实践

远安县依托境内适宜的气候和丰富的林木资源，大力发展香菇产业，优良的环境条件形成了远安县特色的“夏季香菇”种植，实现了香菇周年生产，也实现了“香菇富民、产业兴县”的发展战略。到2011年，远安县的代料食用菌规模已达1.24亿袋，远安县农民从食用菌生产中年人均纯收入就达3 600多元，占到全县农民人均纯收入的49%。到2012年，全县代料香菇种植规模达到1.4亿袋，香菇总产量10万t以上，年产值超过10亿元。同时解决了1万多农民的从业，使食用菌产业成了农民增收、财政增长的重要来源，成为远安新农村建设的亮点产业。远安县也被评为“全国食用菌产业化建设示范县”、“中国香菇之乡”，也是湖北省食用菌板块基地县，湖北省的首家“出口食用菌质量安全示范区”。

代料香菇种植结束后每个废菌棒约重0.2 kg(干)，以远安县2011年生产的1.24亿袋计算，每年的废菌棒有2.5万t(干)。长期以来，这些废菌棒多丢弃或焚烧，得不到充分利用，这不仅造成资源极大浪费，又污染环境，也使食用菌的病虫害发生猖獗，影响再生产的发展。在香菇废菌渣的处理上：一是直接做燃料。香菇种植结束后，只要干燥后还是成形的菌棒，多数被农户重新收回，冬季取暖用。二是利用废菌渣做栽培替代料，再种植香菇、茶树菇、鸡腿菇等食用菌品种。三是做猪饲料。远安是生猪主要产地，我们结合了远安的生猪产业，在猪饲料里可添加15%以内，配比一定的助消化和排便的饲料。四是做农用有机肥。

远安县是全国有名的优质米产区，这里昼夜温差大，生产周期长，用冷泉水灌溉，种植出了久负盛名的皇帝贡米，曾为清御膳贡品。结合优质米产业，通过用香菇废菌渣制作生物菌肥来生产优质米，形成了一个新型的“香菇-生物菌肥-优质稻”循环经济模式。一是“香菇废菌渣＋畜禽粪便”制作农用有机肥生产优质稻模式：将代料香菇生产过程中污染的、烧袋的菌袋、废菌渣、菌棒等，去袋后打散。添加20%～30%畜禽粪便，经搅拌充分混合，水分调节在55%～65%，堆成宽约2 m，高约1.5 m的堆，长度任意。堆肥过程由低温、中温、高温和降温4个阶段组成。发酵温度由低向高逐渐升高的过程也是堆肥无害化的处理过程。堆肥在高温(50～65℃)维持10 d，病原菌、虫卵、草籽等均可被杀死。堆肥温度上升到60℃以上，保持48 h后开始翻堆，翻堆时要均匀彻底，将低层物料尽量翻入堆中上部，以提供氧气、散热和使物料发酵均匀，一般每5～8 d翻堆一次，视物料腐熟程度确定翻堆次数。发酵中如发现物料过干，应及时在翻堆时喷洒水分。气温低时，可覆盖塑料薄膜。如此经40～60 d的发酵，堆温不再是高温时，达到完全腐熟，即可在稻田施用。该模式是推广给农户生产经营的一种模式，农户和远安县森源生态科技股份有限公司签订订单，由森源公司提供技术支撑，生产的优质米全部由森源公司回收。二是“香菇废菌渣＋酵母营养液”制作菌肥生产优质稻模式：利用远安县生产代料香菇的废菌棒，添加酵母液体发酵剩余的营养液，营养液中含有益活性微生物、丰富的有机质、腐殖酸、黄腐酸等。这样以有益活性微生物为核心，丰富的有机质、腐殖酸、黄腐酸为载体，再辅以氮、钾、镁、硫、铁、锌等多种元素配置加工成新型生物菌肥。新型生物菌肥制作工艺中增加了粉碎、原料复配与混合、含水率控制、造粒工艺、烘干等工艺，同时采用专用造粒机，提高了功效，便于工厂化生产。目前新型生物菌肥已经由森源公司和安琪公司试生产成功，生产的新型生物菌肥可以通过包装销售，利于大范围推广。

2011年，远安公司已经联合远安县优质米专业村-瓦仓村建立了一个1 000亩的菌肥种植优质稻生产示范基地。经大田试验证明，利用该菌肥生产优质稻效果显著。菌肥中即可充分补充植物生长所需的营养元素，又能通过功能性酵母分泌产生氨基酸、还原糖和作物生长所必需的多种活性因子，使作物根际形成良好的微生态系统，改善土壤理化性状，缓解土壤板结，提高土壤保水保肥性能，增强根系吸收能力。生产的优质稻米饱满洁白，晶莹剔透，米饭柔软，清香爽口。目前优质稻生产示范基地出产的优质稻全部由公司回收，加工成“稻菇香”牌优质米，已经开始投放市场试销。下一步计划采用农村合作社经验模式，将“稻菇香”牌优质米基地扩大到1万亩，全部采用菌肥生产，形成香菇—菌肥—优质稻的种植示范模式。同时在公司内建一条的新型生物菌肥生产线，根据市场需求，进而开发不同品种的专用菌物有机肥开发市场。

以废菌渣加酵母营养液制作生物菌肥，这样不仅使香菇种植后的废菌棒达到充分利用，还保护了环境。将菌渣生物菌肥应用于优质米生产，结合了远安当地食用菌和优质米两种主导产业，建立了“香菇-生物菌肥-有机稻”的新型种植模式，也打造了生物菌肥生产优质米的品牌。

5. 四川省金堂县循环农业实践

金堂县是成都市的农业大县，目前食用菌主产镇9个，46个专业村，从事食用菌产业有10多万人，该产业已成为金堂县域经济的支柱产业，也是农民增收的主要来源之一。金堂县利用丰富的农作物秸秆资源，从20世纪70年代初开始人工种植食用菌，近10年已进入食用菌产业的快速发展期，现生产规模已达5亿袋，年产量40万t以上，产值20多亿元。已成为全国食用菌产业十大主产县之一，并获得过全国、全省和成都市的许多表彰。多年来在大力发展食用菌产业、消化了大量农作物秸秆的同时，金堂年产出食用菌下脚料(干菌渣)近20万t。

金堂县不仅高度重视食用菌产业的发展，也高度重视食用菌菌渣的综合利用工作，成立了由分管农业的副县长担任组长、县农村发展局长任副组长、县级各部门为成员单位的食用菌菌渣综合利用工作领导小组，通过对食用菌菌渣的综合利用，在农业文明和生态文明之间开辟了一条“绿色通道”：县农发局牵头推广综合利用菌渣的生态循环发展模式，年综合利用菌渣已达到90%以上，既变害为利，达到了污染的低排放甚至零排放，为全县城乡环境综合整治趟出了一条新路径，又变废为宝，生产有机肥或饲料约9万t，新增产值达1.1亿多元，从而解决了制约食用菌产业可持续发展的瓶颈问题，实现了食用菌产业的经济、环境与生态综合效益。

菌渣腐熟还田技术：通过“堆放-泼施腐熟液(剂)—堆沤、发酵、腐熟转化—初级生物有机肥”，再将腐熟菌渣(初级生物有机肥)施入农田中，改善土壤、提高肥力，进而增加农作物产量。菌渣生产腐氨生物有机肥技术：通过“除杂—粉碎—筛分—生物接种发酵—化验—配料—造粒—烘干—计量包装—成品入库”等工艺流程，将食用菌渣转化成高效生物有机肥成品。还有菌渣生产饲料、转化为清洁能源技术，正在探索菌渣木炭、沼气发酵、气化炉等专项技术。

实践证明，金堂县在大力推进食用菌菌渣循环经济的发展过程中，综合实现了经济效益、环境效益、生态效益和社会效益。一是城乡环境有效改善。通过开展食用菌菌渣综合利用，目前全县90%以上的菌渣都得到有效处置，实现了“三个转变”，即由过去一家一户随意乱扔乱堆转变为集中统一堆放，由过去村组出钱请人运输转为菌渣加工厂主动给钱拉运，由过去菌渣污染源转为有机肥料原料，全县城乡道路、主要河流菌渣污染现象得到了消除，更加充分展现了一幅“城在水中，水在城中，水绿交相辉映，环境优美”的“天府水城”新画卷。二是产业链条不断延展。通过构建“农作物秸秆→食用菌→加工食用菌产品→菌渣饲料→饲养业→有机肥料→农作物”等生态循环链，食用菌产生发展定位的走向“低碳、生态、高效、循环”发展道路，实现变害为利、变废为宝、节本增益的目的，形成了“农作物秸秆栽培、食用菌集中规模种植、食用菌菌渣综合利用”上、中、下游产业良性循环，推动了食用菌产业可持续发展。三是企农发展互利互赢。食用菌菌渣综合利用后，坚定了食用菌生产大户、业主种植食用菌的信心，近几年，金堂县食用菌种植规模都保持在10%以上的增进速度，有菇农近2万户、从业人员达12万人；发展食用菌加工企业19家，其中年售2 000万元以上企业8家，获得ISO 9000质量体系认证企业5家，通过HACCP食品安全体系认证企业3家，有机食品基地认证企业1家，有12个食用菌产品注册商标，"金堂姬菇"被农业部批准成为地理保护标志，全国食用菌先进协会4个，四川省农村专业合作经济组织试点示范单位1个；食用菌菌渣加工企业犹如雨后春笋般涌现，目前从事食用菌菌渣加工处理企业5家，完成固定资产投资3 500万元，这些企业通过把食用菌菌渣作为生产有机肥或饲料的原料，年节约成本近500万元，将过去"毫无经济价值"的食用菌菌渣加工成了"香饽饽"，既解决了菇农无法处理菌渣的燃眉之急，又解决了当地农民就近充分就业的现实所需。近3年来，金堂县5家菌渣加工企业常年吸引当地农民近200人从业，年务工收入达256万元。

6.江苏省金坛市循环农业实践

金坛自20世纪70年代就开始发展食用菌产业，20世纪90年代随着改革开放的深入，农业产业结构新一轮调整，食用菌产业再度兴起。经过10多年持续发展，集约化、周年化、工厂化生产模式及配套技术体系食用菌生产每年消化稻草秸秆等农业下脚废弃物约10万t，转化产出鲜菇2.2万t，产值1.8亿元，种菇效益近8 000万元，为农民就业提供60多万个工日，增加农民工资收入3 000多万元。秸秆等废弃物利用，为种植农户增加收入5 000多万元。栽培后产生菌渣5万t以上，又可作为基质、肥料、饲料等再生原料，为种植业、养殖业提供绿色有机原料，可节约化肥3 000 t左右、饲粮1 000 t左右。同时，培养了2 000多名种菇能手和50多名农民经济人，还带动农村运输业、商业等繁荣。足以证明，食用菌循环农业的经济效益、社会效益、生态效益十分显著，且三效高度统一，是一项环境友好型、资源节约型的高效设施农业。

金坛食用菌生态循环途径：①双孢蘑菇生态循环途径：双孢蘑菇是金坛食用菌第一大主产品，当地双孢蘑菇栽培为集约化生产模式，每亩地搭建有效栽培面积约1 100 m^2菇棚，栽培双孢蘑菇，每年平均净获利1万元以上。近几年来，利用双孢蘑菇大棚的夏季空闲期栽培高温双孢蘑菇，一年三季产菇，提高了复种指数，每亩年净效益达到3万～5万元。本市主要利用稻草和牛粪、猪粪、鸡粪(或生物有机肥)，添加少量化肥、矿物质，再经二次发酵后栽培双孢蘑菇。从秸秆循环利用分析，全市双孢蘑菇栽培面积为200万m^2以上，全年利用稻草秸秆达8万t，仅此一项为粮农增收3 000多万元；使10多万亩稻草转化成1.46万t鲜双孢蘑菇产品，产值达1.01亿元，种菇农民获利5 000万元；双孢蘑菇栽培后的下脚料每年约产生5万t稻草菌渣，比一般稻草堆肥营养成分高，双孢蘑菇菌渣一部分还田，另一部分作为农家肥料使用，节约标准无机化肥约2 000 t。②金针菇产业生态循环途径：金针菇是金坛食用菌第二大主产品，金坛已建成"日升、金凌、银湖、金晟、五联、泉江、康元"7家金针菇工厂化生产企业，年产金针菇6 000 t，年产值达6 000万元。金针菇年循环利用各类下脚料9 000 t，原料价值达900多万元。同时产生约4 000 t菌渣，全部作为生物有机肥、饲料生产原料，根据市畜牧业高速发展的需求，将重点向饲料方向开发利用。③草菇产业生产循环途径：草菇是金坛食用菌第三大主产品，草菇栽培为周年化生产模式，金坛共有400间草菇生产房，每间菇房栽培面积约80 m^2，一年栽培18批次，全年栽培面积近60万m^2，日产鲜草菇2 t以上，年产值约1 000万元。每年草菇栽培所利用的废棉约4 000 t，原料价值达200多万元，产生的草菇菌渣约2 000 t，大部分被集中制成生物有机肥料；还有一小部分被再次利用栽培稀有食用菌——秀珍菇、姬菇等，生产成本降低 40%，效益十分可观，已全市推广应用。

金坛市地域小，农业总体规模不大，水稻面积 32 万亩，稻草约有 20 万 t，小麦面积 11 万亩，小麦秸秆约有 3 万 t，油菜面积 14 万亩，油菜秸秆约有 3 万 t，每年共有作物秸秆 26 万 t；各类饼肥有 1.2 万 t；猪、羊、牛年饲养量达 60 多万头，家禽 500 多万只，各类粪便（干）总量为 6 万 t 左右；林、果、茶、桑等的枝条木屑约有 3 万 t，总计农林下脚料全年总量为 36 万 t 以上，农业下脚料资源有限。目前金坛食用菌利用农业下脚料总量为 10 万 t 左右，剔除棉籽壳、废棉从外地购进量外，其余为蘑菇栽培利用稻草 8 万 t，占当地秸秆总量的 30%；开发桑枝条木屑约 30 t 栽培食用菌，仅占枝条木屑总量的 8%；利用 60 t 油菜秸秆栽培金针菇，占其总量的 20%。从农业下脚料总量和利用率来看，全市农业下脚料资源被食用菌循环利用的规模可观，但仍然有很大的开发利用潜力。

7.黑龙江省东宁县循环农业实践

自 2000 年以来，东宁县发挥综合优势，放大区域特色，坚持产业化、标准化、社会化联动，举全县之力推进食用菌产业快速发展，加快了向现代农业迈进的步伐。2012 年，全县 102 个行政村全部开展黑木耳生产，共带动 2 万户、4.6 万人从业，发展黑木耳 15 亿袋，总产达 6.2 万 t（折合鲜品 85 万 t）；产值 40 亿元，仅此一项实现农民人均纯收入超 2 万元，是全县“头号”富民支柱产业。

东宁县黑木耳年栽培量超过 15 亿袋，在助农增收的同时产生了大量栽培剩余物——菌渣、塑料袋，每年仅废弃菌渣就达 40 万 t，不少村屯曾因为废弃菌袋处理不当或乱堆乱放，给生产、生活和生态环境均造成了严重影响。为了解决这一问题，近年来，东宁县委、县政府积极探索、多措并举、因地制宜，以循环经济理念为指导，采取直接还田、生产有机肥、木质燃料和作替代原料等方式，加大菌渣回收利用，综合利用率达 90%以上，走出了一条化害为利、变废为宝之路，在循环经济发展方面取得了较好成效。

（1）菌渣直接还田，提升土壤肥力。这种方法的好处是简单、方便、易行。自 2004 年开始，动员并指导广大农民开展废弃菌渣还田工作，取得了很好成效。据统计，目前每年采取该方式处理废弃菌渣 15 万 t 左右，累计改良土壤 20 多万亩。另外，废弃菌渣经简单处理后，还可以替代腐殖土作为基质用于水稻及蔬菜苗育秧。

（2）生产有机肥料，服务绿色食品。东宁县地处中俄边境，自然环境良好，森林覆盖率高，无工业污染，非常适宜绿色食品生产。从 2006 年开始，东宁县依托当地丰富的菌渣资源，在科技部和黑龙江省科技厅的大力支持下，与东北农业大学合作开发了“菌渣生产生物有机肥”科技成果，将菌渣与鸡粪合理搭配，通过生物发酵生产开发了应用于绿色食品生产用的生物有机肥。先后建设了瑞丰、李超等有机肥生产厂，年生产销售有机肥 3 万 t，处理废弃菌渣约 5 万 t。

（3）开发生物质煤，助推节能环保。菌渣是一种优质、高效的燃料，既可以直接用于取暖，又可以生产木质煤、活性炭等。县颐和木质煤厂、暖一生物质固化站等 5 个生物质煤厂生产的生物质煤燃烧值可达 3 800～3 900 J，年可消耗废弃菌渣 4 万 t，生产生物质煤 2.8 万 t，覆盖 18 个村屯 5 000 余户农户，节约煤炭 2 万 t，不仅节约了大量的燃料成本，也解决了燃煤造成的严重环境污染问题。另外，东宁顺捷炭业有限公司利用菌渣年开发生产活性炭 3 000 t，年可创产值 2 000 多万元，并且节约木材 1.08 万 m^3。

(4)多元发展菇类,重复利用基质。为充分利用菌渣中剩余的养分,与黑龙江省科学院微生物研究所、东北农业大学等科研院校共同合作,试验成功了将废弃菌渣配比再次生产黑木耳、平菇、香菇等,使废弃菌渣中未分解完的营养元素再次转化,有效提高原料利用率,降低了生产成本和污染物排放。栽培实践表明,在黑木耳、平菇等食用菌生产原料正常配比的基础上,添加30%的废弃菌渣,与常规产量相当,但每袋能节省0.2元的原料生产成本。

8.辽宁田园实业有限公司循环农业实践

辽宁田园实业有限公司是我国食用菌行业中利用秸秆、禽畜粪工厂化生产蘑菇规模最大的企业。其生产模式是经典的农业循环经济模式。辽宁田园采用国际先进的微生物技术,利用禽畜粪便和农作物秸秆,高效转化生产食用菌和有机肥料,实现了"废弃物"首次、再次、循环利用,大大减少了秸秆焚烧和禽畜粪污染所带来的危害,10年来,企业从小到大,稳步发展,为我国食用菌循环经济产业发展积累了有益的经验。

辽宁田园近年来大力发展食用菌生态农业,在食用菌的核心作用下,资源被多级利用、多级产出,使农业有限资源得到了高效、优质、生态、安全地合理利用。在实践中总结形成了"秸秆、禽畜粪-蘑菇菌料-蘑菇-废菌料-有机肥-还田"的循环经济模式。

2002年辽宁田园的第一座蘑菇工厂化生产企业在辽宁阜新建成投产,有24间国际标准菇房投入使用。投产后,企业运营良好,产品供不应求。企业相继启动二期、三期、四期工程建设。直至整厂接受大连蘑菇工厂化的全部设备设施,开始稳步实现企业的宏伟蓝图。现在,7个分厂工厂化生产菇房折算国际标准菇房总数已达到110间,由辽宁田园集中生产菌料,供给农民生产基地生产鲜菇规模已达到年产5 000 t,企业蘑菇总产量达到1.5万t以上,成为目前中国规模最大的蘑菇工厂化生产企业并跻身于世界大型蘑菇生产行业行列。

2009年企业生产鲜菇1万t,转化秸秆4万t,转化禽畜粪6万t,生产有机肥3万t,实现销售收入1.23亿元;2010年企业生产鲜菇1.2万t,转化秸秆4.8万t,转化禽畜粪7万t,生产有机肥4万t,实现销售收入2.15亿元;2011年企业生产鲜菇1.4万t,转化秸秆5.6万t,转化禽畜粪8.4万t,生产有机肥5万t,实现销售收入2.45亿元。

10年来,辽宁田园累计转化利用禽畜粪约80万t,转化利用秸秆约50万t,生产鲜菇约17万t,生产有机肥约50万t,有力地改善了当地生态环境。辽宁田园的发展过程,证实了工厂化生产食用菌循环经济产业有非常广阔的前景和生命力。

9.浙江省淳安县循环农业实践

发展桑枝食用菌是淳安县深入贯彻落实科学发展观,发展循环农业,开拓淳安县桑枝食用菌新兴产业、实现资源综合利用,提高蚕桑产业资源综合利用率,打造都市农业,促进产业增效、农民增收的重大举措。对保护千岛湖森林资源,培育农村农业新的经济增长点,促进农民增收,推进新农村建设具有重要意义。

自2006年以来,食用菌新兴产业连续6年保持较快发展。其中2008年、2009年、2010年、2011年生产规模分别达到800万袋、1 079万袋、1 330万袋、2 210万袋,年增幅为335%、35%、23%、66.2%;产值分别达到2 995万元、4 014万元、5 391万元、10 026万元,年增幅为275%、34%、34%、86%。其中2011年年生产规模2 210万袋,产量7 634 t,产值10 026万元,分别是黑木耳899万袋,干耳产量584 t,产值4 314万元;桑枝秀珍菇453万袋,鲜菇产量1 811 t,产值1 992万元;香菇323万袋,产量2 587 t,产值1 811万元;金针菇、茶树菇等其他菇 535 万袋，鲜菇产量 2 651 t，产值 1 910 万元。桑枝食用菌产业的发展，在充分利用当地自然、旅游、生态、农业等资源的同时，为我县农民增收起到了越来越明显的促进作用。

发展循环农业是实施农业可持续发展战略的重要途径。近年来，全县在加大农业结构调整的同时，遵循“无害化、低排放、零破坏、高效益、可持续、环境优美”的思路，积极发展农业循环经济，初步形成了一批循环型农业模式和技术体系。这些较为成熟的循环农业模式也为全县发展农业循环经济奠定了良好的基础。归纳起来有如下几种：

(1)“桑枝、茶枝、山核桃蒲等农林副产物—食用菌”循环模式。淳安县现有桑园 11.6 万亩，茶园 17.2 万亩，山核桃林 25.5 万亩。每年都有大量修剪下的桑枝、茶枝及采收山核桃后留下的果皮(蒲)，还有其他农林下脚料(如阔叶树叶、玉米芯、豆秸秆、稻草等)，这些农林副产物为食用菌生产提供了原料。淳安县微生物研究所在 2006 年威坪镇开展利用桑枝条栽培黑木耳示范取得初步成功的基础上，充分结合农林副产物资源特点，先后开展了茶枝栽培食用菌、山核桃蒲栽培食用菌预处理等技术研究，因地制宜地发展食用菌生产。全县食用菌产业连续 6 年保持较快发展，并迅速建成年生产规模在 50 万袋以上食用菌生产基地 6 个，相继组织成立了 21 家食用菌专业合作社，1 个食用菌产业协会、5 家生产企业、1 家销售公司。带动全县 19 个乡镇 70 余个村 110 余个大户种植发展食用菌生产。生产规模从 2006 年度 20.5 万袋、产值 71.8 万元，上升到 2011 年度 2 210 万袋、产值 10 026.4 万元；种类由单一、常规逐年向多元、珍稀菇种发展。经 6 年努力，全县食用菌已形成农民增收的又一个亿元大产业，自 2006 年以来，累计推广食用菌 3 209.7 万袋，产值近 3 亿元。2011 年产值已达亿元，且形成技术成熟，服务配套的产业体系，使昔日烂在田头地角的废桑枝、茶枝、山核桃蒲成了菇农的摇钱树。

(2)“松杉木屑-发酵床生态养殖-食用菌”循环模式。杭州银峰生态农业开发有限公司是一家新型生态农业企业，位于淳安县姜家镇银峰村。2010 年夏季投入 58 万元，将微生物菌种、松木屑、杉木屑、谷壳以及一定量的辅助材料和活性剂混合、发酵制成有机垫料 1 000 m^3，新建发酵床 2 个共 1 000 m^3，并配备相应的保温保湿、抗阳抗冻、通风采光、饮水护栏设施，施行发酵床生态商品猪养殖，使生猪饲养周期缩短了 10～15 d，当年出栏 3 122 头，产值 312.2 万元，利润 18.7 万元，真正做到了“省料、省水、省力、省药”的效果，并经济有效地解决了规模养殖粪便污染问题，实现零排放养殖。

同时，杭州银峰生态农业开发有限公司还利用垫料废渣栽培鸡腿菇和大球盖菇 3 万袋，产值 10 万余元。食用菌生产中，针叶树(松、柏、杉等)的木屑中含有松脂酸、松节油、醚类、酚类等化学物质，一般都带有特殊的芳香味，以萜烯类化合物的形式出现，这些物质对食用菌的菌丝生长有一定的抑制作用。当含量达到 0.1%时即有抑制作用，含 0.045%以下时才比较安全，而针叶树木屑中萜烯类物质的含量一般为 0.4%～0.8%，所以不能直接应用。但有机垫料经发酵床生态养猪使用 2～3 年后，清出的残渣经简单的二次发酵处理后可直接栽培鸡腿菇、蘑菇、草菇等食用菌。配方中发酵床垫料残渣比例可达到 70%～95%。

杉树、松树类是我国最为丰富的森林资源，其木材蓄积量占总量的 53.9%。商业用的松、杉等针叶树又占总消耗的 2/3 以上，每年可生产 1 000 万 t 以上的木屑。经过“松杉木屑-发酵床生态养殖-食用菌”循环后，既可大大拓宽食用菌栽培原料来源，又经济有效地解决了规模养殖粪便污染问题，形成“造林(针叶树类木屑)-生态养猪-食用菌栽培”生产链，效果很好，极具推广价值。

(3)“废菌棒-沼气-灭菌”的低碳模式。杭州千岛湖金溢农食用菌专业合作社位于淳安县屏门乡，注册资金 100 万元，社员 119 人，主要利用桑枝条生产秀珍菇，2011 年生产规模达 100 万袋，销售收入 405 万元。在出菇旺季每天切下的菇蒂有 350～400 kg，菇蒂营养成分很高，特别容易滋生菌蝇，会对生产造成损失，而且菇蒂会产生很大的异味，即便是很好的肥料，农户也不愿堆放在自己的田地里。但随意丢在河道内会污染环境，处理这些废料是个大问题。2009 年 7 月，合作社投资 13 万余元，建成 1 个 80 m^3 的沼气池后，食堂用上了沼气灶，沼气还与蒸汽灭菌炉接通，燃烧沼气用于蒸汽灭菌。一年可省下柴火费用 2 万多元。而如果冬天菇房加温也换用沼气，一个菇房 24 h 可节省费用 250 余元。从运行情况来看，菌渣、菇蒂作为沼气发酵原料，产气时间短，产气量充足，即使在菌棒灭菌的高消耗期间也可满足需求。此外，沼液的排出管道与附近水田的灌溉渠接通，一开阀门，周围农田就能施上有机肥。这种用桑枝条做食用菌，在生产基地建沼气池，将菌渣、菇蒂经预处理后用作沼气池发酵原料和开展三沼循环综合利用，产出的沼气用作菌棒灭菌和生产基地日常使用，节约生产成本，沼液沼渣用作有机肥，发展循环农业，从而达到治理菌渣、菇蒂污染和实现资源化利用的循环生产，在全省范围内的食用菌生产基地中尚属首例。

(4)菌渣综合利用循环模式。随着产业的发展，菌渣数量也迅速增多，据初步统计，全县每年废菌棒总量不少于 100 万 t，所以对废弃菌棒科学合理高效的利用研究刻不容缓。如：临岐镇梅口食用菌基地、姜家霞社食用菌基地实施“黑木耳-菌渣-水稻”千斤粮万元钱农作制度种植模式，既解决了黑木耳场地连作障碍，又实现了稳粮增效；富文、威坪“黑木耳-菌渣-姬松茸”，浪川、姜家“黑木耳-菌渣-鸡腿菇”，屏门“秀珍菇-菌渣-大球盖菇”，界首“秀珍菇-菌渣双孢蘑菇-基质肥”等循环模式，开展菌渣在食用菌生产中的二次利用，降低生产成本，产生了较显著的经济效益。

第四节　农菌牧循环农业关键技术

1.食用菌栽培管理技术

我国对以秸秆为基质栽培食用菌的育种、栽培工艺、管理技术、菇房布局、菌种制作和食品安全的危害因子分析及关键控制点等均有研究，为秸秆栽培食用菌提供了理论基础。但是，我国秸秆菌业工厂化栽培技术处于起步研究阶段，在各个栽培管理上需要加深研究力度，同时还要加快秸秆菌业体系相关环节的建设步伐，从而使农田秸秆菌业的各个环节紧密相扣，互相促进。

我国人工栽培的食用菌品种已达到 60 多种，且每种食用菌都有适应不同栽培基质的菌株。其中大部分的食用菌以稻草等秸秆作为培养料的碳源，以畜禽粪便为氮源，通过人工栽培转化秸秆，提供优质蛋白质。秸秆菌业循环技术的发展，使得秸秆得到较为充分的利用。梁枝荣等发现用玉米秸秆为主料栽培双孢蘑菇的高产新技术，收益可达每公顷 22.5 万元以上，具有较好的社会效益和生态效益。闫永亮对生姜秸秆进行处理后栽培平菇，获得良好的经济效益。在福建省主要利用稻草秸秆生产双孢蘑菇和姬松茸，农业增收效果明显。赵丽霞等利用长秸秆的结构疏松、透气好、保水性强的特点栽培草菇，可以有效提高转化率，达到高产目的。宋建华等用鸡腿菇栽培废料来种植春莴苣，结果表明，施用鸡腿菇废料栽培的春莴苣直径、整齐度等明显好于传统土杂肥种植的春莴苣。

2.秸秆发酵技术

利用木质素含量较高的秸秆栽培木生菌时，这些秸秆需要破碎撕裂并进行简单的发酵，其目的以水为载体，利用微生物活动将秸秆碎片软化并初步分解。而栽培双孢蘑菇这类草生菌时，秸秆则需要进行一系列比较严格的堆制发酵，通常堆制发酵包括一次发酵和二次发酵两个阶段。1978 年以前，我国双孢蘑菇培养料仅进行一次发酵，整个发酵周期为 25～28 d，病虫害严重、单产低；1978 年，张树庭教授引进双孢蘑菇培养料二次发酵工艺，单产提高约 50%；1985 年，福建省轻工业研究所推广节能二次发酵技术，单产又提高了 30%～50%；从 2000 年起，国内陆续开展隧道式一次发酵和二次发酵技术，目的是在创造出适宜发酵条件，制造出均匀优良的培养料，达到提供产量，降低病虫害发生，保证产品品质的目的。但是，目前隧道式发酵控制技术和设施的研究在国内仍处于起步阶段，纯粹的技术引进需要耗费巨大的财力、物力。因此，还应该加强这方面的技术研究，推广部分引进、吸收、转化的途径，开发一套适合国情的集中二次发酵技术。

不同食用菌品种因生物学特性差异，对秸秆发酵的腐熟程度和营养要求也不同，因此，针对每种食用菌品种，都应该研究一套相对应的秸秆发酵技术工艺。即使是同一种食用菌品种，因为秸秆种类的变化，则其相对应的发酵工艺也应根据秸秆本身的物理性状和营养成分进行变更调整。所以，秸秆用于食用菌栽培时应根据具体的材料性质、品种特性、环境和设施条件进行有机的调整，以达到最优的循环利用结果。

3.农菌牧循环农业产业链

通过以秸秆循环栽培食用菌产业为核心，以农作物秸秆资源高效多级循环利用模式，实现农业可再生资源的高效利用和良性循环，是秸秆菌业循环的目标。目前总结的农菌牧循环农业多级循环模式主要有以下 4 条产业链。

(1)“秸秆—食用菌—菌渣循环栽培—种植业”循环产业链。以作物秸秆栽培食用菌为初级循环，将菌渣再生利用栽培其他食用菌，实现一料两用两收获的二级循环，所产生的二级菌渣可以通过农业回田作为有机缓效肥以完成三级循环。当然，以菌渣作为基质循环栽培另一菌类，关键要解决好培养料养分平衡和调控的难点。相关研究表明，食用菌菌渣所含营养成分较高，用于栽培部分其他食用菌品种时，具有栽培周期短、生产成本低、产量高、菇质优等优点。

(2)“秸秆—食用菌—菌渣—饲料—种植业”循环产业链。秸秆类菌渣中仍含有大量蛋白菌丝、活性微生物及未被吸收的营养素和微量元素。将食用菌菌渣经过一定的工艺发酵，可作为饲料蛋白质替代源，具有良好的循环利用价值。可根据菌渣的营养结构和物理性质选择性开发成饲料或饲料添加剂，既可饲喂草食动物，也可饲喂肉食动物，而动物的排泄物经发酵后是植物的优良有机肥源。这就构建了一条秸秆栽培食用菌，再用菌渣发酵处理作为饲料或添加剂，最后利用动物排泄物作有机肥的农业多级循环模式。

(3)“秸秆—食用菌—菌渣—回田—种植业”循环产业链。食用菌菌渣疏松透气，营养成分高，经过简易发酵后可直接还田、覆盖茶园和果园，增加土壤有机质的积累和有益微生物的繁殖，改善土壤环境条件，提高氮、磷的有效性[25]，因此可与秸秆栽培食用菌构成秸秆—食用菌—种植业循环利用型的农业开发模式。

(4)“秸秆　食用菌—菌渣—有机肥—种植业”循环产业链。食用菌菌渣经处理可制成不同类型、不同系列的专用或复合有机肥。我国在利用菌渣制作有机肥的工艺研究的历史比较悠久，技术比较成熟。研究表明，接种高温纤维菌可使菌渣堆内温度迅速上升至45℃以上，并可持续18～20 d，经过45 d堆制，接种菌剂的菌渣多项技术指标均达到有机肥料的标准（NY 525—2002）。随着我国消费者对生态有机适应的日益重视，有机肥的需求量迅速扩大，秸秆—食用菌—有机肥—种植业的多级循环农业开发模式的应用前景将十分广阔。

第五节 农菌牧循环农业效益评价

1. 生态效益

菌渣循环模式经过不同的循环链条大规模地对秸秆和畜禽粪便进行多级利用，转化为人类可食用的优质蛋白保健食品消除秸秆浪费和粪便的污染，自身污染物产生大幅降低，采收后的菌渣是富含菌体蛋白的生物饲料和生物有机肥，发展畜牧业，实现物能转化和多重经济转化，培肥地力，改善土壤团粒结构，发展沼气解决农村燃料问题，最大限度地减少循环链内能源的浪费和物质的排放，实现了物质良性循环，达到循环农业节能减排、生态安全，持续发展的目的。我国目前秸秆资源利用率只有30%～60%，部分秸秆直接焚烧，造成大气污染，如何有效利用这些废弃物，变废为宝，实现经济社会的持续发展，已成为政府及科研人员的重要任务。在农业、种植业和养殖业组成的大农业生态体系中，菌业生产既扮演着“魔术师”的角色，又是农业循环经济中的中间纽带。

2. 经济效益

据联合国粮农组织报告，全世界有将近24亿t的农作物秸秆没有被有效地利用。如果以其中的1/4用来栽培食用菌，可获得约6亿t的食用菌，以全球60亿人口计算，每人日均获得约300 g的食用菌鲜品，从中能获得约10 g的优质蛋白。我国是一个农业大国，每年能生产出约5亿t的农作物秸秆，这是一个巨大的营养与能量宝库。充分利用秸秆资源，以菌业发展改善民生营养条件，变废为宝，再通过菌渣的多级循环利用，增加创收途径，降低成本，提高经济效益回报。

3. 社会效益

食用菌生产企业需求的秸秆和粪便来源于种植业和养殖业，种植业和养殖业需要食用菌生产企业提供的菌渣制作成的优质肥料和饲料，二者以食用菌为纽带相互推动发展，形成稳固的循环农业链条。同时依靠食用菌生产和养殖业技术可以带动农户的小型种、养的发展，企业联合引导农户一起抵御市场的风险，实现双赢。食用菌生产还可有效地解决农村闲散劳动力的就业问题，增加菇农的收入，是建设社会主义新农村，实现农业现代化建设的新途径。

第六章　有机废弃物的其他资源化利用方式

第一节　动物粪便的蝇蛆转化

一、蝇蛆养殖概述

在生物学上，苍蝇属于“完全变态昆虫”，一生经历卵、幼虫（蝇蛆）、蛹（蝇种）和成虫（苍蝇）4个阶段，世代周期短，寿命最多1个月；苍蝇在生态系统的能量转化中，它的生产效率是哺乳动物的40倍左右，繁殖能力强，是迄今为止用其他方法生产动物蛋白质无法比拟的；苍蝇几乎能在各种类型的有机腐殖物质中生存，特别是它极嗜食猪粪、鸡粪等动物禽畜粪，其食性杂而嗜食畜粪，可洁净环境，变废为宝；苍蝇有极其优异的免疫功能，自身的分泌物中带有一种强大杀菌作用的“抗菌活性蛋白”，有很强的环境适应能力。本节介绍一个基于蝇蛆养殖的生态循环养殖项目及综合利用生态链模式（图6-1）。项目以蝇蛆养殖消耗、处理动物粪便等废物为循环基础，以蝇蛆动物活性蛋白作为饲料添加剂为核心，打造出一个绿色、环保、安全的现代工厂化、规模化生态循环养殖项目。

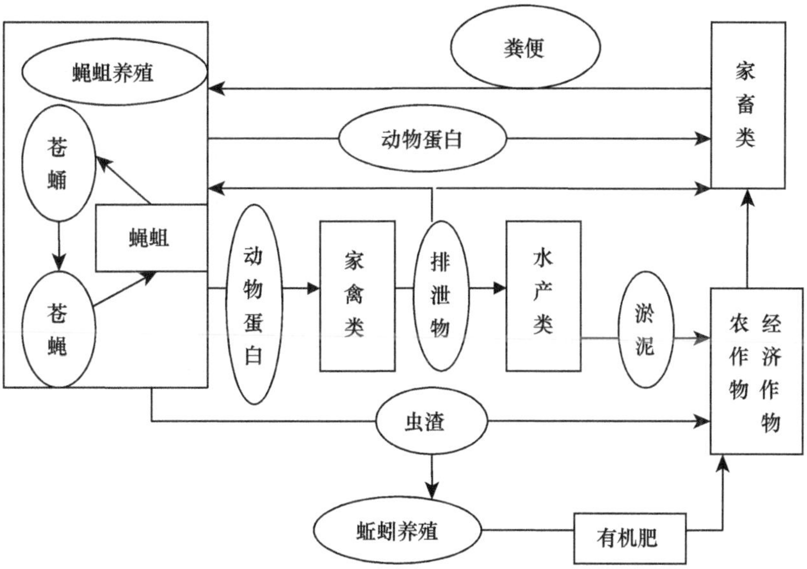

图6-1　蝇蛆养殖生态链式循环示意图

民以食为天，食以安为先。食品安全问题是目前中国消费者的最大不安，种植、养殖和食品加工的安全是国人的一块心病，食品安全在政治层面上已摆到一个非常高的高度，是我国各级政府当前亟待解决和加大监管力度的重要工作。随着人们对环境、生态等可持续发展认识的深入，人们开始寻求更为安全、有效、无残留的动物促生长剂和保健剂来代替抗生素和化学药品。对于畜牧生产者来说，生产无残留、无污染的天然绿色禽畜产品是当务之急，实现禽畜产品“绿色化”的核心问题，即是少用或不用抗生素等药物类饲料添加剂。对此，畜牧养殖业如何提高品质，减少药物残留，降低甚至禁止抗生素等药物作饲料添加剂使用成为生产绿色禽、畜产品的首要环节，也是当前禽、畜养殖业生存和发展的基础，环保、绿色、安全食品的生产和供给已成为时代消费的潮流。而蝇蛆固有的动物活性高蛋白、维生素和多种微量元素以及蝇蛆体内可诱导产生抗菌物质（这些物质包含抗菌肽、抗菌蛋白、壳聚糖、昆虫凝集素等）作为动物蛋白添加剂，不仅可替代日益昂贵的鱼粉和骨粉，提高产蛋率和猪生长速度、降低养殖成本，且蝇蛆可诱导产生的抗菌肽成分可取代目前饲喂动物所用的抗生素，提高养殖动物自身的抗病菌能力，使用蝇蛆作为饲料添加剂可真正实现禽畜产品“绿色化”生产，满足消费者食品安全食用的时尚需求。同时，蝇蛆养殖过程中要消耗大量的禽、畜粪便，经蛆处理后的禽、畜粪便臭味很快消失，解决了禽畜养殖中粪便污染问题，净化了环境，蝇蛆处理后的剩余物（虫渣）还是一种肥效长、无臭味、土壤改良效果明显，能克服连作障碍，防止土壤酸化的优质有机肥。因此，利用蝇蛆作为饲料添加剂规模化发展养殖业不仅是生物技术应用的推广，而且符合当前国家大力推动的生态、环保、安全的“绿色食品”生产要求，是一个利国利民、造福人类的伟大事业。

蝇蛆的繁殖和养殖技术经过近 20 年的实践已相对成熟，目前，我国河南、江浙、四川、广东、广西乃至东北地区在蝇蛆生态链式养殖都取得了较好的经验，在鸡、鸭、猪和水产等特种养殖方面形成了各自的特色和特点。

我国用于生态养殖的蝇蛆品种主要是工程家蝇和经过驯化的红头苍蝇。在生物学上，人们把目光投向了蝇蛆养殖，这是源于蝇蛆具有其他昆虫所不具有的特点决定的：

一是繁殖快生产效率高。苍蝇繁殖速度快，据测算，1 对苍蝇 4 个月能繁育 2 000 亿个蛆，可积累纯蛋白质 600 t 以上。蝇蛆从卵发育到成虫，一般只需要 10～11 d。由卵到蛆，只需 4～5 d，周期短、繁殖快、产量高。初孵幼虫每头重 0.08 mg，在 24～30℃下，经 4～5 d 生长，蛆的体重即可达 20～25 mg，总生物量增加 250～300 倍，是迄今用其他方法生产动物性蛋白质所无法比拟的。

二是食性杂而嗜食畜禽粪。养殖蝇蛆原料来源广泛，麦麸、酒糟、豆渣等农副产品下脚料，猪粪、鸡粪、鸭粪等畜禽粪便均宜于养殖。一个畜禽养殖场配上一个蝇蛆养殖场，就等于又建了一个昆虫蛋白质饲料生产场。原料是畜禽排出的粪便，产品是优质蝇蛆蛋白，利用禽畜粪养殖蝇蛆，生产成本低，而且化废为宝、变害为利，具有较深远的环境效益和社会效益。

三是蝇蛆生产简单易行。家蝇养殖易于人工控制，可在室内进行工业化生产，蝇蛆宜于高密度养殖，一个 50 cm×50 cm×50 cm 的蝇笼可饲养 1 万～1.2 万只成蝇，蝇蛆国内规模化、工厂化生产技术及蝇蛆生化系列产品的制作工艺已渐成熟。

总之，我国一些省市对蝇蛆养殖和利用的研究实践证明，以蝇蛆作为循环生物养殖的基础，不仅可以净化动物养殖带来的环境污染，起到较好的环保作用，而且用蝇蛆饲养鸡、猪、鱼等效果良好，既可以增产、增长、提高抗病能力，还可以降低饲料系数及养殖成本。

二、蝇蛆的营养价值与利用

(一)蝇蛆的营养和经济价值

1. 廉价、优质的动物蛋白饲料

家蝇幼虫中含有丰富的营养成分，早在 1951 年 West L. S. 研究并报道了鲜蛆含蛋白质 18.6%、脂肪 5%、碳水化合物和盐类 5%、水分 71.4%。其他研究表明，干蝇蛆、蛹和蝇尸的粗蛋白质分别为 60.88%、58.2%和 64.2%；粗脂肪为 17.6%、14.5%和 6.5%；灰分为 9.2%、8.1%和 7.5%；各成分含量相当于进口鱼粉的含量，超过国产鱼粉和豆饼的含量。蝇蛆粉内氨基酸含量全面，必需氨基酸总量是鱼粉的 2.3 倍，对家禽生长，蛋氨酸、苯丙氨酸和赖氨酸的含量分别是鱼粉的 2.7、2.9 和 2.6 倍，而成本不及进口鱼粉的 1/3。同时，蝇蛆还含有多种生命活动所需要的微量元素，如铁、锌、锰、磷、钾、钙、硒等，是一种新型的、廉价的优质饲料蛋白资源。

2. 经济价值高

家蝇幼虫不仅是优质的养殖业动物蛋白饵料，而且是制取蛋白质、几丁质、抗菌肽等重要物质的原材料。一是蝇幼虫可直接加工成蛋白活性粉。据报道，蛋白活性粉具有抗疲劳，抗辐射，延缓衰老、护肝、增强免疫力等作用。二是幼虫表壳和蛹壳可提取几丁质。几丁质是一种特殊的糖蛋白，在医药、食品、化工等行业上具有十分重要的利用价值。三是利用家蝇幼虫开发新型医药。家蝇具有特殊的免疫功能，其体内含有的“抗菌活性蛋白”只要万分之一浓度就可以杀灭病菌，同时幼虫体内含有的一类粪产碱菌，对金黄色葡萄球菌、绿脓杆菌等致病菌有很强的抑菌作用，并能促进表皮的生成和创伤愈合。

(二)蝇蛆综合利用

用于禽畜动物蛋白养殖的蝇蛆，是 20 世纪 50 年代发达国家、20 世纪 70 年代后期中国科学院动物研究所专门研究的 ·种新型家蝇品种，称为“工程家蝇”，早期研究主要用于航天事业，20 世纪 90 年代在我国应用于养殖业。国内外科技人员研究发现，苍蝇体内富含“活性抗菌肽”和“甲壳素”(几丁质)物质。这种“活性抗菌肽”具有广谱性抗菌作用，抗菌力是青霉素的 900 倍；同时，蝇蛆富含蛋白质(干物质蛋白含量超过鱼粉)，完全可以替代日益昂贵的进口鱼粉，来作为饲养畜禽所需的动物蛋白的添加料，而且昆虫幼虫(蛆)已列入了农业部的动物源性蛋白的目录，是允许添加的动物蛋白。将“工程家蝇”幼虫按一定的量替代部分饲料添加到饲料当中，既替代进口鱼粉，降低养殖成本，又增强畜禽的抗病能力，替代抗生素的使用。从国内外相关资料得知，利用养殖蝇蛆作为动物饲料添加剂，可取到以下几方面综合效益：

第一，变废为宝，净化环境。禽畜粪便污染一直是困扰养殖业的一大难题，禽畜粪便未经防污处理、肆意排放，导致水体和土地的严重污染，带来一系列环境灾难。但在一定条件及人为控制下养殖蝇蛆，采用蝇蛆养殖的生物技术处理禽畜粪便，并使用其他方法解决粪便污染问题更具有优越性。据统计，生产 1 kg 蝇蛆可处理 8 kg 左右的动物粪便，且养过蝇蛆的动物粪便不再发臭，是很好的有机肥。

第二，优质蛋白，助长动物。蝇蛆蛋白是优质蛋白，粗制的蛆干粉蛋白含量高达60%左右，与进口鱼粉相当，但每种氨基酸含量高于鱼粉，必需的氨基酸的总量是鱼粉的2.3倍，蛋氨酸、苯丙氨酸、赖氨酸均比鱼粉高2.6倍以上，可提高饲养动物的产蛋率、产肉率和增重率，降低养殖成本。据报道，在鸡饲料里加入11.3%的蝇蛆，可节省饲料40%，降低成本33%，鸡肉增长12%，效益显著。

第三，含抗菌肽，提高免疫。由于蝇蛆体内含有抗菌活性物质，可提高禽畜的自身免疫力，由此，可替代禽畜养殖中的防病灭菌用药，不仅可降低养殖成本，而且可解决大量使用抗生素所带来的食品安全问题。据科学研究证明，苍蝇体内能产生多种抗病菌和抗病毒有效物质，苍蝇的分泌物中有一种抗菌活性蛋白，具有极强的杀菌和抗病毒能力，只要0.01%的浓度，就能将各种细菌和病毒消灭。

三、养殖规模与投资估算

(一)养殖规模与内容

1.建设规模

本项目拟通过集体农业用地的流转，通过租赁方式取得，使用年限30年，占地规模约1 000亩。建设周期2年。

2.养殖内容

包括3个板块。

(1)蝇蛆养殖板块。本项目拟使用“工程家蝇”为蝇种，采用无菌房养和笼养结合的养殖方式，生产动物活性蛋白，规划蝇蛆养殖规模为日产约4 t(蛋鸡日耗蝇蛆30 g/只、生猪日耗蝇蛆400 g/头)。

(2)家禽养殖板块。规划养鸡10万只，养殖采用工厂化房养模式。设施按孵化到成品蛋鸡工厂流程化设计，按平均产蛋率85%计算，年产蛋约3 060万个。

(3)家畜养殖板块。规划一年出栏两次，年出栏生猪5 000头，按生猪出栏效益最佳重量100 kg左右计算，年出栏生猪约500 t。

(二)项目投资估算

1.固定资产投资部分

(1)蝇蛆养殖项目投资：根据家禽、家畜养殖规模需求，要保证养殖蝇蛆日产4 000 kg的规模，建设蝇蛆房约4 000 m^2(参考简阳大众养殖场计算)，按每平方米250元计算，需投资100万元。

(2)家禽养殖项目投资：需建设孵化室、幼雏舍、成品蛋鸡舍。按每平方米饲养成品蛋鸡13只鸡的密度计算，10万只蛋鸡需建鸡舍约7 700 m^2。采用无机玻璃钢保温板建造鸡舍每平方米建造成本约350元，投资8 000 m^2 鸡舍约需投资280万元；自动上料、中高档蛋鸡饲养设备投资约300万元。共计投资约580万元。

(3)家畜养殖项目投资：按生产流程实行工厂化养猪，以配种、妊娠、分娩、哺乳、育成和育肥一条龙的连续流水式生产线，各生产阶段均有节奏而不断进行生产，需建设配种舍、妊娠舍、乳猪舍、保育、育肥舍，按平均 2 m^2/头密度计算，建筑面积约 5 000 m^2。猪舍采用无机玻璃钢保温板建造，投资约需 175 万元；自动化程度较高的生猪饲养设备投资约 180 万元。共计投资约 355 万元。

(4)仓库和仓储设施。采用砖混结构，饲料储备仓库建筑面积 600 m^2，蛋禽产品仓库 200 m^2，建造单价 450 元，投资约 36 万元。

(5)粪污处理系统(沼气系统)。估计 50 万元。

(6)办公、生活设施。采用砖混结构，建筑面积 1 500 m^2，每平方米造价 600 元，投资约 90 万元。

(7)生产辅助设备。水、电设施配套、饲料生产和配置等投资估算 150 万元。

(8)土地租赁费。按日前农业用地流转市场租赁价格水平，预计年租金 1 000 元/亩，若一次性缴纳的话，30 年租赁费总额为 3 000 万元。

上述固定资产投资估算约 4 360 万元，尚不包括场地平整、道路建设、环境绿化、围墙、运输设备等投资和与项目建设相关的其他费用。

2. 流动资金估算

(1)种苗购置费 235 万元，其中：

仔鸡 100 000 只，3.5 元/只，计 35 万元；

仔猪 5 000 头，仔猪重约 10 kg，40 元/kg，计 200 万元。

(2)饲料根据鸡、猪生长周期不同，首期投入流动资金需 882 万元，其中：

仔鸡到产蛋期养殖时间约 5 个月，按 6 个月时间喂养计算，需消耗饲料 2 100 t，3 200 元/t，计 672 万元；

猪养殖周期为 6 个月，每期出栏数为 2 500 头，按 6 个月作饲料消耗。需猪饲料 675 t，3 100 元/t，计 210 万元。

(3)水电费开支 7.8 万元。其中，每只鸡耗用水电费 0.5 元，10 万只 6 个月时间耗费水电费约 1.8 万元；每头猪耗用水电费 20 元，2 500 头 6 个月耗费水电费约 5 万元。

(4)工资费用。养殖场按 60 人配员，人均工资 2 200 元/月，由于养殖场前 6 个月基本没有收益，故需工资费用约 79.2 万元。

项目首期启动，以上 4 项需占用或投入流动资金约 1 204 万元。

综合上述固定资产和流动资金需求，占地规模 1 000 亩，饲养蛋鸡 10 万只，生猪 5 000 头，项目总投资约为 5 600 万元。

四、项目效益分析

按养殖蛋鸡 10 万只、生猪 5 000 头测算。

(一)养殖生产成本

1. 蝇蛆养殖成本

蝇蛆养殖成本，见表 6-1。

表 6-1 日产 4 000 kg 蝇蛆养殖主要耗用成本测算表

项目		苍蝇(800 万只)	蝇蛆(10 000 万个)	合计
日耗奶粉	数量	1.6 kg		
	单价	15 元/kg		
	金额	24 元		
日耗红糖	数量	240 kg		
	单价	4 元/kg		
	金额	960 元		
粪便	数量		32 000 kg	
	单价		0	
	金额		0	
麦麸	数量		5 200 kg	
	单价		1.6 元/kg	
	金额		8 320 元	
保健液	数量		4 000 kg	
	单价		0.4 元/kg	
	金额		1 600 元	
合计		984 元	9 920 元	10 904 元

注 1：该表单个蝇蛆重量 40 mg 系理论值，若单个蝇蛆重量达不到，苍蝇投入数需相应增加，将会导致饲养成本增加。全年按 360 d 生产计算，养殖蝇蛆 1 440 t，成本投入估算约 390 万元。

注 2：(1)本表种蝇为工程家蝇，公母各半，产卵周期为 7～12 d，每对蝇日均产卵达 25 个；(2)家蝇从卵孵化到成熟蝇蛆，平均每只成熟蛆的重量为 40 mg；(3)本表成本不含人工工资和电、水、取暖、消毒等其他原料耗费；(4)该表设定的是养殖理想状况，即蚕卵率和孵化率均为 100%。

2. 蛋鸡养殖成本(按生长周期 17 个月计算)

(1)饲料成本。通过加入蝇蛆动物蛋白，蛋鸡养殖外购饲料实际耗用总量为 4 280 t，按四川地区现行鸡饲料价格 3 200 元/t 计算，蛋鸡一个生长周期饲料成本为 1 369.6 万元(表 6-2)。

表 6-2 蛋鸡养殖成本

项目	单位耗料/kg	养殖总数/万只	应耗总量/kg	蝇蛆代替		占比	实际消耗外购饲料/kg
				单耗/kg	总量/kg		
0～2 个月	1.85	10	185 000	0.37	37 000	20%	
3～5 个月	7.65	10	765 000	1.91	191 000	25%	
6～17 个月	48.6	10	4 860 000	12.63	1 302 000	27%	
合计			5 810 000		1 530 000		4 280 000

折算成12个月平均计算，年均消耗饲料成本约967万元。

3. 生猪养殖成本

仔猪购入重量为10 kg，按六个月生长期，重量为100 kg出栏，肉料消耗比按3∶1计算（表6-3）。

表6-3　生猪养殖成本

数量	仔猪重	出栏重	净增	应耗料	蝇蛆代替	实际耗料
1头	10 kg	100 kg	90 kg	270 kg	72 kg	198 kg
5 000头	50 t	500 t	450 t	1 350 t	360 t	990 t

通过加入蝇蛆动物蛋白，生猪养殖外购饲料实际耗用总量为990 t，按四川地区现行猪饲料价格3 100元/t计算，出栏5 000头猪饲料成本为307万元。

4. 水电费

每只鸡耗用水电费0.5元，10万只12个月时间耗费水电费约3.6万元；每头猪耗用水电费20元，5 000头6个月耗费水电费约10万元。共计约14万元。

5. 摊销固定费

固定资产投资共4 360万元（含租赁费），按30年摊销，每年摊销折旧费和租赁费共计145万元。

6. 工资费用

养殖场按60人配员，人均工资2 200元/月，全年工资费用约158万元。

7. 种苗购置费

仔鸡100 000只，3.5元/只，计35万元；

仔猪5 000头，仔猪重约10 kg，40元/kg，计200万元。

以上7项构成年养殖生产成本共计2 216万元。

（二）养殖销售收入

1. 蛋鸡销售

10万只蛋鸡按平均产蛋率85%计算，一周期（17个月）产蛋约3 060万个。若单位售价为2.5元/个，则收入7 650万元。

10只蛋鸡淘汰，按按每只鸡平均重量2 kg、售价10元/kg计算，收入约200万元。

折算成12个月，蛋鸡全年销售收入（鸡蛋和鸡）约5 540万元。

2. 生猪销售

按全年出栏总数5 000头，毛重总量约500 000 kg，按收购价16元/kg计算，可得收入800万元。

上述蛋鸡和生猪全年可得销售收入约6 340万元。

（三）养殖毛利

销售收入6 340万元－养殖成本2 216万元＝4 124万元。

五、蝇蛆养殖前景展望

针对国内目前尚未出现以蝇蛆作为循环基础的大型养殖生产企业，该项目可以一类城市和经济较为发达的省会城市为中心，在我国的华东、华南、华北、西北、东北、华中等区域投资同类型的10个生态循环养殖基地来获得市场占有率。按本项目投资规模，10个项目总投资控制在5亿元，年收入可实现6.3亿元，一年左右的时间可收回投资成本。

以蝇蛆养殖生态循环为基础，在各环节饲养规模达到一定程度的情况下，我们可将项目链条依据不同的环节和中间产品进行细分，衍生、拓展，进入一些新的领域：

1.可创建独立营运的生态产品营销体系

为促进生态产品的推广和品牌建设，扩大公司产品的市场影响力和占有率，针对食品消费追求安全和品质的行为趋势，结合国内外其他生态食品的供需情况，成立生态绿色食品专营公司，作为推广包括本项目生态产品的销售平台。专营公司依托国内生态绿色产品系列品牌，立足于三维销售网络的建设和专营公司商业品牌的打造，通过建立完善的分选加工、储藏保鲜、包装设施和质量安全检测体系，采取农产品、食品生产基地与消费者专线对接的商业模式，构建消费群体针对性强富有安全保障个性的标准化销售服务平台。通过标准化销售平台商业规模化运作和商业品牌建设的显现，提升专营公司的品牌价值和资本价值。

2.可开发蝇蛆系列产品

据了解，目前对家蝇的研究开发可以大致分为3个层次：一是将废弃动、植物蛋白转化为蝇蛆蛋白作为饲料使用；二是以家蝇幼虫为原料制备甲壳素、壳聚糖；三是从蛆浆中分离、提纯"抗菌肽"等生理活性物质。蝇蛆的饲养除了本项目作为动物蛋白添加剂以外，在改变蝇蛆的饲养方式和蝇蛆饲养达到一定规模的前提下，可以延伸其利用链，进行不同层次的深度开发。

(1)开发生物营养品。蝇蛆蛋白是优质蛋白，可提取蛋白粉开发高级营养食品、饮料、航天食品等。蝇蛆外壳中提取出来的高纯度壳聚糖，是一种天然高分子化合物，经过特殊处理的壳聚糖还具有直接抑制癌细胞的作用，可调节生理机能，增强抵抗力，同时在治疗胃病、降血糖方面也有效果。蛆油、蛆浆蛋白具有良好的适合人类吸收的氨基酸，可用于化妆品和制成保健品。

(2)可涉足生物制药产业。近代的研究资料提示，从苍蝇提取的各种药物可治疗深度创伤、脑血栓、高血脂、骨质疏松、肝炎、癌、糖尿病等。蛆浆可分离具有高强杀菌作用的"抗菌肽"，与现在流行的抗生素相比，属纯天然产物，不容易产生抗药性。大量研究证实，只要有万分之一浓度的苍蝇抗菌物质，就可以杀死多种病菌，其效力是目前人类已发现的任何一种抗生素所无法比拟的。由此看来，在目前不少病原菌对已有抗生素逐渐产生耐药性，而新的抗生素发现又极为困难的条件下，苍蝇抗菌肽很可能是未来抗生素的最佳选择之一。

对此，在资金和分离提炼技术均具备的前提下，以蝇蛆外壳、蝇蛆抗菌肽深度开发甲壳素、壳聚糖和生物抗生素等系列产品应用于农业、工业、医药、食品和化妆品等领域将大有作为。

第二节　猪屠宰加工血液副产物在食品上的利用

据估计，我国大概每年产生 1 500 000 t 猪血，相当于 2 000 000 t 肉或者 2 500 000 t 蛋。猪血营养丰富，含有大量的血细胞、血小板等固形成分，同时含有大量的蛋白质(17%～21%，主要为血红蛋白和血浆蛋白)和氨基酸，血液蛋白质是一种优质蛋白质，其必需氨基酸含量高于人乳和全蛋，它通常被称为“液体蛋白”。包括人体必需的 8 种氨基酸在内的 20 种氨基酸，特别是赖氨酸、亮氨酸含量丰富，接近 9.0%，使其成为很好的谷物蛋白互补物。还有适量的维生素、矿物质、激素和酶以及其他的一些生物活性物质。血浆蛋白、血红素、铁卟啉、SOD 酶、凝血与抗凝血系统蛋白等也是猪血中重要的组成成分和活性成分。

如果动物血液被当作废物丢弃的话，将造成有价值蛋白的丢失，而且还将伴随着严重的环境污染。许多国家要求动物血应该以环境友好的方式进行处置，这是一个资产密集型的过程，需要耗费大量的财力。相应的，为了消除大量的污染损害避免有价值蛋白的损失，人们已经做出努力来保证大规模利用动物血。从最大化利用动物血获得的环境的、营养的和经济的利益，与最近血液收集和加工技术一起，导致了大量的血液蛋白组分成为可以利用的满足特点需要的食品和食品添加剂。到 2001 年止，屠宰场产生的血液大约有 30%被利用。尽管没有数据证实，但是目前的利用可能超过这一数字。而中国血液的利用不超过 10%。

在墨西哥，猪屠宰场的血液通常都是被遗弃的，造成了严重的污染问题。极少一部分通过加热处理的方法被加工成血液食品，这一加热过程破坏了部分蛋白质的功能特性，影响了非固定营养成分的产量。为了减轻污染，应该开发新的血液加工方式。蛋白，比如血液蛋白，在食物和药物以及生物系统功能中起到重要作用。溶解性是功能特性中最重要的特性，因为溶解性对蛋白质的其他特性有重要影响。一般而言，为了提供好的乳化作用、起泡、胶凝化等特性，功能性蛋白一般要求具有高的溶解性。

血液产品已经作为功能性产品在欧洲安全应用许多年了。牛血浆作为鱼糜凝胶增强剂、作为纹理肉蛋白、澄清白酒、在烘焙食品和蛋代替品中作为发泡剂。血浆蛋白加热后是强力黏合剂，白蛋白、球蛋白是性能良好的乳化剂。口服富含牛免疫球蛋白制品对实验动物模型和人的胃肠炎有疗效。婴儿补充牛免疫球蛋白制剂能预防呼肠孤病毒感染。

血浆是血液去除血细胞(红细胞、白细胞和血小板)以后的剩余液体成分，由于其具有中性味道而且没有与红细胞相关的黑颜色(全血由于有红细胞也具有黑颜色)而广泛用于食品工业。全血及其分离的红细胞作为食品中的成分在传统工业中主要局限在诸如血肠产品，因为血肠的黑色是预期的而且是可以接受的。血液的细胞成分和全血还没有在食品工业广泛应用，由于其血色素组分显示出不受欢迎的颜色、腥味和终产物的金属味。即使是少量的血红蛋白也会使得食品出现黑棕色。它们的使用受到限制还由于人们认为细胞组分较高的微生物负荷，尽管这点已经被证实不成立。为了不影响终产品的感官特性，血细胞组分衍生的产品用于食品传统的比例限制在 0.5%～2%。虽然最近的努力方向集中在通过利用各种技术血去除色素，生产食品工业上称为球蛋白或漂白血浆，改善细胞组分在食品蛋白中的应用。然而，这些处置中的许多产品不具有高附加值，并赋予了产品咸或苦味，或者只能部分消除与血红素相关的黑色。因此，需要进一步优化加工方法生产不具有苦味而且是白色的产品。有一种方法是将从血液中获得的红细胞用木瓜蛋白酶处理释放血红素，随后进一步用漂白剂——次氯酸钠处理。分离的球蛋白几乎是无味的白色。尽管该技术获得成功，但是动物血主要因为消费者的顾虑仍然没有充分利用。

血液制品的成功应用依赖于微生物安全性，需要严格的检测、谨慎收集和处理过程。食品和饲料的微生物安全性，特别是动物产品的安全性的对公众的重要性正逐渐增加，也是一个影响国际贸易的重要因素。被用于猪屠宰场的质量程序的控制，如 HACCP 系统控制屠宰过程中的化学、物理和生物危害。HACCP 的补充系统已经被推荐用于动物食品传播的病原体的控制。

动物屠宰后的第一个副产物血液是欧洲和亚洲传统食物的主要组分如血肠、布丁、血汤、面包、奶酪和饼干。20 世纪 70 年代以前，美国屠宰场常常作为无用的废弃物而遗弃。但是猪血的高营养价值和处置的高费用激发了研究热情，工业上正努力将血液蛋白加入到各种食品当中去。商业化的血液制品，不管是来自血浆还是细胞组分包括全血，在不同的产品中有特定的用途。尽管主要是用于肉制品，提高蛋白质含量和增强水结合能力和乳化性，提高食品工艺技术意味着血液来源的产品已经被发现用于非肉加工食品和食品添加剂。消费者之所以不知道这些血制品被用于某些迄今为止没有使用血液制品的食品企业是由于这些制品是仅仅以商标名称或者蛋白质名称公布的，不是以血液制品公布的。这对犹太人和穆斯林人是相当严重的，这些人由于他们的宗教信仰被严格禁止吃任何血液来源的食品，以及其他如避免食品血液污染的食品人群，或者由于伦理、文化、健康或者仅仅是由于个人喜好而拒绝使用血液产品的人群。这些产品标签的合理调整来保护消费者是重要的，而有效的检测隐藏在食品中的血液来源成分的分析方法的建立也很急迫。

血液占到动物体活体重的 3%～5%，传统上广泛用于食品给人们消费。在欧洲，血液用于制备血肠、饼干、面包和布丁，而在亚洲，血液主要用于全血块、血豆腐和血布丁。然而这些血液产品在美国不常用，在美国，长期以来血液是作为无用的废弃物而丢弃。假如血液有意义的固体物含量是 18%和高 COD 指标是 500 000 mg O_2/L，那么大量由血液产生的环境废弃物处置问题是巨大的。以前处理血液的方法是将其喷入农田作为肥料或者倒入污水系统，由于这些方法严重污染环境，因此现在已经被认为是非法的。为了减少以一种环境友好的方式处理屠宰场的血液所花费的巨大财力，寻找一种把动物血转变成人类食品或动物饲料的有用成分具有重要意义。血液独特的营养和功能特性，以及它的衍生产物有助于食品添加剂越来越多的用途。典型的牛血液由 80.9%的水、17.3%蛋白、0.23%脂类、0.07%糖和 0.62%矿物质组成。血液不仅是一种高蛋白的副产物，其蛋白具有各种功能特性，包括黏合、起泡和乳化能力。现在，屠宰场生产的大量猪血主要作为胶凝剂和天然色素用于食品工业。血红蛋白是红细胞的主要蛋白成分，占总蛋白含量的 50%以上。血液的铁含量高，与非血红素铁相比，血红素铁吸收好，因此用于基于食品战略的全球性营养缺乏问题——缺铁性贫血的铁补充剂。因此，致力于血液的完全利用是必要而且有理由的，不仅因为追求环境利益，还在于它潜在的营养功能和经济利益。食品工业目前使用的血液大概占屠宰场产生血液的 30%。血液的其他用途如用于宠物饲料、牲畜饲料、农业肥料、药品、医学、诊断和造纸工业等，实现血液在工业、农业、医药重复利用，满足农业畜牧业废弃物合理利用的大循环。

一、血液制品在食品工业中的应用

1. 在肉类工业中的应用

肉类工业使用大量的血液蛋白作为食品加工的成分，主要是作为黏结剂和天然色素增强剂、乳化剂、脂肪替代物和肉类熟化剂。但是也有些限制，如香肠产品的生物降解天然包装盒具有相对高的溶解性，可能限制其作为血液基础的膜用于香肠生产。

(1)黏结剂。黏结剂是传统肉类生产中用于抵消加工过程造成的结构和感官变化。处理吸收肉类热加工过程中释放的湿气，他们还用于将水和脂肪结合稳定碎肉产品乳化。掺入黏结剂能够有效提高肉类强韧性。将肉类部分用黏结剂替换降低产品成本，还能提高或至少保持终产品的营养和感官特性。黏结剂具有大分子结构，能形成基质保持香味和营养，并锁住水分，防止水分渗出。它们也用于肉类结构重组，将低价值和低品质的成分修饰成消费者喜爱的高价值的与完整肌肉相似的产品，如牛排、肉块或烤肉等。肉类重组也是由消费者对商业化肉类和鱼类产品的精确需求推动的。血浆及其分离蛋白都被用于肉类工业的黏结剂。血浆作为黏结剂在食品系统中的功能是它具有在加热时形成凝胶的能力，与其他黏结剂相比，血浆蛋白的黏结剂性能是相当于其他黏结剂的。根据血浆的结合特性，它能作为卵清蛋白的替代品，传统食品工业上用于黏结，并保留了作为判断其他黏结剂的标准。有意思的是，据报道，血浆粉尽管比其他黏结剂如肉粉、明胶、麦谷蛋白、分离的大豆蛋白和海藻酸钠与碳酸钙的混合物等黏合效果好。但是比鸡蛋清粉的黏合效能差。然而，有研究指出，鸡蛋清粉作为黏结剂优于血浆粉仅限于肉类与肉类黏合；正确的肌肉食品黏合应该不仅考虑肌肉和肌肉的黏合，还要考虑肌肉与脂肪和脂肪与脂肪的黏合。在酸性 pH 条件下，血浆蛋白软而且渗出凝胶，因此在低 pH 如发酵产品中不是有效的凝胶剂或者保水剂，因为这些功能特性受到由于酸性环境导致的蛋白质结构改变相当强烈。同时用微生物转谷氨酰胺酶和高流体静压处理猪血浆能改善酸性条件下的凝胶特性。

血蛋白除了具有优良的黏结剂特性以外，还为制备重建肉类提供了大量有利于健康和符合工业利益的产品。过去，重建肌肉需要用盐翻滚肉片，提取其中的可溶性蛋白用于肉类黏结。然而，这一翻滚行为破坏了产品的纹理，盐的使用也增加了食品中盐含量，增加了心血管和骨骼疾病顾客的顾虑。传统上，该过程还包括用加热与盐和翻滚相结合的方法黏合从肉类中提取的肌纤维蛋白，这种黏合方式称为热组合黏合。与热组合方法有关的问题是产品必须以预先烹饪或冷冻的方式出售，因为在生产品状态下黏合度比较低。冷状态黏合剂依赖于血浆蛋白纤维蛋白原和凝血酶形成生理凝血块产品(fibrimex)，能从猪血和牛血中获得。Fibrimex 是采用 Dutch 公司 Sonac BV 的专利生产的，其黏合行为是基于在凝血酶作用下将纤维蛋白原转变为纤维蛋白。产生的纤维蛋白与胶原相互作用，使得肉碎片在重建肉中黏结。Fibrimex 生产的重建肉能以冷冻或者生肉的状态出售，具有与完整的肌肉切割下来的肉相同的使用价值。利用冷式方式能降低氧化酸败和脱色，这两种现象都是热式方法常见的。还有一个优点就是冷式方法形成足够的黏合度避免脱黏结过程中稳定空腔的形成。用这种冷式方法形成的黏合剂应用更广泛，因为能够像新鲜肉一样处理和烹饪他们。Sonac BV 还生产了称为血浆粉 FG 的冷式黏结剂，是一种高纤维蛋白原浓度的血浆产品。

工业上其他两种常用的冷式黏结剂是 ActivaTM TG-RM 和藻酸盐，前者是微生物来源的转谷氨酰胺酶，后者是一种与二价阳离子作用的多糖。与ActivaTM TG-RM比较，Fibrimex在生的和熟的重建猪肉中产生较弱的黏结。几个研究报告表明，与藻酸盐黏结生产的重建牛肉相比，Fibrimex生产的重建牛肉具有更弱的黏合性。然而，一旦烹饪后，用Fibrimex生产的牛肉具有较强的黏合力，等于或强于藻酸盐生产的重建肉。有趣的是，其他研究者的研究结果与此相反。在这一研究中，对ActivaTM和FibrimexTM生产的重建肉，没有诸如味淡或者缺乏纹理均一性这样的负面评论。不管怎样，所有这3种黏合剂都被定义为能作为满意的黏结剂生产重建牛排，而且整体合格。这些感知的不同可能是由于不同的实验过程，例如所用肌肉的类型和数量以及所用黏合剂的比例。需要更多的研究来证实血浆蛋白的最佳用量，用于特定的肉产品生产获得需要的结果。

(2)天然色素增强剂。颜色是消费者评价肉类产品的质量和新鲜度的重要因素之一，由于某些人工食品色素的有害反应，导致了技术上可行的天然色素代替人工色素成为一种趋势。尽管有许多安全的天然色素来源，其是否适宜于充当食品色素取决于原材料的可获得性。在这一方面，来源于动物屠宰场的大量的血液，红色的血红蛋白是良好的天然红色素来源。注意到，使用血红蛋白作为食品添加剂能够获得额外的治疗铁缺乏效果。然而，血红蛋白的红色是不稳定的，而且主要依赖于血红素氧的氧化状态。氧合血红蛋白，分子氧亚铁状态是鲜红色，但是当血色素铁被氧化成三价时，产生的血红素蛋白称为高铁血红蛋白(metHb)，具有人们不喜欢的棕色特性。幸运的是，metHb的浓度在哺乳动物血液中仅占所有色素的1%～3%，主要是由于metHb还原酶作用的结果。然而，用于保持货架期和确保产品安全所用的加工技术，由于血红蛋白自氧化大大增加了metHb的数量。尽管喷雾干燥是一种比较好的保持红细胞组分的方法，甚至好于冷冻干燥，而且是保证血液来源组分的微生物质量的必要步骤，但是血红蛋白氧化可能在喷雾干燥干粉中持续进行。由于血红蛋白的不稳定特性，它作为食品成分的前提就是被稳定化处理了。因此，用于食品色素的血红蛋白粉末需用保护剂与血红蛋白形成复合物处理，预防氧进入血红素铁并最终降低血红素自氧化。常用的血红蛋白稳定技术：螯合剂，如盐酸和尼克酰胺具有与血红素形成复合物的能力，能有效阻止血红蛋白在干燥和随后的储藏过程中自氧化。尼克酸在浓度为2% W/V时能在喷雾干燥和随后的储藏过程中大大延缓血红蛋白变质速度。用2.5%的烟酰胺也能获得同样的结果，虽然结果不如尼克酸那么明显。然而在有淀粉凝胶存在的条件下，尼克酰胺具有比尼克酸更好的稳定血红蛋白红色素的作用。这些螯合剂的使用并非没有问题。如尼克酰胺是有害的血管扩张剂。用一氧化碳(CO)将血红蛋白转变为更稳定和感官接受性的碳氧血红蛋白已经作为稳定血红蛋白的替代方案。其基本原理是基于血红蛋白与CO有强结合力，而且其复合物具有低解离性，因此使得CO和血红蛋白具有强而持久的结合，能够耐受烹饪和/或脱水处理。另外，CO处理的血液具有更红的颜色，因而应用于肉类产品的潜力更大。研究表明，储藏在低氧透过率袋子中的CO处理的猪喷雾干燥血，其淡红色能保持12周，而未处理的猪血在干燥过程中立即变成棕色。12周以后，将喷雾干燥的猪血置于高氧通气率的袋子中，其表现与未经处理的猪血一样。这一结果表明，氧通透性可能是关键因素，高氧通透率和光氧化可能是碳氧血红蛋白转变成棕色的原因。用CO在不同pH条件下处理的液态猪血(7.4∶6.7∶6.0)并保存在冰箱冷冻4 d，该猪血表现为更加稳定而且比新鲜血液有更加鲜艳的红色。该研究被限制在4 d是因为在这个时间范围内是细菌滋生数量在可接受的低范围内，因此血液保持微生物学安全特征，允许其作为食品成分使用。

目前有几种这样的含有血红蛋白的产品用于肉类产品的天然增强剂。然而，有效的稳定血红蛋白的方法仍然存在问题。开发更好的包装技术可以避免使用稳定剂，进而导致基于血红蛋白的色素安全而且更加天然。

（3）乳化剂。乳化剂用于乳化肉类产品如熏肠、肉酱、午餐肉和意式肉肠等，将肉蛋白、脂肪和水结合到稳定的乳化剂中。乳化剂也帮助将脂肪精确地分配到产品的各个部分，获得正确的纹理。乳化剂在低脂肪食物中常常代替脂肪赋予终产品与它们相应产品的全脂肪产品相同的感官效果。食品工业有权使用大量的食品乳化剂，特别是肉类食品，尽管这些乳化剂都倾向于是蛋白质。蛋白质是食品工业最常用的乳化剂，因为它们是天然的、无毒无害的、能广泛获得。作为乳化剂的蛋白质来源多样，奶酪及其盐衍生物在食品工业是最流行和广泛使用的。人们正在寻找价廉物美的乳化剂来代替奶酪，由于奶酪加工昂贵，因此价格也比较昂贵。这一点在发展中国家非常重要，因为作为奶酪产品的原料牛奶必须进口。

血液蛋白具有乳化特性，而且能比得上甚至超过奶酪，因此能完全代替奶酪作为乳化剂用于肉类产品。有人比较了酪蛋白酸盐（SC）和在有盐、无盐条件下用酸化丙酮法（AG）或用羧甲基纤维素法（CG）分离的球蛋白的乳化特性，发现在无盐条件下，AG 和 CG 法制备的球蛋白有较高的乳化能力（EC），比羧甲基干酪的乳化能力强，EC 是测定乳化剂移入油水界面的能力。在有盐的条件下，SC 表现出比球蛋白更高的乳化能力。乳化活性指数（EAI）是测定乳剂形成后，乳化剂停留在油水界面的能力，AG 具有最强的乳化能力。在无盐条件下，SC 和 AG 比 CG 表现出较高的 EAIs。在无盐和极低盐浓度的情况下，三者的乳化能力没有差别。然而，当盐浓度为 0.25 mol/L 时，CA 的 ES 比较高。由于乳化特性是 EC、EAI 和 ES 共同作用的结果，因此，在高盐条件下，乳酪作为乳化剂略优于球蛋白。这将造成球蛋白作为乳化剂的使用不便，因为它限制了盐在产品中的使用。

球蛋白作为食品乳化剂也与棉籽、大豆和牛奶蛋白乳化剂等其他常用乳化剂蛋白做了比较，结果表明，球蛋白具有最好的乳化能力。球蛋白的乳化活性（EAI），比血红蛋白和卵白蛋白（EAI）（活性分别为 14 和 8）高。其他学者也报道了球蛋白比其他蛋白（如血红蛋白、卵白蛋白）的乳化能力高。而 BSA 的 EAI 值为 31，比球蛋白高。肽水解产物与和羧甲基纤维素（CMC）一起加入到球蛋白中，成功地提高了球蛋白的乳化能力，超过 BSA。所有的血液蛋白（球蛋白、BSA、血红蛋白）都表现出比具有良好的乳化性能的卵白蛋白更好的乳化剂能力。然而，据报道，当被用于生产香肠时，血浆具有比球蛋白更好的乳化性能，而且，血浆可以以更高比例与肉制品结合而不损害产品的感官吸引力，因为最终产品保留了微红色泽。

总之，血液蛋白具有优秀的乳化能力并能充分代替乳酪和蛋作为乳化剂用于肉类系统。血液蛋白（如血红蛋白）作为乳化剂时，具有特殊的好处，就是提供血红素铁。与奶酪和蛋相比，后两者是蛋白变应原，是食品过敏原标签和消费者保护法（FALCPA）规定的八大过敏原之一。血液蛋白不存在诱发过敏反应的问题。关于高盐产品，血浆或球蛋白需进一步加工，如与肽水解产物和 CMC 结合来提高其乳化能力可能是最佳选择。

（4）脂肪替代剂。脂肪作为维生素、必需脂肪酸和能量的来源在食物中承担重要的功能。除了它的营养作用，脂肪对柔韧性、口感、结合特性、汁液性和整体性状以及加工肉制品的风味都有影响。另一方面，经验数据表明采食脂肪和心血管疾病（CVD）以及某些癌症（结肠癌、乳腺癌和前列腺癌）有关。因此，对于今天有健康意识的消费者来说，降低食物中的脂肪是一个主要考虑的因素。由于对肉类产品的不利宣传如高含量的脂肪和不健康的脂肪酸组成，特别是那些乳化肉类的宣传，使肉类工业受到了严重影响。例如，低脂肪含量的精细碎肉产品法兰克福香肠、干酵素香肠和分散于香肠中的乳化剂分别是10%、20%～30%和20%，其中含有大量的饱和脂肪酸。为满足消费者要求，食品工业已经研发了低脂肉制品类型，脂肪赋予肉制品重要物理化学和感官功能，在食品中添加替代脂肪是一项艰难的任务：如果加的不合适，产品的感官特性将受到严重损害。因此，低脂肉中的口味和表现不被接受导致肉类食品难以销售，不管它有任何的健康益处。

研究表明，由于血液蛋白的可溶性和低成本，因此具有潜在的肉制品中脂肪替代品功能。同时由于它们含有脂肪替代品，因此可降低每克食品的热值，因为蛋白质比脂肪含有更少的卡路里。另外，血液蛋白是天然产品，符合目前消费者对天然食品的需求。研究表明，用球蛋白、血浆以及血浆和球蛋白的复合物代替脂肪，导致火腿酱的脂肪含量分别为16%、16%和25%。在这些处理方法中，观察到的脂肪降低没有统计学上的差异。使用这些脂肪替代品导致湿度和蛋白质含量的增加，香味、口感和稠度没有可见的变化。然而，加了血液蛋白与对照没加血液蛋白的酱的颜色相比，前者颜色变浅。色彩还原对添加脂肪替代品的影响不只是针对血液蛋白，因为其他脂肪替代品也出现了相同的结果。总之，脂肪影响肉制品的颜色，降低其水平能影响产品的颜色特性。有人评估了用19个不同商业化的脂肪替代品 Plasma Powder U70 和 Protoplus U70（含有血液来源成分的产品）生产的低脂肪牛肉汉堡的感官、化学和物理特性。结果表明，用这些血液蛋白制备的产品不具有良好的品质和香味。这没有任何意义，含有血液蛋白的汉堡比含有其他脂肪替代品的汉堡具有独特优良的感官特性。例如用 Protoplus 70 制备的汉堡的保湿性和汁液性比其他17种替代品中的15种非血液来源的脂肪替代品好。含有 Protoplus U70 的汉堡被估价为具有最好的纹理特征的汉堡。含有血液蛋白的产品具有独特的优于其他脂肪替代品的物理特征。如含有血液蛋白的牛肉汉堡的产品产量比其他17种替代品中的13种产量都高。相似的，含有血浆粉 U70 和 Protoplus70 的牛肉汉堡的 WHC 分别优于其他15和12种替代品。

使用血液蛋白作为脂肪替代品比其他商业化的脂肪替代品有好处。研究表明，比较血浆和大豆纤维作为脂肪替代品用于博洛尼亚香肠，结论是血浆蛋白比大豆纤维具有更好的影响香肠的黏合和纹理特性，因而是更好的选择。因此，血液蛋白能提供更廉价的替代蛋白用于低脂肉类产品的脂肪替代品。然而，这可能不能满足某些消费者的要求，因为由于它们的加入导致产品没有肉的香味。当血液蛋白添加到食品中时，含血液蛋白赋予的特定的风味特征的肉类产品有较低的肉类分数。因为单一脂肪替代品不可能引起低脂肪肉制品的预期效应，将血浆蛋白与其他具有更好的肉香特性的脂肪替代品结合有希望成为适宜的方法。

(5)熟化剂。亚硝酸盐在肉类熟化过程中起到重要作用，它与熟化食品的红色、特征和令人想要的风味有关，可通过促进蛋白质交联影响产品的纹理特性，而且亚硝酸盐可充当抗微生物剂的作用。尽管亚硝酸盐在所有食品添加剂中是应用最广泛的，但是它的应用近年受到了限制。这是因为亚硝酸盐易于与肉类中的胺、酰胺、氨基酸和相关化合物反应产生致癌的 N-硝基化合物。另外，摄入的亚硝酸盐可能与胃肠道内各种物质产生 N-硝基化合物。各种研究已经证实，虽然产生的亚硝胺的种类和数量不同，熟化肉类化合物中有挥发性 N-亚硝胺产生。为了解决这些问题，人民已经做了很多努力来减少亚硝酸盐在熟化系统中的应用或者研究完全避免使用亚硝酸盐的熟化方法。后者可能是最佳选择；最有吸引力和可靠的方法是防止 N-亚硝基化合物的形成，从熟化过程中完全消除亚硝酸盐。然而，发现一种肉类熟化过程中可替代亚硝酸盐的有效方法比较困难,因为找到能完全再现亚硝酸盐的所有功能的单一化合物是极端困难的。到目前为止,没有单一试剂能够完全代替亚硝酸盐。最好的办法可能是用不含有亚硝酸盐的复合混合物来替代亚硝酸盐包括色素、抗氧化剂和抗微生物剂,来生产无亚硝酸盐的熟化肉制品。

复合无亚硝酸盐混合物的肉类保藏色素之一,蒸煮腌肉色素(CCMP),将 CCMP 在烹饪肉之前加入复含无亚硝酸盐熟化肉的颜色。CCMP 是一种单和/或二氮氧化物血色素,由氯化高铁血红素直接或间接合成。该色素通过牛或猪红细胞与亚硝基化试剂和至少一种适应于高温的还原剂反应产生。获得的产物或者喷雾干燥或者冷冻干燥获得粉末。色素可能用淀粉和黏结剂(如结胶)处理。将 CCMP 按照 3～30 mg/kg 的量加入捣碎的猪肉中,经过热处理后得到粉色制品。这样做好的猪肉制品跟亚硝酸盐处理的制品在感官上非常相似。尽管 CCMP 的最佳表现是在含有低至中等浓度的肌球蛋白肉制品中,将 CCMP 加入猪肉中也取得了满意的效果。研究结果支持 CCMP 作为健康的亚硝酸盐替代品,因为与亚硝酸盐相比,CCMP 不能引起诱变。CCMP 作为肉类乳化剂能显著降低胃肠道中 N-亚硝基化合物的形成和残留。

尽管 CCMP 最早用于腌肉制品来达到与亚硝酸盐有关的红色性状,但是它也具有类似于亚硝酸盐的抗氧化特征。虽然其稳定性已经随着稳定剂的使用而有所改善,但是目前,CCMP 还没有用于商业化生产。进一步的研究如在 CCMP 合成时加入抗微生物剂等,使得 CCMP 具有亚硝酸盐的所有 3 个功能,可能使得 CCMP 商品化。

2. 非肉类工业用途

尽管肉类工业仍然是血液蛋白的主要使用者,但是其他工业也利用血液蛋白如烘焙食品、食品添加剂和功能食品,常用于蛋类替代品、蛋白质补充剂、铁补充剂或者生物活性化合物的来源。

(1)蛋类替代品。在烘焙食品如蛋糕中,蛋类蛋白质在决定其终产物的特性如蛋糕体积和质地等方面起到重要作用,这主要是由于蛋类蛋白独特的发泡、乳化和热凝固特性决定的。在用于烘焙食品的各种成分中,蛋类是最昂贵的,而且是提供胆固醇的主要来源。替代组分的使用将部分或全部取代蛋类能因此带了巨大的好处,不仅降低成本,而且提供了较低的胆固醇含量产品。有报道,血液蛋白已经被用于有用的蛋类替代品。喷雾干燥血浆蛋白浓缩剂被用于各种食品加工,包括蛋类替代品,只以喷雾干燥蛋白价格的 1/3 出售。

Lee 等评价了用蛋类替代品部分(25%、50%和 70%)或全部(100%)喷雾干燥的血浆制作的白层蛋糕的感官和物理特性。报道指出,尽管在 75%和 100%使用替代品时,蛋糕的对称性降低,但是蛋糕的体积不受蛋类替代品的影响。至于收缩,部分使用替代品的蛋糕比完全使用蛋白的对照组蛋糕表现为更低的收缩值;全部使用替代品的蛋糕与对照组相比收缩不明显。这表明,就蛋糕的重要的品质指数,如体积和收缩值来说,用血浆取代蛋类能生产出优良的产品,特别是部分取代的产品。值得注意的是,作者报道了用不同水平的血浆代替蛋类导致产品更黑、表皮较脆而且易碎,虽然有这些差异存在,但是经过训练的评审人员喜欢对照组的蛋糕,也同样喜欢那些部分或全部用血浆蛋白替代蛋类的蛋糕。同样的研究,采用 90%酶解的血浆与 10%牛肉干混合作为蛋类替代品生产魔鬼蛋糕——全蛋产品。然而结果与我们讨论的无关,因为推断替代品的产品效应是否与血浆有关很困难。有人研究了用冷冻干燥的血浆代替蛋白或全蛋生产分别生产白层或黄层蛋糕。在黄层蛋糕的生产中,1.3%的蛋黄素被加入作为蛋白中天然磷脂组分的补充。对照组蛋糕含有14%蛋白固体和3%盐，而实验蛋糕含有18.6%血浆固体，不加盐。这些组分的选择保证了血浆和蛋白组蛋糕具有相同的蛋白含量和盐浓度。结果表明，用血浆制作的蛋糕在体积上至少等于对照组，而且其收缩也低于蛋白对照组。在黄层蛋糕的制作中，用血浆固体制作的蛋糕体积比用全蛋制作的蛋糕小7%～15%。他们得出结论：血浆能有效地作为蛋白或全蛋替代品用于蛋糕生产，因此在烘焙工业中显示出作为低成本蛋类替代品的潜力。

脱色的牛血液被认为是白层蛋糕生产中蛋白的替代品之一。尽管用脱色蛋白生产的蛋糕体积跟那些用蛋白生产出来的蛋糕具有可比性，但是前者有令人不愉快的风味。用脱色蛋白生产出来的蛋糕具有令人生厌的感官特性，可能是由于血色素残留。有人比较了用蛋白和血浆制作的蛋糕的特性及其组成蛋白质，发现用蛋白制作的蛋糕比用喷雾干燥的血浆制作的蛋糕具有稍大的体积，但差别很小。在蛋白组成中，蛋白制作的蛋糕仅γ-球蛋白优于血浆制作的蛋糕。他们还注意到从血浆分离的纤维蛋白原（仅用这种蛋白生产的蛋糕在所有血浆蛋白生产的蛋糕中，具有最小的体积）增加蛋糕体积。假定用血浆蛋白代替蛋类用于烘焙食品的主要目的是降低成本，但是用分离的血浆组分加入到蛋糕中产生的额外费用与目的是相反的，因此不能激发用分离的血浆蛋白作为蛋类代替品用于工业生产。

总之，血浆蛋白用于取代烘焙食品中的蛋类能有效降低成本。用从细胞组分中衍生的血液蛋白，如脱色牛血液导致烘焙食品具有令人不愉快的气味，然而，需要进一步研究与它的风缺陷相对抗的产品是必需的。而且，由于用血浆取代蛋类的主要目的是降低成本，用昂贵的分离血浆蛋白作为这一目的显然不合要求。从血浆中移去纤维蛋白原，导致蛋糕体积增大，可能是一种可行的提高血液作为这一目的的方法，因为通过离心方法将这一蛋白溢出是相对便宜的。

（2）蛋白添加剂。蛋白质营养不良是发展中国家婴儿断奶期的主要问题，延缓了他们的身心发育。国际社会如WHO和FAO建议在断奶食物中引入优质的和适量的蛋白质来预防断奶期婴儿的身心发育不良。在许多发展中国家，从母乳喂养到母乳和奶粉混合喂养（6～8个月）过渡阶段的食品以及此后（主要为1～6岁）作为主要早餐的食物主要为玉米面。Kwashiorkor是一种严重的蛋白质缺陷病，与世界上某些地方的玉米种的蛋白质质量和数量有关，尤其当该种玉米被作为唯一的食物蛋白提供给婴儿时。不幸的是，在发展中国家，含有高质量和高数量蛋白质的动物蛋白如牛奶和肉价格昂贵而且不容易获得。结果，科学家、政府和国际组织协调致力于取消蛋白质营养不良，在断奶食品的生产过程中，直接使用植物蛋白（如豆荚和大豆中的蛋白）作为动物蛋白的替代品用于谷物和加工过的谷类作物蛋白质补充剂。然而，这些植物蛋白质的蛋白质水平低、缺乏必需氨基酸、和/或还有抑制生长因子。加工植物蛋白质如大豆去除它们的生长抑制因子大大提高了成本，因此使用它们作为低成本高质量蛋白取代动物蛋白的目的就失败了。相关的极端处理过程导致蛋白质变性，降低了终产品的蛋白质质量。用新断奶的猪作为研究对象建立了将血液蛋白引入断奶食品，加速了断奶仔猪的每日重量。在新断奶的小鼠研究中也获得了相似的结果，表明含有血液蛋白质的食品的好处不是种属特异性的。因此，来源丰富、廉价、容易获得、无抗营养物质、有合理的氨基酸含量以及具有动物营养追踪记录的血液蛋白被建议用于婴儿配方食品解决蛋白质营养不良症。下面是发展中国家用血液蛋白作为蛋白质补充剂用于治疗蛋白质营养不良的例子。

Begin等比较了仅补充了牛血清浓缩物、牛血清与多营养成分结合（MMN）、仅乳清蛋白浓缩物(BSC)、MMN 的(对照)玉米食品对 132 名危地马拉 6～8 个月婴儿体格生长和微量营养素的影响,各组持续时间为 8 个月。研究期间,受试者体重增加 1.8 kg,身高长高 8 cm,分别达到北美相应年龄段体重和身高期望值的 63%和 75%。治疗对照组的生长增加不明显,但是有意义。至于微量营养状态,补充了 WPC 和 MMN 组比 BSC 和 MMN 组显示更高的血清铁蛋白水平。所有其他的标记着的微量营养状态都相同。他们的结论是补充 BSC 或 BCG 和 MMN 不能有效防止危地马拉城市附近的幼儿的发育障碍,但他们没有详细说明这一结论的原因。可能是他们比较的对象是北美的孩子,这不是一个好的生长标准图表,与 WTO 用的标准不一样。然而,他们还注意到接受含有牛血清浓缩物补充剂的孩子摄食量比那些接受含有 WPC 的补充剂的孩子少 12%。这提示 BSG 的风味不受孩子欢迎。如果孩子们能够消费含有 BSC 补充物的食品,这一组记录的生长率有可能会超过消费乳清添加剂组的生长率。虽然如此,该结果证实,血液蛋白能够完全取代其他动物蛋白如乳清蛋白。

血液蛋白可作为蛋白补充剂。有人研究了用玉米面和牛血液配置断奶婴儿食品的体外试管内蛋白消化(多酶消化系统,包括胰酶、胰凝乳蛋白酶和肽酶)、氨基酸图谱可利用铁。结果提示,当血浆蛋白浓缩物被加入到玉米中时更易于消化。配方的氨基酸图谱也满足 FAO/WTO 联合委员会制定的婴儿必需氨基酸要求。配方的铁含量比单独玉米食品提高 1 倍。在该研究中使用的牛血粉浓缩物是无味的,因此加入到玉米粉中不会改变整体风味。与前面讨论的含有 BSC 的混合食品比含有 WPC 的食品不受欢迎相比,这是可以理解的,因为受试者还未断奶所以不习惯不寻常的口味(这个研究中是 BSC,WPC 与牛奶相似)。研究表明,年纪较大的孩子(9～25 个月),用含有正常提供量牛奶 25%～50%的所含有的等量的来自喷雾干燥牛血清蛋白的食品代替牛奶,能够复原蛋白质缺乏症重症病例(已证实为消瘦和加西卡病)。该例中含有喷雾干燥牛血清的配方能够很好地被孩子接受,而且受试组孩子的体重与对照组相比没有明显不同。然而,值得一提的是,在该组研究中,喷雾干燥牛血清食品的牛奶脂肪是用植物油代替的。脂肪的加入使得食品的感官质量提高,也是能够更被接受的原因。

上面的研究大致支持利用牛血液蛋白作为有效的蛋白质补充剂加入谷类食品和基于谷类的断奶婴儿食品中,用于解决发展中国家断奶婴儿的蛋白质营养不良问题。然而,如果目标消费者是开始进食固体食物的婴儿,加入食用油或其他的风味剂对改善口味和配方的可接受性是必需的。对于那些贫血的孩子,使用牛血液代替血浆或血清可以对抗贫血症状,因为血液中含有血红素。

(3)铁添加剂。铁缺乏是世界上最常见的营养缺乏症,影响世界人口的大概 20%,妇女和儿童更易受到伤害。铁缺乏可能是植物饮食引起的,植物中含有非血红素铁,这种形式的铁不易吸收。在婴儿时,铁缺乏能延缓婴儿运动和心理功能。孕妇铁缺乏导致贫血增加了小婴儿或早产儿的风险,更有可能使得婴儿罹患健康问题或者在生命的第一年死亡。缺铁会引起成年人疲劳,削弱他们做体力活的能力。对抗铁缺乏有几个比较直接的方法,包括用胶囊和片剂补充和强化加工的食品。然而,在发展中国家,食品依赖的战略仍然是最可以承受解决铁和其他微量营养素缺乏的方案。用含有血红素铁的主食品强化,血红素铁比非血红素铁容易吸收,因为它的吸收不受其他饮食因子的影响,因此被推荐为解决铁缺乏的方法。血红素铁是已知的比非血红素铁引起的胃肠道不适和氧化应激少。食品来源的血红素铁只有动物来源如肉和肝,动物肉和肝在发展中国家比较昂贵,而且比较难得到。由于牛血液中含有大量的血红素铁,比任何动物来源的食品都高,而且易得,因此被推荐为强化主食。血液强化主食解决铁缺乏成功的例子已经被报道了。

有人研究了牛血粉的物理、化学、微生物学和货架期特征和用牛血清强化的豆酱的感官特性,结果发现强化的豆酱的感官特性不如未强化的感官特性易于接受(颜色、风味和整体可接受性)。这是可以理解的,因为亚铁血红素的出现一般会赋予终产品令人不愉快的颜色和风味。然而,值得注意的是,尽管强化豆酱不受欢迎,但是也不是直接拒绝。由于孩子是铁缺乏的易感人群,将血红素铁强化食品引入学校午餐计划成为一种有前途的对抗这一问题的方法。在智利的一项全国性的学校午餐项目中,他们调研了牛血红蛋白强化的食品对学校孩子体内铁状态的影响。血红素铁强化午餐组,男孩和女孩的平均血红素铁蛋白值显著增加,贫血人数显著降低。这些好处的获得实际上的花费不如研究者预计的那么高,强化食品的额外花费仅仅是每年每个孩子 0.35 美元。提到关心的口味问题,强化组实际上与非强化组没有明显差别。用于血红蛋白强化食品中的不同组分掩盖了血红蛋白特征风味,表现为不能感知。某些怀疑者认为使用血红蛋白作为铁补充剂是不切实际的,因为铁含量仅为 0.35%,在低 pH 的胃中溶解度差,而且胃肠道铁的吸收一般低于肌肉对铁的吸收率。血红素铁多肽(HIP),一种可溶性血红素铁组分,得自于牛或猪酶解消化的产物,血红素铁与多肽结合,已经开发出来用于解决这些顾虑。水解行为通过阻止大的不溶性血红素铁多聚物的形成,增强了铁的吸收。能够商品化获得的 HIP 是 Proferrin 和 Aprofer1 000HIP 作为铁补充剂的有效性已经被证实。

Quintero-Gutierrez 等评估了血红素铁的生物利用度,他们用猪作为人模型,将血红素铁浓缩物填充在三明治型的饼干里,制成巧克力风味饼干用于研究。血红素铁通过从猪血中分离,然后酶解,并从血红素铁组分中利用超滤方法分离球蛋白制备。20 只患有轻度诱导性缺铁的断奶期仔猪被分成研究组(喂食轻度缺铁的食物 452.7 mg/kg 和血红素铁强化的三明治饼干治疗组)和对照组(喂食正常铁含量的食物,硫酸亚铁含量 537.1 mg/kg)。血红素铁组的生物利用度为 23%,比对照组高,虽然对照组的铁摄入量比血红素铁组的高。与对照组相比,研究组表现为好的体重增长和死亡率降低。产品具有好的感官和功能特性,因为他们具有巧克力颜色和气味、奶油样外观和合适的分散性。同一课题组继续用墨西哥农村女孩作为对象,评估了填充在三明治型饼干中的富含血红素铁的巧克力风味的饼干的可接受性和生物利用度。女孩们被分成 3 组:安慰剂组(PC)(由基础血红蛋白含量最高女孩组成,给予非铁强化的饼干)和两组研究组,其中一组给予硫酸亚铁强化的饼干,另一组给予血红素铁强化的饼干,两组铁强化组的饼干中铁的含量相同。两个研究组中都有贫血女孩和非贫血女孩。研究人员发现,血红素铁强化组的铁生物利用度是 23.7%,比硫酸亚铁组高,这表明血红素铁强化的铁吸收好,而且耐受好。在研究的最后,检测了体内储存铁——血清铁蛋白浓度,结果表明,对照组和硫酸亚铁强化饼干组的血清铁蛋白降低,而血红素铁强化饼干组没有降低。其他研究也证实了用 HIP 作为铁补充剂比铁盐作为铁补充剂,体内铁储存状态得到了改善。

这些研究的结果认为,血红蛋白提供了廉价的低成本血红素铁来源,能够方便地用于强化消费者的主食,解决缺铁有关的问题。然而,尽管酶解增加了铁的吸收,但是酶解会增加成本而且可能不适用于发展中国家。其他不增加成本而增加血红蛋白铁吸收的方法需要进一步研究。某些状态的风味组分的添加可能会生产出更易于接受的终产品。

(4)生物活性化合物。功能食品已经开始吸引许多注意,因为他们相信食物应该拥有促进健康的作用。最近的生理和化学研究表明,食物中的蛋白不仅提供氨基酸,而且在消化或商品加工后提供生物活性肽。结果发现,从动物和植物来源的生物活性肽目前已被广泛研究,而且有报道认为具有抗菌、类阿片物质、抗肿瘤、抗氧化和血管紧张素Ⅰ转换酶(ACE)抑制剂(抗高血压)活性。来源于食品蛋白质的生物活性肽被认为比合成药物更温和、更安全以及更容易吸收的特性。非传统食品的原料也被研究了，动物血，既丰富又容易获得，广泛用于蛋白质原料，因此作为生物活性肽的潜在原料而被研究。

生物活性肽具有涉及神经、激素和免疫调节、抗血栓、抗高血压、抗胆固醇、抗细菌、抗病毒、抗癌、抗氧化、清除自由基、改善食品风味、口味、硬度等功能。小分子猪血肽不仅有很好的溶解性、低黏度、抗凝胶形成性，而且在体内消化吸收快，2～3个氨基酸组成的低肽有比游离氨基酸更好的吸收性能。最近研究表明，饮食中的寡肽(2～3个氨基酸)和多肽(10～50个氨基酸)能够完整地通过肠道吸收，作为生物活性肽在组织水平上引起机体的生物学效应。而且，蛋白质利用率高，它还具有低抗原性，不会产生过敏反应，此外还具有脂肪代谢等生理活性，有广阔的应用前景。利用猪血生产具有生物活性的多肽是国内外猪血深加工的常用方法。以猪血为原料的生物活性肽是通过现代生物技术将猪血中的血红蛋白、白蛋白等转化为小分子肽。

凝血酶(Ec 3.4.21.5)是一种专一性很强的丝氨酸蛋白水解酶类，它由两条多肽链组成，分子量约为34 KD，该酶能水解血纤维蛋白原的4个精氨酸-甘氨酸(Arg-Gly)肽键，促其转化为不溶性纤维蛋白，使血液凝固，临床上用于治疗局部出血具有确切的疗效。也是猪血中的常见成分之一。

免疫球蛋白G具有多种生物学活性如与相应抗原特异性结合、补体激活作用、调理素活性、阻止与中和作用等，被广泛用于医学临床、免疫学实验、抗血清与单抗制备、食品与饲料工业等。猪血中含有大量IgG，应用潜力和经济价值巨大，目前还没有技术能实现一步纯化，需多种方法结合方能奏效。血清IgG提取方法主要有硫酸铵盐析法、辛酸吸附法、色谱法、超滤法等。其中辛酸法回收率高于硫酸铵法，但纯度低于后者；超滤法更适合于工业化生产；色谱法多与粗提方法结合纯化抗体。硫酸铵沉淀结合DEAE-52纤维素层析能大幅度提高IgG的得率。

二、血液在饲料工业中的应用

猪血是一种来源广、价格低、消化吸收利用率高的动物性饲料，用猪血喂鱼、黄鳝等水产品及其他动物产品如，简便易行，效果好。

欧盟、美国、俄罗斯、日本等发达国家和地区，注重研究畜禽宰杀、血源收集、血液有形成分脱色蛋白质生产的新技术与新工艺，许多国际大公司热衷于动物血生物化学制品的研发与生产。美国是世界上的畜牧生产大国之一，它是最早将动物血浆蛋白质和血球蛋白质应用于饲料生产的国家，同时也是动物血蛋白质制品研究水平较高、生产工艺先进、产品应用最广泛的国家。在美国，动物血蛋白质制品除一部分用于传统的食品加工外，自20世纪90年代开始，逐步把喷雾干燥血浆蛋白质粉应用于早期断奶仔猪的饲料制作中，取得非常好的效果，并逐步推广开来。总之，在国际上各种血浆制品如新鲜血浆、血浆蛋白粉及血液有形成分脱色蛋白、血球蛋白粉等动物血蛋白质制品，主要就是用在食品营养强化和作为功能性蛋白质添加到饲料中的。但是其利用的前提只有一个，即确保其产品必须具备安全性，否则，这类产品将成为各种疾病的传播源，贻害无穷。

改革开放以来我们国家畜牧业发展很快，饲料生产规模已跃居世界第一。动物蛋白是饲料生产中的重要组分，因此，市场对动物源性饲料蛋白质的需求愈显巨大。常用的动物源性饲料蛋白质产品，主要包括鱼粉、动物血饲料蛋白质制品如生血粉、发酵血粉、喷雾干燥血球蛋白和血浆蛋白等、肉粉、骨粉、蚕蛹粉等。当前，我们国家动物血蛋白质的研发和利用主要存在以下问题：①利用程度低，资源浪费严重，成为污染和疾病传播的源头；②研发水平低下。生产工艺落后；③长期以来相关的法律法规不健全，政府及相关先进的屠宰加工方式的使用和监管缺位。

国内开发利用猪血蛋白应用于饲料工业，主要是利用猪血蛋白生产猪血发酵饲料和复合氨基酸添加剂。猪血发酵饲料是在人工控制条件下，以猪血为主要原料辅以米糠、骨粉、羽毛、豆饼等，按一定的比例配合经微生物作用发酵而制成的一种价格低廉、营养丰富的高蛋白饲料，其氨基酸组成十分接近于猪机体蛋白质的氨基酸组成，并且能在最大程度上满足于机体对氮和必需氨基酸的要求。同时经微生物及其酶的作用，产品酱香、醇香味浓，无猪血本身的血腥味，解决了消化率低和适口性问题，因此，能增加食欲，提高进食速度和食量，促进生猪生长。

目前，对水解猪血蛋白制取混合氨基酸粉作为饲料添加剂的报道较少。董翠霞等以猪血和油脂为原料，以麦芽糊精和血液中的血红蛋白做辅材，采用单甘酯和吐温-40为乳化剂，研制开发了一种新型的饲料添加剂——粉末血脂。研究结果表明，15%油脂添加量的粉末血脂配方为：乳化剂 HLB 值是 6.5，用量为油脂添加量的 2%，麦芽糊精的用量为 9%。25%油脂添加量的粉末血脂配方为：乳化剂 HLB 值是 7.5，用量为油脂添加量的 2.6%，麦芽糊精的用量为 12%。原料在 60℃混合，然后在 20 MPa 下均质，最后经喷雾干燥制成产品。粉末血脂不但含有丰富的蛋白质，还含有高能量的脂肪，是一种合理营养的饲料添加剂。

水解血液蛋白含有多种人体必需氨基酸，是一种高营养的食、药两用产品，对提高人们的体质有很大作用，临床上常用于蛋白质缺乏和衰弱的病人。此外，高蛋白低成本的饲料血粉在畜、禽养殖业也有很好的市场。

三、血液在肥料开发中的应用

利用猪血降解物作为肥料，肥料不仅含有利于植物生长发育的多种氨基酸，且稳定常数适中，不受土壤 pH 及其他离子的干扰，可被作物直接吸收，提供多种微量元素和生物活性物，有利于作物生长，而且还能缓解畜禽血液流失造成的环境污染和高营养物质资源浪费的问题，使经济效益、生态效益和社会效益达到完美的统一。

Umetsu 等评价了动物血液、奶酪乳清等食品加工废弃物的肥料价值，采用酶解、酸解等方法水解屠宰场血液，制备植物容易吸收利用的、富含氨基酸及微量元素的降解物作肥料，不仅能促进作物的生长，还对蔬菜、水果的颜色有影响。进行氨基酸叶面肥对桃风味影响的感官评价试验时发现，丝氨酸、精氨酸、天门冬素能增加水果的甜味，天冬氨酸则增加酸味；添加氨基丁酸和谷氨酸的肥料能增加肥效，促进作物生长，提高产量和营养的积累；刘音以动物有机废弃物为主要原料，制备氨基酸螯合微肥，并在蔬菜和果树等不同经济作物上应用，研究表明，动物有机废弃物水解为复合氨基酸的生成率为 84.78%，且氨基酸的种类多，含有 17 种氨基酸。

由于制备过程中采用了氨基酸配体与微量金属元素的最佳重量比控制方法，确保了微量元素与氨基酸的螯合效果——螯合率在 97%以上，配制的氨基酸螯合微肥稳定性较好，各项主要技术指标均符合国家氨基酸叶面肥标准。不同浓度氨基酸螯合微肥对芹菜和马铃薯的肥效试验结果表明，该螯合微肥能有效地增强蔬菜和果树对营养物质的吸收，提高光合作用，加速蔬菜和果树的营养生长，尤其对增加产量、改善品质和提高经济效益有显著作用。

日本科学家报道，脯氨酸、胱氨酸等不仅可作为肥料，还可作为农药使用，这些农药对人畜无毒性，被土壤微生物分解后，不影响肥效药效，不会造成残留而污染环境和水源，无药害，分解后产生的氨基酸和脂肪酸等还可以作为营养物质，使土壤和农作物的品质得到改善。氨基酸的铜盐、锌盐、镍盐或铁盐，既能促进植物的生长，又能对某些作物的病害有很好的防治作用。以动物血液为原料可制成预防及治疗缺铁黄萎病的肥料。猪血降解物中含有天冬氨酸、丝氨酸、谷氨酸、脯氨酸、精氨酸、胱氨酸等 17 种常见的氨基酸成分，其总量为 38.77 mg/mL，并且含有 Na、K、Cu、Zn、Co、Ca、P、Fe 等元素和生物活性物质，应用于肥料工业具有诱人的前景。

总之，猪血的利用和开发，不仅是中国牲畜加工行业的课题，也是全世界的重要公关内容。猪血中的蛋白和各类有效成分能广泛用于食品、饲料、肥料等各个方面，通过对有效成分的提取、加工和利用作为蛋白质添加剂、活性有效保健品和药物，剩余成分中的有机成分可以用来作为饲料的原料、肥料的原料用于畜禽养殖和大田天然肥料的来源，有效回归自然，既减轻了企业处理猪血废弃物的成本，增加了猪血产品的附加值，又有效保护了环境。因此，猪血的农业循环利用综合开发是当前猪血副产物的最终去向。关于血液的具体处理与加工方法，见有关专业书籍，本节不再详细论述。

第三部分

区域生态循环养殖模式与农业可持续发展

第七章　生态循环养殖模式布局与县域生态循环农业建设

第一节　基于生态养殖的全国区域循环农业模式布局

如前面所述，生态循环养殖是生态农业的主要组成部分。循环是生态农业赖以实现的方式，也是生态农业运转的必然结果。通过对生态农业循环模式及管理的了解，将能够更好地明了当地生态循环养殖方式的选择，确定生态循环农业的主要发展方向。

生态循环农业是指在农业生产和经营过程中运用物质循环再生原理和多层次利用技术，实现农业生产废弃物少、资源利用效率高的农业生产方式。循环农业是以资源的节约及高效循环利用为核心，以“减量化(reducing)、再利用(reusing)、再循环(recycling)和可控化(regulating)”为原则，以闭路循环与物质、能量梯次使用为特征，其目的是提高农牧业生产效率和可持续发展能力，从而实现农牧业生产各环节的价值增值和生活环境优美，实现生态的良性循环与农村建设的和谐发展。

自20世纪初期开始，许多国家为了克服农牧业现代化发展过程中产生的废弃物对生态、环境造成的污染和破坏，发展了多种绿色农业模式，如“有机农业、生态农业、绿色农业、生物农业”等。这些模式的特点是尊重自然界和谐发展的规律，以农牧业的可持续发展为基本指导思想，运用系统工程方法和生态经济学、循环经济学原理，全面规划，合理组织农牧业生产，实现农牧业高产、优质、高效、持续发展，从而达到生态和经济两个系统的良性循环和“生态效益、经济效益和社会效益”的统一。尽管这些农业模式的提法各异，技术途径和侧重点不同，但其基本原理和内容实则一致：理论上，这些农业模式都贯彻了可持续发展的思想；生产实践上，都采用了循环经济的基本理论、方法和原则。因此，这些农业模式都可看作是“生态循环农业”模式。

近年来，学术界在尝试探索不同的生态循环农业发展道路，全国各地也掀起了生态循环农业模式理论和应用的研究与推广热潮。然而，我国地域辽阔，各地自然条件、资源基础、经济与社会发展水平差异较大，充分发挥地区优势、因地制宜发展生态循环农业，才能实现生态的良性循环与农村建设的和谐发展。本文主要对我国不同地质地貌区典型循环农业模式做系统地分析与总结，探讨我国各区循环农业发展的路径、模式及类型，为各地选择适宜的农业发展模式提供参考和借鉴。

一、东北平原区种养结合循环农业模式

东北平原是我国的粮食、蔬菜生产和畜牧业养殖基地。在东北平原种、养业不断发展的过

程中，农业废弃物逐年增加，数量巨大。东北平原年产农作物秸秆、禽畜粪便数亿吨，实现农业生产过程中这些农业废弃物“资源化”循环利用是东北平原农业清洁生产与和谐秀美乡村建设的迫切需要。

1.“四位一体”循环农业模式

“四位一体”循环农业模式(图7-1)是指在自然与人工调控相结合的条件下，利用可再生能源(沼气、太阳能)、保护地栽培(大棚蔬菜)、日光温室养猪(禽)及厕所4个因子，通过合理配置，形成以太阳能、沼气为能源，以沼渣、沼液为肥源，实现种植业(蔬菜)、养殖业(猪、鸡)相结合的能流、物流良性循环系统。这是一种充分发挥地区资源优势，人为地在同一空间将生物种群巧妙地组建成结构合理、优势互补的复合群体，进行混合养殖、立体种植，使资源得到充分利用，从而获得最大经济效益的农业模式。

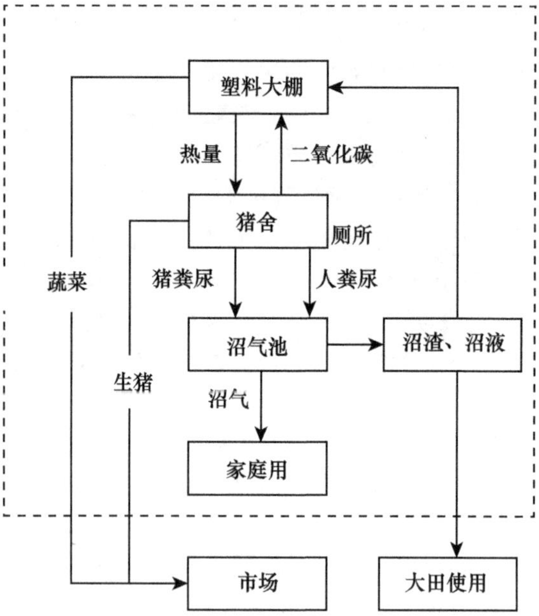

图7-1 “四位一体”循环农业模式

(白金明，2008)

2.“种、养一体化”循环生产模式

以农作物秸秆饲料化育肥牲畜循环利用技术为重点，研究快速降解处理秸秆纤维素技术，形成以玉米秸秆柱状饲料、皮穰饲料、颗粒饲料和苜蓿饲料块生产为主的秸秆清洁饲料化工艺技术体系。实践证明，此技术可改善青、黄秸秆贮存效果，提高秸秆饲料利用率30%、牲畜育肥率4.6%、经济效益21%，该技术是松辽平原提高秸秆循环利用率，增强养殖业效益的可行性模式。

二、华北平原“种、养、加”结合型模式

华北平原地域辽阔，广大农村自然资源和经济文化资源十分丰富，生物资源丰富。瓜果、粮、禽、畜等形成了这一地区多种不同的生态类型，华北平原从本地实际情况出发，开创出了具有本区域特色的循环农业模式。“种、养、加”结合型模式是将种植业、养殖业与加工业有机地

结合在一起，把单纯的农业生产、经营活动升级为集生产、加工、流通、销售和服务于一体的产业体系，使体系内部各产业之间形成一个相互联系的“有机产业链”(图 7-2)。

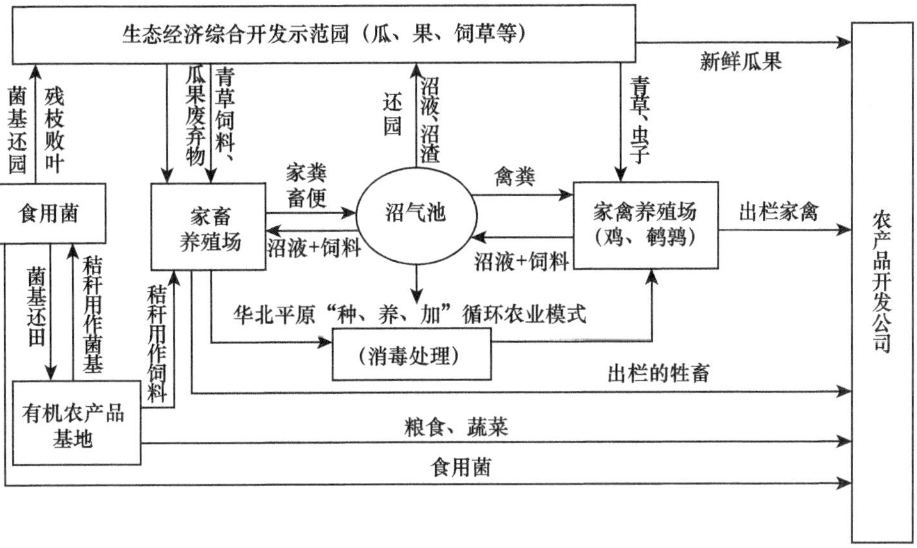

图 7-2 “种养加”结合型循环农业模式

三、长江中下游平原生态循环农业发展模式

长江中下游平原是我国的鱼米之乡，是重要的粮、棉、油生产基地。盛产稻米、小麦、棉花、油菜、桑蚕、苎麻、黄麻和各类鱼虾等。农业一年二熟或三熟，农业发达，土地垦殖指数高。围绕种植业与水产养殖业开展循环农业模式，是长江中下游平原的特点。

1.“稻-鱼种养结合”循环农业模式

近年来，“稻-鱼”种养结合的循环农业模式在南方水稻产区得到一定程度的应用，其特点是利用水稻和鱼(水产品)等生物生长对土地、水和气候等主要自然生产条件有重合性的特性，采用适用的技术，在同一土地上同时产出多种农产品。这种模式利用了稻田生态系统中的生物的作用机制，达到控制或减少农药和化肥的使用，从而改善生态环境。同时，这种模式使稻谷和鱼(水产品)生产的生态足迹下降、生态容量扩大，从而生态盈余相应得到增加。

2.“猪-沼-粮”三结合模式

该模式是以沼气为纽带，利用食物链加环技术，将种植业、养殖业以及加工业联系在一起，通过增加畜、禽饲养和沼气池厌氧发酵，将传统的单一种植、高效饲养及废弃物综合利用有机地结合起来。在农业系统内做到能量多级利用、物质良性循环，达到高产、优质、高效、低耗的目的。主要包括“猪-沼-粮”、“猪-沼-菜”等“三结合”模式。“猪-沼-粮”种养模式主要是依据能源循环利用原理。农作物秸秆、猪粪尿进入沼气池产生沼气，供农户使用，沼渣、沼液通过加工处理用来肥田。这种模式使农民可用上清洁能源，减少秸秆焚烧对生态环境造成的污染，提高秸秆的利用效率；同时，还能增加优质有机肥料，减少化工肥料的使用量。从而，既净化了家园、保护了生态环境，又达到了农业增效、农民增收的效果。

3. 长三角平原水网区域城郊循环农业圈层模式

该模式以协调农业生产、生态环境保护与社会发展之间的关系及促进城郊农业的和谐发展为目标，依据循环理念和长三角平原水网地区自身特点而建立。其特点是以城乡为中心的同心圆式的圈层循环农业发展模式，包括 3 个圈：第 1 圈层是“旱-稻模式”，位于城乡接合部；第 2 圈层为“种-养-加”模式，以蚕桑、苗木、经济林等多年生农林产业及水产畜牧业为主；第 3 圈设施层规模农业模式，以优质高产粮油、蔬菜生产基地为主(图 7-3)。

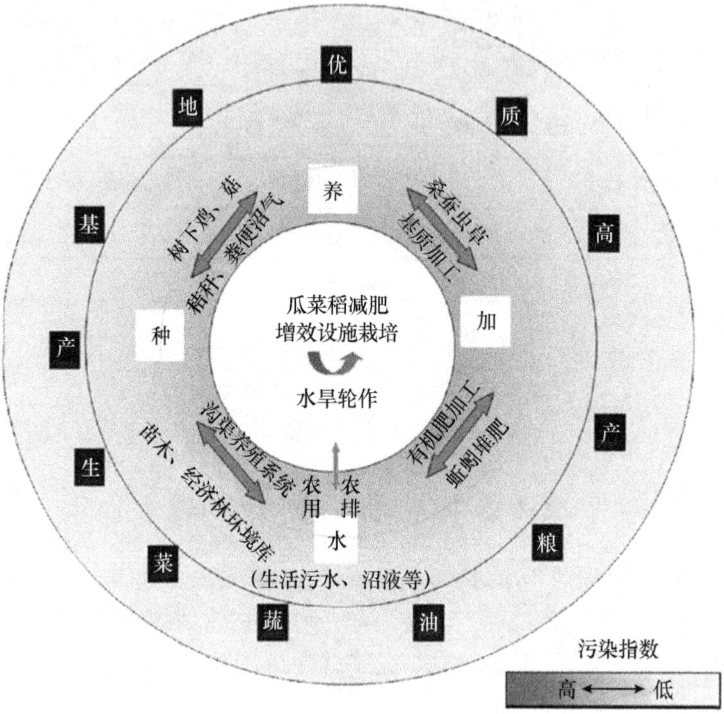

图 7-3　长三角平原水网区循环农业的圈层模式

(耿晨光等，2012)

4. 立体种养模式

立体种养殖是在传统种植、养殖模式的基础上发展起来的，可以认为是多种传统种植、养殖模式的一种高效结合，它充分利用环境的各部分的不同属性和所涉及农作物及养殖物生存所需要的特定环境，将其有机地结合在一起，完整地利用了环境的各个不同的部分，在相同面积的土地上发挥最大效益。长江中下游平原常见的立体养殖模式有“鱼、蚌混养”模式、“鱼、虾、蟹”混养模式和“稻、鸭、鱼”共作模式等。

“鱼、蚌混养”指利用鱼、蚌共生原理，在池塘中进行混养，从而获得鱼珠双丰收。鱼、蚌混养是以珠蚌为主的一种养殖模式，鱼类总产量要加以控制，鱼类产量一般要求每公顷不超过 2 250 kg。在鱼类品种上，因为白鲢和珠蚌食性相近，因此要适当少放，青鱼、三角鲂、鲤鱼易导致珠蚌烂斧足病，不要放养。搭养白鱼、花鲭等新品种和投喂颗粒饲料养殖是优化鱼、蚌混养模式的探索与发展方向，但蚌塘搭养，存在白鱼、花鲭的生长速度较专养塘慢且投饲颗粒饲料利用率低等较突出的问题。

“鱼、虾、蟹”混养模式。利用鱼、虾、蟹生态习性互补原理，使鱼、虾、蟹互利共生。“鱼、虾、蟹”混养模式以养蟹为主，鱼、虾为辅。这种模式可以抑制鱼类虫害的发生，因此，可减少鱼类发病的概率，能大大降低池塘药物的施用量，保障水产品质量。同时，还能提高池塘利用率，增加经济效益。

“稻、鸭、鱼”共作模式。利用稻、鸭、鱼 3 种不同生物之间生长特性的时空差异，控制相互间的不利影响，建立稻、鸭、鱼三者同田共生系统。“稻、鸭、鱼”共生，一方面满足了鸭子喜欢戏水的习性，使鸭的羽毛清洁，有利于鸭的健康；另一方面通过鸭、鱼采食水生生物和虫类，排泄粪便，减少饲料投喂量和化肥农药施用量；最后，鸭、鱼活动可以活水、增加水和土壤含氧量，减少水稻的无效分蘖，改善水稻群体的通风透光条件，改善水稻的生长发育，能提高水稻根系活力，从而，实现水稻生产的生态化和水稻增产。

四、珠江三角洲生态循环农业模式

珠江三角洲位于北回归线之南，是由东、西、北三江汇合冲积而成的肥沃大平原。它既盛产热带水果，又是生产蚕桑、塘鱼、甘蔗的重要基地。“桑基渔塘”是珠江三角洲地区传统的循环农业模式，具有历史悠久和综合效益良好的特点。休闲农业是珠江三角洲农业模式的一大特色，珠江三角洲地区借助开发和建设农业科技示范园区，利用本地区具有的区位和资源优势，使观光农业与城镇居民的休闲相结合，形成了集休闲观光和农业生产于一体的休闲农业。

1.“桑基渔塘”循环农业模式

“桑基渔塘”开辟了水、陆 2 个生态系统(图 7-4)，形成陆基种桑→塘水养鱼→桑叶饲蚕→蚕沙喂鱼→塘泥培桑的循环性农业生产特征。该模式是珠江三角洲地区传统的农业生产模式，具有悠久的历史和良好的综合效应。珠江三角洲的“桑基渔塘”布局，是明代后兴起的。因

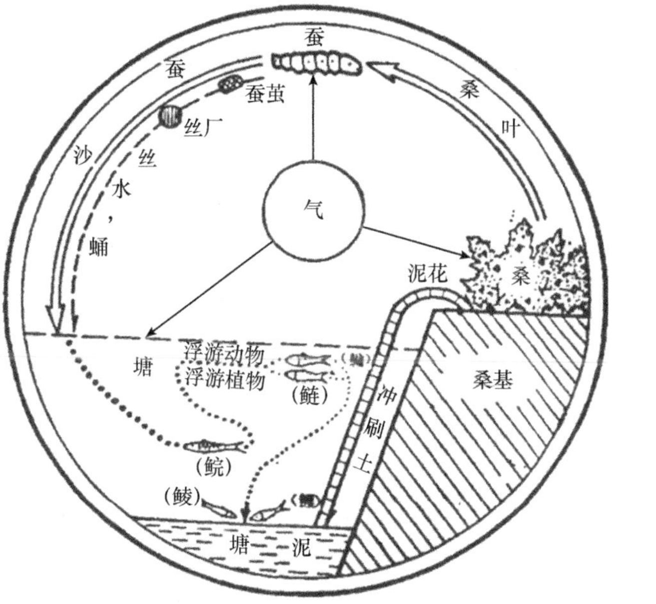

图 7-4 “桑基渔塘”水陆相互作用的人工生态系统图

(钟功甫，1980)

“桑基渔塘”布局能够很好地把养鱼业和蚕桑业的生产结合起来，所以成为更为合理的连环性生产体系。

2. 休闲观光型农业模式

休闲观光农业是以农业和农村为载体，区域农业与休闲旅游有机融合并互生互化的一种促进农村经济发展的新型产业；是一种利用田园景观、自然环境、生态资源，结合农、林、渔、牧业生产和农村文化及农家生活，在不耽误农业生产的基础上，为城市居民提供休闲体验活动的农业经营模式；是结合生产、生活与生态三位一体的农业，在经营上表现为产、供、销及休闲旅游服务等产业于一体的农业发展形式。珠江三角洲地区休闲农业始于20世纪80年代中后期逐渐发展起来的观光农业，现在已发展成以渔场垂钓休闲、畜牧养殖休闲观光和综合生态农业休闲观光为主体的模式。

五、东南丘陵山区典型循环农业模式

东南丘陵山区地处我国亚热带范围之内，北抵长江，南至两广，东临东部海域，西达云贵高原。总面积 1.133×10^{6} km^2，跨琼、桂、粤、闽、赣、浙、鄂、苏、皖等10个省（区）的619个县（市），占全国土地总面积的11.8%。东南丘陵区是我国热带、亚热带经济林果、经济作物及名贵药材等名、特、优创汇产品的重要生产基地，在全国商品经济发展中占有重要地位。东南丘陵多样的地形、适宜的气候、独特的自然资源有利于在本区域实施“多熟耕作制”、“复合立体（猪-沼-茶/果/药）”、“林-禽”等高效绿色循环农业模式。

1. 农田内种养结合模式

农田生态系统是江南丘陵山区循环农业发展最基本的循环单元。江南丘陵山区在农田内发展循环农业除了有“间混套作、多熟复种”等模式，还有农田养殖。即棉田养鸡、蔗田养菌（食用菌），以及稻田养鸭、养鱼、养蟹、养鳖、养鳝鱼、养泥鳅、养青蛙等各种农田养殖模式，不仅可减少农田作物的病、虫、杂草危害，还可增加农田“肥料”，实现了农田养分的良性循环。

2. 复合型循环农业模式

“生猪养殖-沼气工程-固废处理-沼液利用”循环农业模式。以生猪养殖为平台，养殖场产生的废弃物进行干湿分离，猪粪经过加工处理用来栽培食用菌，污水经沼气工程厌氧发酵消纳处理后，产生的沼气用于产热和发电，沼渣、沼液与菌渣制成有机肥用来浇施农作物，形成物质多极循环利用、废弃物资源化循环利用的循环复合生态系统。

“猪-沼-茶（果）”模式。以沼气工程为纽带，把人、畜粪便及作物秸秆下入沼池发酵，沼池产生的沼气用作农户燃料，沼液、沼渣作为有机肥浇施茶园（或果园）。该模式开发、利用了农村自然资源，提高了经济效益，改善了生态环境，增加了农民收入。

3.“林-禽（畜牧）”间循环

东南丘陵区森林资源丰富，如闽、赣两地，森林覆盖率分别为62%和60.05%，位居全国前两位。利用本地丰富的森林资源，促进禽（畜牧）业的发展，禽（畜牧）业的发展反过来对林业的发展又起推动作用，从而形成了“林-禽（畜牧）”间的良性循环。常见的结合模式有两种：①林地放养。江西近年来在林地大力发展“种草养畜”模式，既绿化了林地和荒山资源，又发展了畜牧业。林地（草地）为畜牧业提供饲料和养畜场所，畜牧业为林业（草业）生产优质有机肥料，二者相互促进、共同发展。浙江临安、德清、安吉等地，在毛竹和早竹林下养鸡，竹林给鸡提供了良好的栖息环境和觅食场所，而鸡在生长过程中大量啄食害虫和杂草，减少了竹林的病虫危害和杂草滋生，同时，鸡粪能增加竹林土壤的养分含量，提高了土壤肥力，因此，促进竹林的生长。除了竹林养鸡之外，浙江磐安县还在经济林下放养肉鸡。②围栏圈养。从林地采集饲料喂养牲畜，将牲畜粪便运至林地作肥料。这种方式比较耗时、耗力，但有利于促进畜牧业又快又好地发展。

六、西南喀斯特地区的农牧结合循环农业模式

喀斯特是世界上分布广泛的一种地质景观类型，全球喀斯特地区的面积为 5.1×10^7 km^2，占陆地总面积的10%。中国是世界上喀斯特分布最广泛、面积最大的国家，面积有 9.07×10^5 km^2（按含碳酸盐岩出露面积计），其中西南喀斯特区面积 5.4×10^5 km^2，包括贵州大部、广西、云南、四川、重庆、湖北、湖南等省（区）部分地区，是全球三大岩溶集中连片区中面积最大、岩溶发育最强烈的典型生态脆弱区。这一地区，近十几年来，由于人口的快速增长，人地矛盾日益突出；地表层水分含量低，土壤贫瘠，植被顺向演替速度慢；水土流失和石漠化现象非常严重，许多地区的石漠化面积已接近或超过本地总面积的10%，如广西壮族自治区的百色市与河池市，石漠化面积均超过12%。对植被的破坏和土地的不合理垦殖，造成了日益严峻的以土地退化为主要特征的生态环境问题。喀斯特地区的研究已从单纯地关注自然过程向以土地利用与生态环境退化之间的相互关系、生态恢复与重建等为重点研究内容的方向转变。喀斯特山区的农牧结合体系就是以种植业为依托，畜牧业生产为中心，沼气工程为纽带，建立起物质和能量循环利用的复合生态系统。典型模式有饲草饲料种植、动物立体饲养、动物粪便生产沼气或根据食物链作某些动物的饲料和植物肥料的多级利用模式。

七、黄土高原典型循环农业模式

黄土高原是中华古代文明的摇篮，盆地和河谷农垦历史悠久。但由于缺乏植被保护，加以夏天雨水集中且多为暴雨，在长期流水侵蚀下，地面被分割得支离破碎，形成沟壑纵横交错其间的塬、墚、峁。黄土高原多年平均降水量为466 mm，总体趋势是从东南向西北递减，东南部年降水量达600～700 mm，中部有300～400 mm，西北部为100～200 mm。以200 mm和400 mm等年降雨量线为界，西北部为干旱区，中部为半干旱区，东南部为半湿润区。基于黄土高原现有的自然条件，在黄土高原实施的循环农业模式应以保水保墒为原则。现阶段，黄土高原实施的循环农业模式主要有“一窖二池三改”、“立体旱作”等绿色高效循环农业模式。

1.“一窖二池三改”循环农业模式

“一窖二池三改”循环农业模式是由供水系统（水窖）、养殖系统（青贮池、圈舍）及厌氧发酵系统（沼气池、厕所）等构成的农村庭院式循环系统（图7-5）。它根据农户家庭养殖的现状，将青贮池、沼气池与改圈、改厕、改厨同步建设。农作物秸秆经青贮池加工处理后，作为饲料喂养牲畜，人、畜粪便直接进入沼气池内发酵，产生沼气作为清洁能源用于农户炊事、照明，沼渣、沼液还田、还园。本模式可以提高农作物秸秆的有效利用率，通过沼气建设伸长农业生态链条，形成以沼气为纽带的农业循环生态系统，使生物能的流动更趋于合理，更能充分发挥其生产潜能，提高经济效益。

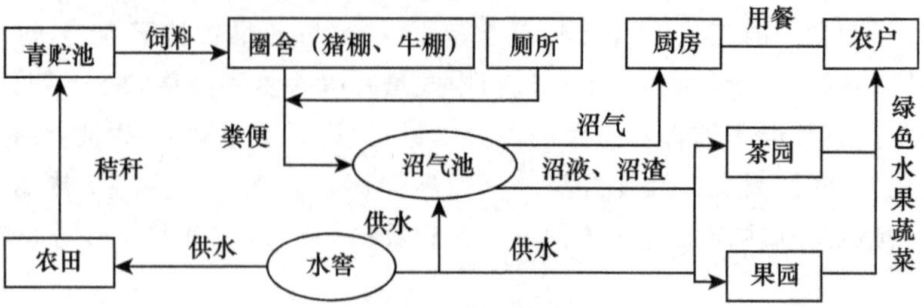

图 7-5 “一窖二池三改”循环农业模式

（戴宝成等，2011）

2. 黄土高原生态牧业模式

黄土高原生态牧业模式对于改善黄土高原的生态环境、促进其生态农业的发展、增加当地农民的收入和加快黄土高原农业与经济可持续发展进程起着重大作用。黄土高原生态牧业模式主要有：杏—牧草间作型生态畜牧业模式（图 7-6）和农牧一体化养羊模式（图 7-7）等。

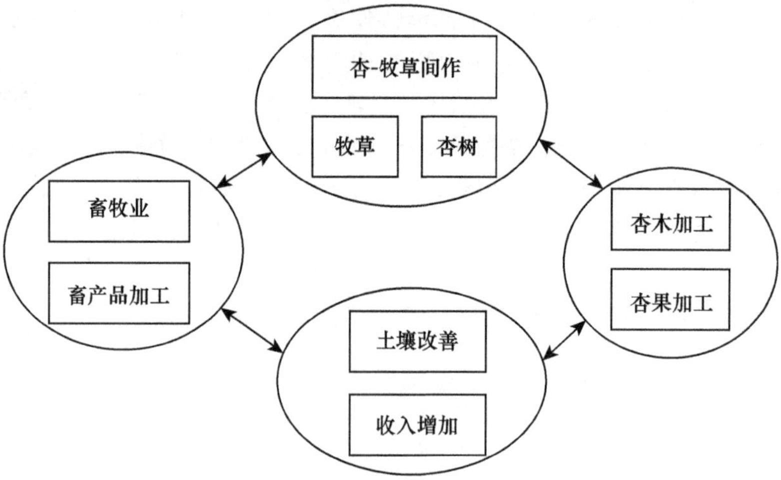

图 7-6 杏-牧草间作型生态畜牧业循环模式

（郭忠等，2007）

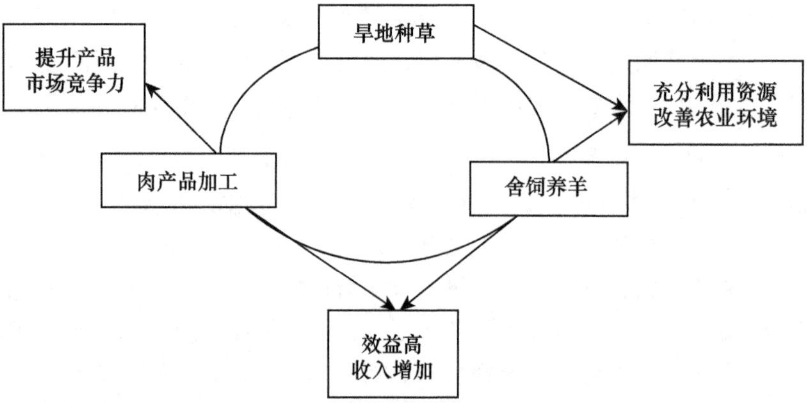

图 7-7 种草养羊一体化循环模式

（郭忠等，2007）

3."草-果-畜-沼-窖五位一体"的庭院循环农业模式

"草-果-畜-沼-窖五位一体"模式亦称"11125"模式,即每户1孔水窖、1口沼气池、0.067 hm^2草地、0.133 hm^2果园或菜园、5头牲畜。该循环体系以农户、土地资源为基础,以太阳能为动力,以新型高效沼气池为纽带,形成"以农带牧、以牧促沼、以沼促果、果牧结合、配套发展"的良性循环体系。

八、青藏高原典型循环农业模式

青藏高原坐落在我国的西南边陲,东起横断山区,西抵喀喇昆仑山,南至喜马拉雅山,北达阿尔金山—祁连山,平均海拔4 000～5 000 m,是中国面积最大、世界上海拔最高的高原。青藏高原自然环境高寒、独特,农业资源开发利用条件恶劣,农民生存空间相对狭小,这些决定了农业才是高原地表资源利用的主体方式与高原经济发展的核心支柱。因此,立足于高原农业可持续发展的现实区情,选择适合高原特点的循环农业模式,对于促进高原未来农业的可持续及其现代化发展进程至关重要。

1.以沼气为纽带的资源再利用型循环农业模式

通过沼气开发,把高原地区的种植业和养殖业充分结合起来(图7-8)。针对本地区的自然条件,通过对薄弱环节加以人工的干预,使其真正达到高原地区农业循环的要求。

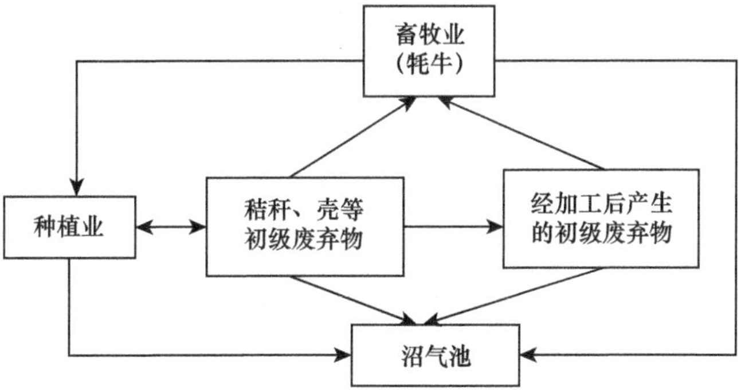

图7-8 以沼气为纽带的资源再利用型循环农业模式

(罗亮,2011)

2."农-畜"循环模式

该模式以农作物(玉米)秸秆为纽带,把种植业和畜牧养殖业结合起来,从而延长了相关产业链条(图7-9),为推动县域经济和"三农"发展注入了活力。

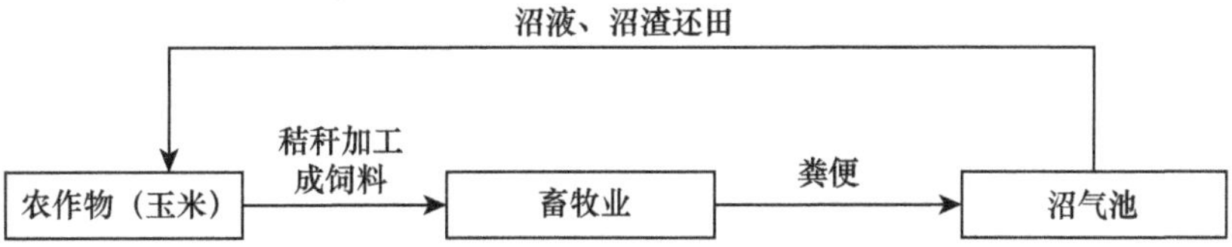

图7-9 以秸秆为纽带"农-畜"循环模式

(农博网,2012)

3.“暖棚养殖”高效循环农业模式

该模式主要包括：搭建一个面南背北、长度为 10～50 m 的温室大暖棚，在暖棚内部或相邻的东、西或北边建一个畜禽舍和一个厕所，畜禽舍和温室下部建造一个 8～10 m^3的沼气池。该模式中暖棚的作用是为沼气池、畜禽、温室内的农作物提供适宜的温湿度条件，从而改变过去沼气池半年使用半年闲且冬季极易冻坏的弊端，达到全年能够正常发酵产气的目的，同时在大棚里从事畜禽养殖和蔬菜种植，实现农民增产增收。

九、小结

从“循环农业”概念的提出到现在，国内的学者们对循环农业的理论、模式及生产效益等都做了大量深入的研究，取得了丰硕的理论成果。与此同时，全国各地也在农业生产实践中积极推行循环农业，并积累了许多的宝贵经验、取得了卓著的成效。本文通过收集大量的有关循环农业理论与实践方面的文章，对中国现阶段八大主要地质地貌区的典型循环农业模式、模式循环路径、模式的能流流程及特征进行了归纳、总结。东北和华北平原是中国的粮、果和蔬菜生产基地，每年生产秸秆数亿吨，以秸秆为纽带、提高秸秆循环利用率是这两大平原的循环农业的一大特色。同时，东北平原冬季漫长、寒冷，春季低温和秋季霜冻现象频繁，而沼气发酵微生物的代谢活动与温度有着密切的关系。在一定范围内，温度越高，沼气微生物代谢越旺盛，沼气产量越多，即温度升高有利于提高沼气的产量。一般地，在 8～60℃范围内都能发酵产沼气。因此，在东北平原，沼气发酵池建造在温室中，从而形成了具有东北平原特色的以沼气为中心的“四位一体”绿色高效循环农业模式。华北平原果品资源极为丰富，但稀有、高端品种缺乏。传统的农业产销方式，难以提高果品产业的综合效益。充分利用华北平原的果品资源，开发果品深加工与民俗旅游相结合是华北平原果品产业发展的必然选择。长江中下游平原和珠江三角洲光、热资源丰富，水域辽阔，适宜水陆立体种养循环农业模式；东南丘陵地跨中亚和南亚热带，光、温、水资源充足，坡地缓慢，地形多样，适合发展农田小循环和复合型循环农业模式；西南喀斯特和黄土高原地区由于土壤保水性差，地表层水分含量低，所以这两个地区的循环农业模式主要体现在节水和保水的特点(如：山地立体农业模式和立体旱作循环农业模式)。江西省地处于北回归线附近，水热资源丰富，无霜期长，为亚热带湿润气候。境内北部平坦属鄱阳湖平原，东西南部三面环山，中部丘陵起伏。所以，在江西省可实施的循环农业模式有水陆立体种养模式(如“稻-鸭-鱼”、“稻-鱼”、“鱼-蚌”混养等模式)、农田小循环和复合型循环农业模式。

虽然国内在循环农业的理论与实践方面发展的比较成熟，然而，在以下方面仍需作进一步的探索和研究：①循环农业模式评价方面。通过选择合理的评价指标，运用数理统计、模糊数学和线性规划的方法，构建数学模型，对各模式内部的物质流、能量流及价值流进行分析评价。②实践方面。与本区域发展战略相衔接，结合该区域优势资源、社会经济基础等多种影响因子，找出最适合该地的区域循环农业模式，为此地区相关农业部门制定循环农业发展策略及帮扶措施提供参考。

第二节　湖南省种养结合循环农业模式及布局

农牧结合是最简单和高效的循环农业模式。在一个大的自然或行政区域内，农牧结合模式的发展与演变往往是根据不同地区自然环境、农业种植与养殖情况形成了多种不同模式，虽然模式有多种多样，但均秉承着废弃物价值化的理念，以产业链为支柱建立起来，根据区域产业基础和资源比较优势的差异，对种养循环模式进行合理的空间布局，以实现区域产业结构的优化、延长产业链和实现物质能量资源的循环利用。本文引用湖南省土壤肥料研究所李德明研究组对湖南省各县市主要农产品、畜产品、水产品产量的空间分布数据，以湖南省种养业的空间格局分析为例，讨论省域等大区域农牧结合循环模式的空间布局设计。

位于长江中游流域的湖南省，地形地貌大体上为东、南、西三面山地围绕，中部丘岗起伏，北部洞庭湖平原展布，南高北低，东、西高而中部低的朝东北开口、不对称的马蹄形盆地，湘、资、沅、澧四水分别贯穿境内。全省土地总面积 21.18 万 km^2，其中山地约占总面积的一半，为 1 084.72 万 hm^2；平原、盆地、丘陵、水面约占一半，平原 277.86 万 hm^2，盆地 294.12 万 hm^2，丘陵地 326.22 万 hm^2，水面 135.37 万 hm^2，共有耕地面积 378.76 万 hm^2。湖南是农业大省，是全国粮、棉、油、菜、果、茶、猪、鱼等重要农产品商品的生产基地。长期以来，农业生产中种、养脱节，过分依赖化肥、农药，废弃物资源得不到有效利用，致使耕地质量下降、农业面源污染、农产品质量等问题凸显，对粮食生产和农业可持续发展造成严重威胁，发展种养结合等循环农业模式是实现湖南省农业可持续发展的有效途径。课题组以《湖南省统计年鉴》为主要数据来源，利用 ArcGIS10.0 软件建立湖南省各县市农产品、畜产品和水产品产量数据库，运用专题图显示功能生成湖南省种养业的空间格局图和循环农业模式的空间布局图。

一、湖南省种养业的概况及空间格局

根据湖南省统计年鉴数据(表 7-1)，2011 年湖南省 124 个县市农、林、牧、渔业总产值平均为 393 635 万元，其中主要以农业和牧业的贡献较大，农业产值平均为 188 328 万元，牧业产值平均为 154 252 万元。其中农、林、牧、渔业总产值超过平均水平的县市主要集中在湖南省北部的洞庭湖平原区和湘中东部丘陵区，洞庭湖平原区的常德市、桃源县、汉寿县、澧县、华容县、南县、沅江市、益阳市和湘中东部丘陵区宁乡县、长沙县、浏阳市、湘潭县、湘乡市、双峰县、衡阳县、衡南县、耒阳市、祁东县、新化县以及湘南永州市辖区的农、林、牧、渔业总产值平均在 600 000 万元以上，是湖南省农林牧渔业生产的优势区域。

表 7-1 湖南省县市产业及产品产量平均值统计

产业产值/万元		农产品产量/t				畜产品、水产品产量	
项目	平均值	项目	平均值	项目	平均值	项目	平均值
农林牧渔业总产值	393 635	稻谷	273 709	棉花	3 735	猪出栏/头	785 096
农业产值	188 328	柑橘	40 276	烤烟	3 309	牛存栏/头	50 888
林业产值	20 386	玉米	37 534	大豆	3 181	鱼/t	19 057
牧业产值	154 252	油菜籽	18 732	茶叶	1 341		
渔业产值	23 507	薯类	11 694				

二、以“牛”为中心的循环农业模式

该种养结合模式就是养牛、玉米种植、薯类种植、柑橘种植有机结合、合理布局。2011 年，湖南省各县市的牛存栏量平均为 50 888 头，玉米产量平均为 37 534 t，薯类产量平均为 11 694 t，柑橘产量平均为 40 276 t，为湖南省牧业和农业产量较高的主要农产品。整体上湖南省养牛业、玉米种植业、薯类种植业、柑橘种植业产量较高的区域呈现以偏西北—西南方向为重心的空间格局。其中牛存栏量超过 80 000 头的县市自西北—西南方向有石门县、桃源县、沅陵县、安化县、新化县、涟源市、新邵县、隆回县、新宁县、永州市市辖区、道县、江永县、江华瑶族自治县，基本上形成连片的优势产业带，另外在怀化新晃侗族自治县和岳阳平江县的养牛业也具有相对优势产业基础。

玉米、薯类、柑橘是湖南省的主要农产品，2011 年，各县市玉米产量平均为 37 534 t，薯类产量平均为 11 694 t，柑橘产量平均为 40 276 t。其中玉米产量超过 60 000 t 的县市自西北—西南方向有龙山县、张家界市市辖区、桑植县、石门县、慈利县、沅陵县、常德市市辖区、安化县、溆浦县、新化县、涟源市、新邵县、双峰县、邵东县、邵阳县、洞口县、武冈市、新宁县、江华瑶族自治县、宜章县，以及岳阳汨罗市，为湖南省玉米种植业的优势产业区域。薯类作物产量超过平均水平的县市在湖南省的西北部、西南部和东北部均有分布，其中产量超过 20 000 t 的县市自西北—西南方向有龙山县、桑植县、永顺县、张家界市市辖区、慈利县、芷江侗族自治县、隆回县、邵东县、永州市市辖区、祁阳县、衡阳市市辖区、耒阳市、道县、宁远县、桂阳县、宜章县，以及长沙市市辖区和望城县，为湖南省薯类作物种植业的优势产业区域。柑橘产量超过 60 000 t 的县市自西北—西南方向有保靖县、永顺县、慈利县、石门县、桃源县、澧县、常德市市辖区、吉首市、凤凰县、泸溪县、辰溪县、麻阳苗族自治县洪江市、溆浦县、芷江侗族自治县、洞口县、武冈市、新宁县、永州市市辖区、祁阳县、道县、江永县，以及沅江市、衡阳市市辖区、永兴县、资兴市，为湖南省柑橘种植业的优势产业区域。

湖南西北—西南方向的常德市、张家界市、湘西土家族苗族自治州、怀化市、邵阳市、衡阳市、永州市的部分县市是湖南省养牛业、玉米种植业、薯类种植业、柑橘种植业高产出的主产区，提高玉米、薯类、柑橘种植业资源的循环利用，降低养牛废弃物排放的环境污染，以及废弃物资源化利用是实现该区域农业可持续发展的关键问题。

湖南省为亚热带季风气候区，土壤肥沃、水源充足，有利于牧草的生长，可为养牛业的发展提供充足的饲料保障，根据对 2011 年湖南省养牛业空间格局的分析，在湖南省西北—西南方向的部分县市已基本上形成连片的优势产业带，同时，该区域的玉米、薯类作物和柑橘的产量相对较大，在该区域发展以养牛业为中心的种养结合循环农业模式具有较好的产业基础，可以循环利用玉米秸秆和薯类作物废料作为养牛饲料来源，同时，该区域为柑橘主产区，在柑橘园中种植适宜品种的牧草，周边发展生态养牛，可以提高土地资源利用率，实现养牛废弃物资源的循环利用。

湖南省稻草资源丰富但利用率低、丘岗适宜饲草开发但草畜养殖发展缓慢，根据湖南省丘陵地区的地理条件与农业生产特点，构建“种植系统-草食养殖(牛)-沼气-种植系统”循环农业模式(图 7-10)。该模式主要包括种植系统、养殖系统、农产品加工系统、废弃物无害化处理系统、环境保育系统、农业文化园和产品营销与服务系统。种植系统的主要功能是为人们提供优质的粮食、蔬菜、水果；为养殖业提供饲料；为农产品加工业提供优质原材料；施用畜禽粪便有机肥料到种植系统，可消纳养殖系统产生的有机废弃物，种植系统的主要土地利用类型包括稻田、牧草地、蔬菜地、果园、茶园等，其中蔬菜地种植的作物主要有玉米、薯类作物等，果园种植的作物主要为柑橘等，为了消纳养殖系统产生的有机废弃物，种植业系统需要保证一定的种植面积，种植系统在无污染的土壤种植饲料作物，饲料作物通过饲料加工后为养殖系统提供优质的饲料来源；养殖系统的主要功能是为人们提供安全优质的牛肉、奶等食品，同时为农产品加工系统提供优质的原料，养殖系统在饲养过程中产生畜禽排泄废弃物；废弃物无害化处理系统的主要功能是对种植系统、养殖系统、农产品加工系统产生的废弃物进行无害化处理，废弃物无害化处理系统对废弃物进行固液分离后，进入沼气池发酵处理，其中一部分沼渣用于生产有机肥，沼气发电为企业和居民生活提供能源，沼渣和有机肥为种植系统提供优质肥源，沼液在液体贮存池（蓄水池）中贮存一段时间后通过沼液输送管道输出到种植系统；农产品加工系统对种植系统和养殖系统生产的产品进行深加工处理后使产品增值供市场销售，农产品加工系统中产生的废弃物也通过废弃物循环系统进行处理；环境保育系统通过生态沟渠、经济湿地植物、渔塘种植莲藕建立立体梯级生态缓冲带，防控种-养-加生产过程中产生的水土流失和氮磷污染，使整个种-养-加循环链做到无害化和无污染，实现可持续的环保的循环农业模式；农业文化园通过延伸种植系统、养殖系统、加工业系统、废弃物循环系统和环境保育系统建立循环农业科普教育与培训基地，立体配置农田、湿地、渔塘、生态林等多级乡村景观；产品营销与服务系统主要是建立农产品优势品牌、现代物流网络和产品销售专卖店来实现农产品的高值化，保障农产品的安全有效供给。

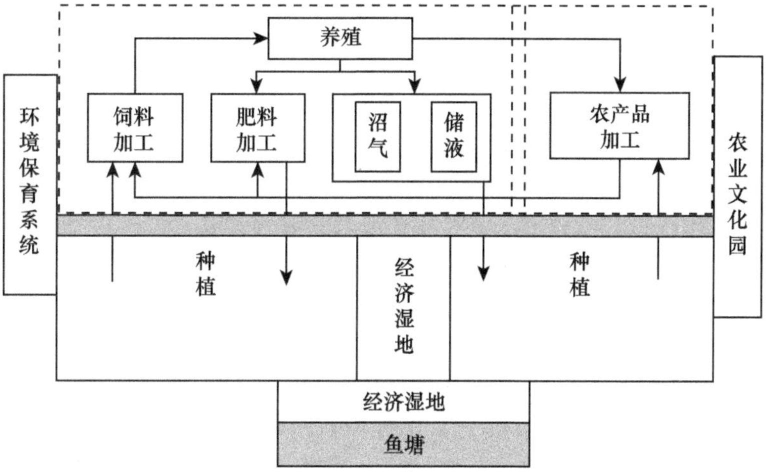

图 7-10　“种植系统-草食养殖（牛）-沼气-种植系统”模式示意图

三、以“鱼”为中心的循环农业模式

该种养结合模式就是养鱼、油菜籽种植、棉花种植的多业有机结合，空间合理布局。

2011 年，湖南省各县市的鱼产量平均为 19 057 t，超过平均水平的县市主要分布在洞庭湖平原区和湘中东部丘陵区，其中产量超过 50 000 t 的县市有洞庭湖平原区的华容县、湘阴县、岳阳市市辖区、安乡县、南县、沅江市、常德市市辖区、汉寿县，以及湘中东部丘陵区的衡阳县。

2011 年，各县市的油菜籽平均产量为 18 732 t，主产区为岳阳、益阳、常德、衡阳的部分县市，其中产量超过 50 000 t 的县市有澧县、临澧县、桃源县、常德市市辖区、安乡县、汉寿县、华容县、南县、沅江市、衡阳县、衡阳市市辖区、衡南县。

湘北洞庭湖平原区的几个县市为鱼产量和油菜籽均为高产出的区域，同时也是棉花高产出的区域。因此，在该区域如何实现油菜籽种植业、棉花种植业和养鱼业资源的循环利用，是提高综合产出效益、发展可持续农业的关键问题。

根据2011年湖南省鱼产量的空间格局分析，洞庭湖平原区为湖南省渔业的主产区，同时，该区域的稻谷、油菜、棉花的产量相对较大，在该区域发展以养鱼业为中心的种养结合循环农业模式具有较好的产业基础。以养鱼业为中心的循环农业模式主要有鱼-草结合、鱼-畜-农结合、鱼-桑或鱼-果结合、鱼-蚌-畜-禽立体综合养殖、农副产品加工与养殖业相结合、稻油鱼菇生态模式等。

洞庭湖区的蚕桑生产已有1 300年的历史，建设有集中成片的蚕桑基地，并且湖南具有全国四大名绣"湘绣"，因此，在洞庭湖区发展鱼-桑结合的循环农业模式具有较好的产业基础，鱼-桑结合模式利用塘埂种桑养蚕、蚕沙，蚕蛹和蚕蛹水养鱼，塘泥肥桑树，使蚕沙和塘泥都得到充分利用，在果树叶落塘埂时间，可用来种植黑麦草或蔬菜。另外洞庭湖平原区的棉花产量较大，可将食用菌与桑、蚕、鱼、棉、畜等进行合理搭配，把"桑-蚕-鱼"结构改变成"桑-蚕-食用菌-沼气-鱼-稻"的结构，先用棉籽壳、棉秆、桑枝、稻草和厩肥等培养食用菌，再用菌料渣喂牛，然后把牛粪及枯枝败叶杂草等投入沼气池内发酵制作沼气，供照明、燃料用，最后把发酵过的沼渣投入塘里养鱼。

农副产品加工与养殖业相结合模式可将油粕菜、粮食类、大豆类作物加工后的废水渣以及食用菌渣等作为养鱼养牛的饲料，池埂上种植经济作物和粮油作物，也可为加工业提供一定的原料，麸皮和米糠是粮食加工业的副产品，除含脂肪和较多的碳水化合物外，还含有丰富B族维生素，作为养鱼饲料具有重要价值。

四、以猪为中心的循环农业模式

该种养结合模式就是水稻种植业与养猪业合理结合与优化布局。湖南农业主导产业为水稻种植业、牧业主导产业为养猪业，2011年统计数据表明(表7-1)，124个县市稻谷产量平均为273 709 t，肉猪出栏平均为785 096头。整体上湖南省的水稻种植业和养猪业均呈现出以偏东部为重心的空间格局，稻谷产量超过平均水平的县市主要集中在湘北的洞庭湖平原区和湘中东部丘陵区，其中稻谷产量超过400 000 t的县市有洞庭湖平原区的常德市辖区、桃源县、汉寿县、益阳市辖区、南县、沅江市、汨罗市、岳阳县、华容县、湘阴县和湘中东部丘陵区的宁乡县、长沙县、浏阳市、攸县、醴陵市、祁东县、祁阳县、耒阳市、衡阳县、衡南县、湘潭县、湘乡市、双峰县，以及湘南永州市辖区，为湖南省水稻生产的优势产业区；肉猪出栏量超过1 000 000头的县市主要集中在湘中东部丘陵区，有宁乡县、长沙县、望城县、浏阳市、攸县、醴陵市、湘潭县、湘乡市、衡阳县、衡南县、耒阳市、祁东县、衡东县、常宁市、双峰县、新化县、涟源市、洞口县、武冈市、邵东县；位于洞庭湖平原区的有桃源县、益阳市辖区、汨罗市、岳阳县、平江县，以及湘南永州市辖区。因此，岳阳市、长株潭地区、衡阳市、娄底地区、邵阳市的部分县市是湖南省水稻种植业和养猪业均为高产出的区域，提高稻草秸秆资源的循环利用、降低养猪废弃物排放的环境污染是实现该区域农业可持续发展的关键问题。

以猪为中心的生态循环农业模式主要有猪-沼气-种植系统、猪-沼气-肥-种植系统、猪-沼气-鱼-种植系统、猪-沼-莲-鱼-菜五位一体模式等。其中种植系统因地而异，主要有菜、稻、果、茶、药等。这些模式主要是通过建设沼气池实现养猪废弃物资源的循环利用，沼气用于照明发电，沼液用作肥料施于种植系统或渔塘；猪-沼气-肥-种植系统模式将猪粪废弃物固液分离后，固体排泄物在堆肥厂进行腐熟加工，形成生物有机肥，液态排泄物进入厌氧发酵工程，产生的沼气用于发电，发酵后产生的沼液经过泵房加压、管道输送，缓存至田间沼液储存池，以耦合作物需肥的季节性和反应器沼液排放的连续性。猪-沼-莲-鱼-温室蔬菜五位一体模式，是以沼气为纽带，运用植物生产、动物转化、微生物还原的生态原理，将种植与养殖、温室与露地，作物与水产相结合，实现积肥、产气、生活、种养同步并举，能流、物流良性循环的一种优质无公害、高产、高效农业生产模式，其流程为：温室蔬菜及莲藕销售后剩下的残菜可喂猪，猪粪和秸秆入沼气池，经充分发酵产生的沼渣，作为无菌的优质肥料可供温室蔬菜和莲池肥田改土，沼液不但是蔬菜和莲菜的优质追肥和叶肥，而且还可喂猪和养鱼，形成一个有机、完整、协调、循环的良性生态链。

湖南盛产“湘莲”，产地主要分布在湘潭、衡阳、常德、益阳、岳阳、永州，其中湘潭县种植面积 6 000hm^2，带动周边 20 个县市种植约 2 万 hm^2，年种植面积达到 2.6 万 hm^2，占全国的 1/4。而且湘潭县及周边地区也是湖南省养猪业和水稻业生产的主要区域，在该区域可发展“猪-沼-莲-鱼-稻”的循环农业模式，但是为了保护生态、控制污染，养猪产业需对养猪饲料投入进行严格的标准化管理，使用无害化饲料，同时严格控制和适当压缩养殖规模，根据氮磷环境容量及养殖废弃物排放量，确定养殖环境承载力。

五、湖南省种养结合循环农业模式的总体空间布局

生态循环农业模式是以个体间能量物质需求以及流动方向为基础，通过农户个体循环体系组成企业与农户间的大循环产业链体系，最终形成地区性的规模化循环农业模式。县域经济是以县级行政区划为地理空间，以县级政权为调控主体，以市场为导向，优化配置资源，具有地域特色和功能完备的区域经济，县域农业发展的关键在于确定主导产业及产业链中的链主，培育和发展主导产业，多元互补，在主导产业的基础上，合理布局上、中、下游产业链。在分析了湖南省各县市种养业的空间格局的基础上，根据各县市种养业的比较优势确定循环农业模式主导产业的空间布局，从而因地制宜的实现区域内物质资源的循环利用与平衡。

湖南省洞庭湖平原区和湘中东部丘陵区是湖南省水稻业、养鱼业和养猪业的优势生产区，因此在洞庭湖平原区的华容县、安乡县、南县、沅江市、汉寿县、湘阴县、临湘市、常德和益阳市辖区适宜发展以养鱼业为中心的循环农业模式，如“桑-蚕-食用菌-沼气-鱼-稻”模式等；湘中东部丘陵区的长株潭地区、衡阳市、双峰县、邵东县等地是湖南省水稻种植业和养猪业均为高产出的区域，该区域在传统的“粮-猪”模式的基础上，根据地方资源特点适宜发展以养猪业为中心的循环农业模式，如湘潭县及周边地区湘莲的种植面积大，可因地制宜的发展“猪-沼-莲-鱼-稻”模式；在湖南省西北—西南方向的部分县市基本形成连片的养牛优势产业带，而且玉米、水稻、薯类作物等种植资源丰富，适宜发展以养牛业为中心的循环农业模式，如“种植系统-牛-沼气-种植系统”模式；湖南省西北-西南方向区域也是柑橘业的主产区，柑橘种植结合草食养殖和禽类生态养殖，发展“柑橘-草食养殖-禽”模式对于提高区域综合效益和资源循环利用率均具有重要作用。

发展种养结合的循环农业模式对于提高种植业和养殖业废弃物资源的循环利用率、实现资源的高效配置、增加产业的综合效益、减轻环境污染等均具有重要意义。区域种养结合循环

农业模式的构建需要以区域种植业和养殖业的产业优势为基础来构建，根据当地资源禀赋状况，结合各地主导产业、特色产业、生态生产条件以及产业链条点间的关系，通过统筹协调关联产业的投入产出关系和资源整合，促进区域专业化和合理分工，形成具有特色的区域循环农业模式，既符合产业结构优化升级的要求，又形成以不同主导产业为核心的产业链条，以实现农业生态系统中各要素及其相关各系统之间的有序化与整体性持续运作。

湖南省作为全国的农业大省、"鱼米之乡"，种植业和养殖业的空间格局具有较明显的区域特征，湖南省洞庭湖平原区和湘中东部丘陵区是湖南省水稻业、养鱼业和养猪业的优势生产区，湖南省西北—西南方向区域为养牛业、玉米种植、薯类作物的优势产业区和柑橘主产区。因此，根据产业优势的空间格局对湖南省种养结合的循环农业模式进行空间布局，洞庭湖平原区大部分县市适宜发展以养鱼业为中心的循环农业模式，如"桑-蚕-食用菌-沼气-鱼-稻"模式等；湘中东部丘陵区大部分县市适宜发展以养猪业为中心的循环农业模式，如"猪-沼-莲-鱼-稻"模式等；湖南省西北—西南方向区域适宜发展以养牛业为中心的循环农业模式，如"种植系统-牛-沼气-种植系统"模式等和结合柑橘种植发展畜禽生态养殖。

第三节　吉林省德惠市种养加复合型生态循环农业模式

一、区域代表性及产生背景

德惠市位于吉林省中部，松辽平原腹地，属内陆平原黑土区域。全市幅员面积 3 435 km^2，耕地面积 21.34 万 hm^2，其中玉米、水稻面积 14.3 万 hm^2，占耕地面积的 70%左右。总人口 87 万人，其中农业人口 74 万人，农业户数 14.18 万户，农村劳动力 28 万人。

全市以增产粮食为目标，开展了大规模的农田水利建设工程、农防林工程和水土保持工程，改善了农业生产条件，特别是大面积的"以稻治涝"，使粮食产量大幅度提高。1988 年，全市粮食总产达到 11 亿 kg，比 1978 年翻了一番。近年来粮食总产量一直稳定在 12.5 亿 kg 的阶段性水平，是全国十大商品粮基地县之一。但是，粮食的大幅度增产带给农民的却是储粮难、卖粮难和农业比较效益的下降。1983 年，粮食生产的投入(资金)产出比为 1∶4.32，到 1991 年却下降为 1∶2.16。增产不增收，严重挫伤了农民的生产积极性。同时，单一的粮食生产又带来农村各业比例的失调；化肥、农药的大量施用，导致土壤有机质下降和环境质量的降低，影响农业和农村经济的持续发展。严酷的现实，促使人们不得不重新探索德惠农业可持续的发展道路。"八五"期间，摸索了一定的经验，特别是生态良性循环上，探索了一些可以推广的模式；但是如何从以家庭为单元的分散经营模式和单项技术向群体、复合、物能多级转化循环的更高层次发展，尚未能找到更为有效的途径。1992 年，中泰合资的肉鸡一条龙企业——吉林德大有限公司的出现使县级生态循环农业建设出现了一个新的机遇，围绕龙型经济运行所做的种种努力，找到了一条使生态循环农业建设走出传统回归之路，向高产、优质、高效的区域化，产业化的道路迈进。从而形成了德惠市生态循环农业建设的总体思路，即紧紧围绕农业产业化开展生态循环农业建设工作，构筑高产、高效的种养加复合型生态经济体系，实现农业和农村经济的可持续发展。

二、模式的组成与特点

(一)模式的组成

为发挥德惠市农畜产品资源丰富的优势，必须运用农业接口工程思想，把农畜产品加工企业作为产业化的核心与龙头，通过大型加工产业化搞好农畜产品的转化和精深加工，实现种植业—养殖业—加工业相复合配套，从而实现生产与生态的良性循环的生态循环农业模式。

其模式主要产业结构特点是 5 条以加工产业为龙头的生态经济链：

1. 肉鸡生产加工一条龙

这是以中泰合资吉林德大公司为龙头，以肉食鸡代养户为依托，一头连着国际、国内两个市场，一头连着千家万户，实现从种植业到养殖业、加工业的转化增值，带动农民致富。它是典型的“公司＋农户”的生态经济链。1996 年已加工肉食鸡 4 300 万只，生产鸡肉产品 5 万 t，加工转化玉米、大豆 60 万 t，实现工业产值 15.5 亿元，纳税 5 200 万元，出口创汇 6 300 万美元，安排农村劳动力 2.4 万人，使农民人均增加收入 4 000 元。其屠宰厂一期工程投产后，紧接着又上了深加工车间、熟食加工厂、羽毛粉厂、肠羽粉厂，使鸡肉产品达到了 150 多种，鸡毛、鸡血、内脏等也都加工成了鸡、鱼饲料，不但进一步提高资源利用效率，增加经济效益，也基本上实现了无废弃物生产。既增加了企业的效益，减少了环境污染，实现了清洁生产，又促进了农业生态良性循环，带动了区域经济的发展。

2. 肉牛生产加工一条龙

利用世界银行贷款兴建的吉林德欣肉牛有限公司计划年养牛 25 万头，年屠宰肉牛 10 万头，目前肉牛屠宰厂已建成投产，种牛繁育场和万头育肥牛场正在紧张建设中。已与 605 户代养户(场)签订代养合同 50 500 头。与此同时，正在建造皮革加工厂、生物制品厂和其他副产品加工厂。工程全部完成后，可安排农村剩余劳动力 6 万人。

3. 玉米生产加工一条龙

该市酿酒厂、味精厂、德大 36 万 t 饲料厂等企业，利用玉米做原料，生产味精、淀粉、酿酒、饲料等。1996 年转化增值玉米 24 万 t。通过生产“三酸二油”(赖氨酸、柠檬酸、衣糖酸、甘油、玉米精炼油)的企业，年处理 20 万 t 玉米。

4. 大豆生产加工一条龙

利用大豆做原料，生产大豆蛋白、豆粕、油脂等，包括年处理大豆 10 万 t 的植物油厂，年产 1 000 t 大豆蛋白粉厂，年处理 36 万 t 的高蛋白豆粕厂和 5.4 万 t 的精炼油厂。1996 年转化增值大豆 25 万 t，生产豆粕 19 万 t，生产精炼豆油 3.8 万 t。

5. 水稻生产加工一条龙

为发挥“中国松花江”大米(中国特产经济协会命名)的资源优势，德惠市与日本佐竹制作所和三井物产株式会社共同出资，兴建了年加工水稻 6 万 t，生产精制米 4.2 万 t 的吉林省德惠佐竹金穗有限公司，现已正式投产。目前，公司已在朝阳、岔路口设立了以德大公司肉食鸡粪为肥料生产绿色大米的试验基地，划出一定区域也是采取“公司＋农户”的形式组织生产的方式。

总之，这5条龙型产业中主体加工项目24个，配套工业企业16个，现已建主体加工项目15个，配套工业企业10个。到"九五"期末，5条龙型产业全部配套后，年可加工转化粮食100万t，实现牧业产值18亿元，工业产值80亿元，利税18亿元，出口创汇2亿美元，安排农村劳动力6万人，增加农民收入4.3亿元，人均增收580元；增加市财政收入5亿元，基本实现全市粮食产品—饲料产品—畜禽产品—禽畜深加工产品的农、牧、工、贸之间的良性循环，形成以市场为导向，以加工企业为龙头，以农户为基础，产、加、销一条龙，贸、工、农一体化的良性生态经济系统。

（二）模式的特点

(1)系统内各组分的优化组合，有利于充分合理利用资源，实现最优化位置。如德大公司生产的废弃物，鸡粪可用于肥田，土地产出的粮食、秸秆又可作为鸡、猪、牛的饲料。肠羽粉可用于喂鸡、喂鱼等，实现了资源的多级转化利用。

(2)产业的多样性，有利于增强系统抗御市场风险的能力。由于既有德大、德欣公司这样养殖业的一条龙，又有佐竹金穗公司、大豆加工厂等种植业的一条龙，同时又有市场带动型的瓜果菜等专业化生产，即使由于市场的变化造成某一产业的暂时困难，也不会对整个生态经济系统产生大的震荡。

(3)产业间的交流、融合、互补，有利于打破孤立、封闭的传统生产方式，促进物能的多级循环利用，带动生态农业的大规模、全方位发展。5条龙型经济链，从龙头企业看，是5个独立的企业，但体现在各级党政组织和农户，又有机地融入农业产业化建设这个统一体中。一个农户既种粮，又养鸡、养牛，与几条经济链都有联系，可以通过各大企业集团的服务，使在家庭经营的单元内，形成先进种、养技术和现代管理技术的最佳组装，实现由劳动密集型向技术密集型的转变。而在一个区域内，又可通过各种典型的示范推广，带动千家万户，形成规模化、专业化生产，集约化经营的农业生产新格局，实现生态农业的大规模、全方位发展。

该模式的推广经验是：在抓龙头企业建设上，坚持比较优势的原则，认真搞好项目的开发和选择。从本地资源优势出发，选择那些产业覆盖面、带户覆盖面大、资源多级转化、增值指标高、经济效益高的项目作为主导产业。如德大公司就是这样，不仅带动了县域经济的发展，也带动了周边县(市)经济的发展。立足大规模、高起点、高质量、外向型，提高市场竞争能力，减少农户经营的风险，保证龙型经济各环节的稳定运行和协调发展。目前已建成的36万t全价配合饲料厂、36万t油脂加工厂、5 000万只肉鸡屠宰加工厂、10万头肉牛屠宰加工厂和6万t精制大米加工厂，都是目前国内较大规模的加工企业，在工艺设计上则吸收、组装了国际先进技术。主体设备都是从美国、荷兰、日本、德国等国际上著名的专业生产厂家购进的，配套设备也是在国内优中选优，使龙头企业建设初始就赶上国际先进水平，为产品进入国际市场奠定坚实的物质技术基础。坚持系列开发，多级转化增值，提高资源的利用率，实现无废弃物生产。

三、模式配套的生态工程

该生态循环农业模式尽管以企业为龙头，但仍然是以农业生产为基础的食物链型生产结构，因此，其基础仍然是首先发挥当地自然条件优势，开发当地资源潜力。德惠市十分重视第一性生产的农田条件建设作为该模式实施的基础，重视改善农业生态环境，夯实农业产业区域、规模化基础，为此在生态循环农业建设中首先抓了3项工程：

(一)以植树造林为重点的农业生态环境保护工程

到 1996 年底,“三北”防护林工程总面积 327 700 hm^2,林带总长度 885 万延长米,形成 25 hm^2 的网方 7 238 个,控制保护农田面积 14.8 万 hm^2,保持水土面积 6 126 hm^2,保护江河堤防 203 km,治理严重侵蚀沟 67 条,基本建立起以农田防护林为主体的带、片、网多林种结合的综合防护林系,改善了生态环境,减少了农田灾害。为改变全市农防林树种单一的状况,提高经济效益,近几年又有计划地抓了经济林建设。如在德惠公路两侧兴建了 10 km 的果树长廊,总面积达到 1 300 hm^2,全镇人均果树 100 棵,年产葡萄、李子、龙冠果、北方寒梨等 100 多万斤,已成为远近闻名的果树之乡。东部浅丘陵地带,从松花江镇到大青咀镇 50 km 的高效果树带已初具规模。

(二)农田水利建设工程

针对德惠境内“一江四河”、低洼易涝面积大的实际情况,重点抓了江河堤防整修加固,大、中、小型排涝站的改造完善和排涝工程的清理配套。共修建江河堤防 425 km,建大、中、小型排涝站 33 座,开挖排水干渠 4 000 余条,疏通台、条田沟 2 500 多条,提高了防御外洪内涝的能力。

(三)中低产田改造工程

主要通过两条途径:一是低洼易涝地丰富的水利资源,积极发展灌溉农业,以稻治涝、以稻治碱、以麦治洪。全市水田面积已发展到 85 万亩,比 1990 年翻了一番,把低产低效的低洼易涝地和盐碱地变成了高产稳产田。在沿河岸堤外地种植水浇麦 5 万亩,利用小麦生育期短、主汛期到来之前就可收获的优势,解决了沿江河堤外地受洪水侵袭十年九不收的问题。二是增施农家肥和秸秆还田,提高土壤有机质含量,维持农田生态平衡。秸秆还田的主要形式是牲畜过腹还田和根茬粉碎直接还田。近年来,农家肥施用量达到每公顷 30 m^3 以上,玉米、高粱全部实行根茬粉碎还田,水稻高留茬面积占 40%以上,增加了土壤肥力,使土壤人机质含量由 1990 年的 2.21%提高到目前的 2.36%,年平均增长 0.025%。目前,全市通过各种形式改造中低产田 11.3 万 hm^2,占中低产田面积的 70.6%。

农业生态环境和生产条件的改变,提高了农业生态系统的自我调控能力,促进了农产品总量的提高,为加工业和养殖业提供了丰富的原料,奠定了产业化的物质基础,增加了农林牧复合系统的稳定性。

四、模式实施与推广

1.统一规划,合理布局,加快种养基地建设

集中连片建设农畜产品专业基地,是兴办农畜产品加工企业的前提,为此,德惠市立足于“可持续发展”和“统一规划,合理布局,相对集中,连片开发”的原则,兼顾生态效益、经济效益和社会效益,根据不同自然条件和社会发展基础,围绕五大龙头企业和农业产业化总体规划,确定了中西部平原的三高玉米种植区、井灌大豆种植区、东部松饮流域水稻种植区、江河堤外地水浇麦种植区四大粮食作物种植基地;东部浅丘陵烤烟种植区、西部瘠薄地特种油料(地膜、

花生、月见草等)种植区、东部荒沟荒坡果树栽培带和102国道沿线棚膜温室瓜菜种植带四大经济作物种植基地;肉鸡、肉牛、生猪、蛋鸡、稻田养鸭、水产养殖六大养殖基地。经过几年的努力,取得了可喜的成果,并先后被国家评为粮食生产先进县、菜篮子工程先进县、中国肉鸡之乡、中国松花江大米之乡,金穗公司大米被命名为绿色食品。全市种养业正在逐步向专业化、规模化、区域化发展,初步形成了与资源特点和加工企业适应配套的区域化经济格局。

基地建设的方式主要有3种:一是龙头企业自建基地。为了稳定原料来源,提高原料质量和生产水平,由龙头企业根据生产和发展的需要,制订统一标准,企业与农户通过双向选择,确立紧密的生产合作关系。如德大公司采取由农户代养肉鸡,公司对农户实行"五统一"(统一供雏、统一供料、统一技术监控、统一药械供应、统一结算)的服务方式,发展了由4 500个农户构成的肉鸡生产基地,年饲养肉鸡5 000万只。德欣公司也采取类似的形式,除自建几个大型育肥牛场外,还发展了600多个育肥牛代养户,签约入栏牛50 000多头。二是建设群体集合式的商品生产基地。选择有一定基础和生产习惯的区域,全面发动,引导家家户户搞生产,集中连片成规模。三是靠专业大户形成基地。如养猪、蛋鸡等。

2.加大科技投入,实现生态经济系统的效益最大化

发展生态农业面对的是一个生态、经济、技术的复合系统,其运行质量如何首先取决于科技进步。基于系统的复杂性,仅靠传统农业技术或单项技术无法满足农业、农村经济持续高效发展的要求,必须采用现代农业技术并将各单项技术因地制宜地合理组装,才能实现效益的最大化和系统的协调稳定。为此,德惠市始终注意把提高农牧复合系统各环节科技含量放到重要位置,做到了"三个坚持不懈":

(1)坚持不懈地提高龙头企业的水平,吸纳国内外先进技术,在产品精深加工、多层次转化增值上下功夫。如德大公司在不断扩大肉鸡屠宰加工能力的基础上,新上了羽毛粉、肠羽粉,不仅使鸡毛、鸡肠等废弃物得到充分利用,而且净化了生产环境,减少了环境污染。德欣公司在肉牛屠宰加工的基础上,又规划了骨粉、骨胶、生物制药、功能保健品等深加工项目,目前已与外商达成意向,正在进行前期准备工作。

(2)坚持不懈地开展农业科技推广竞赛,使传统农业的技术精华与现代农业技术有机结合起来,改变低生产力的状况。1991年以来,连续6年开展"百项科技成果推广竞赛",围绕主导产业和基地建设,采取政技物结合、科技承包等形式,重点推广了玉米、大豆高产系列化栽培技术,水稻"两早两稀"高产栽培技术,肉鸡、蛋鸡高产饲养技术,玉米秸秆青黄贮"三化"技术,玉米根茬粉碎还田技术,施用鸡粪种植玉米、烤烟技术,施用鸡粪生产绿色大米技术,赤眼蜂防治玉米螟技术,农田灭鼠技术棚膜蔬菜技术,果菜、果药、果粮立体栽培技术、沼气池与蔬菜大棚结合生产无公害蔬菜技术等项生态农业技术和其他适用技术,促进了科技成果的推广、转化。

(3)坚持不懈地开展科技培训,提高农民素质,使之与龙头企业的发展水平相适应。全市通过组织科技讲师团,开办电视讲座、电视专题片、培训班、现场会、印发科技宣传材料等方式,每年培训农民20万人次,使干部、群众的生态意识和科技水平有了明显提高,基本上做到了每个农户有一名发展商品生产的"明白人"。

3.加强宏观调控与管理的力度

首先,要加强产业化开发的领导,重点工程除由市委、市政府、人大、政协的领导亲自抓外,还成立了项目办公室,从而调动了方方面面抓产业化、抓生态循环农业建设的积极性。

其次，要强化利益契约机制建设，协调企业与企业、企业与农户、企业与政府的利益关系。把产业内部各经营主体的权利义务通过合同契约形式明确起来，双方平等互利，恪守信誉，违约方要承担经济责任。企业要保证农户得到一定的利益，形成稳定均衡的利益分配关系。1994 年肉鸡市场价格下跌到每市斤 1.8 元，一般的养鸡场都纷纷下马，但德大公司坚持按每斤 2.5 元的价格回收，保证农户每只鸡至少收益 1 元钱，从而稳住了德惠的肉鸡产业。1995 年鸡肉价格回升，德大一年就实现利润 1 亿多元。企业与农民都得到了好处。德欣公司原定于 1996 年 12 月份正式投产，但由于部分设备要通过世界银行招标，拖了期限。为按期履行合同，公司筹措了 100 万元资金，按期把农民的育肥牛收购上来，增加了农民对公司的信任感。对个别德大公司的代养户违反合同私自到市场卖鸡的，责成司法部门严肃处理，保障了企业的合法权益。

再次，要加强社会化服务体系建设，提高生态经济系统的运行质量。重点抓了 3 个层次的服务。一是抓好产业经济组织的内部服务，对农户自身难以办到的事情由各企业负责。德大公司对代养户实行"五统一"(统一供雏、统一供料、统一技术监控、统一药械供应、统一结算)的服务方式，整个生产过程完全由公司包保，使农户从传统的"小而全"的生产方式中解脱出来，集中精力从事专业化生产，促进了农户生产水平的提高。烟草种植公司采取"两到户(技术指导到户、种子、肥料、药品到户)一包收(按国家定价保证收购)"的服务方式，促进了全市烟叶生产的发展。二是对没建龙头企业组织的，组织各涉农部门不断完善服务网络建设，强化服务功能，对农户在技术、种肥、农膜农药、资金等方面开展专业服务。三是引导农民积极发展各种专业协会、研究会、中介组织等农民自我服务体系，开展有偿或互助性的自我服务。如菜园子镇西红柿协会，从种植到销售已形成全程服务体系，1996 年全镇大棚西红柿面积已发展到 300 hm^2 以上，以 3%耕地，创造了占全镇农业收入 23%的效益。现全市已建起各类农民自我服务组织 300 多个。

五、模式效益分析

1.促进了粮食的转化增值

种养加复合产业化型生态循环农业模式运行以后已年转化粮食 60 万 t，比直接销售玉米增值 3～4 倍。采用世界一流设备进行精细加工的水稻系列开发项目，实现产值 1.68 亿元，利税 2 500 万元；大豆生产加工系列开发项目，1996 年转化增值大豆 40 万 t，生产豆粕 25 万 t，生产精炼油 5.4 万 t，生产大豆蛋白粉 1 000 t，年创加工产值 10.6 亿元，利税 6 500 万元。

2.增加了农民收入

1996 年，增加农民收入 4.3 亿元，人均增收 580 元。其中从龙头企业直接收入为 1.3 亿元，人均 176 元，占人均增收的 30%以上。全市农民人均收入已达 2 155 元，是 1991 年的 2.8 倍，并安排农村劳动力 6 万人。

3.改善了生态环境

1996 年，全市森林覆盖率达到 14.1%，形成 25 hm^2 网方 7 238 个，使 21.4 万 hm^2 农田处在控制保护之下，保证了农业生产的高产、稳产，土壤有机质含量由 1990 年 2.21%上升到 1996 年的 2.36%，土地肥力有了较大提高。工业污染得到较好控制，废水废物污染均控制在国家允许的范围之内。德惠市的农业生态环境得到了彻底改善，整体、协调的良性生态农业经济格局正在不断得到完善。

4. 优化了产业结构，带动了区域经济的发展

1996年，全市国内生产总值达到26.1亿元，是1991年的2.6倍；农业总产值达16.9亿元，是1991年的1.79倍；牧业产值7.76亿元，是1991年的10.6倍，牧业产值占农业总产值的比重由6.4%增长到45.9%。农牧复合经济系统已经形成。5个龙头企业带动了市内10个配套企业，全市乡以上工业产值19.2亿元，是1991年的5.6倍；工农业产值比从1991年的0.44∶1，改变为1.75∶1；财政收入1.5亿元，是1991年的2.3倍；出口创汇7 000万美元，是1991年的15倍，初步改变了"农业大县、工业小县、财政穷县"的状况。德惠市5条龙型产业规划主体项目24个，配套工业企业16个，现已建立主体加工项目15个，配套工业企业10个，到"九五"期末，5条龙型产业全部配套后，年可加工转化粮食100万t，实现牧业产值18亿元，工业产值80亿元，利税18亿元，出口创汇2亿元，增加市财政收入5亿元，形成以市场为导向，以加工企业为龙头，以农户为基础的，产、加、销一条龙，贸、工、农一体化的良性生态经济系统。

5. 促进了农业和农村经济的良性循环

在农业内部，该模式通过多产业的综合设计和技术组装，实现了以农林、农牧、农林牧的多种复合模式，促进了农、林、牧、副、渔各业的协调发展，并达到物能的多层次循环利用。1996年，全市饲养黄牛27.9万头，肉鸡3 500万只，生猪80万头，家禽500万只，年产优质粪肥500万t，全市每公顷耕地平均25 t，减少了化肥施用量，降低了生产成本。郭家镇农民王成纯，2.1 hm^2 耕地全部施用优质鸡粪，不用化肥，每公顷产量10 000 kg，高于施用化肥的地块，吨粮费用减少116元。朝阳乡以鸡粪种稻，比一般施用化肥地块增产6%～14%，米质好于施用化肥的地块。同时，采用鸡粪养猪可纯增收3.75亿元。德欣公司通过玉米秸秆青贮和氨化、糖化、盐化，以及酒厂与牛场配套等措施，扩大了饲料来源，使大量秸秆和加工业的有机废物得到了充分利用。农牧相互依存，相互促进，实现了粮—畜—肥—粮的良性循环。在生态经济系统中，由于加工企业的作用，在国家、集体、个体各自独立经营之间建立起物资、技术、信息、产品的交换桥梁，在调节功能上形成利益连接的链环，在资源、生产加工、运销方面互补、调节，建立起在现代技术、现代管理基础上的农牧复合体系，使之更适应国内外供需形势的变化，更适应市场经济的新形势。实现了生态农业由传统农业向现代农业、高科技、高层次良性循环的转变，由传统回归向市场经济的过渡，有利于社会和经济系统的稳定发展。

6. 模式推广与应用前景

建立以产业化为基础的农牧复合生态经济体系是实现产粮大县可持续发展的有效途径。作为以粮食生产为主的平原农业县，如何充分利用资源，实现农业高产高效持续发展，达到生态与经济两个系统的良性循环和经济效益、生态效益、社会效益三个效益的统一，德惠的实践证明，实施农业产业化战略，推广种养加复合型产业化模式，建立以高效复合农牧系统为主的生态经济体系，是一条有效的途径。通过龙头的带动作用，把分散的小规模的农户经营纳入一条龙经营体系，使产业重新组合，形成产业群、产业链，有利于当地农业生产与国际国内大市场的对接，有利于各单项技术与各产业的组装配套，有利于解决以家庭为单元的生产经营形式难以实现物能多级转化循环的矛盾，达到提高效率，减少废弃物排放，既发展经济又增加农民收入，既不断提高农产品产量又保护自然资源的目的，使生态循环农业建设推向一个规模化发展、高层次运行的新阶段。

第四节 江苏省江都市水网区生态循环农业模式和配套技术

一、江都市基本情况

江都地处江苏省中部，长江下游北岸，京杭大运河东侧，里下河西南边缘，南水北调的东部源头。西依古城扬州，东接三泰，南与扬中隔江相望，北与高邮接壤。全市总面积 1 328.71 km^2。江都是无山无丘的平原地区，地势平坦，东北部较低，河道较多，中南部略高，河道较少，整体地形呈鱼背状。

江都自然资源优越，水陆交通便利，四季分明，雨水充沛，光能充足，无霜期长，农业生物种类较多，对发展农业生产比较有利，农作物可一年两到三熟。但春末连阴雨，盛夏晴热干燥，秋初台风，冬季霜冻，常常给农业生产带来不利影响，造成寡照、涝灾、伏旱、农作物倒伏等灾害。作为全国生态循环农业建设的试点，江都人大胆实践，勇于探索，建设出一些具有地方特色的生态农业成功模式。本文重点介绍几个生态渔业循环模式。

二、江都市生态渔业循环农业模式

为了提高单位面积产出率，江都人依靠科技进步，创建了“空中混长、地面混种、水下混养”的多种生态农业立体模式，合理和巧妙利用好空间和时间，获得了较高的三大效益，主要生态渔业模式有立体养殖（基塘模式）和种养一体化（稻田养殖）。

（一）立体养殖——以周西乡围堤鱼、虾、蟹混合养殖为例

立体种养是利用生物体相辅相成、互为共生的原理，对作物进行间套复种，对养殖种类进行分层放养，实行立体开发，提高光能利用率和空间利用率，从而提高单位面积的生物产量。立体养殖利用食物链原理在农场采取鸡粪喂猪、猪粪喂鱼、渔塘泥垄田，在高产鱼池采取上层养鲢鱼、中层养鳊鱼、底层放青鱼，或鱼、虾、蟹水中混养等立体养殖；立体种养是种养一体化。围堤长经济作物，围田长粮食，围沟搞养殖。在稻田采取水稻、鱼、虾、蟹种养一体化的模式，动物要求植物少使用农药、化肥，改善农田生态环境，提高动植物的品质，从而不断提高农业生产的比较效益，增加农民收入。

周西乡围堤鱼、虾、蟹混合养殖模式实质上是一种基塘模式，养殖的技术要点：

（1）选择池塘。选用低洼农田或荒地浅滩，用推土机挖沟筑堆的方法改建成堤水养鱼水面，养殖面积在 125～600 亩，沟深 1.5～2 m，要靠近水源，水质良好，并备好水泵。

做好放养前准备工作，在冬季抽干池水，挖去过多的淤泥，将池底暴晒数日到半月，每亩用生石灰 150 kg、晶体敌百虫 0.6～1 kg 兑水后在池中均匀泼洒，杀灭细菌、寄生虫等病（敌）害，然后将池水加满，移植占总面积 1/3 的水花生等水生植物，同时修好进排水涵闸，选用玻璃板、水泥板、石棉瓦等材料建好防逃墙，防逃墙地上部分高 50～70 cm，地下部分深 15～25 cm。

（2）适时放养苗种，鱼种在春节前后放养，虾、蟹可在 3 月下旬至 5 月上旬放养。鱼放养规

格和数量，鲫鱼为尾重 50 g 左右的大规格鱼种，其他鱼种规格为 10～20 cm，每亩放 500～1 500 尾，重量 25～35 kg，其中鲢鱼占 30%、鲫鱼占 45%、草鱼占 10%、鳊苗和鳙鱼占 15%，忌放青、鲤和凶猛鱼类，虾每亩可放 5～6cm 的抱卵亲虾 1～2 kg，实行自繁、自育、自养。河蟹宜放养当年早繁苗，规格为每千克 800～1 000 只的Ⅴ期幼蟹，每亩放养 0.5～1.5 kg。

(3)合理搭配，科学投喂。鱼、虾、蟹饲料应按其食性不同进行“荤素搭配，精粗结合”，采取先投鱼饲料(以上午投为主)，后投虾蟹饲料(以下午投为主)的方法。常用饲料品种有饼粕、麸皮、麦类、螺蚬蚌肉、颗粒饲料、畜禽下脚料及小杂鱼虾等，全年饲料用量根据每增重 1 kg，鱼需料 2.3 kg、虾需 3～5 kg、蟹需 5～8 kg 计算。鱼饲料 2～6 月投喂量应占全年饲料总量的 60%～70%，10 月份应占全年饲料量的 30%～40%；虾、蟹饲料全年分配与鱼相反。

(4)及时调控水质。养殖池塘应始终保持水质清新、溶氧充足，前期群体密度低，采用低水位，水深保持在 30 cm 左右，以利提高水温。高温季节，随着鱼、虾、蟹迅速增重，加大水量，加满池水，并经常加注新水，一般每周换水 1～2 次，更换池水的 1/4～1/3。

(5)搞好水草移植和病害防治，给鱼虾蟹提供一个良好的生活环境，6～9 月份，每隔 15～20 d 用 20 mg/kg 的生石灰化水后全池泼洒，既消毒防病，又补充钙质。

(6)捕捞上市。鲫鱼在 7 月份以后用网轮捕，均衡上市，虾在秋后用虾笼或地笼诱捕，取大留小；蟹在重阳节前后用地笼诱捕或晚间利用手电人工捕捉。

全市共推广围沟养殖 2.5 万亩，这种模式比单一养殖每亩增收 2 000～3 000 元。养殖地区农民纯收入增长 300 元，农药、化肥、农膜使用明显减少，改善了农田和水体生态环境，丰富了城乡菜篮子，提高了人民群众生活质量。同时围堤浅水养殖还有利于今后粮食紧张时平堤种粮。

(二)种养一体化——以吴堡乡 5 000 亩稻田养殖罗氏沼虾为例

该模式主要的技术要点为：

(1)搞好农田基本改造，选择利用中低产田实行种养一体化，将开发对象田四周围堤，堤顶宽 3 m，底宽 8 m，高 1 m，坡面与水平面成 45°角。堤内下侧四周水面沟宽 8 m，深 1 m；中间“川”字或“十”字切划成正方形或长方形条田，各等块之间与围堤之间的联系都配套一个 3 m 宽的路涵闸，以便农业机械和人下田操作，放蟹苗的围堤四周加设防逃栅栏。土地分配比例为：围堤占 15%，水面占 20%，粮田占 65%，总面积宜在 100 亩以上 500 亩以下。

(2)合理搭配种养结构，围堤夏熟栽植油菜、蚕豆等经济作物，也可条播或穴播大(小)麦，秋熟移栽棉花，或生长大豆、芝麻等经济作物。围沟春夏秋水面采取立体养殖，以罗氏沼虾为主，配以鲢鱼和河蟹，在 4 月底 5 月初，水温稳定在 18℃以上时，将经过淡化处理的规格在 0.8～1.0 cm 罗氏沼虾，按每公顷 9 万～12 万尾的密度直接放入沟中养殖。较早一些放入小规格链鱼苗每公顷 90～120 kg、河蟹幼体 7.5～15 kg。罗氏沼虾在 10 月份水温降至 18℃左右时收获上市。其他养殖品种适时收获上市；围田品种布局上，夏熟长小麦，品种以扬麦 158 为主，播量 112～135 kg/hm^2，秋熟移栽杂交稻或粳稻，品种以协优 63 或盐埂 235 为主，达到品种纯良，肥料运筹上，以重施基肥和有机肥为主，每熟每公顷施优质有机肥 45～60 m^3、饼肥 350 kg、尿素 150 kg 或三元复合肥 350 kg，减少追施化肥次数，多施有机肥，后期喷施叶面肥，在病虫草防治上，以农业防治和生物防治为主，及时调控水位，达到种植、养殖双丰收。

自江都开展生态循环农业建设以来，全市稻田养殖罗氏沼虾或青虾从几十亩扩大到今年的 10 500 亩，每亩综合效益比纯种植业增收 2 000 元，平均减少农药、化肥使用 2～3 次，有机肥使用增加，土壤有机质含量有所上升，农田和农作物中有毒有害物质残留减少，农作物品质得到提高，农田环境质量明显提高。

(三)与模式配套的其他技术

(1)机械化。为了彻底解放农业劳动力，降低农民劳动强度，进一步提高劳动生产率，江都市在生态农业试点期间进行了大规模的农业机械配套，初步实现了农业机械化。农业机械化的迅猛发展，带来了巨大的经济效益、生态效益和社会效益。经济效益上，江都从 1996 年以来，每年组织 450 多台联合收割机进行跨地区作业，配件、维修专业服务队跟踪服务，每机每年两熟创收 3 万～6 万元，全市机农外出创收 1 500 万元，农机化服务已成为我市农民致富的一条好渠道。生态效益上，一是保护了土地再生产能力，农机克服了秸秆长还田难的问题，收割机将秸秆粉碎成绒草，反旋灭茬后深翻入土易于熟化；二是改善了田容田貌，推动田块方整化和田间建筑物的配套。社会效益上，解放了劳动力，确保了农时季节，提高了农业科技贡献份额，全市已形成农机服务产业。

(2)节水灌溉式。随着有效水资源的减少，农田基本建设迫切需要改造，江都人在生态循环农业建设中，采取了两种节水办法：一是灌溉方式的革新；二是栽培技术的革命。①灌溉方式的革新，是指在低产田改造中，变低灌高排为高灌低排，按技术标准全面配套内外三沟和田间建筑物，抗旱时改漫灌为窜灌和窖灌；在吨粮田建设中，将灌渠铺设"U"形防渗渠，根据田块的长短(50～100 m)，确定铺设口宽 45～70 cm、深 37～55 cm 的"U"形水泥防渗渠，一半埋在路基下，一般每亩灌溉面积铺设 5～6 m 长，同时在渠边配套绿化和美化的林网。②栽培技术的革命，是在育秧阶段改水育秧为肥床旱育；在大田阶段改水层灌溉为温润灌溉，提高农民科学种田水平。5 年的生态循环农业建设，全市改造中低产田 40 万亩，建成吨粮围田 22.5 万亩，铺设防渗渠 526 km，防渗节水灌溉面积达 9.8 万亩，肥床旱育稀植占总面积 75%。

(3)恢复生态景观。由于不合理的开发利用，河堤植被遭到破坏，一些农民利用堤土烧窑制砖或建坟，水土流失严重，可谓千疮百孔，乌烟瘴气，小流域环境污染十分严重。为了使这些被破坏的生态景观恢复生态功能，江都市委、市政府强化宣传发动，发布《通告》，限期炸毁推平小土窑和小立窑，平坟还耕。如新通扬运河在江都市境内全长 26.5 km，涉及 8 个乡镇，市政府投资 500 多万元，炸平小窑 245 座，平坟数百个，平整土地 5 500 亩；统一规划，合理栽植意杨 15 万株、银杏 5 万株，林下实行间套经济作物，恢复植被，起到事半功倍的效果。恢复植被摆脱了农民的短期行为，造福于子孙后代，走上了经济与环境协调发展之路。据测算，在新通扬运河上全年减少废气排放 73.5 万 m^3，减少煤柴燃烧约 10 万 t，增加新鲜空气(消耗二氧化碳、释放氧气、净化空气)数亿立方米，每年增加木材蓄积量 3 600 m^3，增收经济作物 750 t，折合人民币增收 187.5 万元。生态循环农业建设期间全市共恢复建设 3 条骨干河的河堤，达到了蓝天、碧水、宁静、生态、资源化的建设目的，这些绿色长廊已经成为农民的绿色银行。

三、种、养、加、沼良性循环式生态农场

生态农业县建设以来，江都的农业适度规模经营稳步发展，一大批种植大户、养殖大户如雨后春笋，为了扶持、支持这些大户健康、稳定、持续、协调发展，我们积极引导、鼓励农民实行"禽渔粮多场合一，种养加销综合经营"，达到"适应市场、合理调整、良性循环、发展壮大"的

目的。

在生态农场建设中注意选择善经营、会管理、通技术的农民或农场主，农场总面积要在100亩以上，有固定的工作场所。根据可能在农场内配备建设一个猪场、一个禽场或一个渔塘，合理划分功能区。加环延伸食物链和生产链，促进农业物质和能量的良性循环和多级利用，不断提高比较效益。根据市场经济，合理调整种养结构，什么赚钱养什么，什么亏本砍什么，达到人无我有，人有我优，始终掌握生产销售的主动权。

实践证明，生态农场能够抵抗市场风险，具有较高的三大效益，在农村具有旺盛的生命力。如江都双沟高峰生态禽场已形成10万只鸡、1 000头猪、100亩农场、10亩渔塘、1个饲料加工厂的“五场合一”型生态农场，延伸了食物链和生产链；七里的站办农场，办成了集猪场、兔场、渔场、农场、沼气池为一体的生态农场，农场生产饲料粮喂猪，猪场年产300多条优良种猪苗供应农村市场，猪粪、兔粪进沼气池发酵，沼液用来肥田和养鱼，渔塘泥用来肥田，沼气用来发热，实现了农业物质和能量的多级利用和高级转化；宗村镇的31个农场全部实现了“三场合一”型生态农场，即猪、鸭、粮、经、鱼综合经营，在前两年粮价下跌的情况下，调整农场内部结构，优化重点，转化增值，实现协调发展，效益得到了持续增长，全市共形成100多个这样的生态农场，成为新品种新技术的试验场，成为乡镇干部指导农业的现场，也成为当地农民群众学习的榜样。

四、重点生态农业工程建设

江都市本着因地制宜、优化结构、良性循环、持续发展的总要求，依据资源适宜、市场需求的原则，经过5年(1994—1998年)生态农业试点建设，开展了十大类生态农业重点工程。

(一)农田生态建设工程

按照“三块一框，百亩一方，高灌低排，林网跟上，涵闸配套，机械作业，综合治理，亩产吨粮”的标准实施，已建成吨粮田22.5万亩；按照“水土田林路综合治理，桥涵管闸站全部配套”的要求，已改造中低产田41.5万亩，通过种养一体化模式推广，消除低收入田1万多亩。

(二)农林复合系统工程

以扩大和更新农田防护林、速生丰产林、果木经济林和花卉苗木为重点，达到提高林木覆盖率的目标，实现“四有”、“四化”。四有：春有花、夏有荫、秋有果、冬有青；四化：农田林网化、道路林荫化、庭院果木化、工厂学校机关花园化。

(三)农渔结合型生态建设工程

以高产稳产为目标，以逐步改造低产鱼池为手段，充分利用水面资源，并结合低洼地、江湖滩地的开发改造，建成立体循环的农渔生态体系。

(1)充分开发利用水面资源，结合宁通线和同三线高速公路建设，以及低产低洼地的开发改造，扩大2万亩养殖水面，使全市养殖水面从6.4万亩增加到8.4万亩。

(2)改造原有低产水面4万亩，改粗放为粗养，增加投入，提高科技含量。

(3)建设高产鱼池2万亩，选择优良渔种，采用高新立体种养技术，使高产鱼池亩产量达750 kg以上。

(4)大力发展特种水产养殖，甲鱼养殖基地由规划500亩扩大到800亩，并解决了深加工产业化的问题，在富民乡建成扬州可力猛全甲鱼粉生产集团。在吴堡乡建成罗氏沼虾养殖基地1.1万亩，超额完成1 000亩，形成亿尾繁殖、万亩养殖、千户联营、百吨速冻，十辆活水车直销超市的“亿万千百十”生态龙型经济，并发展成为江都市农业产业化的有名的龙头企业集团，集繁养加销一体化经营。

(5)扩建鱼苗鱼种繁殖基地，充分利用当地自然资源优势和人才技术优势，把市水产养殖场扩建成年产4亿尾鱼苗和2 000万尾鱼种的优质种苗基地。

(四)农牧结合生态建设工程

以畜牧业建设为突破口，以增加农田有机肥投入和繁荣市场为目标，充分利用农业资源，大力发展特禽特畜，以规模占市场，以质量赢信誉，形成农牧良性循环的生态系统，从而不断增加农民收入，提高人民群众生活质量。

大力发展适度规模的畜禽养殖基地，全市已建成百头猪场160多个，千头猪场8个，万只禽场158个，家禽饲养总量达1 700万只。

大力发展草食畜禽，在嘶马、中闸、张纲沿江地区，建立商品羊基地，年饲养羊量达10万只，在沿运地区建立商品鹅基地，年养鹅量突破250万只，在实心地区建立獭兔养殖基地，用獭兔皮制成裘衣服装，出口北欧，兔肉产业化加工，年饲养量达2.5万只。

(五)农业物质循环利用工程

以大力发展农业机械化为突破口，大幅提高秸秆还田面积还田量，还田面积达85%，还田量亩年平均300 kg，改良了土壤结构，提高了土壤有机质含量，巩固提高了农村省草灶建设，普及推广了石油液化气，农民烧草明显减少。

以沼气建设为纽带，与村镇建设和养殖业相配套，以每3个人粪尿和生活垃圾、1头猪、100只鸡建1 m^3 沼气池的比例模式，建成户用沼气池约5万 m^3，循环利用废弃物，消除农村环境污染，坚持与规划畜禽场用步建设的原则，积极发展大中型沼气池。

以推广太阳能、液化气为重点，普及推广利用洁净能源，以科技为先导，提高太阳能利用率，共推广使用真空管太阳能热水器2.5万 m^2，超过原规划7 500 m^2，居民生活石油液化气用户15万多户，超过原规划1万多户。

以食用菌生产为中转环节，充分利用棉籽壳、秸秆、沼渣、木材加工锯屑等农业废弃物，疏通生态农业系统中的物流、能源，已建成食用菌生产基地1 000多亩，实现了预期的目标。这项工程总投资3 800万元。

(六)农产品深度加工综合利用生态工程

以提高经济效益和实现农副产品的高级转化、多级利用为目标，建成了包括水产品加工、猪鬃加工、畜皮羽毛加工以及粮食深加工、油脂加工、棉花深加工、蚕茧丝深加工等10条农工商一体化的生态龙头企业(或联合体或集团)。

(七)农村生态环境保护工程

以保护空气、水、土等农业环境为中心任务，采取得力措施，加强村镇环境卫生设施建设，严格控制工业废气、废水、废渣排放污染,科学管理使用农膜、农药、化肥,消除污染源,清除污染物,为农业高产稳产、农村清洁卫生、农民生活健康提供必备的物质基地。该工程总投资 6 000 万元。

(1)取缔了 81 座土炼油锅,关停了 28 个污染严重企业,劝阻停止了有污染项目 31 个,同时执行率达 100%,有效地保护了农村生态环境。

(2)投资 3 400 多万元治理废水污染源 38 家,治理废气污染源 30 家,有力治理了一批老污染源。

(3)复垦河堤,疏浚河道。将已遭破坏的河流堤岸平窑平坟,绿化植树,定期疏浚河道,变死水为活水,在苏北 1995 年率先建成无坝市,不断提高灌溉水质量,5 年来的建设使得全市几条主要河道沿堤绿树荫荫,沿河碧波粼粼。

(4)强化农村改水改厕工作,扩增建自来水厂,全市乡乡建有自来水厂,使自来水农民饮用覆盖率达 30%,城市供给率 100%,自来水达标率 100%。

(八)庭院经济生态工程

逐步改造围庄林,建成以果木为主的花园式村庄。充分利用院落有限空间,发展立体种植和养殖,充分挖掘资源潜力,发挥各家各户特长,共发展各类典型户 7 210 个,万元以上专业大户 240 个,有种植、有养殖、有编织、有制造,创收经济,改造小气候。该工程总投资 1 000 万元。

(九)村镇建设生态工程

以村镇建设为载体,全面安排好居(村)民衣、食、住、行、生、老、病、死等各项社会事务,搞好改水改厕和农民街建设,统一规划,精心设计,合理布局,节约用地,相对集中,明确农田保护区、工业小区、商贸小区、住宅小区、文化科技教育小区、娱乐服务小区,建设环境优美和生态高层次平衡的理想景观,加快农村城市化建设,坚持城乡同步规划、同步发展,被江苏省列为农村城市化建设试点县。全市 40 个集镇 100 个中心村建设已初具规模,形成农村工商贸娱乐中心气候。

五、江都市生态循环农业建设的效益分析

江都市生态农业县建设根据生态经济学原理,通过延伸生产链和延长食物链,提高农业物质和能量的良性循环、多级利用和高级转化,江都市采取猪禽鱼粮加“多业合一”的形式,综合经营,围绕经济增长目标,合理调整场内结构,来达到合理配置资源,优化生产结构,适应市场需要的目的。如可以通过调整种植业结构,适当增减养殖业品种,以沼气为纽带摆正种养关系,取得最大经济效益、生态效益和社会效益。生态农场抵御市场风险能力较强,能力争实现优势互补、持续发展。通过加强领导,扩大宣传,提高认识,组织实施生态农业系统工程建设,取得了经济效益、生态效益和社会效益的同步发展,实现了农业物质和能量的良性循环,社会和经济的持续发展,农业生态环境的改善和提高。

(1)经济效益良好。国民生产总值比建设前的 1993 年增长 52.98 亿元,翻了 2.56 番,平均年增长 31.1%;财政收入由 1993 年的 2.22 亿元增加到 1998 年的 5.13 亿元,增长 2.91 亿元,平均递增 26.2%;农民人均纯收入由 1993 年的 1 447 元增长到 1998 年 3 450 元,翻了

2.38番，平均年增长27.2%，乡镇企业在抓好“三同时”的同时狠抓“三废”治理，同样也取得了长足的发展，乡镇企业总收入占农业国民收入338.4%增长到1997年的388.4%，这个比率平均年增长3%，国民生产总值、财政收入、农民人均纯收入变化见下图：

(2)生态环境质量明显改观。吨粮田面积比建设前的1993年增加20万亩，退化土地治理率由1993年80%上升到今年的100%，森林覆盖率由1993年的10.89%增加到1998年14.8%，净增4个百分点，有机肥和多元复合肥的投入逐年增加，秸秆还田率由1993年64%扩大到1998年的85%，年亩平均还田量由100 kg增加到300 kg，病虫害综合防治面积由1993年76%达到今年的85%，杜绝了高毒高残留的农药使用；农村新能源的开发得到长足的发展，尤其是太阳能和液化气普及使用呈迅猛之势，新能源占农村总能源使用的45%，增加25个百分点；新上工业项目“三同时”执行率达到100%，试点示范总面积占农村总耕地面积的75%，市内大气环境质量各项指标均符合国家二级标准，并且有逐年提高的趋势，乡村大气环境质量50%以上达到国家一级标准。境内各生活饮用水水体水质各项指标均符合国家Ⅱ类水标准，主要河流水体水质符合《江都市地面水功能区划分规定》的要求，几年来水体水质基本保持稳定。声环境质量市区噪声维持在55分贝以下，并且有逐年递减的趋势，乡镇及农村声环境质量较好，符合国家标准。全市固体废弃物基本得到了妥善的处置，综合利用率为95.88%。全市生态环境质量明显改观。

(3)社会事业不断进步。5年来全市总人口稳定在108万左右，平均人口自然增长率低于2.3‰，1995年就全面普及了九年制义务教育，职业教育也取得了长足的发展，全市劳动力素质明显提高，初中以上文化程度占总劳力比例36%，比建设前上升了6个百分点，农村科技人才比例也上升1.19个百分点，达6.45%，农业科技贡献份额达到了1998年的48%，比1993年上升4个百分点。人均占有粮食量稳定在560 kg左右，水产品单产水平不断提高，全市的通信事业迅猛发展，平均每100户拥有13部电话，全面实现数字程控化，江都是苏北第一个实现交换程控化、传输数字化、电话自动化的县市，全市已建成电话小康乡镇12个，电话小康村120个，拥有电话用13.62万户，电话主线普及率达12.75%。有线广播覆盖80%农户，有线电视覆盖35%的乡村，乡乡建有自来水厂，35%以上农民饮上了自来水，全面实现乡级公路黑色化、村级公路砂石化，道路绿化得以不断更新属性改造，35%的农民住上了楼房，农村人均住房面积达35 m^2。农村机械化的水平不断提高，配套了100万亩大农业机械，提高了劳动生产率，广大人民群众的生活质量普遍有了较大提高。

第八章 鄱阳湖地区生态循环养殖农业模式

第一节 鄱阳湖地区猪场粪污减污防控及农牧结合循环利用模式

一、鄱阳湖地区养猪概况及对环境的污染

1. 江西省及鄱阳湖生态经济区的养殖概况

进入21世纪以来，江西省畜牧业保持较快发展，为保障市场供给，促进农民增收发挥了重要作用。江西省是全国十二大畜产品主产省之一，2012年全省肉类总产量333.9万t，同比增长5.42%，其中，猪肉产量254.4万t，增长5.89%，占肉类总产量的76.2%。生猪出栏3 130.6万头，增长5.71%，生猪存栏1 911.6万头，增长4.6%；家禽出栏、存栏分别达到4.33亿羽、2.0亿羽，同比分别增长4.55%和2.82%；禽肉和禽蛋产量分别为59.9万t、56.4万t，同比分别增长4.04%和5.6%；奶类产量12.7万t，增长0.71%。2011年，全省生猪规模养殖比重达到85%、规模养禽比重达到74%，全省畜牧业产值734.3亿元，占农业总产值比重的33.3%，已成为江西省农村经济的重要支柱产业和农民增收的重要来源。

鄱阳湖地区是我省畜禽养殖的重要基地，一大批生猪大县集中在该区域，其中大中型畜禽养殖场占到全省的60%。据2012年数据统计，鄱阳湖地区猪存栏占全省的44.75%，其中：能繁母猪存栏占全省的46.0%，家禽存栏占41.78%；猪出栏占全省的45.16%，牛出栏占34.47%，家禽出栏占31.19%；猪肉产量占全省的45.37%，牛肉产量占35.0%，禽肉产量占33.0%，牛奶产量占45.31%。

2. 养猪生产对鄱阳湖经济生态区的环境污染

随着畜牧场规模越来越大，集约化和机械化程度的提高，畜牧村、规模养殖小区及千头牛场、万头猪场、百万只鸡场等规模化养殖场引起的环境问题已引起人们的关注。据《2000年全国规模化畜禽养殖业污染情况调查工作报告》显示，我国畜禽粪便产生量很大，1999年产生总量约为19亿t，是工业固体废弃物的2.4倍，而且畜禽粪便COD排放量已达7 118万t，远远超过工业废水与生活废水COD排放量之和。《第一次全国污染源普查公报》显示，工业固体废物为4 914.87万t，养猪业一个行业的排泄量已经是工业固体废物的13倍；在农业源污染中，比较突出的是畜禽养殖业污染问题，畜禽养殖业的化学需氧量、总氮和总磷排放分别占农业源的96%、38%和56%。

来自有关部门的调查表明，江西省畜禽废弃物产生量一年约1.22亿t，相当于工业固体废

弃物总量的1.65倍。据推算，一头猪年排泄粪尿1 t左右，一个万头猪场一年产生的粪尿就是上万吨。未经净化处理的畜禽污染物直接排入沟渠、池塘，加剧了水体富营养化。可见，畜牧业已成为一个不可忽视的污染源，严重制约了畜牧业的可持续发展和生态环境建设。

根据鄱阳湖地区统计年报中，鄱阳湖地区15个滨湖县(市、区)各类畜禽的饲养量及表8-1中的换算系数，估算得出2009年鄱阳湖地区猪粪排放量为305.59万t，猪尿排放量为504.22万t，BOD_5排放量为19.95万t，COD_{Cr}排放量为20.43万t，氨氮排放量为1.59万t，TP(总磷)和TN(总氮)排放量为1.31万t和3.46万t(表8-2)，饲养量和粪污排放量最大的地区为南昌、新建和进贤等县。

表8-1 养猪生产年排粪量、排尿量及污染物排放系数

项目	排粪量	排尿量	BOD_5	COD_{Cr}	NH_3-N	TP	TN
猪/(kg/年)	398	656.7	25.98	26.61	2.07	1.7	4.51

表8-2 2009年鄱阳湖地区养猪排污量 万t

地 区	饲养量*/万头	排粪量	排尿量	BOD_5	COD_{Cr}	NH_3-N	TP	TN
南昌县	176.53	70.26	115.93	4.59	4.70	0.37	0.30	0.80
进贤县	116.78	46.48	76.69	3.03	3.11	0.24	0.20	0.53
新建县	118.52	47.17	77.83	3.08	3.15	0.25	0.20	0.53
庐山区	11.21	4.46	7.36	0.29	0.30	0.02	0.02	0.05
九江县	24.24	9.65	15.92	0.63	0.65	0.05	0.04	0.11
都昌	34.99	13.93	22.98	0.91	0.93	0.07	0.06	0.16
彭泽	23.67	9.42	15.54	0.61	0.63	0.05	0.04	0.11
湖口	12.52	4.98	8.22	0.33	0.33	0.03	0.02	0.06
共青	8.69	3.46	5.71	0.23	0.23	0.02	0.01	0.04
永修	21.32	8.49	14.00	0.55	0.57	0.04	0.04	0.10
德安	10.98	4.37	7.21	0.29	0.29	0.02	0.02	0.05
星子	13.62	5.42	8.94	0.35	0.36	0.03	0.02	0.06
余干县	42.66	16.98	28.01	1.11	1.14	0.09	0.07	0.19
鄱阳县	45.41	18.07	29.82	1.18	1.21	0.09	0.08	0.20
万年县	106.65	42.45	70.04	2.77	2.84	0.22	0.18	0.48
全区合计	767.80	305.59	504.22	19.95	20.43	1.59	1.31	3.46

* 注：饲养量=存栏量+出栏量

国家环保总局推荐的养猪生产粪尿及污染物排泄系数见表8-1。

猪粪便排泄物导致了鄱阳湖洲滩土壤重金属含量增加。据崔丽娟等的调查显示，鄱阳湖几个样点的洲滩土壤都不同程度地受到重金属如砷、汞、铬、铅和镉的污染。

大量的畜禽粪便还排出大量的氨氮，大量氨气的挥发使鄱阳湖地区酸沉降增加。而江西省是华中酸雨污染最严重的区域，酸雨频率在60%以上。2003年，江西省因酸雨造成GDP减收 80 亿元，给全省的经济发展带来较大的危害，不断扩大的畜牧业生产规模也加剧了江西省酸雨灾害的威胁。

为了配合江西省鄱阳湖生态区的开发，减少规模猪场污染物的排放和对环境的影响，2009 年江西省在全国率先开展“爱我美好家园千场万户畜禽清洁生产行动”，目标是用 3 年时间使所有规模养殖场的粪污治理达到国家排放要求。截至目前，江西省共有 3 000 多家规模养猪场完成了粪污治理改造，畜禽粪污直接排放量不断降低，年减少粪污排放量约 2 000 万 t，标准化规模养殖场比重进一步提高。同时将畜禽清洁生产和标准化示范创建活动紧密结合起来，创建了 205 个国家级和省级标准化示范场，通过示范带动，进一步引导养殖场户加强标准化改造和建设，全省畜禽规模养殖场粪污无害化处理率达到 72%，资源化利用率达到 65%。

二、规模化猪场造成环境污染的原因

1. 农牧脱节引起农业生态链断裂而使粪肥资源变成污染源

生猪养殖由分散经营转为集约化经营。传统生猪产业因生产规模小，仅作为一种家庭副业来经营，粪污多腐熟后就地还田利用，对环境污染相对较少。近年来，随着生猪养殖逐步向集约化、规模化方向发展，粪污数量增多且相对集中，无法被周围土地消纳，猪粪尿就从有机肥资源转变成污染源，环境污染问题日益突出。

农业用肥由有机肥逐渐转向使用化肥。由于劳动力成本不断增加，化工产业的快速发展，使用化肥比使用猪粪装运容易、使用方便、成本较低。因此，农业生产中化肥使用量增加，而有机肥使用量减少，畜禽粪便积压浪费而造成环境污染。

2. 饲料的行业或企业标准指标体系不完善或过度宽松

在现有的各种生猪全价饲料产品标准中只规定了氮和磷的最低标准，没有最高标准的限制，这就很容易造成某些品种饲料中包括氮在内的其他营养成分含量过高的问题，同时，各行业饲料标准的制定很大程度上只考虑猪的生长性能而较少考虑残留物质对环境的影响。此外，各饲料企业为了抢占市场，在制定本企业的产品标准时一方面想方设法提高营养成分浓度以提高产品质量；另一方面又设置很大的浓度范围以保证企业产品在抽检时能够合格，至于饲料中有多少未被生猪消化吸收而排出体外污染了环境则不是他们关心的问题。

3. 养猪户过度追求最大生产性能

随着饲料工业及饲养技术的快速发展，人们对养殖利润最大化的欲望日益增强，于是在生猪生产中普遍使用诸如高蛋白、高铜和高锌等富营养的饲料以缩短生猪饲养周期，这使得饲料中大量未被消化吸收的氮、磷、铜和锌等通过粪尿排出体外，进入到环境中，对环境产生污染。

规模化养猪场大多自行生产饲料，在自配料生产中随意提高饲料中营养物浓度、滥用微量元素或(和)过量饲喂导致生猪粪污中氮、磷、铜和锌的浓度高；很多猪场因没有饲料检测设备和相应的技术支持，为了保险起见，都会提高一些营养成分的安全系数，使得饲料中的铜、锌等含量超标。如何给各阶段生猪提供合理营养是实现生猪清洁生产和污染变末端治理为源头控制的关键。

4. 饲喂方式不恰当，导致饲料浪费，污染加重

生猪的生长阶段不同，营养物质的需要量也不同，生猪消化吸收饲料中营养物质的能力也

不同，因此，在生产中一般要求按阶段饲养。但在实际生产中，有些生猪饲养阶段的划分不明显，比如，有些猪场为了过度追求生长速度，在 60 kg 至出栏阶段还仍然使用中猪饲料，最终导致粪便中未被消化吸收的物质含量增加。

在喂料方式中，大部分猪场都是将饲料直接抛洒在地面上（哺乳和保育猪除外），猪在争食的过程中，四肢沾了不少饲料，当生猪出去喝水时，脚上的饲料被带到了其他区域，这不但造成了饲料的浪费，而且这些饲料还会在冲栏的过程中进入污水，造成污水中氮、磷和微量元素含量增加。

料型对饲料的利用效率也有很大影响，一般来说，颗粒饲料有助于猪的采食，可以节省浪费，但调查发现，大部分规模化猪场除哺乳仔猪外都是使用粉料，粉料易粘在地面上（特别是当地面湿度较大时），造成采食不干净，残留较多。

5. 滥用各种饲料添加剂

猪场粪便和污水的污染不仅表现在氮、磷和微量元素方面，还表现在药物残留的污染方面。有些猪场为了减少疾病对生猪生产和健康的影响，在生猪饲养过程中长时间、大剂量使用各种抗生素，有时还使用人用抗生素，使得粪污和生猪产品中的药物残留增加，增加了危害人类健康的风险。这里特别提出的是添加剂砷和食盐，生产者为了使猪达到皮红毛亮的效果，高剂量和长时间使用砷制剂，砷在体内的吸收很少，大部分随粪尿排出体外，在环境中累积，危害了地表水的安全和农作物的正常生长。另外，为了提高猪的食欲和生理机能的正常发挥，饲料中还会添加一定剂量的食盐，食盐中的氯离子和钠离子进入体内后，其中有很大一部分又重新随粪便和尿液被排到体外，导致土壤板结并对农作物的正常生长造成胁迫。

6. 把未经有效处理的粪污仍然当作传统的有机肥使用

在我国农业研究报道及技术推广资料中，均提倡大量施用有机肥，而大量施用未经有效处理的生猪粪污容易导致氮、磷、铜、锌、砷和氯化钠等养分在环境中盈余和累积，造成水体富营养化、土壤板结、农作物减产和品质下降，甚至通过食物链直接危害人的健康。研究表明，规模化猪场的生猪粪便中，其 P/N 比在 0.31～0.75，高于一般作物的 P/N 比（在 0.1～0.2）需要量。P 是水体富营养化的重要限制因子，土壤 P 含量增加会提高土壤径流水中的 P 水平，进而提高地表水中的 P 含量，最终导致水体富营养化，因此，相对于 N 污染，养殖业造成的 P 污染在国际上受到更多的关注。

7. 监管方式不完善，执法不严

目前的饲料质量安全监管只关注到了饲料企业而对猪场自配料质量监管的力度不够，这是导致猪场对环境产生污染的一个重要因素。另外，在强化猪场的环保控制方面也存在执法部门有法不依和执法不严的现象。

三、规模化猪场污染物对环境的危害

猪粪尿污水不仅严重地污染着湖区湿地生态环境，而且也严重地制约了畜牧业的持续稳定发展。据测定，1 头猪日排粪尿 6 kg（是人的 5 倍），年排泄量 2.5 t。一个万头猪场每年至少向猪场周围排污 3 万 t，其中粪约 1.3 万 t，尿约 1.7 万 t。每日排污水 100～150 t。按饲喂一般营养水平的饲料分析，该猪场全年将向猪场周围排放大约 107 t 氮、31 t 磷、433.3 kg 铜和 701.2 kg 锌。按一般施肥量计算，至少需要 2 万～4 万亩农田及相应的运输工具及能源才能使数量如此巨大的污物自然消化。目前，猪场废弃物已成为鄱阳湖地区农村面源污染的主要来源。

1. 土壤污染

养猪生产废弃物对土壤的污染主要取决于废弃物中的氮、磷、钾、重金属、细菌含量以及土壤本身的自净力。

(1)氮磷污染。由于日粮营养不平衡以及饲料中抗营养因子的存在，大量未被消化的氮和磷从猪粪便或尿液中排出体外。1 头商品猪从断奶长至 100 kg 上市体重，有 5～6 kg 的氮和 2 kg 的磷从粪中排出。这些氮和磷进入土壤后，转化为硝酸盐和磷酸盐，长期或超量使用时，不仅起不到肥田的效应，还使作物"疯长"，产品质量下降，产量降低，土地逐步失去原有的生产价值。

(2)氯化物污染。为了增强畜禽的食欲，有时还会在饲料中添加一定数量的食盐，过多的添加量导致粪便中盐分过高，从而污染土壤，危害农作物的生长。研究表明，由于粪便中盐分含量较高，为 20%～30%，大量地使用粪便也能引起土壤中溶解盐的积累，使土壤盐分增高。Alice 报道，当年在非洲有 31%的牧场因畜禽粪便污染，土壤发生盐积化，土壤肥力下降。而张树清研究认为土壤盐分的升高将导致植物生长受阻，也容易造成土壤盐渍化。李传红调查表明，大量猪粪入田地后，有机质累积，阳离子交换量增加，使无机盐积累，土壤中不易移动的磷酸在土壤下层富集，可以引起土壤板结。

(3)重金属污染。为了提高饲喂猪的生长速率、增强其抗病能力，目前各饲料厂和养猪场普遍采用高铜、高铁和高锌等微量元素添加剂，仔猪饲料中使用铜制剂可高达 250 mg/kg，铁制剂 100 mg/kg，锌制剂达到 2 000～3 000 mg/kg。而这些微量元素添加剂由于生物效价低，有 50%～70%未被动物利用而随粪便排出体外。而当土壤中可给态铜和锌分别达到 100～200 mg/kg 和 100 mg/kg 时，即可造成土壤污染和植株中毒。据报道，全国每年使用的微量元素添加剂为 15 万～18 万 t，从粪便中排出的未被利用的大约有 10 万 t，已成为污染土壤的一大公害。

2. 水体污染

规模化猪场排放的污水不仅水质差，而且排放量大(表 8-3)。大量的污染物会随之进入水体，污染鄱阳湖水源。在一些大城市，养殖业畜禽粪污排放量已大大超过了这些城市生活污水、工业废水和固体废弃物的总排放量。如北京市养殖业年粪尿排放量超过 1 200 万 t；上海的黄浦江，大约有 30%的化学需氧量(COD)来自畜禽排泄物。畜禽养殖业所产生的固体废弃物和废水已经成为中国水资源恶化的最大有机污染源。

表 8-3 规模化猪场排放污水水质 mg/L

清粪方式	COD_{cr}	NH_3-N	TN	TP
干清粪	2 640	261	370	43.5
水冲	21 600	5 900	8 050	1 270

注：数据源于国家环境保护总局 2002 年对全国 23 个省(区)、市规模化畜禽养殖业污染状况的调查，均为平均值。

地表水被污染后，对渔业的产生较大的危害。大量的氮、磷物质会造成水体的富营养化，使一些鱼类不能利用的低等浮游生物(藻类)和其他水生植物等生物群体大量繁殖，这些生物死亡后产生毒素并使水中溶解氧(DO)大大减少,导致水生动物缺氧死亡,进而,由于死亡生物遗体的腐败,水质进一步恶化。这种受到污染的水,不仅不能饮用,即使作为灌溉水也会使水稻等作物大量减产。硝酸盐如转化为致癌物质污染了作为饮用水源的地下水,将严重威胁人体健康,而这种地下水污染通常需要300年才能自然恢复。

3.大气污染

养猪场的恶臭污染来源于多个方面,如猪的呼吸、体液分泌物、饲料、死猪、猪舍的通风、猪粪尿和污水等,但主要还是来源于猪粪便排出体外后的腐败分解。对猪场恶臭气体的成分进行鉴定,发现臭味化合物有230种,其中30种臭味化合物的阈值≤0.001 mg/m^3。这些源于饲料中蛋白质的代谢终产物经微生物分解后产生恶臭。恶臭能刺激人的嗅觉神经和三叉神经,对呼吸中枢产生毒害。长期生活在低浓度的有害气体环境中,可引起猪的"慢性中毒",出现采食量降低,消化率下降,对疾病的抵抗力降低,生产力下降。据报道:体重45 kg生长猪,在氨浓度为38～46 mg/m^3 的舍内饲喂4周,采食量下降15.6%,增重下降20%。氨还影响母猪的繁殖性能,当舍内氨浓度达15.0 mg/m^3,小母猪持续不发情,当氨浓度降到4.3 mg/m^3 时,所有小母猪均在7～10 d内发情。畜舍空气中一定浓度的氨将影响猪的呼吸道疾病,当空气中氨的浓度达到50～75 mg/m^3,对仔猪抗肺部疾病的能力产生不良影响。25 mg/m^3 的氨不会明显地对猪的生产力和健康产生影响,氨浓度保持在10 mg/m^3 以下有利于猪群的生长和健康。

四、规模化猪场粪污减污防控及农牧结合循环利用模式

我国对污染防治的基本原则是减量化、无害化、资源化。减量化就是尽量减少养猪生产过程中污染物的产生,合理选择猪场建设场址、合理规划和绿化场地,提倡干清粪工艺,加强卫生防疫、粪污和病死畜处理。无害化就是对猪场固体粪污和污水进行无害化处理,采用干湿分离、发酵处理、生态还田的处理方案。资源化就是将猪场粪便、污水作为一种宝贵的资源进行科学处理和开发利用,必须根据资源化利用方向来选择处理工艺、设备和方法,争取做到污染物的零排放,实现清洁生产,改善养猪环境,提高猪群生产力和健康水平,保障产品品质,取得更好的经济生态效益。

本农牧结合循环利用技术与模式的总体思路设计是集成低蛋白氨基酸平衡日粮和有机微量元素利用技术、蚯蚓对重金属的吸收技术、猪粪有机肥生产技术、猪粪污生产沼气技术、猪粪和沼肥种草等技术,利用低蛋白氨基酸平衡日粮和有机微量元素从生产源头上减少规模化猪场污染物的排放,对于固形物经蚯蚓转化或生物发酵菌发酵后,用于生产专用生物有机肥;猪场污水经过厌氧发酵池生产沼气,排出的沼液经过一系列的无害化处理之后,组装"二减一富零排放"的"猪—沼—草—畜禽—稻"循环利用模式,实行农牧结合循环利用。"二减"是指通过饲料配方的调整和原料的选择,从源头上减少氮、磷和重金属的排放;"一富"是指利用蚯蚓富集猪粪中的重金属,减少猪粪作为肥料时重金属的含量;"零排放"是指污水经过优化的处理系统后种植水生植物后,进入附近农田进行循环利用,消除规模化猪场污水对周边环境产生的危害。

1.规模化猪场粪污处理及循环利用模式

规模化猪场的粪污分为固形物(猪粪)和污水(猪尿液和生产、生活污水等),对于固形物

和污水分别采用不同的处理方法和循环利用模式，本课题采用的粪污处理及循环利用模式见图 8-1。

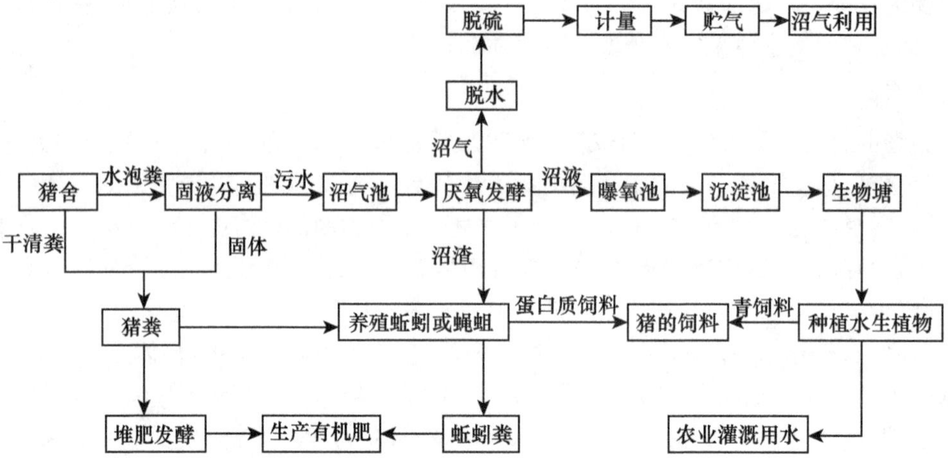

图 8-1　规模化猪场粪污处理和循环利用工艺流程

(1)固体废弃物处理工艺流程。通过干清粪工艺或水泡粪工艺收集的猪粪，一方面，将猪粪经过微生物的发酵，除臭和完全腐熟后，通过有机肥专用烘干机进行干燥，根据植物的营养需要加工成含水量 30%以下的专用生物有机肥。

另一方面，将猪粪经过发酵处理后养殖蚯蚓，通过蚯蚓对营养物质的分解和重金属的吸收，减少猪粪中重金属的含量。然后，收集蚯蚓粪，将蚯蚓粪进行干燥，根据植物的营养需要制成牧草和雷竹的专用生物有机肥；收集的蚯蚓进行干燥处理制成蚯蚓粉，可以作为猪的蛋白质补充饲料，添加到猪的饲料中，实行循环利用。也可利用猪粪饲养蝇、蛆，收集蝇、蛆作为猪的蛋白质补充饲料。

(2)污水处理工艺流程。通过水泡粪工艺清除的猪粪水通过沟管由场区自流进入污水处理站，废水先经过格栅，去除废水中的稻草和大的悬浮物体，经沉砂井沉砂，去除废水中的泥沙。

猪粪水通过固液分离机，分离的固体按固体废弃物处理工艺流程进行处理和循环利用。

分离的污水进入酸化池进行水解酸化，将复杂的有机物转化为简单的有机物，酸化后的污水进入厌氧发酵池(沼气池)进行发酵，产生的沼气经过脱水、脱硫后作为清洁高效能源利用，不允许向外排放而形成第二次污染。

沼液和沼渣经固液分离机进行分离，分离的沼渣因其中含较高的重金属，可用来养殖蚯蚓，吸收其中的重金属，收集的蚯蚓粪用作生物有机肥的生产，蚯蚓干燥后用作猪的蛋白质补充饲料；分离的沼液经过曝氧池、沉淀池，进入生物塘，种植水生植物如水浮莲、水葫芦和水生蔬菜等，对其中的营养物质进行再吸收，经水生植物处理后的水可以作为农业灌溉用水，用于草地、林地和农田等的灌溉。

2. 规模化猪场污染物减量化技术

为了解决我国畜牧养殖业的污染问题，必须借鉴发达国家畜牧业治污的经验、教训，不能再走末端治理模式，而应从源头抓起，尽量减少粪污等的排放，实现污染物排放的减量化。通过采用先进的清粪工艺和饲养管理技术，科学合理的饲料配方，降低污染物的产生量。

(1)改进猪场清粪工艺，减少规模化猪场污水的产生。污水是规模化猪场的主要废弃物，污水排放的多少与猪场清粪方式、饲养管理和猪场规划设计等有关。目前，我国规模化养殖场主要清粪工艺有3种：水冲式清粪、水泡粪清粪（自流式）和干清粪工艺。水冲式清粪工艺、水泡粪清粪工艺耗水量大，并且排出的污水和粪尿混合在一起，给以后处理带来很大困难，而且固液分离后的干物质肥料价值大大降低，粪中的大部分可溶性有机物进入液体，使得液体部分的浓度很高，增加了处理难度。而且水泡粪清粪工艺由于粪便长时间在猪舍中停留，形成厌氧发酵，产生大量的有害气体如硫化氢、甲烷等，危及动物和饲养人员的健康。干清粪工艺粪便一经产生便分流，可保持猪舍内清洁，无臭味，产生的污水量少，且浓度低，易于净化处理；干粪直接分离，养分损失小，肥料价值高，这是目前比较理想的清粪工艺。

采用干清粪的工艺，一方面减少了用水量，节省了用水资源；另一方面产生的污水也大为减少，为后续的污水处理提供了良好的前提条件。不同清粪工艺不仅可以节省用水量，减少污水的产生，还可以直接影响污水的水质（表8-4）。干式清粪工艺COD、BOD_5和SS的减少可大大节省后续的污水处理费用，同时，也可提高污水的处理效果。

表8-4　不同清粪工艺的养猪场污水水量和水质

项目		水冲清粪	水泡清粪	干式清粪
水量/[L/(d・头)]		35～40	20～25	10～15
水质指标/(mg/L)	BOD_5	7 700～8 800	1 230～15 300	3 960～5 940
	COD	1 700～19 500	2 720～34 000	8 790～13 200
	SS	1 030～11 700	164～20 500	3 790～5 680

(2)科学合理配制日粮，提高营养物质的消化率，减少氮磷的排放。养猪生产中饲料投入占很大比例，而氮和磷的成本又占日粮成本的很大部分。氮和磷的过量排放是造成环境污染的主要来源。一般情况下，生长猪只能利用氮和磷食入量的80%～85%。

据测算：一个年产5 000头猪的养猪场，每年至少向周围排污15万t，大约相当于向周围排放54 t氮和15 t磷，若直接排放到环境中势必对环境造成严重的危害，粪便中的氮很容易转变成气态，并逸散到大气中，使空气氮量增加，严重时形成酸雨。若农田过度施肥（氮肥和化肥）则会增加土壤氮量，土壤中的氮一部分被植物吸收利用，而多余的氮容易随地表水流入江河、湖泊或渗入地下水源，使水中溶解氧降低，含氮量增加，人若长期或大量饮用这种水，水中的氮可在人胃内产生亚硝酸铵，从而诱发癌症。含磷污水流入江河、湖泊、水域等，导致水体富营养化，引起藻类和浮游生物的大量生长繁殖，导致水体溶解氧减少、透明度下降、水质恶化，严重时会使鱼类和其他生物大量死亡，造成水体污染。

从动物营养调控的角度，科学合理配制日粮，提高营养物质的消化率，可减少氮磷的排放。目前，研究发现，可以从两方面对猪的营养进行调控来减少氮磷的排放，一是采用氨基酸平衡日粮；二是应用低蛋白日粮或低蛋白氨基酸平衡日粮。

氨基酸平衡日粮：氨基酸平衡日粮是依据理想蛋白质模式配制的与动物的氨基酸需要相适应的氨基酸平衡日粮。日粮中的氨基酸组成和比例与动物需要的氨基酸及其比例一致，包括必需氨基酸和非必需氨基酸之间的组成和比例。动物对这种蛋白质的利用率为100%。利用理想氨基酸模式配制日粮,不仅可以提高饲料转化率,降低饲料成本,还可以降低日粮含氮量和氮的排出量。Baker(1996)归纳出3个体重阶段氨基酸的理想模式(表8-5)。

表8-5 猪3个体重阶段理想氨基酸模式 %

氨基酸	体重阶段/kg		
	5~20	20~50	50~100
赖氨酸	100	100	100
苏氨酸	65	67	70
丝氨酸	17	18	19
蛋氨酸	30	30	30
胱氨酸	30	32	35
蛋氨酸+胱氨酸	60	62	65
异亮氨酸	60	60	60
缬氨酸	68	68	68
亮氨酸	100	100	100
苯丙氨酸+酪氨酸	95	95	95
精氨酸	42	36	30
组氨酸	32	32	30

低蛋白日粮或低蛋白氨基酸平衡日粮:低蛋白日粮是指将日粮蛋白水平按照NRC推荐标准降低2~4个百分点,通过添加合成氨基酸,降低蛋白原料用量来满足动物对氨基酸需求。在蛋白质饲料原料(如豆粕)价格不断攀升的形势下,低蛋白日粮或低蛋白氨基酸平衡日粮不仅可以降低饲料成本,还可以减少氮磷的排放,从而缓解环境污染压力。在同样条件下,还可以减少粪尿的分解,降低NH_3、H_2S等的排放。舒邓群等将生长猪日粮中粗蛋白质的含量由17.64%降低到15.57%,同时添加赖氨酸、蛋氨酸和苏氨酸,试验结果表明,低蛋白氨基酸平衡日粮并没有降低生长猪的生产性能,部分血液指标变化也不大,但氮的排出量就减少42.66%(表8-6)。

表8-6 低蛋白氨基酸平衡日粮对生长猪粪氮排放量的影响

项目		试验组	对照组
营养水平	粗蛋白质/%	15.57	17.64
	消化能/(MJ/kg)	12.51	12.42
	赖氨酸/%	1.12	1.07
	蛋氨酸/%	0.28	0.25
	苏氨酸/%	0.39	0.25

续表 8-6

项目	试验组	对照组
日增重/g	788.85±32.01	813±82.05
料重比/(F/G)	2.28±0.17	2.40±0.15
粪氮/%	2.03±1.68	3.54±0.33
白蛋白/(g/L)	20.88±2.27	39.44±4.17
尿素氮/(mol/L)	7.63±3.08	8.07±1.18
碱性磷酸酶/(U/100 mL)	16.84±3.42	22.14±0.24
酸性磷酸酯酶/(U/100 mL)	3.29±1.75	7.37±0.82
乳酸脱氢酶/(U/L)	11.50±0.57	12.59±0.49
谷丙转氨酶/(Karmen/mL)	17.90±1.54	22.57±3.86
谷草转氨酶/(Karmen/mL)	62.55±4.20	68.83±5.55

(3)提高微量元素的利用率,减少猪粪中铜、铁、锌等排放量。

微量元素是维持猪的健康和正常生理机能所必需的物质,在动物体内主要以酶的必需组成部分(辅酶,辅基等)或激活剂参与体内一系列生理、生化反应,从而影响动物的物质代谢和生长发育。猪常用微量元素有铜(Cu)、铁(Fe)、锌(Zn)、锰(Mn)、硒(Se)、碘(I)、铬(Cr)。适量添加可促进猪的生长发育,提高猪的免疫水平,增进猪的健康,提高母猪的繁殖能力。饲料中供应不足会严重影响机体正常发育,甚至引起缺乏症。这些微量元素的饲料原料大多为硫酸盐,目前,畜禽日粮中铜和锌的添加量绝大多数均超出其适宜需要量,原因主要是较大剂量的铜和锌可以起到生长促进剂的作用。畜禽对微量元素添加剂的利用率通常较低,大部分随粪便排出。所以,重金属的排放也给生态环境造成新的压力。近年来,国内对各种有机肥中养分及重金属含量进行了调查,黄玉溢等测定了规模化猪场配合饲料和粪便中重金属的含量(表8-7),可以看出,猪配合饲料和猪粪中的 Cu、Zn 含量严重超标,猪粪与猪配合饲料中的 Cu、Zn、Cr 含量呈正相关或极显著正相关。

表 8-7 猪配合饲料与相应猪粪中重金属含量

编号	猪配合饲料/(mg/kg)				猪粪/(mg/kg)			
	Cu	Zn	Cd	Cr	Cu	Zn	Cd	Cr
1	172.4	189.7	8.1	Nd	858.7	707.2	30.0	1.5
2	144.1	163.4	8.4	Nd	331.4	429.5	10.8	0.9
3	172.4	89.7	8.1	Nd	938.1	740.6	19.3	1.4
4	145.5	212.4	4.5	Nd	937.2	1 062.3	14.4	1.2
5	229.3	228.9	4.3	Nd	1 190.0	1 242.5	16.5	1.4
6	73.5	105.7	7.9	Nd	205.0	370.4	24.7	0.7
7	134.1	264.6	3.7	Nd	1361.7	1564.0	14.4	1.6
8	222.7	237.4	4.4	Nd	1126.6	1051.8	15.1	1.4
9	25.9	196.1	3.3	Nd	123.3	1230.5	14.4	1.7
10	214.1	261.4	3.3	Nd	1267.7	2078.0	12.2	1.4

注:Nd 表示未检测出。

猪场排出的猪粪施于附近的土壤之中，会在土壤中进行累积，使土壤中的重金属含量增加，影响动物健康和食品安全。对福建省不同地区 50 个规模养猪场的 50 份土壤样品中重金属砷(As)、铜(Cu)和锌(Zn)的含量进行测定和分析，结果表明超标率为 38%～66.7%(表 8-8)。

表 8-8　不同规模猪场土壤中 AS、Cu 和 Zn 含量

猪场规模		5 000 头以上	1 000～5 000 头	1 000 头以下	合计
	样品数	15	24	11	50
As	平均值/(mg/kg)	7.01	6.98	5.66	6.55
	超标数	0	0	0	0
	超标率/%	0	0	0	0
Cu	平均值/(mg/kg)	80.53	117.52	73.96	90.67
	超标数	5	10	4	19
	超标率/%	33.33	41.67	36.36	38
Zn	平均值/(mg/kg)	232.87	349.82	352.31	311.67
	超标数	2	8	4	14
	超标率/%	13.33	33.33	36.36	28

这些超量的微量元素随着粪污排入到环境土壤中，最终给土壤带来严重危害。土壤中的含铜量一般在 1～20 mg/kg，当土壤中的含铜量高于此数值时就会对土壤造成影响，当铜含量达 100 mg/kg 时可破坏微生物蛋白质结构，使微生物蛋白变性而死亡，造成土壤板结，土壤肥力下降。高剂量的 Cu^{2+} 可造成鱼类胚胎孵化率降低和畸形率增加，对于仔鱼、稚鱼和幼鱼也有较大毒性作用，严重者可致死。

为了减少微量元素对环境的危害，一方面严格制定标准并控制最高限量，降低微量元素的使用剂量，从源头控制各种微量元素的添加量。针对高剂量微量元素的危害，目前，美、英、德国等发达国家已不再提倡饲料中添加高铜、高锌；美国不允许在饲料中使用高铜制剂；加拿大国家饲料协会将日粮中铜和锌的最大限量分别规定为 125 mg/kg 和 500 mg/kg；荷兰考虑到环境保护，不再允许在日粮中使用高铜和高锌作为促生长剂；日本也对铜、锌的用量进行严格限制。我国农业部 1224 号公告中对微量元素在猪饲料中的添加量也进行了严格的限制，推荐在配合饲料或全混合日粮中铜的添加量为 3～6 mg/kg，最高限量为仔猪(≤30 kg)200 mg/kg、生长肥育猪(30～60 kg)150 mg/kg、生长肥育猪(≥60 kg)35 mg/kg；铁的添加量 40～100 mg/kg，最高限量为仔猪(断奶前)250 mg/(头・d)；锌的添加量 40～120 mg/kg，仔猪断奶后前 2 周配合饲料中氧化锌形式的锌的添加量不超过 2 250 mg/kg。

另一方面，使用高效有机微量元素，可减少微量元素的排泄量。有机微量元素稳定性好，吸收利用率高，生物学效价也较高。田科雄等研究表明，猪对铜、铁、锌、锰的蛋氨酸羟基类似物的螯合物生物学利用率分别极显著高于相应硫酸盐，其相对生物学效价(以相应的硫酸盐为 100%)分别为 191.47%、142.44%、191.74%和 147.30%。在猪、粮中使用低剂量的有机铜和有机锌，可获得与高铜和高锌相近或更好的促生长效果，而且可使粪便中微量元素排放量大幅度降低，从源头上减少微量元素对环境的污染。舒邓群等采用有机铜、有机铁、有机锌源按照

NRC(1998)标准铜、铁、锌需要量的一半配制、粮，结果并没有降低生长猪的生产性能，部分血液指标变化不大，但其粪中的铜、铁、锌排泄量分别减少了15.32%、6.65%和19.27%，效果明显(表8-9)。

表8-9　有机微量元素对生长猪粪中铜、锌和铁含量的影响

项目	试验组	对照组
日增重/g	821.22±158.29	813±82.05
料重比	2.32±0.36	2.40±0.15
Cu/(mg/kg)	804.99±96.74	950.66±94.23
Fe/(mg/kg)	4 232.15±93.85	4 533.51±443.60
Zn/(mg/kg)	969.85±160.42	1 201.39±128.64
白蛋白/(g·L)	28.37±7.87	39.44±4.17
尿素氮/(mol/L)	6.79±1.91	8.07±1.18
碱性磷酸酶/(U/100 mL)	18.81±2.86	22.14±0.24
酸性磷酸酯酶/(U/100mL)	2.29±0.42	7.37±0.82
乳酸脱氢酶/(U/L)	14.22±1.92	12.59±0.49
谷丙转氨酶/(Karmen/mL)	20.14±2.69	22.57±3.86
谷草转氨酶/(Karmen/mL)	64.99±7.33	68.83±5.55

(4)利用蚯蚓处理猪粪，富集猪粪中的重金属，消除环境污染。微量元素，如Cu、Zn、Cr等作为维持猪的健康和正常生理机能所必需的物质，影响动物的物质代谢和生长发育。适量添加可促进猪的生长发育、提高猪的免疫水平、增进猪的健康和提高母猪的繁殖能力。但由于这些元素在畜禽体内的消化吸收利用率低，大部分又随畜禽粪便排出体外，致使粪便中重金属含量相当高，如果这样的畜粪便不经处理直接排入环境中，日积月累，会造成土壤的重金属大量积累，不但影响植物的生长，更为严重的是通过植物吸收而污染人、畜的食物，进一步危害人、畜的健康。除了从源头控制微量元素的添加量和利用有机微量元素外，还必须对猪粪中的微量元素进行处理，减少猪粪中的微量元素的含量，消除猪粪中的重金属对环境的影响。

蚯蚓是一种杂食性的低等腐生动物，具有很强的分解有机废弃物的能力。蚯蚓能直接生长于畜粪中，消耗大量的有机废弃物；众多的研究报道，蚯蚓对重金属元素具有很强的富集作用。因此，可以利用蚯蚓作为生物反应器，将畜粪中过量的重金属元素进行生物萃取，从而达到减少畜粪中重金属含量的目的。

赤子爱胜蚓(*Eisenia fetida*)对猪粪重金属Cu、Zn具有一定的吸收能力，随着培养时间的延长，蚯蚓体内Cu、Zn的浓度逐渐增加，其中Zn的增加较为显著。培养21 d后Cu、Zn在蚯蚓体内的浓度达到最高，此时蚯蚓体内Cu的浓度为67.82 mg/kg，富集系数(蚯蚓体内重金属的浓度与基质中重金属的浓度之比)为0.43；Zn的浓度为432.56 mg/kg，富集系数为0.73。而后随着培养时间的继续延长，蚯蚓体内Cu、Zn浓度反而降低，这说明当蚯蚓体内Cu、Zn的浓度达到一定程度后，蚯蚓对Cu、Zn的吸收能力减弱，而排泄能力增强。同时，研究了蚯蚓对猪粪重金属Cu、Zn吸收的影响因素，在物料C/N比为(17∶1)～(22∶1)、温度为14～21℃、湿度为70%～75%、接种密度为10～20尾/200 g物料[(2.4～5.0 g)/200 g物料]条件下，蚯蚓对 Cu、Zn 的吸收量较高。

猪粪养殖蚯蚓一段时间后，一方面可以收集蚯蚓；另一方面收集养殖蚯蚓后的蚯蚓粪。蚯蚓是优异的蛋白质饲料，蛋白质含量十分丰富，新鲜蚯蚓蛋白质含量占 20%以上，蚯蚓干物质中蛋白质含量平均为 56.5%，最高可达 71.0%。虽然略低于秘鲁鱼粉（含量 64.3%），但高于饲用酵母（含量 51.4%）、豆饼（含量 46.2%），是玉米（含量 9.0%）的 6 倍。蚯蚓粉的蛋白含量与进口鱼粉相当，高于国产鱼粉。蚯蚓所含的精氨酸、色氨酸、赖氨酸、蛋氨酸、胱氨酸等动物必需氨基酸种类较为齐全。各种必需氨基酸的组成与含量优于豆饼和玉米，接近鱼粉，和饲用酵母相当。蚯蚓蛋白中精氨酸含量约为花生蛋白的 2 倍，是鱼蛋白的 2～3 倍；色氨酸的含量约为动物血粉蛋白的 4 倍，为牛肝的 7 倍，赖氨酸含量（4.3%）约为牛肉的 3.9 倍，为猪肉的 4.6 倍。蚯蚓和蚯蚓粉可作为蛋白质的添加剂广泛应用于畜禽养殖业和水生养殖中，具有较好的应用效果。

据报道，在猪粗饲料中添加 5%～8%蚯蚓粉，猪的生长速度可提高 15%。另有试验，用蚯蚓作为补料对断乳期仔猪进行喂养，结果试验组的增重率比对照组平均高出 65.1%，个体增重平均增加 2.7 kg，差异极显著（$P<0.01$），试验组仔猪的发病率比对照组降低 25.5%。蚯蚓粉作为生猪的快速生长剂，其用量是：仔猪开食后每头可喂 2～4 g/d；25 kg 以下 15 g/d；50 kg 以上 20 g/d。

钟云平等利用甜叶菊废渣和有益菌对猪粪进行综合发酵，通过蚯蚓采食处理，排出蚯蚓粪，其有机质、全氮、全磷和全钾含量较猪粪分别提高了 91.5%、69.6%、29.0%和 51.5%，硝态氮、铜、锌、砷和汞等污染物较猪粪分别降低了 31.8%、31.5%、37.3%、3.5%和 57.6%（表 8-10）。利用蚯蚓粪追施小白菜，可显著提高小白菜产量，在每公顷追施 24 t 范围内，不会造成小白菜砷、汞和硝酸盐含量的超标，其产地砷、汞含量均符合国家蔬菜产地环境标准。

表 8-10　猪粪经发酵处理后的各营养物质的变化

检测项目	猪粪	蚯蚓粪
pH	7.06	8.17
水分/%	26.4	11.1
有机质/%	29.6	56.7
全氮/%	1.81	3.07
全磷(P_2O_5)/%	6.62	8.54
全钾(g/kg)	9.24	14.0
硝态氮/(mg/kg)	640.14	436.32
铜/(mg/kg)	1 007.4	689.9
锌/(mg/kg)	3 547.7	2 224.3
砷/(mg/kg)	122.6	118.3
汞/(mg/kg)	0.814	0.345

(5)利用猪场固形物（猪粪）生产生物有机复合肥，提高猪粪的利用效率。猪粪是一种很好的有机肥料，其主要化学成分含量为：总磷 2.3 mg/kg；总氮 3.0 mg/kg；总碳 46 mg/kg；灰分 17.0%；铜 249 mg/kg；其中 C∶N∶P 比例为 18∶1.2∶1。猪粪的主要营养成分含量（干重）

为:粗蛋白 23.5 mg/kg;纯蛋白 15.6 mg/kg;粗纤维 14.8 mg/kg;灰分 15.3%;钙 2.73mg/kg;磷 2.13 mg/kg。

猪粪作为农家肥是最根本、最经济的出路,是我国处理猪粪的传统做法,也是农牧结合、良性循环的良好途径。但是,近年来由于我国养猪业经营方式和规模的变化,饲养规模由小变大,经营方式由分散到集中,造成农牧脱节,加上化学肥料运输、储存、使用方便,清洁、肥效快速,没有特殊的恶臭,使越来越多的农民乐于使用化学肥料,而猪粪体积较大、运输不便、肥料成分浓度不高,且有特殊的恶臭,在种植业使用越来越少。但是,化肥在农业生产中的大量使用,虽然使农产品产量有了很大的提高,但也带来诸如农产品品质下降、土壤板结、污染水源等问题,而这些都是由于土壤长期缺乏有机质和化肥过量使用造成的,而要解决这些问题最根本的办法是减少化肥的使用量而增加土壤有机质。因此,这就要求将猪粪进行有效的加工,生产出与化肥一样清洁、运输储存方便、肥效高的肥料,方便农民使用。

生物有机复合肥就是将一定量的高效生物发酵菌种(真菌、酵母菌、放线菌等)与家畜粪便混合搅拌在密闭的容器中进行发酵,经过一定的温度和时间,将粪便快速腐熟,且无臭、无害、活性物质增多,含水量达到 30%。然后根据农作物的生长需要添加某些营养素,制成农业上需求的上等肥料。

有机肥的生产可按照一定的工艺流程进行工厂化生产,也可在发酵棚中进行。

工厂化生产生物有机肥是按照一定的工艺流程进行,其工艺流程如图 8-2 所示。

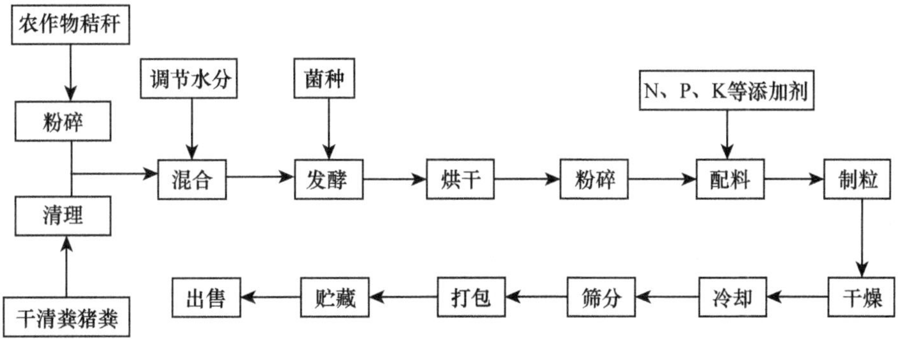

图 8-2　生物有机复合肥生产工艺流程

在发酵棚中进行生物有机肥生产,将猪粪与农作物秸秆等农副产品混合均匀,调节水分至约 70%,接种发酵菌种,堆成条状进行好氧发酵。堆肥进行 7～8 d 翻堆一次,翻堆 2 次可达腐熟程度。第一次翻堆时,温度在 15～40℃。在这段时间,微生物通过自身的生命活动把一部分吸收的有机物氧化成简单的无机物,同时放出可供微生物生长活动所需的能量,而另一部分有机物则被合成新的细胞质,使微生物不断生长繁殖产生更多的微生物体。第二次翻堆时,温度在 60～70℃。这时,性能活泼硕大的嗜热菌体群在大量氧分子存在下将有机物氧化分解,同时释放出大量能量。翻堆后的物料经脱水、风干,过筛后,通过筛面的细小颗粒就是最终产品生物有机肥,分析其中 N、P、K 等化学成分,然后根据植物的营养需要,配制成适合每种植物的有机肥,即生物有机复合肥,最后打包出售,产品与化肥一样方便使用。

这种处理方法对周边环境无污染,生产的生物有机复合肥由于发酵腐熟施到土壤里不会产生二次污染。

(6)优化猪场污水处理工艺，提高污水处理效果。污水是规模化猪场主要的污染物，具有排放量大、富含有机物和处理难度大等特点。据测定，畜牧场污水中 COD 高达 10 000～12 000 mg/L，BOD 9 500 mg /L，悬浮物(SS)21 000～130 000 mg/L，氨氮(NH_3-N)3 000 mg/L，总氮 30 g/L。这些高浓度的有机物直接排放到水体中，必将对环境造成严重的污染，导致水体富营养化，引起藻类和浮游生物的大量生长繁殖，导致水体溶解氧减少、透明度下降、水质恶化。本着“减量化、无害化和资源化”的原则，从源头上采用合适的清粪工艺，实行清洁生产，减少污水的产生，尽可能减少猪场的污水，对排放的污水进行无害化处理以后，作为一种资源重新利用，实行农牧结合、循环利用，变废为宝。如果仅为防止污染而将其处理到达标并排放，不仅是对资源的极大浪费，而且必然会加大处理投资和能耗，加大猪场的养殖成本。

目前，我国对规模化猪场污水的处理主要通过物理、化学和生物学处理法，以沼气为纽带，既可以利用其中生物能，又可以将污水中高浓度的有机物进行分解，除去大部分病原体。按照畜牧场的规模，畜禽养殖业污染治理工程技术规范(HJ 497—2009)设计了 3 种污水处理模式，其中，沼气净化、沼渣堆肥为共同技术，但沼液利用和后续处理不同。模式Ⅰ适合于周边耕地有足够土地消纳沼液、沼渣，并有 1 倍以上的土地轮作面积，使整个养殖场(区)的畜禽排泄物在小区域范围内全部达到循环利用。模式Ⅱ适用于养殖场周围具有足够土地面积全部消纳低浓度沼液，并且有一定的土地轮作面积的情况。模式Ⅲ适用于能源需求不高且沼液和沼渣无法进行土地消纳，废水必须经处理后达标排放或回用。

以江西省内某规模化猪场为对象，研究处理工艺中每个阶段污染物的降解率和重金属迁移转化，该规模化猪场污水处理工艺见图 8-3。

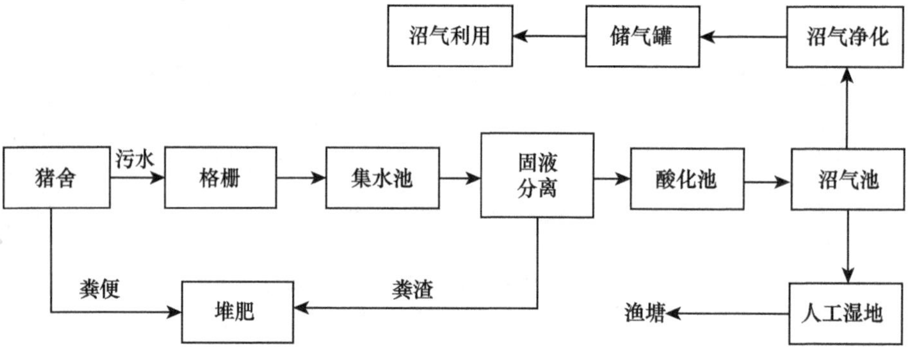

图 8-3　猪场的污水处理工艺流程

该猪场的污水处理模式为人工湿地处理模式，处理后的水排放到其周边的一个大型湖泊中，猪场污水经过固液分离后通过地下管道联通到调节池中，调节池中的污水经过静置后上层水流入到沼气池中发酵，沼气池为地下式沼气池，人工湿地为一大块荒地改制而成，未种植牧草，但生长着许多水草，人工湿地较渔塘水位更高，人工湿地中污水经静置后上层水流入渔塘中，渔塘与一个大型活水湖泊相连汇集到水坝，最后出来的水清澈，适合鱼类的养殖。

每个阶段污染物的降解率和重金属迁移转化分别见表 8-11，从测定结果来看，3 个猪场污水处理效果都不甚理想，污水处理工艺有待进一步的优化改进。

表 8-11　猪场污水中重金属的含量及迁移变化

阶段	重金属的含量及迁移/(mg/L)			
	铜	砷(As)	铬(Cr^{6+})	氟化物
集水池	9.09±0.76	1.00±0.20	2.47±0.03	0.16±0.08
发酵池	—	—	—	—
酸化池	1.10±0.15	1.07±0.03	0.91±0.26	0.09±0.05
沼气池	1.05±0.04	1.07±0.83	0.05±0.01	0.02±0.01
氧化塘/人工湿地	0.18±0.02	1.20±0.38	0.18±0.01	0.04±0.01
标准值	0.5	0.5	0.5	10
污染指数	0.36	2.4	0.36	0.004
评价结果	非污染	重污染	非污染	非污染

对规模化猪场污水处理的优化措施主要包括污水进沼气池前的预处理和经沼气处理后沼液沼渣的再处理。

污水进沼气池前的预处理：猪场污水通过管道由猪舍、生活区流入污水处理站，污水先经过格栅，去掉废水中的稻草等各种杂物，同时进行沉沙，去除废水中的砂石，这样有利于以后工序的处理，减少管道等的堵塞，保证废水自流通畅，进入集水池。进入集水池的污水经固液分离后去除污水中的部分悬浮物体，粪渣进入进行集粪池，固体粪渣进入固形物的无害化处理过程。经固液分离后的污水进入酸化池进行酸化过程，将复杂的有机物分解为简单的有机物，以减轻厌氧消化的在机负荷，提高消化速率。

沼液沼渣的再处理：沼液和沼渣处理不当容易引起二次污染，经过沼气池后的沼液COD-Cr、BOD、SS去除率较高，但N、P去除率低。为了提高沼液的处理效果，必须对沼液进一步处理，沼液可以进行曝气，氧化去除其中的N，曝气后的沼液进入沉淀池，对其中的固形物沉淀，去除沼液中的P以后，进入植物生长塘，在其中种植水生蔬菜，蔬菜可以作为猪的青饲料，以补充维生素，种植水生蔬菜后的沼液通过管道流入猪场附近的农田，作为水稻的肥料，实行农牧结合，循环利用。沼渣可以用来养殖蚯蚓，利用蚯蚓富集其中的重金属，收集的蚯蚓用作猪的蛋白补充料，蚯蚓粪用来生产生物有机肥。

五、几点需要注意的问题

1.适度规模养猪

由于养猪业经营方式和规模的变化，生猪养殖逐步向集约化、规模化方向发展，粪污数量增多且相对集中，猪场没有相应的配套耕地消纳其产生的畜禽粪便。绝大多数规模化猪场周边没有充足的土地消纳猪场废弃物，客观上形成了严重的农牧脱节，从而形成环境污染。

解决规模猪场环境污染的良好出路就是实行粪污的就地利用，土地消纳，农牧结合、循环利用，这就要求：一要遵循“以地定畜，种养结合”的基本原则，根据土壤消纳容量确定养殖规模，保证粪污有足够的土地消纳。据测算每公顷土地猪的最大饲养数为9～17头，或简单地计算是1亩土地可消纳1头猪的粪便。二要积极推行适度规模养猪，“多点分散”，切忌盲目追求大规模养猪。德国养猪业的基本形式是以家庭农场为单位的适度规模化生产，养猪场平均存栏母猪250头左右，商品猪规模在1 000～2 000头的养猪场较多。法国养猪业逐步走向更理性发展的道路，大多数猪场地规模都在150～200头母猪合理适度的规模上。英国一个生产点最大饲养头数：种猪500头，肥猪3 000头。美国一个生产点最大饲养头数为种猪200头。我国也积极推行“中小规模”养猪，中等规模是指一个母猪场300～500头母猪，育肥猪场一批次出栏3 000～5 000头；小规模猪场是指一个母猪场20～50头母猪，自繁自养育肥猪一批次出栏200～500头。

2013年中央一号文件首次提出家庭农场，它的提出顺应了当前我国农业发展的新趋势，具有适度规模经济效应，为适度养猪、以地定畜、种养结合提供了新的思路。无论是在“人少地多”的美国、加拿大，“人地平衡”的法国、德国，还是“人多地少”的日本、韩国，农业家庭经营都是最普遍的农业经营形式。德国养猪业的基本形式就是以家庭农场为单位的适度规模化生产，我国的养猪业也应转变观念，发展适合中国国情的家庭农场，向家庭农场适度规模经营转变，将种植、养殖融合为一体，因为家庭农场本身就是一个良好的农牧循环系统，可实行种植和养殖的有机结合，实现了生态平衡，建立了一个比较完善的循环农业产业模式，从根本上解决我国养猪业的污染问题。

2.在每个县养猪比较集中的地方建设有机肥生产基地，集中处理周边猪场的猪粪

将猪粪加工成生物有机肥是处理猪粪的良好途径，它能方便农户使用、清洁、易运输和储存。但对于每个猪场建设工厂化的有机肥生产基地面临着投资大、产能不足的缺陷，最多只能是采用发酵大棚进行生产，但这种生产有机肥的方式存在劳动强度大、生产效率低、生产的有机肥销路不畅的不足，因此，建议在每个县养猪比较集中的地方建设有机肥生产基地，集中处理周边猪场的猪粪，可由采用国家投资建设，企业自行运作的模式进行管理，也可鼓励企业投资、企业管理的模式，对于生产、销售、使用畜禽养殖废弃物生产有机肥产品，购置并实际使用畜禽养殖废弃物收集、处理和利用设备的，按照国家有关规定享受税收优惠政策。在价格上，对于利用畜禽养殖废弃物生产有机肥的，享受不低于国家关于化肥的运输价格和运力安排的优惠政策；购买使用有机肥的，享受不低于国家关于化肥的使用补贴等优惠政策。同时，国家应制订较为严格的行业标准，规范生物有机肥的生产，保证有机肥的质量，促进有机肥生产的有序发展。

3.对使用生态环保型日粮的养猪场进行适当补贴，提高他们的环保意识，减少污染物的排放

生态环保型日粮可在一定程度上减少氮磷和重金属的排放，消除规模化猪场的排泄物对环境的危害，但该种日粮由于使用了合成氨基酸和有机微量元素，相对传统产品，生态环保型日粮的预混料或浓缩料产品价格偏高，而对养猪户来说，使用这种产品会增加养殖成本，减少收益，他们注重短期的养殖效益，而忽略长期的环境危害，正是这一原因，造成生态环保型日粮在实际生产中难以推广。

一方面，提高广大养殖户的环保意识，让他们认识到高蛋白日粮对环境的长期和潜在的危害，同时，在目前蛋白饲料价格较高且资源紧张的形势下，使用低蛋白日粮可以在一定程度上降低日粮中豆粕的含量，因为猪饲料(特别是仔猪料)普遍是玉米豆粕型为主的高蛋白日粮，由于豆粕价格较高而且资源紧张，在仔猪料中所占的比例仅次于玉米，约占25%。因此使用低蛋白日粮可以在一定程度上降低日粮中豆粕的含量，从而降低饲料成本，缓解豆粕等蛋白质资

源缺乏的形势。

另一方面,对于使用生态环保型日粮的养殖户适当地进行补贴,对这种环保型企业给予一定的优惠政策和财政扶持,以弥补由于饲料产品价格偏高而造成的效益降低,帮助他们逐步提高认识,促使养殖户形成保护环境的良好风尚。

4.加强监管,严格执法

针对目前畜禽养殖业的污染物对环境的危害,国务院法制办公室、国家环保部、农业部等部门相继出台了《畜禽养殖业污染物排放标准》(GB 18596—2001)、《畜禽场环境质量及卫生控制规范》(NY/T 1167—2006)、《畜禽养殖污染防治管理办法》、《畜禽养殖业污染防治技术规范》(HJ/T 81—2001)、《畜禽养殖业污染治理工程技术规范》(HJ 497—2009)、《畜禽规模养殖污染防治条例》等,但考虑到畜禽养殖业的弱势产业特殊性,往往存在有法不依、执法不严的现象,影响法律、法规的严肃性。

第二节 "猪-沼-果"生态柑橘园高效循环农业模式

鄱阳湖生态经济区是以江西鄱阳湖为核心,以鄱阳湖城市圈为依托,以保护生态、发展经济为重要战略构想,建设成为全国生态文明与经济社会发展协调统一、人与自然和谐相处的生态经济示范区和中国低碳经济发展先行区。其为江西省首个上升为国家战略的区域性发展规划,是江西发展史上的重要里程碑,对实现江西崛起新跨越具有重大而深远的意义。柑橘是世界第一大水果,中国是世界柑橘第一大主产国,柑橘种植面积居我国果树之首。同时,柑橘是江西省的农业支柱产业,更是我省在国内与国际市场上最具竞争力的优势农产品之一。然而,长期以来在工业化农业的背景下,中国果树产业的发展是以资源过量消耗、果园生态系统退化、果品安全性降低、环境污染日益严峻为代价的。例如,在常规柑橘生产模式中,柑橘种植者们为使产量和收入最大化,片面追求高产栽培技术,存在过量使用化肥与化学农药和忽视环境与生态的问题。其中,化肥的大量施用,造成土地板结、水体污染,导致土壤生产能力和农产品质量下降;农药的滥用,在增加生产成本的同时,使土壤、水体和大量农产品受到污染,并导致橘园生态平衡受到严重破坏,造成橘园节肢动物多样性大大降低和天敌的自然控害作用被严重削弱。传统柑橘生产模式不仅以橘园土壤有效态矿物质和有机质的下降为代价,陷入失衡性生产的生态恶性循环;更是牺牲了果实中物质种类的多样性(如有机质、蛋白质、维生素、芳香物质等的平衡性),从而造成果实产量与品质下降、风味劣变、农药残留超标、生理病害加剧、体早衰、抗病力下降等严峻问题。

与此同时,我国每年产生的农业废弃物大约有 40 亿 t,其中畜禽粪便排放量 26.1 亿 t,农作物秸秆 7.0 亿 t。各种农业废弃物的数量不断增多,由于缺乏有效的管理和科学的处理技术,这些农业废弃物大多数没有被资源化利用,随意丢弃或者排放到环境中,对生态环境造成很大的污染,严重制约农业可持续发展。以鄱阳湖生态经济区为例,2009 年该区域畜禽养殖共产生粪便 2 489.69 万 t,尿液 1 921.92 万 t,粪尿排泄量总达 4 411.61 万 t,其中猪粪尿占畜禽排泄物中比例高达 48.78%,畜禽粪便污染已成为该区生态环境保护所面临的严重问题。

面对果园生态环境不断恶化和当前规模化畜禽养殖业中大量产生的畜禽粪便未能资源化利用而造成的严重污染生态环境的现状,人们开始反思和审视果树与畜禽养殖产业的可持续性发展问题，寻求适合我国国情的发展新途径。循环经济是20世纪90年代后期发达国家针对工业化进程中出现的资源与环境问题，探索和建立的一种新的经济发展模式。循环农业是运用可持续发展思想、循环经济理论与产业链延伸理念，通过农业技术创新和组织方式变革，调整和优化农业生态系统内部结构及产业结构，延长产业链条，提高农业系统物质能量的多级循环利用，最大程度地利用农业生物质能资源，利用生产中每个物质环节，倡导清洁生产和节约消费，最大程度地减轻环境污染和生态破坏，同时实现农业生产各个环节的价值增值和生活环境优美。其是以资源的循环高效利用为核心的资源节约型农业，以减少废弃物和污染物排放的环境友好型农业，以产业链延伸和产业升级为目标的高效农业，以科技进步与管理优化为支撑的现代农业。

我国农业发展面临严峻的资源和环境压力，研究和运用循环经济理念指导农业生产，创新发展模式，转变增长方式，实现人与自然的和谐共处，是当前一项重要而紧迫的任务，发展循环农业是我国农业发展的必然选择。党的十七大报告明确提出了“建设生态文明，基本形成节约能源资源和保护生态环境的产业结构、增长方式、消费模式”。可见，生态环境建设已被提到了国家总体发展的战略高度，发展农业循环经济是建设我国农业生态文明的必然选择。其中，畜禽粪便的资源化利用是目前鄱阳湖生态经济区乃至全国亟待解决的问题，也是循环农业能否良性运转的关键所在。以柑橘种植为例，柑橘循环经济生态栽培体系的构建，着重点在于生态栽培与循环体系的建立与链接。围绕“整体、协调、循环、优质、高效”的核心思想，资源优化配置与生态环境建设二者并重，在特定的生态区域内，通过生物种群的合理匹配，使有限的资源得到合理的利用，以提高人工生态系统的整体效益。由此可见，柑橘园发展生态调控循环农业模式，可以对农业的可更新资源增值，对不可更新资源进行保护和利用，避免对自然资源掠夺式经营和滥用，使自然资源得到持续利用，进而促进生态良性循环，为鄱阳湖生态经济区柑橘产业的绿色、高效和持续发展创造良好的生态环境。

一、柑橘园生态调控绿色高效循环经济模式

(一)“橘园-草-猪-沼-橘园”绿色高效循环经济模式构建

1. 橘园适宜间作牧草与芳香植物品种的筛选

在“橘园-草-猪-沼-橘园”循环模式构建中，对柑橘园行间套种的多年生黑麦草（*Lolium perenne* L.）、菊苣（*Cichorium intybus* L.）、白三叶（*Trifolium repens* L.）和鲁梅克斯 K-1（*Rumex patientia* L. × *R. tianschanicus* A. Los.）4 种牧草与薄荷（*Monarda didyma* L.）、柠檬罗勒（*Ocimum americanum* L.）和藿香蓟（*Ageratum conyzoides* L.）3 种芳香植物，本研究以鲜草产量，对橘园小气候与橘园节肢动物以及对土壤理化性状和柑橘产量与品质的影响等为评价指标，从上述 7 种良性生草中筛选出橘园最佳间作牧草与芳香植物品种。本课题组 2012 年度在江西省新干县金川镇宏冠绿色农庄进行的适宜间作牧草与芳香植物品种的筛选试验结果表明，在直播条件下，供试 4 种牧草中，多年生黑麦草、菊苣具有出苗率高，生长速度较快，二者均对杂草具有很强的竞争力，在粗放式管理条件下亦可快速对橘园行间地表形成覆盖；且多年生黑麦草与菊苣两种牧草的鲜草产量分别达 50～60 t/hm^2 和 75～120 t/hm^2。但是，由于黑麦草 6～9 月份越夏枯死，而菊苣仅在 12 月至翌年 2 月进入休眠期，由此，可确定菊

苣为柑橘园行间套种的最佳牧草品种。

另外，在供试3种芳香植物中，薄荷、柠檬罗勒和藿香蓟均具有很高的出苗率；从生长速度、对行间形成覆盖所需时间来看，柠檬罗勒和藿香具有生长速度快，在粗放式管理条件下也可快速对橘园行间地表形成覆盖，而薄荷以种子直播的方式栽种则表现出生长缓慢与植物矮小的不足，不能对橘园行间完全形成覆盖；对橘园地上不同高度与地下不同深度的温湿度的影响中，柠檬罗勒和藿香蓟二者均可明显降低橘园夏季温度与增加湿度；此外，橘园间作柠檬罗勒后，挥发性气味物质浓郁，对橘园主要害虫具有明显的驱避活性，并对天敌具有一定的诱集作用，从而提高橘园节肢动物种群的多样性和丰富度。因此，可确定柠檬罗勒为柑橘园行间套种的较佳芳香植物品种，而藿香蓟则适于在柑橘株间种植，用以保护和繁衍捕食螨等重要天敌。

2.沼渣施用方案的确定

在"橘园-草-猪-沼-橘园"绿色高效循环农业模式构建过程中，进行了柑橘园承载沼渣量的研究，根据有机农业对使用肥料量的规定与德国腐熟堆肥中部分重金属的限量标准，结合试验点所用沼气池中沼渣的养分检测结果(表8-12)，设定了每公顷全年施用21.59、32.37、48.57和72.86 t沼渣4个处理，并按冬肥：壮果肥＝60％：40％的比例分两次施用。以对土壤改良(理化性状、微生物及根系酶活力)、柑橘春梢生长量、叶片中叶绿素含量、柑橘产量与品质的影响以及土壤与果实中重金属含量等为评价指标，进而明确有机柑橘园中最佳的沼渣施用量。

表8-12　新干县沼肥样品基本理化性状和大量营养元素含量

样品	水分/%	有机碳/(g/kg)	氮/(g/kg)	磷/(g/kg)	钾/(g/kg)	pH
沼渣	88.78±4.28	228.33±32.96	39.12±5.65	34.12±4.83	15.24±2.20	8.23±0.06
沼液	99.76±4.72	0.73±0.11	0.96±0.19	0.18±0.03	0.24±0.04	7.70±0.05

注：1.表中数据均为三次重复的平均值；2.沼肥样品为取自小户型沼气池；3.各指标数据均为干物质含量。

3.柑橘园沼液安全便捷化肥水一体节水灌溉技术

经过发酵和脱除重金属的沼液是一种公认的优质廉价、环境友好型有机肥料，可用于柑橘的追肥、叶肥、营养液和灌溉等。由于橘园普遍存在干旱季节灌溉困难的问题，为节约灌溉用水和充分利用与消纳橘园周边养猪场产生的大量沼液，本研究集成了"农用沼液重金属处理与脱除装置"(图8-4)和"沼液管道施肥装置"(图8-5)两项专利技术。其中农用沼液重金属处理与脱除技术是通过潜水泵将储存池中的沼液沿池壁的切线方向输送到处理池中，并在处理池中通过池底部的潜水泵的搅拌作用与添加重金属沉淀剂来化学固定沼液中的重金属，停止搅拌并静置后可将重金属沉渣集中到处理池底部中间的沉淀坑中，经排污阀排到暂存池中；其后再添加重金属沉淀剂对沼液中重金属进行二次处理，再经静置沉淀，集中收集有害重金属化学沉淀物并运送至垃圾处理厂处理，处理后的沼液则可通过灌溉系统进入橘园。此外，为防止长期施用沼液造成爆管或滴灌栓头堵塞，已脱除重金属的沼液通过安全便捷化管道施肥装置技术处理后进入滴灌管网，在输送沼液的主管道和支管道的低洼处底部和直角拐弯处设置垂直向下的沉淀物收集管，在主管道上安装快速释压阀和闸阀，并在主管道和支管道上每隔500 m或高点顶端或管道凸形部位安装排气阀。进园管道布埋时，选择直径为2.0 cm的塑料管作为进园总管与输送沼液的支管道末端连接，沿畦的横向布埋管道以便接入各支管，支管接入总管入口处用塑料胶粘结好，做到不漏沼液；再选择 0.5～1.0 cm 直径的塑料管软管，沿树畦距树头 30～50 cm 直线布埋；将管线埋入土中 10～15 cm；在树头垂直线点的塑料管上用小钻子钻 4 个小孔（上下左右各 1 个）作为出料孔；最后用火将果树畦尾端的塑料烧成结，防止沼液流出。

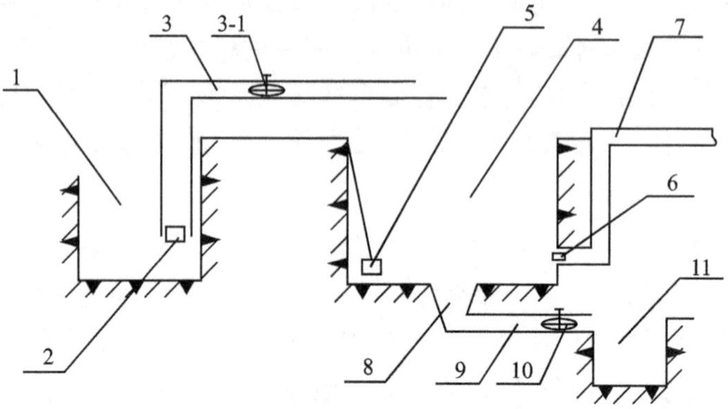

图 8-4　农用沼液重金属处理与脱除装置

注：1 为储液池，2 为潜水式污水泵，3 为沼液输送管道，3-1 为进液阀，4 为沼液处理池，5 为潜水式污水泵（吊置于池下部近壁处），6 为潜水式污水泵，7 为灌溉输送管，8 为圆锥形沉淀坑（位于池底部中心处），9 为沉渣排泄管，10 为排污阀，11 为沉渣暂存池。

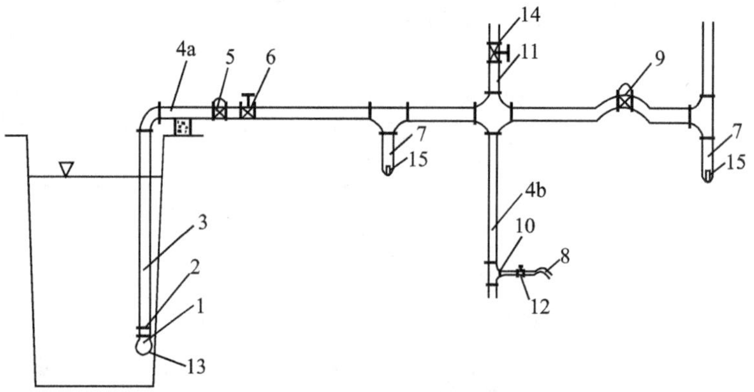

图 8-5　一种安全便捷化沼液管道施肥装置

注：1 为潜水式污水泵（置于已脱除重金属的沼夜储液池下部），2 为逆止阀，3 为进液管，4a 为主管道（直径不小于 5 cm 的塑料管），4b 为支管道（直径不小于 5 cm 的塑料管），5 为快速释压阀，6 为闸阀，7 为沉淀物收集管（垂直地面，深度为 20～30 cm），8 为软管，9 为排气阀，10 为出水桩（直径为 25～50 cm、长度为 20～30 cm），11 为清水管，12 为控制阀，13 为过滤网，14 为闸阀，15 为检修口（排除沉淀物）。

通过集成以上两项专利技术，可解决有害沼液的低成本无害化处理、沼液在密闭环境下发酵爆管及沼液中的沼渣和菌落群沉积堵塞管道的难题（图 8-4 与图 8-5），建立沼液水肥一体化灌溉技术，从而实现沼液低成本、便捷、安全还田和畜禽排泄物的资源化利用与零排放，减少化肥施用量，既可降低柑橘生产成本，又能大幅提高柑橘产量和品质。

4.“橘园-草-猪-沼-橘园”绿色高效循环农业模式构建

在完成橘园适宜间作牧草与芳香植物品种筛选与沼渣施用方案的确定相关研究的基础

上，集成柑橘园沼液安全便捷化肥水一体节水灌溉技术，在江西省新干县金川镇宏冠绿色农庄以温州蜜柑为主栽品种的柑橘园（3～8年生）构建“橘园-草（牧草与芳香植物）-猪-沼-橘园”绿色、高效新型循环农业模式，该模式结构为：柑橘种植-全园行间套种牧草与芳香植物-生猪养殖-废弃物沼气化利用（畜粪、秸秆、病残果、枝）-沼肥还园-果树种植（图8-6）。本模式中，结合橘园行间翻耕松土，将地面耙平整碎，牧草与芳香植物均采取直播的方式种植，菊苣于9月中旬秋播为宜，柠檬罗勒、藿香蓟等于3月上旬播种。菊苣与柠檬罗勒采取镶嵌式种植，即一行牧草一行香草交互种植，并于橘园株间种植藿香蓟。

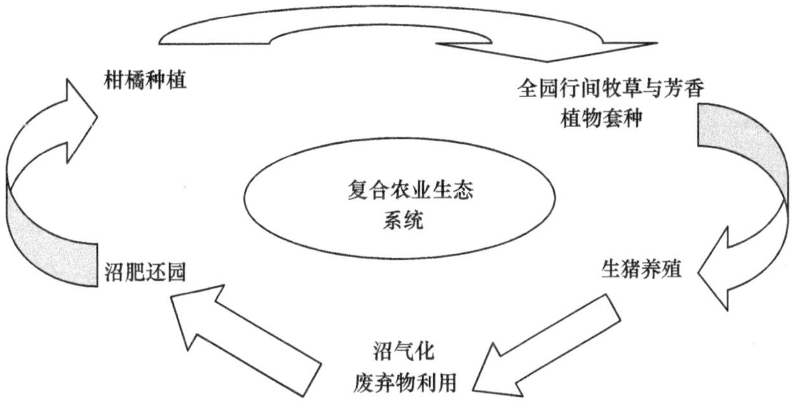

图8-6　柑橘循环经济栽培体系模式

本循环模式以柑橘种植为龙头，以优质牧草为纽带，在橘园行间套种黑麦草或菊苣两种牧草以及柠檬罗勒或藿香蓟两种芳香植物。同时，利用橘园的空间，发展生猪养殖业，以牧草结合全价日料养猪；猪场粪便、多余的草料可作有机肥或可用作生产沼气的原料利用，发酵后的沼渣合理还田改土，经脱除重金属处理后的沼液通过水肥一体化的滴灌管道进园。果树的残枝败叶亦可作为沼气的原料，使果园内的地面保持清洁，减少病害的蔓延。沼气的开发利用所产生的热能，为农民的生活提供了生存的资源，降低了生活及果园投资成本。采取牧草与芳香植物进行镶嵌式种植方式后，可充分发挥生草间作培肥土壤、改善橘园生态环境、提高节肢动物多样性的作用，尤为重要的是芳香植物间作还具有诱集害虫天敌与驱避害虫的作用。因此，本循环模式实施后，可大大减少化肥与农药的使用；既可使贫瘠、有机质含量较低、土壤酸性较大的红壤地质得以改造，又可使果树增产、品质提高，在有限的空间内使农民的收入成倍增长，避免了单纯追求产量所带来的恶性循环。

（二）“橘园-草-猪-沼-橘园”绿色高效循环经济模式评价

传统的“猪-沼-果”循环农业模式以生态经济原理为基础，包含了清洁生产和绿色消费的内容，体现了“减量化、再利用、再循环”原则。“猪-沼-果”循环农业模式是以沼气池为纽带，将生猪养殖和果树种植相结合，达到系统内部废弃物、能源、肥料良性利用的农业生产经营模式，是我国南方农村地区的一种典型模式。农业部称之为“赣州模式”并被列为全国两大生态农业类型和“十五”重点推广的农业技术之一。但是，传统的“猪-沼-果”循环农业模式中也存在以下两个主要问题：一是生态循环链偏短，造成该模式实施后对农民增收的幅度还不够大；二是“猪-沼-果”循环农业模式对果园中施用沼肥对土壤理化性质、果实产量、果实性状与品质的影响，果园中沼肥的承载量以及土壤柑橘系统中重金属迁移规律等关键科学问题尚未进行深入研究，而且对果园生态环境的改善作用不甚明显。

为此，研究组立足传统的"猪-沼-果"循环农业模式，增加了橘园套种牧草和芳香植物的环节，延长了生态循环链，在降低生猪养殖成本的同时，还可提高生猪的抗病力及改善猪肉品质。此外，在系统研究鄱阳湖生态经济区有代表性的进贤、万年、新干和新余等地沼肥中养分与重金属含量，柑橘园中施用不同剂量沼渣后对土壤理化性质(养分、土壤微生物及酶活力、根系活力与重金属含量)、柑橘春梢生长、果实产量及品质和果实中重金属含量等指标的影响的基础上，集成沼液脱除重金属与沼液管道安全、省力运输使用两项专利技术，通过滴灌系统进园，实现沼液的无害化与水肥一体化利用。该"橘园-草-猪-沼-橘园"绿色高效循环农业模式通过行间套种牧草与芳香植物以及合理施用沼肥，可显著改善橘园小气候与土壤理化性状，提高橘园节肢动物的多样性与物种丰富度，进而有助于发挥天敌的控害作用和大大减少甚至完全替代商品肥料的投入，并可降低农药的用量，提高柑橘产量、果品质量安全与商品价值，从而实现柑橘产业低耗、绿色、优质、高效和可持续发展。

二、基于隔年交替挂果技术和"Push-Pull"策略的温州蜜柑优质高效有机栽培技术

由于温州蜜柑是鄱阳湖生态经济区柑橘中的主栽品种，该品种具有大小年结果的特性，常常导致市场供求失衡，出现大年增产不增收，小年减产又低质(粗皮大果多)的现象。并且，近年来我国橘园生产管理者"三多"(年老者多、妇女多和体弱多病者多)现象日益突出，柑橘种植劳动生产成本不断上涨的问题也日益严重。因此，谋求应对温州蜜柑大小年的栽培管理新策略势在必行，其核心内容是开展柑橘省力化、减量化、绿色化、高品质和高效益栽培技术的研究。近年来，日本推行的温州蜜柑"隔年交替结果技术"，在温州蜜柑平衡市场供应和高品质化、省力化方面取得了明显成效，对我国柑橘产业的发展极具借鉴意义。

通过参照有机柑橘生产技术，集成温州蜜柑"隔年交替挂果"技术与基于"Push-Pull"策略的有害生物生态调控技术，组装了以下温州蜜柑优质高效有机栽培技术体系，以期实现并推进鄱阳湖生态经济区柑橘产业的绿色、优质、高效与持续发展。

温州蜜柑优质高效有机栽培技术体系中的园地要求、栽培技术、有害生物综合治理、排水与灌溉、清园、果实采收等环节主要参照杨显斌和廖学林等提出的有机柑橘栽培技术。但是，本规程中对温州蜜柑优质高效有机栽培的核心部分，即枝梢与施肥管理以及橘园主要害虫的绿色防控组建了全新的技术体系，并详细介绍如下。

(一)基于"隔年交替挂果技术"的温州蜜柑枝梢管理措施

1. 结果树枝梢管理措施

结果年的树主要以结果为主，不同季节枝梢管理具有如下的特点：

(1)春季修剪。以自然生长为主，不动大枝，不动末级梢，不短截，仅在花蕾绽放以前对少量丛生性春梢进行适量疏删。

(2)夏季修剪。以控夏梢为主，原则上不留夏梢，夏梢全部抹除。

(3)秋季修剪。秋以拉枝为主，疏除畸形果、日灼果为辅。8 月 1～31 日进行"立柱固枝"，

即用直径 5 cm 以上的竹竿和结实的编织带对结果枝组进行分层拉枝固定，避免枝果挤压重叠，减少果面机械损伤，改善树体通风透光条件。

(4)冬季修剪。实行重度修剪，单株修剪量 40%。采果后即可进行，若冬季气温低，则推迟到次年春季萌芽前的 2 月下旬至 3 月上旬进行，具体包括以下几个步骤：①压冠，采取“剃平头法”将树冠高于 2.5 m 的部分全部剪除；②采用拿大枝的方法调优二、三级枝组的分布结构；③回缩，将过于下垂、个别突出的枝组进行短截回缩；④大量删除末级枝梢，删除量占末级枝梢的 2/3。

2. 休闲树枝梢管理技术

休闲树枝梢管理主要以培养整齐、优良的早秋梢(作为次年结果年优良的结果母枝)为主。

(1)春季修剪。对少量生长过长、扰乱树形的春梢进行适度短截，同时在花蕾现白前将其抹除。

(2)疏果。当前，化学疏果技术发展迅速，并具有高效、省工和节约成本的优点。疏果的主要药剂和使用方法如下：吲熟酯 100～200 mg/kg，在第二次生理落果期喷施 1 次；萘乙酸 100～300 mg/kg，在盛花期后 20～35 d 喷布；抗坏血酸 200 mg/kg，在柑橘谢花后 10～15 d 喷布，有一定的疏果作用。经化学疏果后余留的果实，于 5 月份进行人工补疏一次，将树体全部果实疏掉。人工疏果只在实施该技术的头两个休闲年使用，以后休闲年坐果会逐步零星，无须集中疏果。

(3)夏季修剪。6 月下旬至 7 月上旬，短截 0.5 cm粗度以下末级梢，修剪量 40%以上，促发早秋梢。

(4)冬季不修剪。

3. 施肥管理技术

立足于隔年交替挂果栽培管理技术的温州蜜柑施肥方法，亦需要根据结果年与休闲年的不同，区别对待。

(1)结果树施肥技术。以还阳肥为主，看树补肥为辅。

①还阳肥：11 月底前完成，结合抽槽(长×宽×深＝60 cm×40 cm×40 cm)，施用已发酵沼渣、饼肥和 45%柑橘专用肥，每株施用 20 kg 沼渣或 1.0 kg 饼肥，另加施 2.5 kg 柑橘专用肥。

②看树补肥：稳果肥、壮果肥实行看树补肥，无缺肥征兆不补施；有缺肥征兆的于小雨前、大雨后进行少量撒施补肥，以优质柑橘专用肥为主，据实际情况一次或多次。

(2)休闲树施肥技术。以冬季基肥为主，看树补肥为辅。

①基肥：11 月底前完成，结合抽槽(长×宽×深＝60 cm×40 cm×40 cm)，施用已发酵沼渣、饼肥和 45%柑橘专用有机肥，每株施用 10 kg 沼渣或 0.5 kg 饼肥，另加施 1.0 kg 柑橘专用肥。

②看树补肥：春梢、秋梢抽生前看树补肥，无缺肥征兆不补，有缺肥征兆的于小雨前、大雨后进行少量撒施补肥，以速效肥为主，据实际情况一次或多次。6 月 25 日左右，所有休闲树必须补施一次促梢肥，以利于抽生整齐健壮秋梢。

(3)叶面施肥。叶面肥根据柑橘树体的生长情况合理施用，使用的叶面肥必须在农业部登记注册并获得有机认证机构的认证，叶面肥在采果前 10 d 停用。

4. 控水增糖

(1)采用地面覆盖的方法，在 8 月底至采果前，利用透气不透水的无纺布或专用薄膜人为控制土壤水分。

(2)注意事项：一定要在土壤湿度较低时进行覆盖；覆盖范围为树干至树冠滴水线外 50 cm；果实采收完毕后要及时除膜，遇干旱适量灌溉以恢复树势。

(二)基于“Push-Pull”(推-拉)策略的有机橘园害虫生态调控技术体系

近年来，随着可持续农业生产发展的需要，害虫防治的传统观念正面临挑战，“致力于可持续发展的害虫调控”，正逐渐被植保工作者所接受。其中将“驱避-诱杀”措施组合应用，即采取“Push-Pull”(推-拉)策略来对害虫行为进行调控，可充分发挥驱避与诱杀措施的协同作用，能最大限度提高农产品的质量安全、减少农药的使用和对环境的负面影响，是一个绿色、高效的害虫生态控制工具。将诱集植物与驱避植物组合应用在玉米田斑禾草螟等鳞翅目害虫的防治上取得了明显的效果。有人利用诱集植物作为诱集源，产卵抑制剂作为排斥源，有效地控制住了葱地种蝇的危害。这一模式在棉铃虫的防治上也取得了成功，其中排斥源为当前最有代表性的昆虫产卵抑制剂——印楝素。此外，诱集植物与拒食剂、诱集植物与驱避剂、趋避剂与引诱剂等组合模式也有一些探索研究。

当前在有机柑橘园害虫治理中，仅有间作藿香蓟、紫苏等良性生草来繁殖和保护利用天敌，进而实现以生物防治为主的害虫综合治理体系的相关研究。然而，在柑橘园将驱避与诱集技术结合应用，即在柑橘园种植驱避植物或施用驱避剂，并在柑橘园四周采取引诱措施，把柑橘园主要害虫诱集至非收获植物上，再对其施用高效、低毒、低残留的药剂进行防治的生态调控技术鲜有报道。采取“推-拉”策略有望为有机橘园害虫生态调控寻求切实可行的突破口。本专题研究小组在收集了国内外近些年对害虫行为调控相关研究文献的基础上，提出了以下对有机橘园害虫采取“推-拉”策略进行生态调控的具体措施。

1. 橘园中驱避措施的组合应用

(1)在 8 年生以下橘园中，间作芳香植物，套种宽度约 1 m，可间作的芳香植物有柠檬罗勒、紫苏、藿香蓟等。橘园间作芳香植物既对柑橘红蜘蛛、蚜虫等害虫有较好的驱避效果，又可为天敌繁衍提供良好的生境，并且芳香植物的茎叶可用于提取精油产品。

(2)天然源橘园害虫驱避剂的应用。选用以印楝油为增效剂或稳定剂的印楝素制剂作为防治柑橘红蜘蛛、蚜虫、潜叶蛾等害虫的主打药剂，因印楝素与印楝油(潜叶蛾)对多种柑橘害虫有产卵驱避作用，并以苦参碱水剂、鱼藤酮新型乳油等植物源农药作为防治害虫的轮换药剂；以矿物油乳剂(嘉德士、绿颖等)为主要辅助药剂，除可有效防治小型害虫外，还对柑橘木虱、橘小实蝇等重要害虫有明显的驱避作用。并且，在吸果夜蛾为害高峰期，可在橘园施用香茅油作用驱避剂；此外，在柑橘潜叶蛾发生始期，喷施金光菊提取物对其有显著的产卵驱避作用。

(3)充分发挥有机柑橘园中天敌的自然控害作用。即重点保护、利用橘园中的蜘蛛、捕食螨、食螨瓢虫、食蚜蝇、寄生蜂等天敌，充分发挥天敌对柑橘红蜘蛛、蚜虫、介壳虫、锈壁虱等橘园主要害虫的控害作用。

2. 柑橘园外围引诱措施的组合应用

(1)橘园外围种植诱集植物。在橘园外围，离主栽柑橘树 4～8 m 往外围依次种植宽度为

50～80 cm 的九里香两行，行间距为 50 cm；再往外围间隔 50～80 cm 距离镶嵌式种植木防己和马兜铃，种植宽度为 50～80 cm，已发现的诱集植物及其诱集的害虫种类见表 8-13，并在诱集植物上选用高效、低毒、低残留的药剂来杀灭害虫。

表 8-13　柑橘园诱集植物及其诱集害虫种类

诱集植物	诱集对象
九里香	柑橘木虱、蚜虫、红蜘蛛和卷叶蛾
木防己	吸果夜蛾
马兜铃或其乙醇提取物	潜叶蛾

(2)在主栽柑橘与诱集植物交界处，以 1 m 的间隔，四周环绕式悬挂黄板诱杀蚜虫、粉虱、潜叶蛾等害虫。黄板规格：40 cm×30 cm 或 30 cm×25 cm；黄板挂置高度以略高于树冠顶端为宜；黄板朝向以东西向为宜。

(3)诱虫灯的应用。可诱杀吸果夜蛾、潜叶蛾、凤蝶、柑橘粉虱、黑刺粉虱、卷叶蛾、天牛、金龟子、白蛾蜡蝉、象鼻虫、蟀象等。每 30 亩橘园安装佳多牌振频式杀虫灯一盏，安装于在主栽柑橘与诱集植物交界处，悬挂高度以高于树冠 50 cm 为宜。

(4)诱杀饵剂的应用。在橘小实蝇发生盛期，可结合应用猎蝇蛋白毒饵(GF-120，有效成分为多杀菌素)；另外，在吸果夜蛾盛发期，以糖醋液诱杀吸果夜蛾等害虫，具体配方为糖∶醋∶酒∶水＝4∶4∶1∶1，并向其中添加少量 90％敌百虫晶体，放置于与树冠等高的木架上，白天加盖，每 5～7 d 更换一次新鲜诱杀液。也可土法制做糖醋液：红薯饴糖 2 份、泡酸菜水 3 份、烂橘汁水 2 份、敌百虫 4 份、清水 18～20 份，经充分拌匀置于钵内每亩钉 4～5 个呈三角形的树桩，树桩高度应与柑橘树冠顶部基本一致，在每个树桩上放置一个诱杀药钵，每天早晨捞出被药液淹死的蛾尸。同时须注意雨天和白天要用瓦片或其他物体盖好诱杀药钵，防止暴晒和雨淋。隔 4～5 d 换新诱杀液一次，连续 3～4 次，诱杀效果可达 95％以上。

三、质量管理

1. 产品要求

产品符合食品安全国家标准或行业标准。禁用农药在柑橘果实中不得检出，可用农药不得超标，没有制定残留限量标准(MRLs)的农药检测值一般要求低于 0.01 mg/kg。

2. 质量管理要求

(1)农药化肥管理制度。农药购买、存放、使用及包装容器回收处理，实行专人负责，建立进出库档案。

(2)生产档案记录制度。印发生产档案本，有较为完整的生产管理档案记录，包括使用的农业投入品的名称、来源、用法、用量和使用日期，病、虫、草害及重要农业灾害发生与防控情况，主要管理技术措施，产品收获日期。档案记录保存 2 年以上。

(3)产品检测与准出制度。配备必要的常规品质检查设备和农药残留速测设备，对果实可溶性固形物含量测定和农药残留进行检测，检测不合格的产品一律不得上市销售，销售的产品要有产地准出证明。

(4)质量追溯制度。对标准园内生产者和产品进行统一编码,统一包装和标识,有条件的应用信息化手段实现产品质量查询。有条件的地区,需要记载果树营养诊断数据和施肥及矫正方案,确保从生产源头上控制果品产量质量。

四、"橘园-草-猪-沼-橘园"绿色高效循环经济模式应用效果

1. 推广应用情况

在江西省新干县宏冠绿色农庄已建立了橘园-牧草/芳香植物-猪-沼-橘园的绿色高效循环农业模式,并集成了沼液无害化、安全化与便捷化进园两项专利技术,温州蜜柑低耗、优质、高效隔年交替挂果技术和基于"Push-Pull"策略的有害生物生态调控技术,组装形成鄱阳湖生态经济区柑橘园生态调控绿色高效循环经济模式,并在新干县金川镇庙前村示范推广的面积已达 100 hm^2。

2. 经济效益

据统计,1 个 8 m^3 沼气池年产沼气 320 m^3,年节约薪柴 2 t,沼液、沼渣用于生产,年可节约化肥 56 kg。开展"橘-草-猪-沼-橘"循环生态农业模式,果园每年每公顷可节约化肥 900 kg,折合 3 600 元,节约灌溉水折合 450 元,节约灌溉、施肥劳动力 450 元,减少农药用量和施药劳动力约 500 元,合计每公顷可节约成本 5 000 余元;养殖业每头猪纯收入 100 元,每公顷饲养 42 头,可获利 4 200 元;而且,橘园间作牧草养猪,每公顷橘园收割的牧草可节省的饲料成本约 2 000 元;此外,橘园间作牧草/芳香植物与合理施用沼肥后,可提高柑橘产量与品质,从而可进一步增加橘农的收益。以上各项合计每公顷年增收节支 10 000 元以上,今年新干县金川镇庙前村已推广应用"橘-草-猪-沼-橘"模式 100 hm^2,预期可增收节支 100 余万元。

3. 生态效益

实施"橘-草-猪-沼-橘"循环生态循环农业模式可有效起到防沙固土、减少水土流失作用;参考罗雪峰研究结果,按 1 棵柑橘树平均 1 d 吸收 CO_2 10 kg 计算,本"橘-草-猪-沼-橘"推广的 100 hm^2 柑橘树 1 年可吸收 CO_2 27.24 万 t,由于循环农业可大幅度减少化肥农药施用量,有效减小化学物质对柑橘园土壤和水质的影响。

4. 社会效益

按照新干县宏冠绿色农庄推广 100 hm^2"橘-草-猪-沼-橘"生态循环农业模式可直接解决 300 余名橘园周边劳动力就业,如果在整个鄱阳湖生态经济区推广该模式 1 万 hm^2,就业人员可达 3 万人。该循环农业模式的全面实施,对于解决区鄱阳湖生态经济区经济空虚化、振兴鄱阳湖生态经济区经济、振兴农业农村经济、推动社会主义新农村建设、促进城乡统筹协调发展的农业农村经济、推动社会主义新农村建设、促进城乡统筹协调发展具有重大意义。

第九章　农场规模种养结合循环农业模式

第一节　规模化奶牛场草基循环农业模式

近年来，随着我国经济的增长，乳业取得了快速的发展。据报道，2011 年全国奶牛存栏 1 440 万头，奶类产量达到 3 810 万 t。乳业的发展，对优化农业产业结构、增加农民收入、提高城乡居民生活水平起到了积极的推动作用，也带来了巨大的环保压力。以 1 头奶牛每天产生 50 kg 废弃物估算，全国现有存栏奶牛每年可产生约 2.6 亿 t 废弃物。这种污染源若无法消纳，将会给水质、空气、土壤带来严重污染，成为养殖场所在地区的主要污染源之一。

循环经济本质上是一种生态经济，提高资源利用效率与生态环境保护是它的两大核心。循环经济的基本思想，一是强调资源的循环利用，将传统经济中"资源—产品—废物"的单向线性物质流动，转变为"资源—产品—再生资源—产品"的物质循环，从而避免资源浪费，提高资源的利用效率；二是注重环境保护，减少和杜绝环境污染，以最小的生态成本获得最大的经济和环境效益，从而实现经济增长与社会进步的全面协调发展。

发展现代乳业需要运用循环经济思路，遵循减量化、再利用以及资源化原则，以高效生产和循环综合利用技术为支撑，贯穿奶牛养殖、养殖场粪污无害化处理及资源化利用、牧草种植、加工和利用等各个环节，构建低耗高效、安全优质、清洁生态的循环农业模式。

一、减量化原则在规模化奶牛养殖生产中的应用

(一)通过营养调控降低养殖场污染排放

1. 通过营养调控降低氮磷及其他矿物元素的排泄量

提高奶牛日粮氮利用率的途径有很多，如根据能氮平衡理论科学配合日粮，通过合理补充过瘤胃氨基酸以平衡到达小肠的氨基酸比例等。

奶牛粪磷对环境的污染是由于日粮中磷过量供给造成的。导致奶牛日粮磷供给量过高的根本原因是由于饲养标准中所推荐的日粮磷需要量高于奶牛的实际需要量。其中对饲料磷消化率的估计上长期以来一直偏低，导致日粮磷推荐供给量偏高。如：美国 NRC1989 版《奶牛营养需要》将日粮磷的总吸收率定为 50%，ARC1991 为 58%。近年来，随着奶牛磷营养研究的不断发展，一些国家的奶牛饲养标准均对饲料磷的吸收率参数进行了必要的调整。如 NRC2001 版《奶牛营养需要》规定奶牛对粗饲料中磷的吸收率为 64%，精饲料为 70%。研究表明，日粮磷含量为 0.30%～0.34%时，能够满足生长奶牛的正常血磷浓度、最大平均日增重

和骨骼强度。日粮磷含量在0.32%～0.42%时即可满足整个泌乳期的需要，高于此水平不会提高奶牛的产奶量。乳脂率和乳蛋白不受日粮磷水平的影响。并没有证据能证明饲喂超过需要量的日粮磷可以提高奶牛的繁殖性能。日粮磷的吸收率随磷含量的升高而下降，因而饲喂超过奶牛需要的高磷日粮只能增加粪磷的排泄量。

相对于美国NRC2001版《奶牛营养需要》，我国现行奶牛饲养标准(NY/T 34—2004)中有关磷的需要量参数与指标明显偏高。对于体重为300 kg、日增重800 g的后备母牛，日粮磷的需要量中国标准比NRC标准高37.78%；体重为680 kg、日产25 kg标准乳的泌乳母牛，中国标准高79.97%；体重为680 kg、妊娠第270天的干奶母牛，中国标准高35.21%。应尽早对我国现行奶牛饲养标准中磷需要量参数进行修订。

由于微量矿物元素在动物日粮中的比例非常低，其添加量对日粮成本的影响很小，因此在营养学研究中更多关注其对生产性能和健康的影响，即缺乏症和耐受量的问题，而没有考虑排泄量和环境污染的问题。由于动物对微量矿物元素的需求量与耐受量之间相差很大，一般为10～100倍，因此在日粮配合中为了避免缺乏症的发生，往往不考虑饲料原料中的本底含量而过量添加，由此造成排泄量增加和环境污染。因此，必须重视微量矿物元素对环境的污染问题，最简单的方法是在配制奶牛日粮时严格按照需要量操作，并将饲料原料中所含有的微量矿物元素考虑在内，避免过量添加。氨基酸螯合矿物盐可以提高微量矿物元素的吸收率和动物的生产性能，同时降低排放量，对此方面的研究多年来一直没有间断。对于奶牛而言，采用氨基酸螯合盐的方式添加微量矿物元素还可以使其中的氨基酸过瘤胃，起到事半功倍的效果，但存在的主要问题是成本较高。

2.通过营养调控降低CH_4的排放量

CH_4是仅次于CO_2的重要温室气体，单位体积CH_4造成的温室效应是CO_2的2～30倍，且不能像CO_2那样被植物吸收利用，参与物质循环，更容易在大气中不断积累。据估测，CH_4对全球气候变暖的贡献率可达15%～20%，其中反刍动物排放的CH_4占总CH_4排放量的15%～25%，其中牛的排放占主要部分。除此之外，CH_4的产生与排放是反刍动物饲料能量的重大损失，可以占到饲料总能的2%～12%，因此控制CH_4的产生与排放，一方面对环境保护具有重要意义；另一方面可以提高饲料的转化效率，降低养殖成本。

多年来，国内外对降低CH_4的排放方面进行了大量的研究工作，找到了很多降低反刍动物CH_4产生与排放的途径。提高个体奶牛的生产性能以减少相对饲养数量，是降低奶牛CH_4排放的根本方法。调整奶牛日粮结构、改善粗饲料品质、适当提高日粮精粗比、将饲料适当粉碎或制粒、添加某些有机酸(延胡索酸和苹果酸等)和聚醚类离子载体，可以改变瘤胃发酵模式，降低挥发性脂肪酸中乙酸丙酸的比例，加快饲料通过瘤胃的速度，减少在瘤胃的停留时间，从而降低发酵强度，进而降低CH_4产量与排放量。添加饱和脂肪酸、蒽醌等添加剂可以有效降低瘤胃原虫数量，从而减少寄生于瘤胃原虫表面的产CH_4菌的数量，降低CH_4产量。

(二)通过固液分离降低需要就地消纳的粪污量

据测定，1头500～600 kg的成年奶牛，每天排粪量30～50 kg，排尿量15～25 kg，排污量15～20 L。因此，一个千头规模的奶牛场，每天的粪污量在60 t以上，一年的粪污量达到20 000 t左右。通过固液分离系统，可将其中占粪污总量50%的粪便进行分离、收集，用于生产有机肥、食用菌等，降低需要就地消纳的粪污量。

通过草地净化系统消纳终端粪污。在华南地区，狼尾草属牧草具有生物量大、生长周期长、耐肥的特点。如杂交狼尾草在水肥充足情况下生长速度快、产量高，每年可刈割 8～10 次，可供青草时间为 8 个月，鲜草产量可达 225.12～252.58 t/hm^2，年可产出杂交狼尾草总氮量 1.39～2.26 t/hm^2。有实验以土壤为基质，选择象草（*Pennisetum purpureum*）和黑麦草（*Lolium perenne*）作为植被模拟人工湿地净化系统，研究牧草全年轮作在间歇流人工湿地中对奶牛场高质量浓度污水的适应性及对污水氮、磷的净化效果。结果表明，象草、黑麦草在间歇性高质量浓度污水中生长良好，可作为畜牧场高质量浓度污水修复植物进行全年轮作，并适时的收割，去除污水中的氮、磷。在不同污水质量浓度处理的牧草净化系统中，水力停留时间为 8 d 的条件下，铵态氮的去除率为 75.9%～94.9%；硝态氮的去除率为 65.4%～90.9%；总氮的去除率 64.2%～90.1%；总磷的去除率在 90%以上；象草和黑麦草对污水中氮、磷的吸收转化在系统对氮、磷净化中的贡献率平均分别为氮 25.12%和 20.03%、磷 31.20%和 20.42%。

说明象草和黑麦草对奶牛场污水氨氮吸收率高，只要保障足够面积的草地，就可以消纳养殖场终端粪污。

二、资源化原则在规模化奶牛场中的应用

牛场粪污是一种宝贵的饲料或肥料资源。粪便中含有大量的氮、磷等营养物质，通过加工处理可制成优质饲料或有机复合肥料，从能源和肥料角度初步测算，19×10^8 t 粪便相当于约 0.7×10^8 t 标煤或近 1×10^8 t 有机肥料，开发利用畜禽粪便不仅能变废为宝，解决农村用能问题，而且可减少环境污染，防止疫病蔓延，具有较高的社会效益和一定的经济效益，是保证我国农业可持续发展的重要资源。粪污废弃物资源化的主要途径有：①肥料化利用途径。畜禽粪便开发生态型肥料、土壤修复剂、复混肥，这是目前较为有效的方法。②饲料化利用途径。主要是畜禽粪便和畜禽加工下脚料的饲料化加工。由于动物性废弃物的饲料化存在太多的安全隐患，目前有专家指出，不宜提倡。③能源化利用途径。用于沼气和发电工程系统。由于多数牛场一年四季产气量达不到均衡供应，且发电又不能有效进入国家电网，所以效益难以体现。④用作食用菌培养料。利用牛粪在脱水处理后生产双孢菇。⑤用作燃料。脱水后的牛粪经过硬化处理作为燃料。⑥压制板材等技术尚处于完善阶段。

三、规模化奶牛场牧草多级利用体现再利用原则

牧草在规模化奶牛养殖生产中具有举足轻重的作用，还具有可多级利用的特点，因此是构建规模化奶牛场草基循环农业模式的基础。

奶牛是食草量巨大的一种草食性动物。1 头体重 500 kg 的中高产奶牛，每天可消耗杂交狼尾草鲜草 10 kg。一个千头奶牛场，每天可消耗鲜草 10 t，每年可消耗鲜草 3 000 t。生产这么多杂交狼尾草，需要约 15 hm^2 草地。这些草地可以消纳大量养殖场粪污，草地生产的大量牧草又可返回到养殖环节。

此外牧草也可以用于生产食用菌。研究表明，杂交狼尾草在草粪比为 6∶4（C∶N＝28.66∶1）时，产量最高为 12.316 kg/m，氨基酸含量为 24.42%，栽培效益为 30.66 元/m；稻草在草粪比为 6∶4（C∶N＝28.66∶1）时双孢菇产量最高为 14.228 kg/m、氨基酸含量为 19.42%，栽培效益为 41.72 元/m，稻草栽培双孢菇效益高，但稻草产量不高，一般为 6 000～

6 750 kg/hm，狼尾草的干草产量可达 45 000～67 500 kg/hm，利用其栽培双孢菇，可缓解蘑菇主产区对稻草的需求。

四、草基循环农业模式构建

规模化奶牛养殖生产过程中，养殖场粪污（包括奶牛粪、尿和养殖废水）是造成环境污染的主要因子，牧草是消纳养殖场粪污、变废为宝、构成循环利用链的主要载体。因此，规模化奶牛养殖可以就地取材、就近利用，构筑形成草基循环农业模式。

草基循环农业模式结合规模化奶牛养殖对鲜草需要量大、杂交狼尾草产量高且对奶牛场污水氨氮吸收率高的三大因素而构建，其基本流程包括（图 9-1）：奶牛养殖过程中，使用优质牧草（杂交狼尾草）作为主要青饲料，并通过营养调控降低粪污排放量。养殖过程中产生的粪污经固液分离，分成粪渣和废水。粪渣可用于制作有机肥或者食用菌；养殖废水可经厌氧池发酵产生可用的沼气、沼液和沼渣。沼渣可用于制作有机肥。沼液及其他养殖废水通过草地净化系统消纳。草地净化系统生产的大量牧草可返回到养殖环节，利用奶牛食草量大的特点就地利用；或者用于食用菌生产等多级利用。该模式合理配置奶牛养殖、养殖场粪污无害化处理及资源化利用、牧草种植、加工和利用等各个环节，构建低耗高效、安全优质、清洁生态的循环农业模式，多层次利用和开发自然资源，实现产业链内废物的资源化利用，产生明显的经济效益。

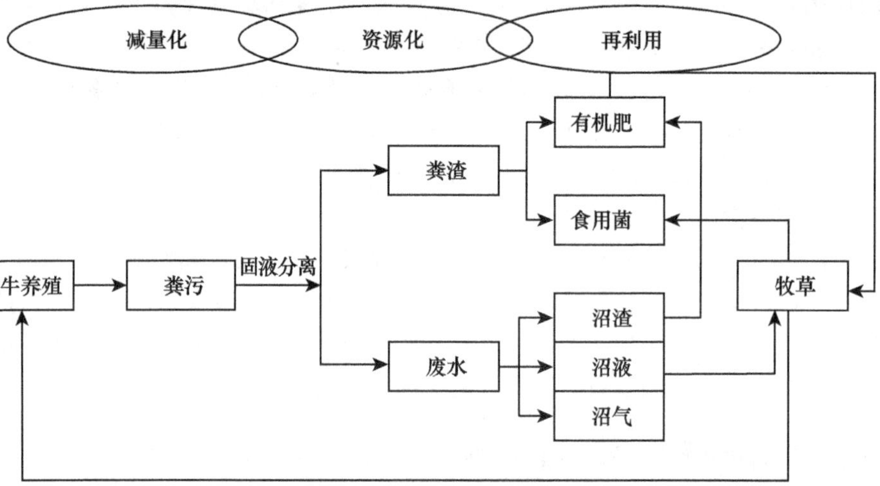

图 9-1　规模化奶牛场草基循环农业示意图

五、小结

（1）通过营养调控降低养殖场污染排放，通过固液分离降低需要就地消纳的粪污量，通过草地净化系统消纳终端粪污，实现减量化原则在规模化奶牛养殖生产过程的应用。

（2）牛场粪污是一种宝贵的资源，粪污废弃物资源化包括肥料化利用、饲料化利用、能源化利用，以及作为食用菌培养料、燃料等多种途径。

（3）牧草在规模化奶牛养殖生产中具有举足轻重的作用，还具有可多级利用的特点，因此是构建规模化奶牛场草基循环农业模式的基础。

(4)草基循环农业模式结合规模化奶牛养殖对鲜草需要量大、杂交狼尾草产量高且对奶牛场污水氨氮吸收率高的三大因素而构建，是一种低耗高效、安全优质、清洁生态的循环农业模式，多层次利用和开发自然资源，实现产业链内废物的资源化利用，产生明显的经济效益。

第二节　林场农林牧共生互作循环技术与模式

一、林场农林牧共生互作生态系统特征

(一)林地生态系统的主要特征

林地生态系统(forest ecosystem)林地、人工林地等以乔木树种作为建群种的生态系统，系统内动物、植物、微生物等紧密依存，与非生物因素一起构成陆地上生物量最大、结构最复杂、功能最完善的生态系统。系统内主体木本植物对林内动植物、微生物，土壤的发育以及林间小气候的形成起着重要作用。林地不仅是木材、林果和林副产品的生产基地，而且是动物的栖息场所和隐蔽地。作为陆地功能最完善的生态系统，林地生态系统还具有涵养水源、保持水土、调节气候、防风固沙、保护农田、净化污染、美化环境、卫生保健等功能，对生态环境的保护和改善、生物多样性的保护以及人类社会的发展起着无可取代的作用。

典型的林地生态系统具有以下几个主要特征：

(1)生物量最大的生态系统。林地每公顷生物量可达 100～400 t(干重)，是农田或者草地的 20～100 倍。而就面积而言，全球林地生态系统面积为 5×10^5 km^2，占陆地总面积的 32.6%，超过平原和农田的总和。

(2)空间结构复杂的生态系统。森林具有复杂的空间结构，其垂直分层和空间异质性非常明显。林地生态系统是生物量最大、光能利用率最充分、多层次、多结构、草灌乔结合的顶级生物群落，系统内生物种类繁多，系统高度稳定，自我恢复和抗逆性强。

(3)生物多样性丰富的生态系统。森林尤其是热带雨林内已知的物种就有 80 万～150 万，几乎每年都有若干新物种被发现和命名，这是农田等生态系统无法相比的。

(4)稳定性高的生态系统。森林生态系统结构复杂、功能完善，是最稳定的生态系统。

(二)农林牧共生互作资源利用分析

物质循环、能量传递、信息交流被称为生态系统的三大基本功能，是系统结构与功能的综合反映。物质循环是能量传递和信息交流的载体，其循环路径和效率决定系统生产力的高低。农业生态系统必须在探明物质循环规律的基础上，合理规划物质循环路径才能达到理想的生产效率。相比于单纯的林木生态系统，农林牧共生互作生态系统人为的引进禽畜子系统。从生态位的角度分析，单纯的人工林生态系统结构相对简单，生态位没有得到充分利用。而引入禽畜的生态系统，增加了系统的营养级，使食物链更复杂，资源也能得到更充分的利用。研究显示，农林复合系统的物质输入、输出量最大，系统外物质投入量明显减少，物质和能量能得到更加充分的利用。

(三)农林牧共生互作生态系统利用效益评价

随着经济的发展,人们对生活中健康消费的需求也日益增长。就禽类肉、蛋而言,品质、口味、营养成分及安全性标准也越来越高。目前,农鸡互作尤其是林鸡互作模式已经在江苏、安徽、湖南、湖北等省广泛应用,以五谷杂食和林间地头草虫为食的散养鸡由于野味十足、营养丰富、安全无公害等特点,倍受消费者青睐。

1. 生态效益分析

任何一种农业经营模式,必须要取得合理的生态效益才具有持续性。散养鸡于林间自由活动,采食其中可食杂草及昆虫。按照生态位原理分析,系统食物链中增加了一个营养级,系统产出也由单纯的第一性产出(林业产出)变为第一性产出和第二性产出(养殖业产出),物质和能量得到更充分的利用。林鸡互作模式在控制林木虫害的同时,又充分利用自然生态饲料,减少因集约化饲养增加的药物和能源消耗。另外,散养鸡粪便即时还田,大大缓解了集约养殖业所造成的环境污染问题,减少林地化肥使用量。如果饲养时间和密度合适,还可以改良土壤理化性质,形成综合效益。

(1)放牧对林木的影响。合理的林下放牧有利于改善林地小环境。放牧家畜对林木幼苗有一定程度的破坏作用,但家禽对林木的破坏极小,且适度放牧有利于苗木的生长,这种促进主要表现在树冠生长扩展以及林木抽叶生长。此外,适度的放牧可以促使林下物种数量的增加,提高整个系统的物种丰富度;林下养殖对林木直径和树高生长的影响,目前仍处于探讨之中,但是总的趋势是促进林木直径和树高的生长。

(2)放牧对土壤理化性质的影响。放牧可直接影响林地土壤表层的理化性质,其中最明显的是土壤结构、土壤含水量等方面。放牧使土壤表层的坚实度呈累加趋势直到某一稳定值。土壤坚实度的改变引起土壤容重增加,树木根系穿透阻力上升,同时土壤的透气、透水性下降,容易引发林地水土流失,但是这一结论目前存在一定的争议。如何防止林下放牧引起水土流失是这一生态模式不可回避的问题。

2. 经济效益分析

散养鸡活动量大,消耗能量多,脂肪积累量少,肉质较硬,味道鲜美,广受消费者青睐。调查显示,北京的快大鸡为 7.6 元/kg,三黄鸡约为 10 元/kg,中华宫廷黄鸡则为 32～40 元/kg;在广东,快大鸡为 8.5 元/kg,纯土鸡为 24～26 元/kg;江、浙、沪地区的土鸡价格也比快大鸡高近 2 倍。以每亩每批放养 25 只鸡计算,一年 3 批。而每羽鸡的苗鸡、人工、饲料等合计 20～25 元;散养鸡重 1.5～2.0 kg/羽,每羽利润 20～30 元,那么每亩将获利 1 500 元左右,此外还节约农药、肥料等林地养护费用 100 元左右。

二、农林牧互作的物质循环特征

生态农业模式是依据系统论原理、生态位原理以及相互作用原理构建而成,这种模式的建立,核心在于因地制宜,按照空间和时序建立多种群、多层次、多序列的人工林生态系统,充分开发当地的农业资源。我国农林综合栽培技术具有悠久历史,经验丰富。在“人多地少”的国情下,农林牧结合是充分利用空隙地,充分发挥平原绿化最大效能的最优选择。

(一)农林牧生产体系中的N、P养分流动模式

物质循环是生态系统结构与功能的反映。N、P是物质的基本元素，通过对其进行分析研究，可以了解系统结构和功能的合理性，分析系统物质循环及其转化效率，评价系统生态效益，追求系统最优结构和最佳功能状态，为提高农业生产力提供科学依据。

单纯的林木生态系统结构相对简单，相应的研究较多。赵勇等通过对太行山低山丘陵区植被恢复过程中生态特征进行研究，基本探明了刺槐、栓皮栎、侧柏等人工林N、P元素的循环特征。以刺槐为例，该研究将刺槐人工林植物器官、林分不同层次、土壤等生态子系统的养分分布情况进行了较为细致的分析。一般而言，刺槐人工林乔木层各器官中2种元素总含量排序为树叶＞树枝＞树根＞树皮＞树干。而整个乔木层元素积累量分别为：N为263.86 kg/hm^2，P为15.37 kg/hm^2。灌草层N积累量为乔木层的4.8%；P为18.3%；Ca为3.8%。3种元素总储量仅占乔木层的4.6%。这说明营养元素的主要积累者是乔木层，它决定着生态系统营养元素的循环特征。该研究还对刺槐林生态系统养分循环进行了测定，并对养分系数、利用系数、富集系数、循环系数和周转时间等生物循环参数进行了计算，结果见表9-1。

表9-1　刺槐林生态系统养分循环特征参数

项目	营养元素		合计
	N	P	
生物层养分储量/(kg/hm^2)	276.65	18.19	663.20
土壤养分储量/(kg/hm^2)	1 323.8	234.3	11 871.3
吸收量/[$kg/(hm^2\cdot$年)]	100.87	5.73	322.67
存留量/[$kg/(hm^2\cdot$年)]	15.71	0.85	36.15
归还量/[$kg/(hm^2\cdot$年)]	85.16	4.88	286.52
吸收系数	0.076	0.025	0.027
利用系数	0.37	0.32	0.49
富集系数	0.21	0.077	0.056
循环系数	0.84	0.85	0.89
周转时间/年	3.25	3.73	2.31

由上表可知，在刺槐生态系统内，不同元素的吸收量、年存留量和养分归还量排序基本保持一致。但是刺槐对P的要求比N高，循环速度较N快。也就是说，在实际的农业生产中，不能仅仅局限于对N元素的控制，P等其他元素可能更容易成为限制农业生产的因素。

橡胶是我国海南地区重要的经济来源，在很早前就有胶农间作的例子出现，合理的林下放牧和养殖有助于林地小环境的稳定。当前针对林牧复合生态系统的研究多集中于放牧对林木的影响、放牧对林下植物的影响、放牧对土壤理化性质的影响等内容。为探明胶农间作物质循环特征，孟庆岩等以单作胶园、胶茶间作园为对照，对热带地区典型的胶-茶-鸡农林复合系统物质循环进行了研究，结果显示，单作、间作、养鸡胶园中橡胶子系统的N输入及输出量呈现递增趋势。养鸡胶园N素循环率最高，表明合理增加生态系统的生物组分有利于N循环的加强。就土壤子系统而言，对比于单作胶园存在的N亏缺，养鸡胶园的N还有盈余。鸡子系统

N的输入、输出量是整个农林复合系统的主要部分，且鸡的N转化率高达90%，可见次级生产在该系统中的重要地位。加入次级生产的养鸡胶园，N的归还量高于其他胶园，系统对外来N的依赖性也明显下降，整个系统的稳定性增强。但是P的循环呈现相反趋势，这可能是引入新生物后，橡胶树吸收了大部分磷供自身生长，而随凋落物输出的比例减少。总之，复合系统的物质循环结构更加趋于合理化，相同能量投入的产出比例也明显上升。

(二)农林牧生态系统中的碳循环

工业革命以来，人类生活生产排入大气的含碳温室气体逐年增加。生物圈和大气圈之间原有的碳平衡被打破，随之而来的是严重的温室效应，引发全球温暖化、海平面上升等一系列的重大环境问题。解决这一威胁人类生存的关键，是深入认识引起以上问题的根源并寻求相应的解决方法。作为地球上最大的生物地球化学循环，碳循环研究是了解地球生态系统的重要途径，对估计CO_2及其他含碳温室气体含量及其与生物圈的相互作用具有不可取代的作用。随着气候变暖成为全球关注的话题，作为最重要的一种温室气体，CO_2源与汇已成为研究的热点。

1. 农牧互作碳循环

(1)农牧生态系统中的碳循环。放牧土地是陆上土地资源的一个重要组成部分，它对陆地碳截存以及碳循环研究起着极为重要的作用。近年来，放牧土地的碳储量、放牧管理对碳循环及生态过程的效应研究受到了土壤、环境、全球环境变化、生态学等研究领域的广泛关注。由于放牧土地分布的广泛性和复杂性，相关的研究暂无系统化定论。但不少研究表明：只要合理的控制放牧强度，共生互作场的生产力和植被盖度不会遭到破坏，也不会造成土壤碳的损失，同时家畜排泄物的输入使碳周转周期缩短而提高了土壤碳的截存；过大的放牧强度破坏植被盖度和初级生产力，土壤侵蚀和矿化损失将造成共生互作场大量土壤有机碳的损失，其中相当一部分贡献于大气CO_2的升高。我国北方广大草原，由于风蚀严重，持续放牧对植被、土壤及周围环境造成极其严重的破坏。广大牧区以畜粪作为主要的生活能源，畜粪的燃烧加速温室气体的排放，干扰了牧区整个草地生态系统的碳循环。目前对畜粪与草地碳源汇的关系仍有争议：有研究显示畜粪样方的土壤呼吸较高，但更多的观点倾向于畜粪样方是CO_2汇。

目前国内针对林牧复合生态系统碳循环的研究较少，从已有的针对林牧复合体系的物质循环研究结论可以推测，这一系统类型的研究对全球碳循环研究无疑具有重大意义。

当前对碳循环的研究多具有区域性，而全球尺度碳通量的研究比较少，这种格局的产生与目前的研究方法有很大关系。近年来，已出现一些应用前景广阔的新方法：

①涡度协方差技术。该方法主要用于计算大气和植物冠层间CO_2一年或者多年的交换率，而该方法的关键在于收集垂直风速和CO_2混合比波动的协方差。由于这种方法受气候条件的影响较大，目前多应用于测定小尺度生物圈与大气圈的物质交换通量。

②$\delta^{13}C$观测法。$\delta^{13}C$观测法的关键在于能区分CO_2的源与汇，在不同碳库之间的CO_2交换机理研究有着非常重要的作用，该方法的出现加速着全球碳循环的研究进展，目前主要应用于大气CO_2变化以及海洋吸收率评估。

③航空影像和激光雷达技术。运用遥感技术，由激光雷达脉冲测定树干、树冠及林下植物，结合航空影像数据和已有的回归方程计算单株植物的生物量和碳储量。这种方法能用于大面积森林树木的生物量和碳储量计算，以该方法为基础已经建立了使用价值较高的森林碳

储量估算方法。

利用上述研究方法，以生态学、地球化学等多学科的理论为基础，综合生态研究网络的长期监测、人工影响模拟实验和建模与预测分析等方法，收集大量的、具有代表性的森林生态系统土壤碳储量和 R_s 实测数据，降低目前区域尺度碳循环研究的不确定性是当前亟须进行的。

(2)农牧生态系统土壤碳循环。土壤碳库是陆地生态系统最大的碳库，在陆地生态系统碳循环研究中有着极其重要的地位。土壤有机碳库是大气碳库含量的 2.2 倍，是陆地生物碳储量的 2.8 倍。由于土壤无机碳的更新周期在千年尺度以上(研究表明在 8 500 年左右)，土壤有机碳库通过土壤呼吸释放 CO_2 到大气中，这使得土壤有机碳库与大气碳库有直接的联系，土壤有机碳库由此在全球变化研究中显得尤为重要。土壤有机碳库的研究不仅仅是局部环境问题，也是一个全球性课题，土壤有机碳的分布及其转化日益成为全球有机碳循环研究的热点。

据估算，全球农业土壤碳储量为 142pg C，农田土壤碳储量占土壤碳储量的 8%～10%。不同利用方式不仅直接影响土壤有机碳的含量，而且通过影响土壤有机碳的形成过程，间接影响土壤有机碳的分布。开垦荒地和翻耕农田加速了土壤有机碳的流失，目前仅土地开垦一项损失的土壤有机碳就在 30%～50%。但是也有研究表明，农田生态系统有较强的固碳功能。两种观点的对立启示人们，对当前的土地利用方法合理性亟须开展深入的研究。就农牧生态系统而言，适当放牧土壤表层(0～20 cm)有机碳不会产生影响，但长期的过度放牧会显著降低土壤表层土壤碳含量。持续放牧草地的土壤表层碳低于围封恢复草地，且围封时间长的草地土壤表层碳含量高，这可能是因为围封恢复，不仅能使土壤免遭风蚀，还显著增加了土壤有机质的输入，显著增强土壤的碳截存能力。但是目前对围封的时间尺度还有待深入的研究。在土壤侵蚀严重的地区，短期的重度放牧可能不会降低土壤有机碳，甚至由于土壤容重和 C_4 植物的增加而使表层有机碳含量上升，但轻度放牧则因为侵蚀而使土壤有机碳含量降低。

土地覆盖变化既可改变土壤有机物的输入，又可通过对小气候和土壤条件的影响来改变土壤有机碳的分解速率，进而改变土壤有机碳储量。不合理的土地利用，会导致土壤储存碳量和植被生物量减少，使更多的碳素释放到大气中，加速全球变暖的趋势和与之有关的气候变化。深入研究土地利用变化对土壤有机碳库乃至整个陆地生态系统碳平衡的影响是当前全球陆地表层碳循环研究的重点内容。

土壤有机碳模型是研究生态系统尺度土壤碳循环的唯一可用工具。目前使用较多、较为成熟的方法主要有普通方法、非示踪方法、示踪方法、模型和计算机模拟等方法。

碳素测试是研究土壤有机碳组成及驻留时间的重要手段，针对土壤有机碳的测定，已成为较成熟的技术。按照测定的原理区分，可以分为以下几类：

①物理分组法：相对密度分组法、颗粒大小分组法；

②化学方法：氧化法、酸溶液提取法；

③微生物学方法：土壤微生物生物量的测定(氯仿熏蒸提取法)、土壤可矿化碳的测定。

三、江淮地区农林牧共生互作循环典型模式

(一)林鸡共生互作循环模式

江淮平原地处亚热带北缘与暖温带，季风气候显著，农业生产环境优越。林牧尤其是林鸡互作，已经广布江淮大地。

安庆市怀宁县位于安徽省西南部，属北亚热带湿润季风气候。优越的气候条件成就了该地区强劲的生态农业。平山镇牧之金畜禽实业有限公司，在林鸡共生互作实践中取得了较为成功的经验。该公司在平山镇石牛村承包了一大片荒山，在荒山上种植梧桐树。根据实际情况将梧桐树生态林划分为若干个养殖区，各养殖区的面积根据不同品种散养鸡的活动范围确定。以乌鸡为例，成年的江西乌鸡活动区域主要集中在以鸡舍为中心的 60 m 区域内。林木共生互作必须要考虑养殖场的生物承载量，养殖密度过大，虫草等生态饲料不足而超出了养殖场的承载能力，饲料的投入量势必增大，影响鸡肉、鸡蛋的品质。过大的养殖密度还增加了预防疾病和管理的难度、饲料费用；并且过大的养殖密度还破坏养殖场内的生物群落结构，灌木及草本基本绝迹。水土流失等一系列问题将显现出来。而如果密度太小，生态资源不能得到合理利用，养殖效益也大大降低。根据实际情况，他们将每一鸡群数量控制在 2 000 只左右。由于单位面积的散养鸡数量较为合理，养殖场的生态环境没有遭受破坏，取得了较为理想的生态效益。就经济效益而言，散养鸡增加了生态系统的生物组分，系统内资源得到了更加合理的利用。饲料的投入量较集约型养殖场明显减少，而每羽鸡的苗鸡、人工、饲料等合计 20～25 元；散养鸡重 1.5～2.0 kg/羽，每羽利润 20～30 元，每亩将获利 1 500 元左右，此外每亩每年还节约农药、肥料等林地养护费用 100 元左右。梧桐树在引入散养鸡后，整体长势明显好于单纯林中的树木，这就减少了生态林成材的时间，使资金周转期缩短，间接增加了经济效益。

合肥市董铺水库生态半岛以培育苗木为主，由于苗木的种群优势不明显，杂草以及其他灌木生长非常迅速，出现苗木林中杂树成为优势树种的现象。为此，苗木工人需要花费大量的财力物力去管理苗木林，为控制杂草生长甚至引入除草剂。这样不仅耗费了大量的物力、人力，更重要的是除草剂的使用严重威胁着董铺水库的用水安全。为此，该基地与合肥金牧童公司合作，选择广玉兰、香樟林、紫叶李进行试验，以求林鸡互作能控制苗木林中杂草的生长。实践证明，通过引入适当密度的散养鸡，基地内杂草得到了有效的控制。苗木的长势随之好转，胸径和树高增长速度加快。另外，由于放牧密度合适，林内生态环境并未遭受破坏，补饲的饲料投入量较舍养鸡也大大减少。杂草得到有效控制，苗木基地不再需要人工除草，尤其避免使用威胁水库用水安全的除草剂，苗木基地的人力物力投入大大减小。在收益方面，散养土鸡蛋深受合肥市民的青睐，土鸡蛋一直供不应求。每年年底，散养老母鸡平均售价在 100 元/只左右。由于苗木长势转好，减少了育苗时间，缩短了苗木基地资金的周转时间，间接增加了收益。

合肥市郊的大圩，是合肥市民喜爱的一个度假胜地。该村以农家乐为主要的经营项目，集食宿、娱乐于一体。由于地处市郊，该村在白杨树林放养了适当数量的散养鸡。这一举措控制了林间的杂草，为游客提供了一个参观的去处。更为重要的是，林间散养鸡深受游客的喜爱，散养鸡也成为该度假村的招牌菜。

此外，在肥东、肥西、定远等县，林鸡互作都已经取得了较理想的生态效益和经济效益。

(二)稻鸭共生互作循环模式

我国稻作历史悠久，面积辽阔，但单一种植模式资源利用率不高，化肥农药使用量较大，影响经济效益的同时，对生态环境还造成破坏。由于农药的使用，国产稻米在市场的竞争力远比不上国外进口大米。稻鸭共生互作是依据水稻不同阶段的特点开展起来的循环养殖模式。在怀宁平山镇，稻鸭共生互作取得了非常理想的结果。该镇在建设高标准农田“稳增产、保增收”的基础上，突出生产性、经营性两个主要收入源建设，以引入规模经营主体为龙头，以“公司+

基地+农户"为纽带,带动农民从产业化经营中实现增收。实施的650亩稻鸭共生项目辐射周边农田6 000亩,带动125户农民养殖绿头野鸭27万只,产出生态米105 t,户均增收2万元。该模式从绿头鸭育雏结束后开始,一般在水稻移栽后约10 d放鸭进田,每公顷约270只,到水稻抽穗时收回。在此期间,适当投喂饲料。该模式通过鸭子在物种、时空结构的有机嵌合,补充了常规稻作系统在生态位上的不足,形成了多级食物链,优化了资源的利用效率。实践显示,由于鸭在田间活动过程中兼有拔草及浑水中耕的作用,稻鸭共生互作区杂草控制率在99%以上。同时,稻田中的稻飞虱、稻象甲等害虫也得到了有效控制。另外,水稻产量明显提高,稻米加工品质、外观品质、营养品质等也得到了改善。而放养的绿头野鸭由于活动充分、肉质鲜美,深受市场青睐。稻田生态系统综合效益明显提高。

(三)其他共生互作循环模式

江淮地区除了以上几种典型的农牧共生互作循环模式以外,还有其他较为典型的模式。

(1)大棚蔬菜养殖模式。鸡在生长过程中产生的热量与蔬菜温室所采集的太阳光能形成互补,鸡和蔬菜在和谐的生态环境中互利共生。饲养过程中产生的鸡粪可完全用作蔬菜用种植用肥,减少了对环境的污染。此外,蔬菜生长过程中可吸收鸡排出的二氧化碳,粪便产生氨气也可作为蔬菜的叶面肥料被吸收。蔬菜释放出来的氧气可加速鸡的生长,提高饲料的回报率,增强鸡体的抗病能力。因此,通过种菜-养鸡的循环模式生产过程来净化环境,可以达到生态良性循环的目的。

(2)稻田养殖模式。利用水稻收割后闲置责任田实行放养,稻田里掉落的稻穗和未成熟的稻粒及各种杂草、草籽,还有稻田内的虫子、虫卵等,都是鸡的好饲料,这种养殖模式既可充分利用自然资源,减少环境污染,又能提高鸡肉品质和风味,同时也减少了作物来年的病虫害。近年来,不少养殖户通过不固定放养,即在某个地方放养一段时间后,再转移到另一地方放养,大大减少了养殖过程中疾病的发生和传播,并一定程度上促进了自然净化。

(3)三园养殖模式。利用三园(果园、竹园、茶园)的生态环境,将鸡放养于其中,以自由采食昆虫和野草为主,补喂混合精料为辅。由于园内空气新鲜,地势空阔,鸡能捕食大量昆虫和野生杂草、草籽等,同时鸡的活动量增加,抗病力强,用药少,肉质鲜美。如在园内利用空闲地种植优质饲用牧草如黑麦草,不仅可以给鸡提供丰富的维生素、蛋白质等多种营养物质,还可减少饲料的用量,大幅度降低饲养成本。三园生态养鸡重在营建"鸡食园中草,鸡粪肥园养树滋草,树荫为鸡避雨挡风遮炎日"的生态链。

(4)渔塘立体养殖模式。把养鸡与养鱼结合起来,利用它们之间的食物链关系,使饲料重复利用,这是降低生产成本、提高经济效益的好办法,也是养殖业的一项新技术。例如在渔塘上建鸡舍,鸡排出的粪便和冲洗鸡舍的废水直接流入鱼池,可以省去粪便的运输,养鸡的废物不仅可以肥水、培养鱼的饵料生物,一部分还能直接被鱼类吞食。这种立体生态养殖模式,不仅适用于较大规模的饲养中心,也适用于日益发展起来的家庭饲养业。值得注意的是,在这种综合饲养中,要切实做好管理、规划和疫病防治工作。

四、农林牧共生互作循环配置技术体系

1.放养密度与规模

散养规模与养殖场地自然条件必须相适应:若养殖密度过大,虫草等生态饲料不足而超出

了养殖场的承载能力，饲料的投入量势必增大，影响鸡肉、鸡蛋的品质。过大的养殖密度增加了预防疾病和管理的难度、饲料费用；并且会破坏养殖场内的生物群落结构，灌木及草本基本绝迹，水土流失等一系列问题将显现出来。而如果密度太小，生态资源不能得到合理利用，养殖效益也大大降低。故合理的饲养密度就显得尤为重要。一般而言，放养密度以杂草、虫、蚁等的生长利用为平衡点。实践证明，散养鸡的活动范围一般在半径 100 m 的范围内，且鸡舍周围为鸡群活动最频繁的地段，即该地段很容易出现过度放牧的现象。所以，在选择放牧规模时，一般以小群体为主，每个群体鸡群数量控制在 200～300 只。

2. 轮牧区的划分

目前，江淮地区的生态养殖很少进行轮牧管理。长期的林下养鸡，场地病菌多，造成鸡群易染病，而且鸡会将林内草根、树叶等食尽，造成严重的生态环境破坏（李双喜，2009）。江苏海安县在葡萄园放养鸡轮牧取得过成功的经验。即以 600 只鸡为一群，葡萄园用丝网隔开分区进行轮牧，每星期换一块小区，轮牧周期在 1 个月左右。这种模式的成功之处在于各小区都有休养生息的时间，鸡粪的加入又很好地促进葡萄园内小草、蚯蚓、昆虫等的生长，使生态食物链形成往复而不间断（李登忠，2016）。目前，关于生态养鸡轮牧的研究较少，而轮牧的时间尺度是该领域亟须探讨的问题。

3. 禽类品种选育

林下散养鸡与现代笼养不同，完全回归自然，实行野外放牧的饲养方式。通常选择优良的土鸡品种进行放养。品种的选择直接决定林地散养的成活率，管理的难易程度，以及产品肉质风味和品质等。

在土鸡品种的选择上，根据市场行情各地选择与当地环境相适应，耐粗饲，抗病力强，适宜放养，体型小巧，体躯结构紧凑，结实，反应灵敏，味美可口的优良品种进行散养。广东三黄鸡和惠阳鸡、浙江青脚麻鸡和神农土鸡、河南乌鸡和固始土鸡、苏北土鸡、江西宜丰土鸡等都是优良的地方品种。但目前没有人对现有的土鸡品种资源进行系统研究，有些地方品种在长期封闭的自然条件下饲养，因此生长缓慢，若不加以改良选育将会退化。

目前优质鸡的育种配套模式以两系配套和三（或四）系配套为主，还有一些以单一的品系（群）不经配套组合直接用于商品鸡生产的模式，三黄鸡采用两系配套模式。除此之外，还有一些优质鸡，由于各种原因没有采用配套方式，如广东的清远麻鸡、怀乡鸡以及江西的崇仁麻鸡等地方品种经过选育纯化后，直接生产商品鸡。浙江宁海县采用半封闭式育种模式，应用家系选择、综合指数选择、两品系正反交选择、世代重叠的循环育种等现代育种技术，选育出了适合山地生态放养、肉质风味佳、抗逆性强的优质肉用土鸡。

4. 饲喂管理和疾病防治

就禽肉安全问题，究其原因在饲养环节，主要是由于饲料和兽药的不安全使用引起。目前市场上生产的不同日龄肉鸡配合饲料都含有抗生素、抗球虫药、促生长物质等化学成分添加剂，这些配合饲料虽然能明显提高生长速度，但是大量使用药物，特别是滥用抗生素会破坏肉鸡体内环境的微生态平衡，降低机体免疫力，容易造成各类疾病的感染和发生。

林地散养鸡采食林地内的青草、草籽、虫、蚯蚓等天然食物可以满足鸡体对部分营养元素的要求，补饲玉米、豆粕等蛋白饲料和适当的维生素、氨基酸等可以满足散养鸡的营养需求。有些研究者和饲养者在林果树下种植豆科优质牧草，利用青饲料补充鸡必不可少的各种维生素营养成分，既肥田又养鸡，节省饲料，提高鸡肉品质。

散养鸡的疫病防治，主要通过品种选育、放养密度、林地清理和鸡舍消毒等管理措施进行。在饲养当中，由于散养鸡的活动空间广、运动量大、抗逆性较强，因此发病率低。但是，野外养鸡，鸡的活动范围广，疾病防范难度相应大些，因此防病免疫工作要求质量高，严格按照免疫程序，逐只予以免疫注射。林下散养鸡的防疫，主要是马立克、新城疫、支气管炎、法氏囊炎等传染病防疫注射。

第三节　茶场农林牧循环经营模式及技术

随着社会经济的发展，我国能源需求呈刚性增长，废弃物产生量不断增加，经济增长与资源环境之间的矛盾日益突出，发展循环经济成为迫切需求。鄱阳湖生态经济区是我国著名的鱼米之乡和重要的商品粮油基地，同时具有丰富的林业资源，为了高效利用这些生物资源，提高农林牧业综合效益，江西农业大学在已有成果和多年工作的基础上构建了农林牧多业共生的“猪-沼-油＋苋”立体循环型经营模式。该模式是在油茶(*Camellia oleifera* Abel)林内建设一定规模的生猪养殖场，将生猪养殖在近自然的环境条件下，并将其排泄物腐熟、发酵获取清洁能源——沼气，沼液作为液态有机肥，沼渣和茶油生产剩余物油茶壳一起生产固态生物有机肥供给油茶林地；油茶行间种植籽粒苋(*Grain amaranth*)喂养生猪，油茶茶粕生产脱毒蛋白饲料作为猪日粮添加料，实现资源利用节约化、生产过程清洁化、产业链接循环化、废物处理资源化的一种良性循环模式。该模式在建设上主要包括养猪场、沼气池、油茶林和籽粒苋等几个部分。养猪场建在油茶林中位置较高处，沼气池建在养猪场旁边位置较低处，沼液通过管道输送到油茶林地，油茶林中间种饲料作物籽粒苋(图 9-2)。

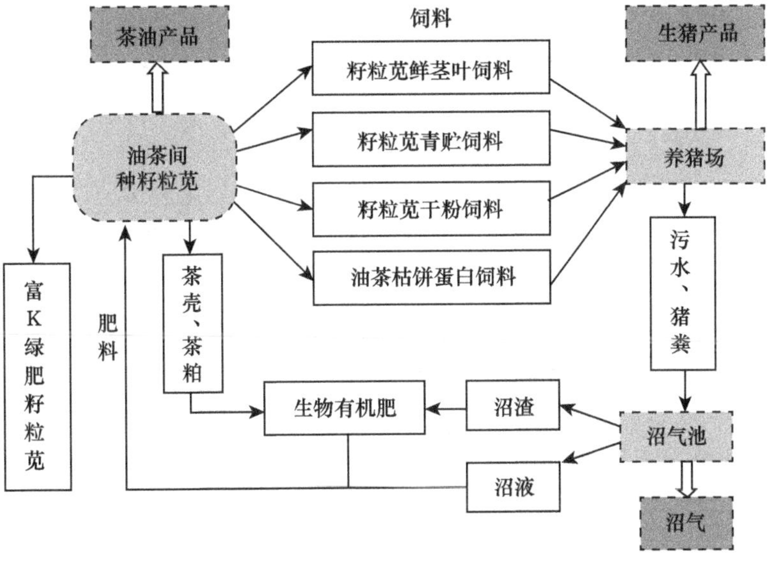

图 9-2　“猪-沼-油＋苋”循环模式图

一、"猪-沼-油＋苋"模式设计原理

"猪-沼-油＋苋"是一种农林牧立体经营模式，该模式主要是针对规模化生猪养殖产生大量废弃物和油茶高产经营需要大量肥料，同时大面积幼林隙地长年闲置，水、土、热资源得不到充分利用的现状，利用生物链的循环作用引进优良蛋白饲料作物美国籽粒苋，组成林地新的立体层次，建造林地多层空间生态位，以促进农林牧良性结合；通过以耕代抚、以短养长、农林牧业互补方式，实现资源高效节约利用，解决生猪养殖废弃物污染问题，提升林业经营水平和林地生产力，提高农林牧综合效益。该模式环环相扣，其中涉及林地间种、沼液施用、饲料生产与应用、有机肥研制等多个技术环节。

二、"猪-沼-油＋苋"模式中主要技术

(一)油茶林地间种籽粒苋技术

籽粒苋为苋科(Amaranthaceae)苋属(*Amaranthus*)植物，一年生草本，具有抗逆性强、适应性广、营养丰富、生物产量高等多方面优良特性，被誉为21世纪最具发展潜力的作物之一。全球苋属植物约40种，分布于热带、亚热带和温带地区，我国是苋属植物的原产地之一。苋属植物的用途很广，可做粮食、蔬菜、酿造、饲料、药用和观赏，特别是作为青饲料具有广阔的发展前景。1990年江西农业大学将籽粒苋引入江西省进行林地间种，实践证明，籽粒苋对江西红壤坡地具有较好的适应性，其时空调节能力强，是经济林、果园等农林复合经营中重要的生态位资源，具有广泛的应用基础和前景。

籽粒苋耐粗放栽培，栽培管理技术简便，病虫害少，但作为饲料利用，需有较大生物量，较旺的生长势，油茶林地间种籽粒苋要获高产，需要有一定的技术、人力和物料投入。

1. 选地和整地

籽粒苋适应性广，喜光、热、湿润，忌水湿，速生期、灌浆期缺水将影响产量。因此，籽粒苋在油茶林间套种不宜在郁闭度过高的林分中进行，油茶的郁闭度不宜超过0.6；在无灌溉条件下，贫瘠干旱的山顶和低洼积水的山脚不宜间种。另外，由于籽粒苋种子细小，直播整地要求细致，地要整平，表土要细，否则影响出苗。籽粒苋具有一定的生物量，且需要消耗水肥，为了避免籽粒苋与油茶竞争水肥，应在油茶树冠的垂直投影面(树冠滴水线)以外栽种籽粒苋。

2. 播种

籽粒苋的种子细小，每公顷用种量少，可直播也可育苗移栽。选用新鲜的种子，播种深度1～1.5 cm，播种时必须用磷肥或草木灰或细沙土拌种，以便播撒均匀，播种量不宜大，一般每公顷播种量300～450 g，直播不超过750 g，可撒播或条播。播种后必须覆盖1～2 cm细沙土或火土灰。夏季或秋季干旱季节播种，最好再薄薄覆盖一层稻草并浇透水，以利保湿。鄱阳湖周边地区3～9月均可播种，以收取鲜茎叶为目的时，最佳播种期为4月上旬至5月初，此时雨量充沛，温度高，籽粒苋生长高峰到来早，能获取高产。

播种后要注意水肥管理，长期干旱及贫瘠引起籽粒苋生长不良，矮小时就开花结实，从而降低籽粒苋的生物量。南方春夏季雨水较多，一般不必灌溉，结合天气施肥即可，7月后播种出的苗应适当灌1～2次水(尤其在苗期)并施以化肥。另外，出苗后要注意间苗，离油茶树过

近的籽粒苋应去除，以免影响油茶生长。

3. 间苗、移栽

栽植密度直接影响籽粒苋生长，一般应根据地力定株数，肥力好宜稀，肥力差可稍密，以产鲜茎叶为主，一般每公顷油茶林中可留苗5万～7万株（行距30～40 cm，株距20～30 cm）。直播一般苗高10～15 cm时按株行距定苗，移栽苗一般也以15 cm左右高为宜。

4. 田间管理

籽粒苋开始生长时都有一个生长较为缓慢的滞缓期（播种后30 d内），滞缓期后生长明显加快，56 d达高峰（第一个生长高峰），70～80 d达第二个生长高峰（灌浆期），一切管理措施应在此前进行。籽粒苋高大，遇风易倒，株高80～120 cm时应中耕培土，以利于排水和固根防倒伏。夏季移栽、夏播或秋播苗期遇旱会造成生长迟缓，有条件的地方可适当灌溉数次。

籽粒苋吸肥能力强，在不利条件下，也能生存结实，但对土壤肥力极敏感，施肥是获得高产的关键。由于籽粒苋生长迅速，生物量大，并随青饲料刈割带走大量土壤养分，所以，高肥才能高产。油茶林地土壤多属红壤，黏性大，易板结，以施用有机肥为好，如沼渣肥，一般每公顷施15 000～30 000 kg做底肥。以青饲料为目的，可追施沼液或其他N肥，特别是在营养生长高峰期，追肥效果好，生物产量高，植株幼嫩。苗期追施1～2次沼液或尿素，移栽返青后追施1次沼液或尿素，可防止苗期生长停顿。以后每刈割1次，追施1次，促再生分枝。

籽粒苋抗病虫能力较强，一般不易遭受病虫害，但幼苗期可能会有小地老虎、蝼蛄，速生期食叶的甜菜白带野螟、中华稻蝗、短额负蝗，开花结实期危害花、穗的小长蝽，有时可形成较大损失，要及时防治，确保产量。

5. 采收

刈割作鲜饲料的籽粒苋最经济收割期应在种植65～75 d（现蕾期），此时叶、茎、植株干物质含量均达到高峰值，生物量高，同时茎叶营养成分也较优。刈割留茬高度要适中，过低不易萌发易烂兜，过高产量浪费大，一般留桩高30～40 cm，且保留3～5个腋芽为宜，刈割后15～25 d可进行第二次刈割，高度比前一次略高。一般可刈割3～4次，残兜则返回林地做绿肥。油茶林地间种籽粒苋青刈应在株高50～150 cm时开始，具体要根据油茶生长状况决定刈割的高度、次数，以不影响油茶光照为原则。青饲也可一次性刈割，多次播种多次收获（一年可收三茬）或青贮或加工成颗粒饲料备用。

（二）油茶林地沼液施用技术及效果

沼液是沼气工程处理农牧业废弃物后产生的尚未达国家排放标准的废水。大量沼液未经后续处理直接排放，成为我国水体环境的主要污染源之一，沼液的有效处理成为水环境保护中亟待解决的关键问题。利用土地及生存于系统中的农林作物、微生物等共同作用处理沼液，实现资源再利用，是目前较为认可、最易实施且有效的沼液处理方法。我国山地多，林地面积较大，且大多养分缺乏，林木生长对养分的需求较大，利用林地消解沼液是沼液处理的有效途径。进入21世纪以来，我国加大了木本油料植物的开发利用力度，江西是我国木本油料植物油茶生产的主要省份，大面积的油茶新造林不断涌现，而为了获得高产，养分补充成为油茶经营管理不可缺少的环节，每年补充的N、P、K养分量通常为50～100 kg/hm^2，购买肥料成为油茶林经营的主要成本。沼液替代化肥应用到油茶林中，不仅可以解决生猪养殖中废弃物污染的问题，同时还可降低油茶的生产经营成本，提高油茶产量与品质，实现养殖和种植双赢。

1. 油茶林地沼液施用方法

油茶林地多为低山丘陵或缓坡地，且油茶种植行间距较大，通常在 3 m×2 m 以上，因此，其沼液施用方法与一般的农田作物有较大区别。从长远角度考虑，油茶林地施用沼液最好采用管道进行，灌溉方式可采用滴灌、喷灌或人工浇灌，也可在林地按一定面积比例开挖粪池，存贮沼液待用。但由于劳动力价格上涨，人工运输沼液到油茶林地的费用很高，一般不宜采用。如果油茶林地间种了籽粒苋或其他农作物，最好采用人工浇灌。农作物与油茶的需肥规律不同，人工浇灌可控制各自的施用时间与用量。为确保沼液的肥效，通常要在油茶株间沿树冠滴水线位置开挖长 40 cm、深 30 cm 的施肥沟。

2. 油茶林地沼液施用时间

油茶是多年生植物，其生育周期有别于大多数春花秋实的木本植物，油茶通常在 10 月份开花，果实到次年 10 月底成熟，属典型的“抱子怀胎”植物，因此，油茶对养分的需求有别于大多数植物。氮素是沼液中可利用的主要养分，春季是油茶春梢生长和油茶果实膨大的关键时期，此时，油茶对氮肥的需求量较大。因此，应在油茶春梢萌发前(鄱阳湖周边地区为 3 月上旬)灌溉足量的沼液，以促进春梢萌发和果实膨大。5 月份油茶生长量较大，此时对养分的消耗也较多，应再灌溉一次沼液，但为控制树体生长过旺，确保形成足够的花芽，此时最好结合 P、K 肥一起实施。七八月是油茶果实生长和油脂转化的关键时期，也是油茶主产区较为干旱的季节，此时施用的沼液浓度宜低，施 2～3 次为宜。10 月下旬是大多数油茶品种果实成熟和开花的时间，此时需要消耗大量的养分，果实采摘后，应结合 P、K、B 等其他养分施用足量的沼液。

3. 油茶林地沼液施用浓度及用量

油茶常年花果不断，各个生长阶段都需要补充养分，但不同阶段对养分种类的需求存在差异。油茶在春季主要以营养生长为主体，此时需要更多的氮素营养，沼液浓度及用量宜大，可用原液，用量为全年沼液施入量的一半；夏季是油茶花芽分化、果实生长和油脂转化的关键时期，此时，宜控氮增磷、钾，沼液浓度和用量宜小。通常沼液使用浓度为 50%，用量为全年沼液施入量的 30%，否则夏梢会生长过旺；秋冬季油茶果实成熟同时开花，此时施用沼液浓度为 50%，沼液用量为全年沼液施入量的 20%，不宜过多，以利于安全越冬。沼液的全年施入量可控制为含纯氮 100～200 kg/hm^2。间种了籽粒苋等作物的油茶林地根据作物需肥规律直接增施沼液于作物中。

(三)籽粒苋饲喂生猪技术及效果

1. 籽粒苋饲喂生猪技术

籽粒苋蛋白质含量高，生物学价值高达 80%，维生素含量极其丰富，可满足不同品种猪在不同时期对各种维生素的需要，其幼嫩的茎叶鲜美可口，成熟的秸秆、籽实经青贮后质地柔软，带有酸香味，既能增强饲料的适口性又能节省一部分精料，是发展节粮型畜牧业很有前景的青饲料。

(1)籽粒苋鲜茎叶饲喂生猪。籽粒苋鲜茎、叶营养丰富，其蛋白质含量分别高达 15.6%、28.31%，赖氨酸含量分别为 2.2%、2.85%。用籽粒苋鲜茎叶喂猪，鄱阳湖周边地区一般在 4

月上旬种植，6 月中下旬待株高达 60～80 cm 就可进行第一次刈割，残茬保留 3～5 片叶，经半个月左右，进行第二次刈割，通常全年可刈割 3～4 次。

利用籽粒苋养猪，可降低饲料成本，提高猪的瘦肉率，但要限定用量。小猪(7～20 kg)阶段：饲料中蛋白质含量要达到 18%以上，同时适当喂给少量籽粒苋鲜嫩茎叶，日喂量以 1～2 kg 为宜，最多不要超过 3 kg，一般在喂料前半小时喂鲜草。中猪(20～60 kg)阶段：可少喂蛋白质含量高的精料，通过添加籽粒苋来补充精料中蛋白质和钙含量的不足，补充维生素及矿物质，一般日喂 4～6 kg 的鲜籽粒苋。精料配制为：70%玉米、20%麸皮、10%浓缩饲料或豆饼。精料日喂量为 1～1.25 kg，一般在喂精料前半小时喂籽粒苋鲜茎叶，每天喂 2 次。大猪阶段(60 kg 以上)：精料配制为：80%玉米、20%麸皮，不必添加任何浓缩料。每天喂 6～8 kg 籽粒苋茎叶，每天精料喂量为 1.5～2 kg，喂精料前半小时喂鲜草，每天喂 2 次。在猪出栏前半个月，每天喂 2～3 kg 鲜草。母猪空怀阶段至母猪怀孕后 80 d：如果母猪过瘦，应补充较多的精料。一般情况下，母猪每天喂 0.5～1 kg 精料、8～10 kg 鲜草。母猪怀孕 80 d 以后至产仔猪前：饲料中要适当增加蛋白质和钙量，每天多加 20 g 骨粉或 50 g 鱼粉，同时精料由每天 0.5～1 kg 提高到 1～1.5 kg，籽粒苋鲜茎叶每天 5～6 kg。母猪哺乳阶段：增加精料的饲喂量，并适当补钙，精料用量为每天 2.5～3 kg，再喂 8～10 kg 籽粒苋鲜茎叶。喂猪的籽粒苋鲜茎叶一般不必切碎或打浆，可直接投喂，有条件的猪场可用打浆机加水打成泥状，拌入精料饲喂。

(2)籽粒苋秸秆青贮饲喂。青贮原理主要是利用乳酸菌通过厌氧呼吸过程，将青贮原料中的碳水化合物变成以乳酸为主的有机酸，抑制有害微生物的生长繁殖，使青饲料得以保存，同时增加青贮原料中原来所没有的维生素营养成分。籽粒苋一般在 9 月上旬青贮，这一阶段的籽粒苋含水量较低，一般为 65%～75%。将籽粒苋全株刈割，用青贮机粉碎后装到青贮窖里，踩紧压实，封严窖顶，一般经 40～50 d 就可开窖利用。籽粒苋经青贮后其营养价值一般只损失 5%左右，在青贮过程中，由于乳酸菌的发酵，还可以使粗硬秸秆变软、变熟。青贮饲料可以有效地保持青绿植物的青鲜状态，在缺乏青绿饲料的枯草季节也能供给猪青绿饲料。

研究结果表明，籽粒苋鲜体单一青贮不易成功。籽粒苋为蛋白质饲料，由于缺乏糖化饲料，单一将籽粒苋鲜体做青贮不易发酵，一般是放一层籽粒苋再放一层玉米、小麦干秸或玉米青饲料。籽粒苋鲜体含水量较高，应在制青贮前先晾干至含水量 60%～65%时入窖为宜，温度为 20～30℃ 较为合适。

(3)籽粒苋秸秆粉和种子粉饲喂。当籽粒苋播种面积较大，青饲利用有余，可待 8～9 月份籽实成熟时刈割，加工成草粉利用。籽粒苋籽实成熟时茎叶含有 8%～10%的蛋白质，此时茎叶纤维含量较高，猪不爱鲜食，利用率较低。因此，通常刈割全株阴干，然后加工成草粉在猪饲料中添加 10%～15%。将籽粒苋种子爆炒后加工成粉，在猪日粮中添加 10%，可使其日增重提高 13%，饲料消耗下降 20%。

2. 籽粒苋饲喂生猪效果

使用青饲料喂猪可以节省大量的精料，降低饲养成本。应用籽粒苋青饲料饲喂母猪的实践表明，母猪日粮中添加 25%的青料，不加多维，母猪仍能保持较好的体况和较高的繁殖性能。特别是在母猪产仔季节，添加一部分青饲料，可以增加采食量，提高泌乳力。籽粒苋茎叶中粗蛋白质含量高，并且饲料强化剂——赖氨酸的含量极为丰富，用它喂猪可促进其他氨基酸的吸收，从而提高饲料转化率。经计算，籽粒苋喂猪可节省混合料 10%～40%，猪的增重提高

40%左右，饲料成本大大降低，纯收益增加1倍多。

南昌县畜牧良种试验表明，用籽粒来代替部分精饲料其料肉比为2.64∶1，而全部用精饲料的料肉比为3.22∶1，每增重1 kg其饲料成本降低17.95%；江西省南城县天井源乡果场日喂1～2.5 kg籽粒苋青饲料的生猪料肉比为2.87∶1，而全部用精饲料的对照组为3.46∶1，每增重1 kg其饲料成本降低17.08%。谢国强等研究结果表明，选用三元杂交猪，在日粮中添加10%的籽粒苋秸秆粉，对猪的增重速度及胴体和肉质品质没有明显影响，但每增重1 kg可节约精料2%～10%，提高经济效益2%～8%；猪体内消化试验表明，籽粒苋秸秆粉粗蛋白质、粗纤维、粗脂肪、无氮浸出物和能量的消化率分别为84.6%、33.0%、55.4%、76.9%、67.9%，均高于盛花期的紫花苜蓿干草粉。郭晓敏等对籽粒苋鲜茎叶饲喂生猪效果进行了对比试验和广泛调查，结果表明，以精料配籽粒苋喂养，一般能节约精料20%～30%，增重比对照增加8%，经济效益显著。

(四)油茶枯饼蛋白饲料的开发与利用

油茶是中国特有的优质木本油料树种，分布广、面积大，现有栽培面积达300万 hm^2 以上，主要分布于南方14个省份；具有一年种植、多年受益的特点，丰产期长达80年。油茶全身是宝，茶油不饱和脂肪酸含量高达90%，油酸含量80%以上，油质优于橄榄油，是最具国际市场竞争力的出口创汇农产品之一。

油茶不仅向人们提供优质的食用植物油，而且茶籽榨油后剩下的65%饼粕中，含蛋白质约20%，如果油茶籽脱壳后榨油，饼粕中蛋白质含量可高达30%，是优良的畜禽饲料。但由于饼粕中含有溶血和毒鱼作用的皂素以及一定量的涩味物质单宁，限制了油茶饼粕的有效利用。据统计，全国年产油茶5.7亿kg，油茶枯饼3.7亿kg。为了利用这些蛋白质资源，提高喂猪适口性和其他营养物质的含量，学者们从不同的角度对蛋白饲料用油茶饼粕开展了研究并取得了一定成效。

1.蛋白饲料用油茶枯饼脱毒技术

油茶籽榨油后剩余的油茶饼粕含有较高比例的蛋白质，但其中还含有8%～13%的毒物质皂素和一定量的涩味物质单宁，为了利用油茶饼粕中的蛋白质，首先必须对其进行脱皂处理。油茶枯饼通常采用热水和乙醇两种脱皂方法进行脱皂。热水脱皂法是将粉碎过筛后的油茶枯饼加3倍清水，煮沸2 h，不断搅拌，以防止焦灼，然后用纱布过滤，滤渣在清水中浸泡24 h，反复洗涤，除去上层溶液，过滤，烘干粉碎待用。乙醇脱皂法是将粉碎过筛后的油茶枯饼加入2倍无水乙醇，置80℃水浴中保温8 h，不断搅拌，然后用滤纸过滤除去乙醇，烘干粉碎待用。热水脱皂法去毒，其主要营养成分基本上能满足作配合饲料的要求，同时设备、工艺简单，技术容易掌握，价格低，投资少，而且不需有机溶剂，经济可行。但是，采用热水脱皂法，工作效率比乙醇脱皂法低，且消耗能量大，设备利用率低；另外，枯饼中的主要营养成分如蛋白质、糖类因部分溶于水而损失，乙醇提皂后的油茶枯饼比热水脱皂能保留更多的原有营养成分。

研究还发现，油茶饼粕脱毒过程中，枯饼中粗皂素的残存量、粗蛋白质、粗脂肪的含量与浸提次数密切相关，浸提次数越多，皂素含量越低，粗蛋白质和粗脂肪的含量也同时降低，因此要严格控制浸提次数。曾馥平等结合含15%脱毒茶饼试验和日粮作喂猪试验，得到当浸提次数为5次时，饼粕中皂素含量小于3%，喂猪的适口性好，且无毒理反应，脱毒茶饼中蛋白质含量达 23.04%，可作为蛋白质饲料进行开发。

2. 油茶枯饼生产蛋白饲料发酵工艺条件

油茶枯饼通过微生物发酵，可将其糖类、纤维素等主要成分高效转化成蛋白质，成为高蛋白饲料的优质原料，可有效缓解油茶枯饼被废弃掉或廉价出口等问题，提高油茶副产物的综合利用率。为了提高油茶枯饼中蛋白质的含量，人们开展了一系列研究。

马力等将脱毒处理后的油茶枯饼调配成不同配方的培养基，观察培养基中的菌体生长情况，测定蛋白质提高率，获得了较优的饲料用油茶枯饼发酵培养基为：热水脱皂的油茶枯饼 16 g，麦麸 1 g，葡萄糖 2 g，$(NH_4)_2SO_4$ 1 g，水 19 mL。邓桂兰等研究结果表明，酵母菌能较好利用茶粕中的营养物质，并可获得较多的菌体干重。

钟海雁等开展了油茶枯饼固态发酵技术的研究，研究结果表明黑曲霉、毛霉、117 产朊假丝酵母、平菇和紫木耳均能在脱皂油茶枯饼上正常生长，发酵后，其蛋白质含量有一定程度的提高。单一菌种发酵油茶枯饼可提高蛋白产量，但比混合菌种发酵效果差，因混合菌种发酵可多个菌种之间互相补偿缺陷，进行协同发酵。经过发酵后油茶饼粕中的粗纤维含量下降，氨基酸组成更加合理。

马力等用油茶枯饼为原料，以筛选生产优质高蛋白饲料的菌种为目的。通过平板点种试验，选用黑曲霉为指示菌，又根据刺激圈试验以及三角瓶发酵培养，获得油茶枯饼生产蛋白饲料的最佳菌种组合，油茶枯饼发酵后粗蛋白质含量为 16.94%，较未发酵时的 10.82%提高了 56.56%。试验结果表明，油茶枯饼生产蛋白饲料的最佳菌种组合为：地衣芽孢杆菌 10181：黑曲霉：葡萄汁酵母 1445：米曲霉＝1：1：1：1 时为优选接种比例。

(五)沼渣油茶壳生物有机肥的开发

油茶壳是油茶果加工茶油的副产物，包括茶果壳和茶籽壳两部分，全国每年产油茶壳约 1 000 万 t，油茶壳可以用来制备活性炭，提取棕色素、多糖、黄酮等。但油茶壳高品位资源化的利用需要高投入的生产设备，因此，生产上油茶壳用于加工的比例并不大，大部分油茶壳当作燃料被烧掉，造成极大的资源浪费。实际上油茶壳中还含有丰富的有机质。研究表明，茶壳和茶麸富含有机质 74.14%，其有机质含量约是鸡粪中有机质含量的 2 倍。利用茶壳和茶麸堆制有机肥，既可改善土壤、培肥地力、促进植物生长，又能发挥无机养分的速效性，且茶壳和茶麸中含有的茶皂素对很多害虫有驱避作用，起到生物农药的效果。

黄欣等将油茶壳和油茶麸配置成不同比例进行有机肥沤制试验，结果表明，油茶果中各种元素的消耗比例要远高于茶麸中的含量；油茶壳与油茶麸 3：1 时所堆沤成的有机肥中有机质及 N、P、K 含量较高；建议今后在油茶生产中进行有机肥堆沤时，油茶壳和油茶麸按 3：1 配比，以达到较优的养分效应。

为了有效利用油茶壳资源，罗健等通采用猪粪、复合肥、尿素为添加氮源，EM 菌、酵素菌、金宝贝发酵菌为微生物菌剂对油茶壳进行堆沤发酵处理，研究了油茶壳基质化腐熟技术。结果表明，以猪粪或复合肥为添加氮源，油茶壳堆沤发酵 50 d 可完成腐熟，腐熟后碳氮比降低，颗粒度变小，保水性能增强。EM 菌对碳氮比降低最明显，使碳氮比降到 20：1 以下，满足育苗要求。

三、"猪-沼-油＋苋"循环立体经营效应

"猪-沼-油＋苋"立体循环经营模式采用农、林、牧三结合方式，将生猪养殖、沼液利用、油茶种植、饲料生产进行有机串联，对养殖产生的废弃物(沼液、沼渣)和种植产生的副产品(油茶壳和油茶饼粕)及林间空地进行综合利用，具有经济、社会、生态综合效益。

油茶高产栽培主要依靠外部投入大量肥料、农药等化学物质以提高茶果产量，忽视农业生态系统营养物质的再循环，如此长期经营将导致油茶林地生态环境恶化，果实产量下降，品质差，影响油茶产业的可持续发展。"猪-沼-油＋苋"立体循环经营模式改变了油茶林地单一的结构和功能，引入了猪场、饲料作物籽粒苋和沼液，建立了农、林、牧良性循环多级利用型生态结构体系。沼液的合理应用可使油茶年产量提高 8%～10%，化肥用量减少 30%～50%，农药用量减少 30%左右，改良了土壤，减少了化肥、农药对农产品、土壤和水源的污染。沼液、沼渣中含有丰富的有机质以及氮、磷、钾，油茶林地使用沼液、沼，可使土壤有机质和氮磷钾等养分含量提高，而土壤容重下降，孔隙度增加，土壤的理化性状得到改善，保水保肥能力增强，具有显著的经济效益和生态效益。

"猪-沼-油＋苋"立体循环经营模式实现了资源互补、生物互惠互利、资源良性循环的目的。该经营模式充分利用了林间空地，提高了林地生产力，节约了饲料，降低了生猪养殖成本，生产出了无公害农产品。利用油茶行间种植籽粒苋，不仅获得了优质青饲料，而且为油茶林提供了良好的生境，同时还省去了林地除杂费用；利用籽粒苋青料和蛋白饲料喂猪，可大大地节约精饲料，降低养猪成本；另外，籽粒苋青料的应用还可提高母猪下崽率，改善猪肉品质，生产无公害猪肉。"猪－沼－油＋苋"立体循环经营模式还可实现农、林、牧废弃物综合加工再利用，将猪沼渣、油茶茶壳茶粕及籽粒苋废弃茎干按一定比例混合，借助生物菌的作用，可生产生物有机肥，使农、林、牧废弃物变废为宝，减少对环境的污染，并创造新的产值。

"猪-沼-油＋苋"农林牧立体循环经营模式将生态养殖和生态种植融为一体，充分利用生物之间的互惠互利原理，提高资源利用效率，实现了农林牧之间的高效良性循环。该模式的优势首先体现在生态养殖上。养猪场位于油茶林中，四面敞风，环境接近自然，地面清洁、干燥，能有效遏制病毒、病菌的繁殖和传染。同时生猪日粮添加籽粒苋青料和茶粕蛋白饲料，减少了精料用量及有害添加物的含量。该模式的另一优势是能实现生态种植。油茶是经济林木，对有机肥的需求量大，长期处于供不应求的状态，生态养殖产生的沼液和沼渣有效地解决了有机肥肥源的问题。生态养殖和种植的直接结果是无公害农产品的生产，疫病防治能力的提高和优质牧草的应用，使生猪生产中减少抗生素及微量元素的使用，大大改善猪肉品质；油茶林地有机肥充足，化肥用量大幅减少，有利于无公害食用油的生产。沼气是该模式的副产品之一，利用沼气池获得的丰富清洁、廉价的沼气，为农村清洁能源的生产提供了可靠途径。"猪-沼-油＋苋"农林牧立体循环经营模式在环境治理保护、生猪疫病防治、林地有机肥蓄积以及获取清洁能源等方面成本显著降低，生产的绿色无公害农产品大大提高了市场竞争力及经济价值，综合效益明显。

"猪-沼-油＋苋"农林牧立体循环经营模式充分利用油茶林地水、热、光资源种植高光合效率的籽粒苋，其生长过程中存贮淀粉、蛋白质、脂肪、纤维等有机物质并通过饲养畜禽转移到动物体内，畜禽排泄的粪肥及籽粒苋枯枝落叶返回林地，营养物质一部分供油茶和籽粒苋生长，

一部分贮存在土壤库中参加新的循环,籽粒苋的应用同时还增强了物种多样性和生态系统的分层性和空间异质性,增加了生态系统的多样性和自平衡能力。循环中猪沼渣和油茶壳及过剩的籽粒苋秸秆混合制取生物有机肥,增加了物质循环中利用环节,提高了物质转化效率和系统生产力,使循环变得更加稳定。

第十章　企业层面生态循环农业模式

近年来，我国畜牧业发展取得了长足进步，基本实现了畜产品的数量安全和质量安全。2016 年我国肉类、禽蛋和牛奶产量分别为 8 540 万 t、3 095 万 t 和 3 602 万 t，人均占有量均超过世界平均水平，但是畜产品总供给和总需求仍然处在紧平衡状态，而且十分脆弱。例如，目前生猪生产效益较好但产能下降，主要原因是各地面对养殖污染压力，划定生猪禁养区、限养区、适养区，甚至个别地方简单采取“一关了之、一禁了之、一拆了之”的方式。畜产品 2017 年第 1 季度市场抽检合格率为 99.4%，但是动物疫病、兽药残留以及加工过程中的二次污染问题，仍然是畜产品质量安全的巨大隐患。做好畜禽粪污处理与利用工作，能够有效促进种养结合、减轻养殖环保压力，实现物质与能量在动植物生产过程中的循环利用，从而保障畜产品数量安全；能够有效控制或消灭畜禽废弃物中的病毒、细菌、微生物，净化传染源，从而保障畜产品质量安全。当前，我国正处在加快农业供给侧结构性改革的关键时期，迫切需要优化农业产业结构，尤其是种养结构，发达国家畜牧业 GDP 一般占农业 GDP 比重在 50%以上，其中美国为 48%，英国为 60%，澳大利亚为 80%，而我国 2015 年仅为 27.8%；迫切需要推动农业提质增效，增加绿色优质农产品供给、提高农业供给体系质量和效率，而目前农业依然是“四化同步”的短腿，农村仍然是全面小康的短板；迫切需要推动绿色生产方式，加快农业清洁生产步伐，开展化肥农药零增长行动，促进有机肥替代化肥施用，增强农业可持续发展能力，而我国化肥施用量比发达国家高 20%，农药使用量高 15%。做好畜禽粪污处理与利用工作，可以有效促进种养结合，加快一二三产业融合，转变农业生产方式，实现农业生态、安全、健康发展。我国畜禽养殖每年产生粪污 38 亿 t，折合氮 1 423 万 t、磷 246 万 t，而目前综合利用率不足 60%，导致了严重的农业面源污染。据行业统计，2014 年规模畜禽养殖化学需氧量、氨氮排放量分别为 1 049 万 t、58 万 t，占当年全国总排放量的 45%、25%，占农业源排污总量的 95%、76%。畜禽养殖废弃物具有强烈的两面性，即是矛盾对立的两个方面：一方面是“污”，如果无害化处理及资源化利用不妥，畜禽废弃物就是严重的环境污染源；另一方面是“宝”，如果无害化处理及资源化利用得当，畜禽废弃物就是宝贵的自然资源。做好畜禽粪污处理与利用工作，既可以实现零污染、零排放，促进农业全产业链清洁生产；也可以实现废弃物的资源化，促进有机肥对化肥的有效替代，真正做到“变污为净”、“变废为宝”和绿色生产。

在农畜废弃物的治理与利用方面，从国家到地方各级政府一直都比较重视。2013 年 11 月，李克强总理签发《畜禽规模养殖污染防治条例》。2016 年 12 月，习近平总书记主持召开中央财经工作领导小组第 14 次会议，重点研究了加快推进畜禽养殖废弃物处理和资源化问题，全面阐述了该项工作的重要意义、基本原则、处理与利用方向、任务目标等重要内容。2017 年中央一号文件明确提出“大力推行高效生态循环的种养模式，加快畜禽粪便集中处理，推动规模化大型沼气健康发展”。做好畜禽粪污处理与利用工作，是贯彻落实“创新、协调、绿色、开放、共享”发展理念的具体措施，是一件利国利民利长远的大好事。大力推进畜禽粪污处理及资源化，是落实党中央、国务院战略部署的重要举措，对于确保畜产品数量和质量安全、化解资源环境压力、加快农业供给侧结构性改革，意义巨大、任务紧迫。各地政府将畜禽废弃物治理纳入了地方环境治理规划，并出台了相关优惠政策和资金补贴政策，大力推广畜禽粪污的肥料化（堆肥）和沼气化利用。

生态循环农业是以农业可持续发展为指导思想，遵循循环经济理论和“3R”原则，以促进现代农业发展方式转变和农村可持续发展的现代农业发展模式。农牧结合模式是目前破解养殖场粪污最简单、最有效的途径。但如何解决当前种植业与养殖业分割，促进种养结合？仍然存在着许多亟待解决的问题。以来自河北省的调研数据为例，随着人口的增加和经济的发展，河北农村生态环境污染问题日趋严重。2007 年以来的统计表明，全省每年养殖废弃物的产生量约 1.7 亿 t，超过了工业固体废弃物 1.6 亿 t 的产出规模。这些废弃物含氮、磷、钾 242.8 万 t，相当于全省化肥投入总量的 77.7%（折纯）。河北年产农作物秸秆约 5 200 万 t，其中玉米秸秆 2 571 万 t、小麦秸秆 2 248 万 t、棉花秸秆 206 万 t、花生秸秆 99 万 t，另有大豆、水稻、马铃薯、油菜籽等秸秆。折合标准煤约 2 600 万 t。在利用方面，秸秆以资源化利用为特征的直接还田或堆沤还田 2 500 万 t，占综合利用量的 65.3%；通过秸秆青贮、氨化微贮等过腹还田 588.36 万 t，占 15.3%；食用菌栽培利用 320 万 t，占 8.3%；秸秆能源化消耗 73.5 万 t，仅占 1.9%。存在的主要问题表现在：

（1）缺乏种植与养殖业有机相融的循环模式。河北养殖业的种类、规模分布不均，在不同地区的差别较大，三大优质瘦肉型猪产业带以京山、京九、京广铁路沿线为主，奶牛产业规模养殖以唐山、石家庄、张家口、保定为重点，蛋鸡养殖最为集中的区域在冀南和冀中，在上述养殖集中区，往往出现废弃物的产出大大超过了当地耕地的承载量，粪污流失造成环境污染现象十分严重。自 2003 年以来，在政策支持下，尽管建设了大量的以有机肥开发为主的肥料企业，但由于建设的不合理性和前期投入不足，产品技术含量不高，多为简单的有机肥，因此而出现销售困难的局面，主要原因在于鲜粪肥的价格低廉，当地农民普遍会自行购置，自行堆沤还田，不容易接受价格较高的商品有机肥。沼气产业的发展存在同样问题，在政策扶持下，已经兴建了大量的户用型和大中型沼气，但目前大多运转不畅，户用型沼气一般使用一两年就会停用，主要原因是缺乏沼气管理维护专业人员，存在冬季产气率低、产生的大量沼渣沼液难以处理而出现二次排废现象等。出现上述问题的主要原因是尽管废弃物的处理方式都属于循环农业的节点技术，但并没有形成产业链，更没有形成循环链，具体说是只考虑了废弃物的无害化或资源化利用途径和技术，没有考虑终端产品的“出口”问题，没有对种植产业的容量和需求进行调查分析，生产的商品有机肥，产生的沼渣沼液等难以完全进入种植领域，或难以被种植业所接受，从而出现循环的“梗阻”。所以，若构建以肥料化为主的区域性物质和能量的大循环模式，必须依托市场经济，以平衡种植业、肥料业和养殖业三者的经济利益为前提，否则，就难以实现循环。

（2）缺乏关键技术和设备。无论是有机肥生产还是沼渣沼液的处理，目前的生产大都采用简单的堆沤处理，缺乏生产技术规程或标准，以致产品质量参差不齐，产品的形态也多停留于有机肥层面，缺乏针对种植业需求的多样化、增值化开发，也缺乏相应的关键技术和生产设备。在生态循环模式方面，缺乏养殖粪污的环境承载核算与安全评估技术、缺乏养殖废弃物源头减排技术，包括利于氮磷减排脱臭的高活性生物酶与微生态饲料添加剂、粪便干清设施与设备、粪污干湿高效分离与废水循环利用设备等；在废弃物转化方面，则缺乏液废（含沼液）、固废发酵脱臭转化功能肥料技术，缺乏沼气周年生产技术，以及沼渣沼液分离脱臭和商品化技术和设备等。

尽管如此，生态循环农业良好的发展前景和潜在的商机，激活了不少有志人士的创业、创新和奋斗激情。多年的市场历练，成长了一批以石家庄金太阳生物有机肥有限公司为代表的，以有机肥为纽带带动区域生态循环模式，简称“金太阳模式”，以河北景县津龙公司为代表的，以大型养殖与规模种植紧密结合的园区生态循环模式，简称“津龙模式”，以及以延长养猪链产业条、融合多产发展的河北安平“链融体”模式。

第一节　以有机肥带动的区域循环模式

一、石家庄金太阳生物有机肥有限公司发展基本情况

石家庄金太阳生物有机肥有限公司(以下简称金太阳公司)成立于2003年，当时注册资本500万元，生产模式以鸡粪简单堆沤发酵生产有机肥为主，年产销规模不足2万t。10年后的今天则发生了巨变，在全国以畜禽废弃物为原料生产有机肥的企业中，金太阳公司的产销规模最大。注册资金增资到3 810万元，年产销各种肥料10万t，处理养殖废弃物40万t，为社会提供工作岗位200多个，在建的两条10万t规模生产线将于2013年9月投产，届时生产能力将达到30万t，年处理养殖废弃物120万t。金太阳公司的组织构架具有集团性质，目前由一个有机肥增值加工总厂和7个原料分厂组成，各自都是独立的法人主体。增值加工总厂主要进行发酵有机肥的深加工，目前可转化的产品包括颗粒有机肥、有机无机复混肥、生物有机肥、生物复混肥四大类。原料分厂的主要任务则是收集当地的畜禽粪便进行堆肥发酵，转化的发酵有机肥作为总厂的深加工原料。目前下辖的7个分厂主要分布在总厂所处晋州市周边各县(市)的蛋鸡规模养殖区，其中辛集市2个、藁城市4个、无极县1个，每年处理周边地区的鸡粪40万t，占所辖县(市)养殖粪便总产量的37%。

金太阳公司之所以成为目前国内同行业规模最大、品种最全的有机肥龙头企业，主要得益于有一个以董事长刘志军为首的创新团队，善于抓机遇，勇于创新，开创了一条在蛋鸡集中养殖区，将鸡粪转化系列高品质生物肥料并成功应用于种植业的区域型循环模式，同时开创了独具一格的市场营销方式。

金太阳公司有机肥生产总厂位于河北晋州市城北3 km，地处晋州市、藁城市和无极县三县交界处，是河北省蛋鸡规模养殖最为集中的冀中蛋鸡养殖区。2011年统计数据表明，晋州市的蛋鸡存栏量约1 180万只、藁城市960万只、辛集市840万只、无极县650万只、栾城县440万只。每年蛋鸡排出的粪便约110万t。上述区域蛋鸡养殖的特点是，养殖存栏总量很大，占全省禽类养殖的14%，但养殖单元的规模较小，存栏量3 000～10 000只的养殖户占90%以上，达到10 000只以上的规模化养殖户不足10%。这种规模大单元小而集中的格局，导致大多数养殖户没有自己独立的粪污处理设施或设备，粪污流失严重，成为当地主要污染源。15年前，在蛋鸡养殖大发展时期，在村边、地头随处可见堆置的鸡粪，夏天苍蝇满天飞，粪污到处流，严重污染了农民的居住环境，因此而催生了众多以烘干工艺为主的有机肥生产企业。鉴于烘干工艺对空气的污染，2003年石家庄政府推动了废除烘干工艺，推广发酵工艺的

环境治理行动，对建设的发酵有机肥厂将给予政策和补贴资金的支持，金太阳公司抢抓机遇，成为第一批兴建的发酵有机肥料厂，这为以后的崛起奠定了基础。

二、金太阳公司应对市场变化的技术创新措施

在政策扶持下，2003年一年石家庄市所辖县市兴建有机肥厂达50多家，有力促进了鸡粪的无害化和资源化利用的进程，大大改变了养殖专业村的生态环境，但是好景不长，大多企业在运转2～3年后，由于产品销售不畅，大部分被迫停产。主要原因是鸡粪经过发酵处理后，虽然实现了无害化，达到了脱臭、腐熟、杀灭病原菌和虫卵的目的，肥效也远高于自然堆沤的有机肥，但经发酵腐熟后，每吨成本增加了100元左右，肥料售价比鲜粪高30%左右，由于有机肥为微利产品，难以远途运输，只能就地销售，而当地农民大多有自行采购鲜粪，堆沤后还田的习惯，所以大多不屑使用商品有机肥，出现销售难也在情理之中。

面对这种局面，金太阳公司进行了大量的市场调研和论证，认为必须改变发酵有机肥技术含量低、商品价值低的现状，提高其科技含量。针对农业生产向集约化、规模化和特色产业化方向发展趋势，认为颗粒型肥料、多种功能肥料具有广阔前景。因而果断投资开发颗粒型有机肥和颗粒型有机无机复混肥产品。经过一年多的努力，终于生产出以发酵有机肥为主要原料的颗粒型产品，尽管与现在的产品比较，颗粒粗糙，不均匀，但仍然供不应求，利润率也大幅度提升，产品远销到福建、黑龙江等地，为金太阳的腾飞奠定了基础。

但是，好景不长，颗粒肥料的受宠也激起了其他厂家的效仿，在金太阳研发出颗粒有机肥不到2年的时间，市场上的同类产品随处可见，致使价格和利润大幅下滑，为此，金太阳实施了第二次技术创新。主要围绕肥料产品品质与功能，提高生产效率，降低能耗和生产成本上下功夫，并专门成立了新产品研发部，相继开发出了生物有机肥、多营养生物复合肥等。在新产品开发与生产过程发现，高品质的产品往往也需要高水平的生产设备，由于颗粒型复混肥料生产设备为非标产品，没有现成的设备可用，为了实现预期效果，专门组织力量进行了工艺和设备的创新，在行业内率先实现了如下突破：

1.发明了多圆盘造粒生产线，生产效率大幅度提升

有机质含量较高颗粒肥料的成粒率比较低，生产过程的返料率一般在30%～60%，也就是投料后至少有1/3的原料没有成粒，需返料进行二次加工，这无疑增大了生产成本，成为限制颗粒肥料生产规模化的技术瓶颈，这也是行业发展的共性技术难题。为此，金太阳大胆创新，发明了多圆盘组合造粒生产线，为规模化生产提供了设备支持，主要创新点在于：

(1)增加圆盘造粒设备的数量并进行科学配置。圆盘造粒机组由原来的8个增加到20个，并进行了优化组合，发明了“4-5”式组合，既每4个为一小组，5个小组形成一个有机整体。实现了既可同时开工生产，又可单独控制生产，还可分控投料的多种生产方式，可用于产品的中试、试生产和大规模生产，还实现了局部停车维修，保证正常生产的要求。

(2)改造造粒喷水系统。从手动改为自动控制，实现了喷水量的自动可控，雾滴大小可控，大幅度提高了喷水的均匀性，减少了用水量，不仅提高颗粒的均匀度，还减少了下游干燥工艺的难度。

(3)改进进料方式。每个造粒组合配备双自动喂料机、双输送设备，能同时进料，也能分别控制进料，实现不间断进料，减少人工控制经常出现物料投入不均匀、一条输送设备出问题、全

线停车等现象，大大提高了生产效率、成粒率和均匀度，达到产业化生产的要求，进料速度提高了1倍。

(4)增加滚动筛的种类。使产品颗粒由原来的3种增加到6种，以满足不同农事操作的需要，提高了产品的选择性和商品性。

(5)完善"双向低温干燥"系统。干燥滚筒的长度、直径、转速、通风量及筒内折流板的几何参数都决定着肥料颗粒的整粒度、水分、产量、能耗及生物菌的存活率。主要对上述参数进行了调整，同时对烘干热风系统进行了改造，将普通燃煤热风炉改为煤气发生炉，实现了温度可控和热源的稳定供应，提高了热能利用率。

以上创新技术的实施效果是，肥料的成粒率由原来的不足70%提高到90%，总产量达到10 t/h，年产能从2万t提高到6万t。

2. 创建了颗粒包膜工艺，发明了营养型包膜剂

与无机复混肥的颗粒相比，以纯有机肥料制作的颗粒粗糙，适量添加无机肥料后，则容易吸湿成团，不利于造粒，也不利于存放及机械施肥。采用颗粒包膜工艺是解决上述问题的主要途径，但市场上的包膜剂主要为石蜡油类，不仅成本高，也污染土壤，为此金太阳技术人员发明了由植物营养素为主的包膜材料。通过配方、反应时间等技术参数的优化，终于研制出具有良好肥料效应的包膜剂。使用该包膜剂后，肥料颗粒的亮度、均匀度大幅度提高，且克服了粘连、吸潮等现象，技术效果十分满意。

3. 发明了颗粒冷包膜生产线

由于包膜剂含有一定水分，颗粒喷膜后需要增加烘干工艺和设备，这无疑会加大生产成本。为此，技术人员对生产包膜剂的反应釜进行了技术改造，对输送物料的连接管路、蒸汽系统和物料配方等进行了优化，实现了包膜剂生产反应温度的精确可控和连续批量生产，大幅度降低了含水量，提高了产品的附着性。颗粒喷膜后，采用冷风干燥工艺即可达到干燥的目的，节省了高温烘干工序。该工艺还非常适于后续研制的含有功能微生物活菌的生物有机肥的生产，对活菌没有伤害，且在包膜工序还可实施二次加菌，减少了对菌体的物理损伤，提高了活菌含量。采用颗粒包膜技术后，肥料的均匀度大幅度提高，亮度提高30%，商品性大大改善，同时保证了生物有机肥在保质期内的活菌数量。

经过上述工艺的改造与完善，包膜后的颗粒外观黑亮、圆润、干燥、光滑；具有防水透气性，保存1年以上，颗粒内部的无机养分不潮解、无板结，有机养分不降解，有益菌(枯草芽孢杆菌)的活菌含量衰减很少，降低能耗20%，可完全满足相应产品质量标准的技术要求。

4. 发明了"四合一"生物复合肥产品

施肥简便化、肥料功能化、养分齐全化无疑是肥料产品的发展方向，为此，金太阳公司为进一步提高产品的市场竞争力，发明了"四合一"生物复合肥，既产品由氮磷钾大量元素、中微量元素、有机肥和功能活菌4部分组成。与其他肥料比较，营养全、功能多、使用简单。四合一颗粒生物复混肥料的研制在提高养殖废弃物增值化利用的同时，还为土壤改良和农业生产提供优质肥料，实现了废弃物循环利用和土壤改良于一体，是典型的循环农业关键技术。

5. 在生产工艺方面，针对业内存在的共性问题

该工艺实现了如下创新性突破：

(1)研制出了两种高效菌剂。以啤酒酵母、乳酸杆菌、沼泽红假单胞菌组成的复合微生物

发酵剂，用量少，除臭腐熟快。以枯草芽孢杆菌为活性成分的功能菌剂，具有促生和防病功能。

(2)采用自行发明的“多圆盘组合造粒”和“双向低温烘干”等工艺，突破了高有机质肥料不易造粒、难以大规模生产、活菌存活率低等难题。

(3)采用自行研制的营养型包膜剂和冷包膜工艺，在有效保护功能菌活性、减少化学肥料吸潮的同时，大大改善肥料颗粒的外观，提高商品性能。在保质期内，成品肥料长时间存放，颗粒内部的无机养分不潮解、无变化，有机养分不降解，24个月内活菌数量可保持在0.2亿/g以上，突破了高氮磷钾含量(25%以上)复合微生物肥菌体不易存活的难题。

经大量的试验和应用证明，该产品在大田作物、蔬菜、果树上的应用效果十分显著。在等养分条件下，与常规复混肥料比较，四合一颗粒肥料在不同作物上的增产比例为：棉花28.7%、大豆9.8%、大白菜36%、黄瓜11.8%。此外，产品中含有的有益菌对某些病虫害有显著的抑制作用，可以显著降低作物病虫害的发病指数。如：对恶疫霉有很好的抑制作用，可减少黑茎病的发生；孢囊线虫的发病率显著降低，处理比对照可下降45%。该成果通过了同行专家的技术鉴定，达到国内领先水平。

总之，金太阳公司针对市场和农业生产的需要，研制开发出系列适销对路的新产品，并通过生产工艺和设备的创新，在提升产品品质的同时，大幅度降低了生产成本，保持住了在业界的竞争优势。

三、金太阳模式的市场运作

1.创新市场运作模式，打造“地欣”品牌，连年实现零库存

如果说金太阳在产品类型、质量和生产工艺上的不断创新，为赢得市场主动权提供了充足“弹药”支持的话，金太阳创新的市场营销战略，则为企业成为行业旗舰，实现经济、社会和生态的统一提供了战略支持。

一般企业大都利用现有的农资营销网络进行产品销售，其优点是运作成本低，进退自如，但致命弱点是竞争残酷，即便是优良产品，也需要较长时间的市场磨合。为此，经过多年的观察、思考和论证，金太阳公司决定，在现有行业销售渠道的基础上，创建金太阳自己的营销网络。基本思路是，首先从全国各地的优势农产品基地入手，通过种植基地的应用示范，结合现场观摩和媒体宣传，带动金太阳产品在当地实现规模销售。经过多年的试验，此举非常成功，实现了尽快占领市场的战略突破。

目前，金太阳公司已经在全国各地成立了14个销售分公司或销售部，包括河北销售部、新疆分公司、南宁分公司、东北销售部、山东销售部、西北销售部、华南销售部、西南销售部、内蒙古销售部、江苏销售部、江西销售部等，销售网络覆盖全国各地。目前，金太阳创建的“地欣”牌系列肥料已经广泛应用于盘锦大米、山东大姜、烟台苹果、福州芦柑、云南烟草、广西甘蔗等地域优势农产品的生产上，“地欣”品牌也逐渐成为生物肥、有机肥行业的名牌产品。

2.开放合作，借智成长

作为有机肥类产品开发、生产与销售的专业型企业，经过多年的打拼，金太阳已经成长为行业的佼佼者，尝到科技创新甜头的金太阳人，深知科技的力量，但只靠自己的实力难以达到理想的效果，必须主动出击，形成产学研联合体。目前，金太阳公司已经与中国农业科学院、河北省农林科学院建立了密切的产学研合作关系，是南京农业大学成果转化示范基地、南开大学

产学研硕士工作站。聘请多名行业知名专家为公司的技术顾问，专门成立研发部，技术人员达到20多人。科技实力的提升，也使金太阳进入科技型创新企业行列，2010年成为国家“生物肥料产业技术创新联盟”的理事单位和“有机(类)肥料产业技术创新战略联盟”理事单位。与中国农业科学院、中国农业大学和南京农业大学联合承担了“十二五”国家科技支撑计划项目——有机(类)肥料生产关键技术研究集成与产业化示范。2012年成为国家“十二五”循环农业工程示范企业。2011年公司自主研发的“固化重金属铅镉微生物的筛选及利用技术”被评为国内领先水平。申请了“堆肥促进菌剂的制备方法”、“有机肥颗粒包膜剂及其制备方法”和“用于污泥堆肥的发酵剂的制备方法”3项发明专利。

3.获得社会认可，助推二次腾飞

朝气蓬勃的金太阳公司，本着“发展绿色生态产业，共建富饶幸福家园”的理念，通过多年的奋斗和探索，成功闯出了一条特色鲜明的循环农业新兴产业的路子，产生了巨大的生态效益、经济效益和社会效益，也获得了各级政府的高度重视和社会的认可。“地欣”牌肥料已经成为“河北省名牌产品”和“河北省著名商标”，2012年“地欣”商标被国家工商总局认定为中国驰名商标，获得了“中国有机产品认证”、“农业部绿色认证”，获得了“河北省农业产业化重点龙头企业”等荣誉。董事长刘志军被评选为河北省创业功臣、石家庄市劳动模范、石家庄市科技创新企业家、石家庄市生态文明使者，成为晋州市人大常委会委员。自2011年以来，多次接受并顺利通过国家和地方政府有关环境保护、清洁生产的考核与评审，成为河北省、石家庄市和晋州市的减排示范标杆企业。金太阳化粪为肥、变废为宝、减排环保、循环发展、科学发展的典型经验受到省市县各级领导的肯定和高度赞扬。

为了实现更好的发展，满足市场需要，为循环农业的建设和生态环境的改善做出更大贡献，金太阳公司正在实施二次腾飞计划。拟投资6 000万元，对生产系统进行改造、升级和扩能，总体生产能力将从现在的10万t扩大到30万t。工程分两期实施，一期投资2 996万元，建设20万t全新的生物有机肥生产线，该工程已于2012年启动，正在建设中，该生产线采用国内领先的生产工艺和设备，造粒、干燥、包膜等关键设备均为自主研发，特点是全自动、全封闭、清洁化、高效率、低能耗、高品质。二期投资2 860万元，对已运行近10年的原有生产线进行整体改造，2013年启动，生产规模为10万t，也将采用国内最先进的生产工艺和设备。工程结束后，金太阳生物有机肥有限公司将具有3条现代化生产线，年处理畜禽粪便能力达到120万t，COD减排27 600 t，氨氮减排840 t，直接为养殖户创收9 000万元，同时为180万亩耕地提供高品质的生物有机肥，将为改善农业和农村环境，降低农业面源污染，促进养殖业、种植业的健康发展做出更大贡献。

第二节　种养一体化的园区良性循环模式

河北景县津龙公司是集规模种植、养殖、农产品加工和沼气转化与应用的现代循环农业产业园区。总体建设是根据循环农业原理，将种植业与养殖业纳入到一体化产业体系中，按照资源互补循环利用机理，合理配置种植和养殖规模，形成物质循环、能量高效利用的产业链，既减少了生产系统产生的废弃物对环境的污染，又减少了外源矿质农资产品的消耗，保护了自然生态环境。

一、河北景县津龙公司概况

河北景县津龙公司(简称津龙公司)位于河北省景县龙华镇,属华北平原黑龙港流域中部,海河低平原区。近 10 年来,该地区的平均降雨量为 544 mm,平均气温 13.1℃。景县是全国商品粮基地县、国家列为商品粮基地县、优质棉基地县、秸秆氨化养牛示范县、节水灌溉示范县和平原绿化达标县。农业生产条件较好,土壤、气候、光照、气温、降水等方面比较适宜农作物生长。交通便利,公司距衡德高速公路仅 5 km。

津龙公司由 1998 年建立的景县津龙养殖场发展而来,2003 年投入资金 1 200 万元注册成立了现在的公司。经过近 14 年的努力,津龙公司已经发展成为集种植、养殖、沼气发电、饲料加工等多项产业为一体的国家级农业产业化龙头企业。采用土地流转方式,津龙公司和周边村农户签订土地使用协议,目前占地总面积 1.16 万亩,其中养殖业占地 680 亩,主要养殖生猪、肉牛、奶牛、鸡等,并依托养殖业发展了饲料加工和肉食加工等产业。目前,生猪日存栏量为 6 万头,年出栏量达到 10 万头,年销售额 1.6 亿元;肉牛养殖 2012 年出产牛肉约为 42.1 万斤,年销售额 900 万元。奶牛养殖占地 155 亩,日产奶量 3 t,年销售额 1 300 万元。

可利用的耕地中,约 1 万亩主要种植冬小麦和夏玉米等粮食作物。粮食产量较高,玉米平均产量为 1 200 斤/亩,小麦 1 000 斤/亩。玉米籽粒和秸秆主要为养殖提供饲料,每年的青贮玉米秸秆饲料可达到 1 万斤/亩,除此之外,还有约 1 000 亩的苜蓿、高丹草等牧草种植,主要作为奶牛和肉牛的青饲料及青贮饲料。温室蔬菜种植面积约 300 亩,主要种植西红柿、茄子、辣椒、黄瓜、豆角等蔬菜。

随着小麦、玉米等种植面积及养殖规模的不断扩大,津龙公司自 2003 年起开始探索畜禽养殖业的循环经济发展模式,现已建成 7 000 m^3 沼气池和 1 000 m^3 沼气池各一个,另有 2 000 m^3 沼气工程正在建设中。目前,两个大规模沼气池年处理粪污 16.2 万 t,年沼气发电量 2 628 万度,电力主要用于公司内部使用。沼气池的建立对降低养殖业废弃物污染,实现清洁生产起到了重要作用。另外,为转化利用过剩的固体废弃物资源,目前年产 5 万 t 的商品有机肥生产线正在建设中。

经过十几年的发展和不断完善,津龙公司逐渐形成了以沼气转化为纽带,以种植业、养殖业为主的循环农业园区发展模式。目前,已形成了较为完整的种植-奶牛、肉牛养殖-沼气(沼肥)蔬菜种植;种植-生猪饲养-沼气(沼肥)-蔬菜种植、种植-养殖-沼气发酵-大田作物种植等农畜循环链,基本实现了链条中的物质循环及信息、能量等的流动,提高了物质在产业内部及产业间的利用效率和能量转化率。

二、河北景县津龙公司循环农业模式及特征

河北津龙公司充分利用现有种植、养殖、沼气发酵及有机肥生产等资源,形成了以种植为生产者,养殖为消费者,微生物为分解者的复合生态系统。以沼气为纽带、以沼渣沼液为肥料、以废弃物综合处理与利用为手段的能量多级传递及物质资源的循环再生模式,很好地解决了系统内物质与能源的匮乏问题。资源的充分利用和多能互补的能流物流动态平衡显示出生态系统发展的巨大优势。

如图 10-1 所示,种植和养殖及沼气发酵是津龙公司产业园区农业大循环体系的核心部

分，是构成整个循环体系的基础。除了向市场出售的肉、蛋、奶及少部分杂粮产品外，其他各部分均在整个大的循环体系内部。种植是一切循环的基础，种植所产生的籽粒、秸秆、牧草等，再加上外购的玉米籽粒、秸秆等为养殖业提供饲料；养殖过程中产生的粪便一部分进入沼气池进行沼气发酵，一部分进行堆肥直接施入农田；沼气发酵是连接种植和养殖的纽带，产生的沼气主要用于发电，供公司和加工等工业用电，发酵过程中所产生的沼液和沼渣返回到种植业中，为种植业提供有作物生长所需要的养分和有机质等。所有循环链条都是围绕种植、养殖、加工和沼气进行的，以此完成各个环节废弃物的资源化、无害化和再利用，实现物质的循环利用和能量交换。

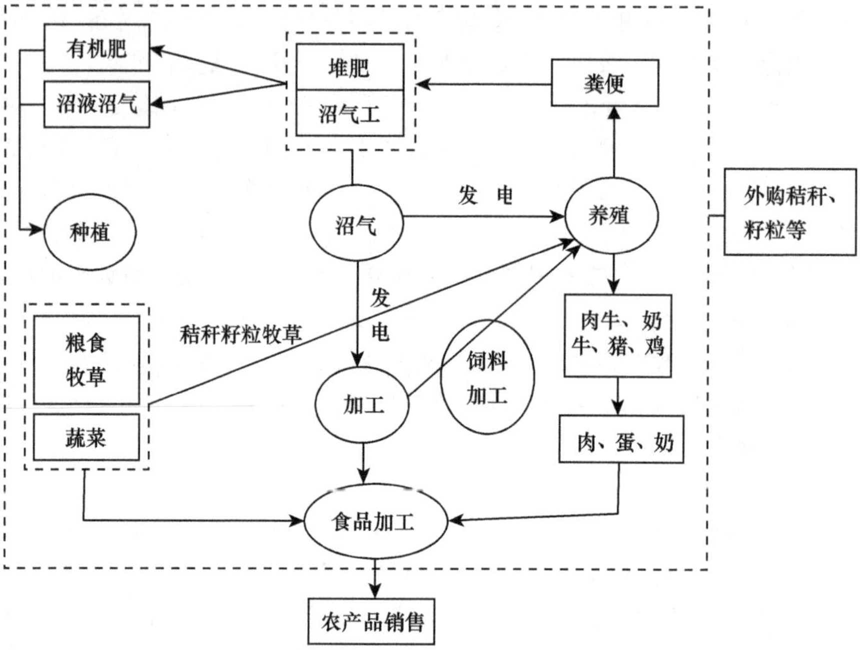

图 10-1　津龙公司循环模式示意图

三、津龙公司种养沼一体模式的物质循环

(一)种养沼基本情况

1. 种植业

目前，津龙公司大田作物主要为小麦、玉米、蔬菜、牧草等。其中小麦种植面积 1 万亩，平均产量 500 kg/亩，小麦经济系数为 0.46，玉米种植面积 1 万亩，平均产量 600 kg/亩，玉米经济系数为 0.47，年亩产秸秆量为 676.6 kg，年总产玉米秸秆 68 万 kg。平均年亩产小麦秸秆 587.0 kg，年总产小麦秸秆为 59 万 kg。根据对津龙公司的调查，小麦秸秆主要还田，玉米秸秆做青贮饲料，主要用做牛的饲料。牧草种植面积约 500 亩，主要有黑麦草、苜蓿、高丹草等，年产量约 2.3 万 kg。蔬菜种植面积较少，约 100 亩，主要在市场上出售。

2. 养殖业

目前，津龙公司的养殖业主要涉及奶牛、肉牛、猪等。奶牛 1 000 头，肉牛 3 000 头，年出栏猪 10 万头。玉米籽粒主要用于加工饲料，饲喂生猪。玉米青贮饲料喂牛，不足部分从农场外部购买秸秆进行青贮，以满足牛所需饲料的要求。

3. 沼气

津龙公司建有大型沼气池两个，共 8 000 m^3。以猪粪为原料沼气池每天可消纳猪粪 50 t，每天产气量 3 000 m^3，产生 50 t 沼渣和沼液。以牛粪为原料的沼气池每天可消纳 150～200 m^3 牛粪，产气 3 500 m^3，沼渣和沼液 150～200 t。所产沼气主要用于发电，沼气池平均每天工作 10 h，每小时平均发电 60～70 度，所有电力用于饲料厂和养殖场用电所需。沼液和沼渣作为肥料主要用于蔬菜和大田作物种植。

(二)物质转化效率

1. 猪配合饲料中的氮转化效率

津龙公司玉米种植面积为 1 万亩，平均产量为 600 kg/亩。根据相关文献，秸秆产量为 676.6 kg/亩，秸秆中含氮量为 0.61%，籽粒中含氮量为 2.0%。一般情况下，猪饲养中使用配合饲料中，即在玉米中加入豆粕等添加剂，所以一般情况下，猪配合饲料中粗蛋白质含量为 14.5%，而蛋白质含氮量为 16%，所以猪配合饲料中的含氮量为 2.3%。在正常饲养水平下，每头育肥猪出栏需要 6 个月，需投入饲料 290 kg。因此，每头猪出栏时需要投入的氮为 6.73 kg。

一般情况下，由于动物体内的总氮含量和排出的粪尿中的总氮含量与饲料提供的总氮含量是基本相等的。所以养殖业系统中总氮循环只核算饲料中的总氮及粪尿中的总氮，计算饲料的转化率。猪粪中的总氮含量根据测定结果如表 10-1 所示。

表 10-1 猪粪养分状况 g/kg

有机质/%	全氮	全磷	全钾	速效氮	速效磷	速效钾
15.3	16.89	16.31	17.29	3.25	2.85	5.21

正常饲养情况下，猪生长过程中平均每头每天产粪量为 1.74 kg，产尿量为 4.4 kg，这样每头育肥猪在出栏 6 个月的时间内，共产生氮 3.3 kg。所以，猪配合饲料中氮的转化效率为 3.43/6.73×100=51.0%。

2. 养殖场排泄物产生量及营养物质含量

循环农业要求物质循环利用，通过还田处理畜禽养殖废弃物是重要的农牧结合实现物质循环利用的主要途径之一。要实现这一良性循环，关键是畜禽养殖的排泄量、氮磷等物质的产生量。

根据津龙公司养殖猪、牛数量及年出栏量，可以估算出每年猪牛排泄物数量及其中的氮磷含量，然后根据种植作物种类及需要的氮、磷、钾等养分，估算养殖场排泄物养分循环利用效率。

如表 10-2 所示，津龙公司养殖场奶牛、肉牛和猪饲养过程中，每年可产生纯氮 2 408.7 kg，

P_2O_5 1 954.5 kg。

表 10-2　养殖场排泄物及存栏畜禽年产养分量

畜种	粪便日产量/[kg/(d·只)]	每千克粪便养分含量/%		存栏畜禽年养分产量/kg	
		N	P_2O_5	N	P_2O_5
奶牛	42.7	0.004 8	0.001 8	205.0	76.9
肉牛	27.2	0.005 1	0.003 8	416.2	310.1
生猪	5.5	0.003 25	0.002 85	1 787.5	1 567.5

注：猪粪的养分为测定数据。

根据对津龙公司的调查，沼渣沼液及有机肥主要用于蔬菜、土豆、大田作物及牧草种植。沼渣和沼液多用于蔬菜种植中，如黄瓜、西红柿、辣椒、茄子等，沼渣一般作为基肥，沼液即可作基肥灌溉，也可以作追肥灌溉，而且还可以作为页面肥喷施。

3. 沼渣、沼液养分含量

根据津龙公司沼渣、沼液和猪粪的主要用途和养分含量，本案例主要以蔬菜为例，分析沼渣沼液和猪粪在大田作物种植—养殖(猪)—蔬菜种植链条中氮的循环利用及对蔬菜作物产量、品质、养分吸收及土壤养分含量的影响。

根据津龙公司 2012 年秋季种植蔬菜情况，选择了大白菜和豇豆为研究对象。

试验用的沼液沼渣来自津龙公司正常产气 3 个月以上、正常发酵的沼气池，发酵原料为猪粪，养分状况分别见表 10-3，表 10-4。

表 10-3　沼液养分状况　g/L

有机质	全氮	全磷	全钾	速效氮	速效磷	速效钾
10.75	0.96	0.096	1.86	0.680	0.269	1.058

表 10-4　沼渣养分状况　g/kg

有机质	全氮	全磷	全钾	速效氮	速效磷	速效钾
582.81	14.73	3.85	14.93	1.96	1.21	2.68

4. 沼肥在蔬菜上的应用

一般情况下，沼渣作为底肥施用，沼液和水混合进行灌溉。从试验的大白菜产量可以看出，无论是沼渣做底肥还是粪肥做底肥，在施用一定比例的沼液进行灌溉后，均能在一定程度上提高蔬菜产量；施用沼肥对豇豆吸收氮磷钾的综合效果分析，沼肥中的某些活性物质可以到土壤中氮磷钾起到活化作用，能很好地促进豇豆对氮磷钾的吸收和利用，有利于豇豆植株中氮磷钾的积累和豆角的生长。从豇豆收获后的养分平衡状况来看，无论是沼渣做底肥还是猪粪做底肥，作物吸收的量远小于投入的养分量。当这季豇豆收获后，土壤中还有大量的养分没有利用。如果长期照此施肥，会造成土壤的养分大量累积，从而造成氮、磷的富集，形成潜在的环境污染源。大白菜试验也有这样的趋势。尤其是猪粪作底肥时，土壤中磷富集量远大于沼渣作底肥时的累积量，更容易造成磷对地下水及环境的污染。因此，在这种环境下，连续种植蔬菜时，应对有机肥周年连续施用情况下的土壤养分富集情况进行追踪调查和研究，以防止氮磷过量施用对环境造成的潜在威胁。

可溶性蛋白含量是蔬菜营养品质中的一个重要指标，对蔬菜的感官品质起正向作用，水溶性蛋白很容易水解产生氨基酸，氨基酸是有鲜味的，从而增加蔬菜风味。从豇豆试验结果看，豇豆角的可溶性蛋白含量无论是粪肥做底肥还是沼渣做底肥，都有利于豇豆角中可溶性蛋白的形成。另外，粗纤维是细胞壁和维管组织的重要成分，粗纤维的含量增加使组织结构的硬度增大，口感上发硬，影响蔬菜的品质。从大白菜和豇豆试验结果看出，以不同底肥处理时豇豆角粗纤维含量，差异不显著。不同浓度沼液处理时，沼液浓度的增加有助于粗纤维含量的降低，提高了蔬菜的口感。说明使用沼渣做底肥和沼液进行灌溉都能降低豇豆中粗纤维含量，其中沼液灌溉效果更好。

5. 施用沼肥对蔬菜中重金属含量的安全评价

一般情况下，造成蔬菜中重金属含量超标的主要原因是水质污染通过灌溉引起的土壤污染，或者大气中的重金属被植物富集和施用有机肥和沼渣沼液等造成的重金属含量超标。而有机肥和沼渣沼液中的重金属则主要来源于动物饲料的添加剂，尤其是猪饲料中的重金属含量较高。试验用沼渣和沼液中重金属含量如表 10-5 所示。

表 10-5　沼液及沼渣重金属含量　　mg/L

项目	铜	锌	砷	铅	汞	镉	铬
沼液	1.30	2.36	0.14	0.021	0.000 90	0.000 80	0.064
沼渣	225	467	8.12	8.66	0.03	0.15	19.2

豆角收获后对豆角中的重金属含量进行了测定，结果对照国家标准，使用沼肥的蔬菜（大白菜、豇豆）的重金属含量均在安全食用范围内（Cu：GB 15199—1994，Zn：13106—1991；其他重金属：GB 2762—2012）。需要注意的是，以沼渣为底肥时比以粪肥为底肥时砷含量低，原因可能是沼渣中砷含量为 8.12 mg/kg，而且沼渣中含有腐殖酸等活性物质，这些活性物质可以和土壤中的重金属结合成络合物，从而降低土壤中的可交换态的重金属含量。

但根据中华人民共和国国家标准 GB/T 25246—2010 畜禽粪便还田技术规范中规定当土壤 pH>7.5 时，畜禽粪便用于蔬菜种植的 Cu 含量应低于 170 mg/kg，否则会造成蔬菜中 Cu 含量过高。本试验用沼渣中的 Cu 含量为 224 mg/kg，高于国家相应标准，实际生产应用中应采取相关措施降低沼渣中的 Cu 含量。蔬菜收获后土壤重金属含量分析，铜、铅和铬都是沼液灌溉处理的含量高于对照土壤，不过所有指标的含量都符合国家标准规定的一级土壤标准。

四、“津龙模式”的思考

通过对河北津龙公司玉米种植-生猪饲养-沼气发酵-蔬菜种植链条的物质循环利用及对蔬菜产量、品质及土壤养分含量等方面的分析，系统探讨了这一链条中有机废弃物的循环利用及利用过程中存在的问题，并提出了解决的对策和建议。沼渣和沼液作为优质有机肥，其中的养分和一些重金属等有害物质含量因发酵原料、地域、气候条件等的不同而不同，并且施用后也会由于土壤 pH、基础养分、种植作物的不同而有不同的效果。针对种养一体规模化的循环农业产业园区，应根据园区种植和养殖现有规模及发展规划，深入研究和系统分析沼渣沼液施用后不同作物和种植制度中养分利用效率、土壤养分盈亏状况、植物和土壤中重金属等有害物质残留及针对不同种植制度的沼肥消纳阈值，为园区制定相应循环农业技术体系提供科学依据和技术支撑，科学评价一定土壤类型条件下及相应面积上沼液的承载能力，使养殖业所产生的废弃物真正达到资源化、无害化、再利用的目的。

河北津龙公司通过沼气的纽带作用，形成了以农业种植作为生产者、养殖场为消费者、沼气微生物为分解者的复合生态系统。这个巨大复杂的系统中各子系统、各组成部分都处于动态平衡与正负反馈的相互作用中。有机废弃物在这一系统中循环利用的过程，促进了该系统中生物与生物、生物与环境之间的物质循环和能量利用，把种植业中所产生的废弃物，通过为养殖提供饲料、沼气池发酵，形成了优质的有机肥，又回到了种植业中，提高了物质和能量利用效率，节约了能源，具有明显的社会效益、生态效益和经济效益。

第三节　河北安平“链融体”模式

一、基本做法

河北省安平县某集团立足生猪养殖产业，不断向上下游延长产业链条，形成了种植、饲料、养殖、屠宰、能源环保五大产业相互融合的有机体，即“链融体”模式；“链融体”内部风险共担、成果共享，取得了“三增三减”(增加沼气、电力、有机肥供应，减少养殖、农林、化学污染排放)的良好成效，打造了整个县域解决农业废弃物污染的典型案例。

该集团于 1994 年创立于河北省，历经 20 多年的发展，从一个年出栏 3 000 头的养猪场，发展成为以养殖为主、多业融合的集团企业，立足生猪养殖基础，不断向上下游延伸产业链条。一是强化主导产业，形成全省最大的瘦肉猪品种选育和扩繁基地。养殖板块涵盖 1 个种公猪站、8 个母猪繁育场、1 个年猪养殖场、8 个商品猪育肥场，年可生产种猪 8 万头、出栏商品猪 26 万头。二是向上游延伸，形成饲料板块和种植板块。饲料板块年产生猪饲料 35 万 t，公司配备 1 个可一次性满足 10 万亩粮食储备的 5 万 t 仓储库。种植板块已托管土地 1.5 万亩，拥有农机 128 台，配套设备 270 套。三是向下游延伸，形成屠宰板块和能源板块。屠宰板块年屠宰能力 100 万头。能源环保板块涵盖 1 个污水处理厂、1 个处理 20 万头生猪粪污的 2 MW 沼气发电厂、1 个年发电能力 4.8 亿度的在建热电联产项目(1 度＝1 kW・h)、1 个年产 22 万 t 有机肥厂。集团现有员工 2 000 余人，总资产 16 亿元，年产值 30 亿元，是“农业产业化国家重点龙头企业”“国家生猪核心育种场”。该集团从生猪养殖做起，拓展产业链条、促进产业融合，形成了特色鲜明、效果显著的“链融体”模式。

通过推动由单一养殖向种养结合转变、由种养结合向第六产业转变，延长了生猪养殖产业链，构建了生猪产品供应链，形成了生猪产业价值链，使生猪养殖者、作物种植者、饲料与肉类加工者、能源生产者成为一个利益整体，有效解决了畜牧养殖所引起的正的和负的外部效应问题，推动有关市场主体共享全产业链条各环节所带来的平均利润。一是推动种养结合。大力推广种养结合的“8020”模式，以 100 亩为 1 个生产单元，20 亩用于生猪养殖场建设，80 亩用于特色种植，猪粪发酵还田，促进种植业增产增效。二是推动机制创新。成立养殖合作社和农机合作社，合作社成员每头猪增收 70 元，每亩地节约 80 元，带动 6 500 余人就业，增加农民可支配收入1.1亿元。三是推动产业融合。依托养猪产业，前拓后延而形成的种植、饲料、养殖、屠宰、能源环保五大产业，具有天然的融合性，既相互独立、自我发展，又不断交叉、相互渗透，深度融合成为了一个有机体，即“链融体”。

通过推动由养殖污染向整县制解决农业废弃物治理转变，实现了农业清洁生产、绿色发展，形成了良好的循环经济发展模式，年产值5.47亿元，利税0.82亿元。一是畜禽废弃物资源化。沼气发电厂采用低浓度有机废水高效厌氧发酵技术，同时对生物天然气提纯，发展成为我国北方第一家利用畜禽粪污并网发电的沼气发电企业。企业对全县养殖粪污进行协议收购，粪污浓度大于8%的每吨50～80元；浓度3%～8%的免费使用；浓度小于3%/t，收取养殖方每吨20元/t的治污费。二是农林废弃物能源化。生物质热电厂采用热电联产技术，通过“公司＋合作社”模式，建立50家秸秆供应合作社和50家收购点。带动5 000户农民参与，全县秸秆综合利用率达到98%以上，新增产值1.2亿元。三是污水处理、中水利用。污水处理厂采用微生物回流技术，利用PPP模式，日处理污水5万t，养殖场和城镇生活污水处理后达到国家一级A类处理标准。

二、取得的成效

近年来，该企业始终坚持以农业废弃物资源化利用为导向，推进新型清洁能源输出基地建设。在启动能源项目以前，公司正常运营年需1 500万度电、1 300 t煤、30 t油；项目建成以后，年产沼气、电、生物天然气是公司自身能源需求量的32.42倍，产生了巨大的经济效益、社会效益和生态效益，取得了“三增三减”的巨大成就。

1.增加沼气供应，减少养殖污染排放

以畜禽粪便为主要原料的沼气项目，年消纳粪污85万t，涉及802养殖场户、81.3万头生猪，实现了安平县域内粪污全部资源化利用。年产沼气1 800余万m^3，可就近解决3万户10万人的生活用能，占安平县农村人口的50%。年减排COD 11万t、氨氮0.6万t。可替代标准煤1.3万t。

2.增加电力供应，减少农林污染排放

以秸秆为主要原料的热电联产项目投产后，年消化秸秆42.7万t，秸秆收购半径50 km，不仅吸纳了安平县全部秸秆42万亩，而且收购周边深州、安国、深泽等7县10万亩农作物秸秆，实现了县域农业废弃物资源化利用。年发电4.8亿度，供热能力110万GJ，满足3万户居民用电，占全县城镇人口的87.5%；满足2.5万户居民冬季采暖，占城镇人口的73%。年减少二氧化碳排放约52万t，相当于新增35万hm^2森林或减少26万辆汽车尾气排放。可替代标准煤19.8万t；与沼气发电项目合计，可替代标准煤占全县用煤总量的55%。

3.增加有机肥供应，减少化学污染排放

以沼渣沼液为主要原料的有机肥加工项目，生产了六大系列、23个品种的有机肥，年产固态有机肥2万t、液态有机肥20万t，替代了全县7.5万t化肥使用量，满足30万亩农作物的有机肥需求，占全县土地的63%。年减排COD量5 219.5 t、氨氮534.85 t。

三、经验总结

1.政府引导、财政扶持是当前推动粪污处理利用的充要条件

从经济学观点来看，治理畜禽粪污及农林废弃物污染，具有公共物品属性，政府必须进行投入。该集团的成功经验显示，政府扶持是实现畜禽及农林废弃物处理利用健康发展的重要保障。从调研数据来看，沼气发电与热电联产每度电的成本为0.75元，而居民用电每度电收费0.35元，现政府补贴每度电0.60元，由此每生产1度电可以盈利0.20元。如果没有政府补贴，发电项目将难以为继，作为“经济人”的企业是不会做赔本生意的，“链融体”模式也将不复存在。

2.企业主体、市场化运作是当前推动粪污处理利用的内在要求

如果畜禽粪污治理不妥当或不达标，养殖企业依法依规或将被整改、关停，不仅威胁到畜产品数量安全、质量安全，而且威胁到环境安全、生态安全和可持续安全。“链融体”模式之所以取得成功，就是始终坚持“政府支持、企业主体、市场化运作”原则，推动养殖、种植、加工、能源工程多个产业链条的有机融合，使原来相互分割的产业环节，成为一个风险共担、利益共享的市场主体，使外部问题内部化，减少科斯交易成本，提高了交易效率。在“链融体”模式中，我们可以看到畜牧养殖是基础，畜禽粪污及农林废弃物资源化是核心、是关键、是“牛鼻子”，只有紧紧抓住这个“牛鼻子”，才能盘活“循环发展”这盘棋。

3.延长产业链条、促进产业融合是当前推动粪污处理利用的关键措施

“链融体”模式的核心是“链条延伸和产业融合”，就是在政府的支持下，做大做强养猪产业，坚持企业主体、市场化运作方式，以养猪产业为基础，并将养殖产业链条向治污、减排、环保等产业延伸，形成了五大板块；而五大板块产业不断融合、相互促进。目前，我国各级各地正在大力推动畜禽粪污处理与利用工作，一定要立足现有的大型养殖企业，把产业发展和环境保护有机结合，抓住“链条延伸”突破口，不但治理企业自身产生的污染，而且着眼于治理县域及周边农业废弃物，鼓励有条件的地方，根据县域内畜禽粪污排放、农作物秸秆产量、产业发展需求导向等因素，兴办或新建沼气工程、生物天然气工程、有机肥工程等项目，推动清洁生产和绿色发展。

4.“链融体”是粪污处理利用的经典模式，可因地制宜加以推广应用

从全国畜禽粪污处理利用的调研来看，“链融体”模式是当前我国行之有效的经典模式，值得大力推广应用。但是，任何经济模式都有其产生、发展、完善的历史条件，“链融体”也不例外，不能生搬硬套、搞一刀切。一方面，“链融体”在一定时空、经济条件下，可复制、推广、应用；另一方面，一定要结合当地经济、社会发展实际，借鉴“链融体”模式基本内核，既可以全链条、多链条进行融合，也可以链条中的某些环节进行融合，同时，也要因地制宜地探索畜禽粪污处理利用的新技术、新方法和新模式。

四、问题思考

安平“链融体”模式，使得一个养猪企业通过立足养殖基础，延长产业链条，突出资源化核心，促进产业融合，通过共享发展成果，实现了循环发展。但就加快畜禽粪污处理与资源化问

题,还需要思考和解决一些问题。

1.政府财政扶持力度问题

畜禽废弃物的“污”与“废”,危害性巨大且资源潜力巨大,是放错地方的“资源宝库”,已经成为社会普遍的共识。加快推进畜禽养殖废弃物处理和资源化,意义重大而深远,各级各地要切实提高认识水平,统一到党中央、国务院的部署上来,把畜禽粪污处理利用作为大食物安全、民生工程的重要组成部分,摆在重要议事日程,常抓不懈、狠抓落实。现代意义上的畜禽粪污处理与资源化利用,我国才刚刚起步,属于新生事物,必须坚持“政府支持”原则,落实在财政扶持措施上。通过明晰财政投入领域,如科学研究、推广应用、市场运行等主体或畜禽标准化生产、粪污处理设施标准化改造、种养一体化实施等具体任务,引导畜禽粪污处理与资源化方向;通过加大财政投入力度,如贷款贴息、增加补贴、减免税收、实施奖励、参股投入、地方配套等方式,发挥财政资本的乘数效应,吸引社会资本投入,探索 PPP 等机制模式,达到四两拨千斤的效果。

2.科技支撑水平问题

生物技术、信息技术等现代科学技术的日新月异,为解决畜禽养殖废弃物处理和资源化问题提供了新技术、新方法、新理论。但目前适合于农村推广的简单易行、市场接纳的新技术不多。所以,一是做好基础研究和应用基础研究。继续深入研究沼气、生物天然气的发酵原理与工艺,探索发现、积极培育新型沼气发酵微生物,获取新的适宜的技术模式,提高畜禽粪污以及农林废弃物的产气效率。二是做好集成研究和推广应用研究。依靠基础研究成果,围绕畜禽养殖废弃物处理和资源化的共性技术、关键技术,开展联合攻关、集成创新研究,研究集成一批控源减排、清洁生产、高效堆肥、沼液沼渣综合利用等先进技术,凝练形成新的技术体系和应用模式,提高新技术的推广效率。三是做好粪污防治与经济学交叉研究。畜禽粪污处理与资源化利用不仅是一个技术问题,而且是一个资源环境问题,更是一个经济问题,三者相辅相成、缺一不可,要开展环境学、资源学、经济学等领域的跨学科交叉研究,确保技术的实用性和经济的可行性。

3.探索新型机制模式

长期以来,围绕畜禽粪污处理和资源化,各级各地积极探索、不断实践,形成了许多比较成熟的机制模式,如河北安平“链融体”模式、粪污全量收集还田利用模式、粪污专业化能源利用模式、固体粪便堆肥利用模式、异位发酵床模式、粪便垫料回用模式、污水肥料化利用模式、污水达标排放模式,以及北方“四位一体”、南方“猪-沼-果”、平原农牧林复合等生态循环农业模式。当前我们要对上述技术模式认真总结、凝练提升,形成完善的可复制、可推广技术体系;鼓励各地从自身的经济、社会、生态条件出发,发挥人民群众的积极性、创造性,探索具有地方特色的新机制、新模式;激发各市场主体要大胆地试、大胆地创,分类推行自然发酵、垫料发酵床、有机肥生产、沼气工程、种养结合等技术模式,大力探索循环农业发展新路径,在实践中发现问题,在应用中解决问题,在推广中完善提高。

4.完善政策保护体系

建立健全粪污处理及资源化的政策保护体系,是一项长期的、复杂的系统工程,迫切需要进行体制机制创新。一是完善法律法规标准体系。依托现行的法律法规,统筹考虑制修订其上位法、下位法,完善部门规章和制度,健全治污排污的技术标准体系。二是探索金融支持体系。金融部门尤其是国家政策性金融部门，要针对大中型沼气项目、热电联产项目、有机肥项目等畜禽粪污处理资源化利用项目提供必要的贷款扶持。三是建立风险共担机制。畜禽粪污处理及资源化利用有其天然的上下游产业，要千方百计地推行产业联合，形成市场主体之间的风险共担、利益共享机制；探索建立相应的保险制度，做到防患于未然。四是构建部门联动机制。粪污处理及资源化工作，涉及环境保护、农牧、科学技术、循环经济发展综合管理等主管部门，需要通力配合、加强合作、即时沟通，建立定期会商机制，形成推动工作合力。

参考文献

[1] Begin, F. , et al. , Effects of bovine serum concentrate, with or without supplemental micronutrients, on the growth, morbidity, and micronutrient status of young children in a low-income, peri-urban Guatemalan community. Eur J Clin Nutr, 2008,62(1):39-50.

[2] Corsini, G. , et al. , Purification and characterization of the antimicrobial peptide microcin N. FEMS Microbiology Letters, 2010,312(2):119-125.

[3] Luo Shiming & Han Chunru. Eco-agriculture in China[M]. In: Sustainable Agriculture System, C. A. Edwards, Rattan Lal, P. Madden, R. H. Miller and G. House, eds. , Journal of Soil and Water Conservation, 1990.

[4] Qunjie Xu, Honghua Ge and Junxi Zhang. Accelerate the Rural Ecological Environment in Dalian Actively Promote the Development of Circular Economy. Advanced Materials Research 2012:361-363,1539-1546.

[5] Jayathilakan, K. , et al. , Utilization of byproducts and waste materials from meat, poultry and fish processing industries: a review. J Food Sci Technol , 2012. 49(3):278-293.

[6] Quintero-Gutierrez, A. G. , et al. . Bioavailability of heme iron in biscuit filling using piglets as an animal model for humans. Int J Biol Sci, 2008,4(1):58-62.

[7] Umetsu, K. , et al. Fertilizer value of anaerobically co-digested dairy manure and food processing wastes. in Greenhouse gases and animal agriculture International conference; 1st, Greenhouse gases and animal agriculture 2002. Amsterdam: Elsevier.

[8] Wang, J. Z. , et al. . Changes of chemical and nutrient composition of porcine blood during fermentation by Aspergillus oryzae. World Journal of Microbiology and Biotechnology, 2007,23(10):1393-1399.

[9] Yu, Y. , et al. . Isolation and characterization of angiotensin I-converting enzyme inhibitory peptides derived from porcine hemoglobin. Peptides, 2006,27(11):2950-2956.

[10] 白金明. 我国循环农业理论与发展模式研究[D]. 中国农业科学研究院,2008: 1-24.

[11] 卞有生. 生态农业中废弃物的处理与再生利用[M]. 北京:化学工业出版社,2000: 1-5.

[12] 常斌,韩日畴. 家蝇的养殖及其生理生化研究进展[J]. 昆虫天敌,2007,29(1): 33-39.

[13] 蔡鑫凤. 转变思路 发展立体养殖——南通市通州区鱼虾蟹立体混养高效模式介绍[J]. 科学养鱼,2012(12): 27-27.

[14] 程辉彩,张丽萍,左壮,等. 复合菌系 CN6 生长特性及在沼气发酵中的应用. 农业机械学报,2013,44(5): 143-147.

[15] 程文定,郜敏,吴天德,等. 畜禽粪便等有机废弃物饲料资源化开发应用研究[J]. 中国畜牧兽医,2006,33(7): 24-26.

[16] 陈爱山,葛建忠,曹晓婕,等. 葡萄园生态草鸡养殖技术[J]. 现代农业科技,2007,17:

186-191.
[17] 陈直等.养猪沼气种菜循环农业实用新技术.郑州:中原农民出版社,2015.
[18] 陈俊红,刘合光,秦富,等.蛋鸡粪循环利用模式评价与政策建议[J].农业环境与发展,2011,30(2):35-39.
[19] 陈力力.猪血蛋白在农畜业生产上的开发利用.广西农业生物科学,2006,25(z1).
[20] 陈彬,我国动物血饲料蛋白质产品生产中存在的问题和应对措施.饲料工业,2009,30(11).
[21] 陈海霞,吴华山,亢志华,等.农牧结合型循环农业基地生产中几个参数的探讨[J].江苏农业科学,2011,8(1):154-156.
[22] 陈苗,崔岩山.畜禽固废沼肥中重金属来源及其生物有效性研究进展[J].土壤通报,2012,43(1):249-256.
[23] 戴宝成,王拴俊,袁东林.甘肃东部"一窖二池三改"循环农业模式构建与效益分析[J].中国沼气,2011,29(4):44-46.
[24] 董清平.猪血红蛋白的酶解及氨基酸含量的研究.现代生物医学进展,2008,8(7).
[25] 董翠霞.粉末血脂的研究与开发.饲料研究,2004(6).
[26] 范阿丽.黑龙江省低山丘陵区林农复合生态系统功能研究[D].哈尔滨:东北林业大学,1999.
[27] 高腾云,张云涛.生态养殖场管理手册.北京:中国农业出版社,2011.
[28] 郜敏,程文定.实现奶牛业循环经济的探讨[J].中国奶牛,2009(1):49-51.
[29] 耿晨光,段婧婧,王灿.长三角平原水网区城郊循环农业圈层模式研究[J].中国生态农业学报,2012,20(7):956-962.
[30] 国务院法制办公室.畜禽养殖污染防治条例(征求意见稿)[S],2012.
[31] 郭洪海,宫志远.黄淮海区域循环农业发展的认识与思考[J].中国农业资源与区划,2011,132(12):27-33.
[32] 郭忠,闫永康,罗建军.黄土高原立体旱作循环农业模式研究[J].中国农业资源与区划,2007,28(6):70-74
[33] 古国奎.浅析发展食用菌产业对农业循环经济的影响[J].广西农学报,2007,22(4):79-80.
[34] 国家环境保护总局.畜禽养殖业污染防治技术规范(HJ/T81-2001)[S],2001.
[35] 郭林榕,林旗华,陈志峰,等.果树循环经济生态栽培体系构建的研究[J].中国农学通报,2008,24(10):477-481.
[36] 韩建东,宫志远,任海霞.利用金针菇工厂化生产的菌渣栽培洛巴伊大口蘑[J].食用菌学报,2011,18(3):39-41.
[37] 何余湧,吴志勇,陆伟,等.饲料对生猪养殖小区粪便产量及粪便污染物背景值的影响[J].饲料工业,2010,31(15):51-54.
[38] 胡成波.德法现代养猪业概况与特点[J].猪业科学,2013,30(1):27-29.
[39] 黄秀声,翁伯琦,黄勤楼,等.食用菌菌渣循环利用对农田生态环境的影响与评价指标[J].现代农业科技,2010,22:268-271.
[40] 黄勤楼,黄秀声,陈钟佃,等.规模化猪场污染及废弃物循环利用研究[J].中国农学通报,

2007,23(10):175-178.
[41] 黄登峰.南方红黄壤丘陵地区“果-草-禽”林农复合生态系统研究[D].广州:中山大学,2004.
[42] 黄玉溢,刘斌,陈桂芬,等.规模化养殖场猪配合饲料和粪便中重金属含量研究[J].广西农业科学,2007,38(5): 544-546.
[43] 冀宏,赵黎明,汪虹.食用菌产业在农业循环经济中的作用与实践[J].食用菌,2007(2):1-3.
[44] 康凌云,赵永志,曲明山,等.施用沼渣沼液对设施果类蔬菜生长及土壤养分积累的影响[J].中国蔬菜,2011(22/24):57-62.
[45] 李秋菊.黄鳝饲料来源多.新农业,2005(4).
[46] 李明德,吴金水.循环农业实用技术[M].长沙:湖南科学技术出版社,2013:2-4.
[47] 李双喜.上海崇明地区“林-草-禽”林牧复合生态系统研究[D].南京:南京农业大学,2009.
[48] 李小平.猪场废水厌氧消化液氨氮吹脱法处理研究[D].北京: 中国农业大学,2010.
[49] 李玉,中国食用菌产业的发展态势.[J].食药用菌,2011,19(1): 1-5.
[50] 李登忠,杨军香.畜禽粪便资源化利用技术-种养结合模式.北京:中国农业科学技术出版社,2016.
[51] 李连任.肉牛生态养殖关键技术.郑州:河南科学技术出版社,2015.
[52] 李淑红,朱传宏,龙艳,等.以沼气为纽带发展循环农业的思考与建议——以湖南省常德市为例[J].湖北农业科学,2011,50(7): 1509-1512.
[53] 李连任.土鸡生态养殖关键技术.郑州:河南科学技术出版社,2015.
[54] 李绍钰.生猪标准化生态养殖关键技术.郑州:中原农民出版社,2014.
[55] 李苹,徐培智,解开治,等.坡地果园间种不同绿肥的效应研究[J].广东农业科学,2009(10),90-92.
[56] 李国学.中国循环农业理论与实践研究进展.北京:中国农业大学出版社,2014.
[57] 李文华.当代中国生态学研究.北京:高等教育出版社,2015.
[58] 李文华.中国当代生态学研究-可持续发展生态学卷.北京:科学出版社,2013.
[59] 李文华.生态农业的技术与模式.北京:化学工业出版社,2005.
[60] 罗亮.西藏林芝地区生态循环农业发展的实证研究[D].杨凌:西北农林科技大学,2011:15-16.
[61] 林清,昝林森.规模化牛场粪污无害化处理及资源化利用方法探讨[J].家畜生态学报,2011(1):73-75.
[62] 刘音,等.利用动物有机废弃物制备氨基酸螯合微肥的工艺研究.西北农林科技大学学报(自然科学版).
[63] 陆若辉.现代生态循环农业技术与模式实例.杭州:浙江大学出版社,2016.
[64] 刘树青,李正洋.草鸡围林野养的好处及综合配套技术[J].中国家禽,2004,26(15):16-17.
[65] 刘某承,张丹,李文华.稻田养鱼与常规稻田耕作模式的综合效益比较研究——以浙江省青田县为例[J].中国生态农业学报,2010,18(1):164-169.

[66] 刘合光，秦富. 蛋鸡粪处理模式的经济分析与政策建议[J]. 中国家禽，2010，21：34-37.
[67] 刘苑秋，郭晓敏，杜天真，等. 以籽粒苋为纽带的果园复合生态模式研究[J]. 中国生态农业学报，2002，10(4)：118-120.
[68] 刘祖贵，赵先男. 稻油鱼菇生态模式的高产原理与效果[J]. 资源开发与市场，1995，11(2)：76-78，98.
[69] 刘某承，张丹，李文华. 稻田养鱼与常规稻田耕作模式的综合效益比较研究——以浙江省青田县为例[J]. 中国生态农业学报，2010，18(1)：164-169.
[70] 刘艳君，吴兵，包丽艳，等. 吉林省循环农业发展的研究[J]. 环境科学与管理，2013，3.
[71] 梁康强，阎中，魏泉源，等. 沼气工程沼液高值的利用研究[J]. 中国农学通报，2012，28(32)：198-203.
[72] 梁康强，朱民，林秀军，等. 反渗透浓缩沼液预处理试验研究[J]. 中国沼气，2013，31(2)：8-10，20.
[73] 吕东锋，王武，马旭洲，等. 生态渔业中稻田养鱼(蟹)的生态学效应研究进展[J]. 贵州农业科学，2010，38(3)：51-55.
[74] 罗雪峰，熊伟，杨灿芳，等. 重庆三峡库区特色农业循环经济研究-以“猪-沼-橘”生态农业模式为例[J]. 中国生态农业学报，2010，18(2)：405-409.
[75] 鲁友友，欧阳克蕙，翁贞林，等. 鄱阳湖生态经济区畜牧业污染现状及防治对策[J]. 湖北农业科学，2012，51(20)：4583-4585.
[76] 赖德芳，沈魁敏，蔡元呈. 闽东南果-草-牧-菌-沼生态农业模式研究[J]. 中国生态农业学报，2005，13(4)：210-213.
[77] 吕东锋，王武，马旭洲，等. 生态渔业中稻田养鱼(蟹)的生态学效应研究进展[J]. 贵州农业科学，2010，38(3)：51-55.
[78] 焦小强，孙振钧，吕玉娟. 近十年我国农业有机废弃物研究文献分析[J]. 中国科技期刊研究，2009，20(6)：1046-1049.
[79] 闵宽洪，郁桐炳. 浙江青田“稻鱼共生”系统发展的新模式-从传统田鱼生产到现代渔业文化产业[J]. 中国渔业经济，2009，27(1)：25-28.
[80] 孟庆岩，王兆骞，姜曙千. 我国热带地区胶-茶-鸡农林复合系统物质循环研究[J]. 自然资源学报，2000，15(1)：61-65.
[81] 孟庆岩，王兆骞，宋莉莉. 我国热带地区胶-茶-鸡农林复合系统氮循环研究[J]. 应用生态学报，2000，11(5)：707-709.
[82] 马力，陈永忠，彭邵锋，等. 发酵油茶枯饼生产蛋白饲料的混合菌种的筛选[J]. 中国农学通报，2011，27(16)：57-60.
[83] 马世骏，李松华. 中国农业生态工程[M]. 北京：科学出版社，1987.
[84] 那伟，张永峰，祝延立. 松辽平原农牧结合循环农业技术研究现状及展望[J]. 中国农业资源与区划，2011，32(3)：56-59.
[85] 牛德奎，郭晓敏，杜天真，等. 籽粒苋资源及其在林农复合经营中的重要地位[J]. 江西农业大学学报，1999，21(2)：169-173.
[86] 农博网. 青海探索循环农牧业发展“民和模式”的启示[EB/OL]. http://animal.aweb.com.cn/20121106/568186.html.

[87] 齐英.安阳市以沼气建设为纽带的农业循环经济模式的探索与实践[J].农业环境与发展,2012,29(1):26-28.
[88] 翁伯琦,雷锦桂,王义翔,等.秸秆菌业循环利用模式与低碳农业的发展对策[J].福建农林大学学报(哲学社会科学版),2010,13(1):1-6.
[89] 全国生态农业县建设领导小组办公室.中国生态农业.北京:中国农业科学技术出版社,1996.
[90] 任鹏飞,刘岩,任海霞,等.秸秆栽培食用菌基质研究进展[J].中国食用菌,2010,29(6):11-14.
[91] 孙振军.综合养殖生态工程.济南:山东大学出版社,1993.
[92] 尚庆伟,刘淑梅,黄国兵.江苏省连云港市生态循环农业种养新模式探析[J].江苏农业科学,2008(5):293-295.
[93] 舒邓群.推行畜牧业清洁生产,促进鄱阳湖生态经济区的建设[C].鄱阳湖流域农业与生态研究.南昌:江西科学技术出版社.2010.
[94] 石帮科.籽粒苋单独青贮和与青玉米秸混贮效果[J].当代畜牧,2007(8):42-43.
[95] 单凤联.猪血喂貂虾本小见利大.特种经济动植物,2001,4(5).
[96] 宋元达,刘立鹏,刘灿华,等.微生物在生物能源生产中的应用[J].生命科学研究,2010,14(4):363-371.
[97] 孙建华,袁玲,张翼.利用食用菌菌渣生产有机肥料的研究[J].中国土壤与肥料,2008(1):52-55.
[98] 孙光辉.沼液灌溉对蔬菜产量和品质以及土壤质量的研究[D].浙江大学,2006:4-10.
[99] 孙业红,闵庆文,成升魁."稻鱼共生系统"全球重要农业文化遗产价值研究[J].中国生态农业学报,2008,16(4):991-994.
[100] 孙振钧.综合养殖生态工程的理论与应用[J].中国动物保健,2000(7):29-30.
[101] 王强盛,黄丕生,甄若宏,等.稻鸭共生互作对稻田营养生态及稻米品质的影响[J].应用生态学报,2004,15(4):639-645.
[102] 王远远,刘荣厚,沈飞,等.沼液作追肥对小白菜产量和品质的影响[J].江苏农业科学,2008,1:220-224.
[103] 王卫平,陆新苗,魏章焕,等.施用沼液对柑橘产量和品质以及土壤环境的影响[J].农业环境科学学报,2011,30(11):2300-2305.
[104] 王华,黄璜.湿地稻田养鱼、鸭复合生态系统生态经济效益分析[J].中国农学通报,2002,18(1):71-75.
[105] 王会明,肖兵南,舒明.以养牛业为中心的南方循环农业模式探讨[J].湖南农业科学,2010(3):152-154.
[106] 王玉法.惠安县丘陵台地建设"果-草-牧-沼"生态模式技术[J].中国沼气,2007,25(3):38-39.
[107] 王勇.黑龙江垦区循环农业发展研究[D].哈尔滨:东北农业大学,2009:21-23.
[108] 徐群,邱川海,高阳.浅谈构建循环农业发展模式[J].农业装备技术,2010,36(4):6-9.
[109] 席建峰,高飞,房苏清,等.我国生态循环农业发展现状及对策研究[J].中国西部科技,2012,11(9):47-48,16.

[110] 辛春艳，Ca^{2+}激活猪凝血酶原作用的初步研究. 河北省科学院学报，2001，18(3).
[111] 吴桐银. 洞庭湖区发展桑基渔塘的优势、效益与高产技术措施[J]. 湖南农业科学，1989，(1)：8-27.
[112] 魏学贵. "果-草-牧-沼"生态果园示范推广初报. 福建热作科技，2010，35(4)：61-63.
[113] 颜明娟，方志坚，翁伯琦，等. 牧草轮作对奶牛场污水氮、磷的净化效果研究[J]. 生态环境学报，2011，20(10)：1540-1546.
[114] 晏向华，瞿明仁，黎观红，等. 秸秆饲料资源的开发与应用研究的新进展[J]. 粮食与饲料工业，2000，5：22-25.
[115] 杨国等. 生态农业与美丽乡村创建. 北京：中国农业科学技术出版社，2015.
[116] 杨小芳，伏健，董琦，等. 奶牛场粪便处理技术研究进展[J]. 湖南畜牧兽医，2012(6)：1-4.
[117] 杨苑苗，窦学诚. 基于空间层面的循环农业模式分析[J]. 山西农业科学，2010，38(12)：75-79.
[118] 杨洪强. 生态果园[M]. 北京：中国农业出版社，2009.
[119] 杨苑苗. 甘肃省循环农业模式研究-以天水市为例[D]. 兰州：甘肃农业大学硕士学位论文，2011.
[120] 尹昌斌，周颖，刘利花. 我国循环农业发展理论与实践[J]. 中国生态农业学报，2013，21(1)：47-53.
[121] 尹昌斌，周颖，梁仲达. 广西百色市"种植-沼气-养殖＋灯"生态农业循环模式研究[J]，中国生态农业学报，2008，16(6)：1576-1579.
[122] 余奕珂. 以猪血为蛋白源的生物活性肽的研究进展. 精细与专用化学品，2004，12(18)：10-13.
[123] 俞云，翁贞林. 对发展赣南脐橙生产优势产业区的几点思考[J]. 中国果菜，2004(2)：11-12.
[124] 云正明，刘金铜. 生态工程. 北京：气象出版社，1998.
[125] 赵建军，郭玲利. "猪-沼-果"循环农业模式的技术经济分析[J]. 四川农业大学学报，2009，27(2)：240-242.
[126] 赵永祥，郭淑敏. 以产业为支撑构筑都市型循环农业新模式——以北京房山区为例[J]. 中国生态农业学报，2008，16(4)：971-975.
[127] 赵希彦，俞美子. 生态养殖. 北京：化学工业出版社，2015.
[128] 张建，窦永群，桂仲争. 南方蚕区蚕桑产业循环经济的典型模式-桑基渔塘[J]. 蚕业科学，2010，36(3)：470-474.
[129] 张爱忠，姜宁，张婷，等. 不同家蝇幼虫制品对黄羽肉仔鸡营养物质可利用率、肠道菌群和血清生化指标的影响[J]. 动物营养学报，2012，24(5)：911-917.
[130] 张和平，等. 饱和硫酸铵法提取血清中 IgG 最佳条件的研究. 中国乳品工业，2006，1：4-8.
[131] 张壬午，卢兵友，孙振钧. 农业生态工程技术. 郑州：河南科学技术出版社，2000.
[132] 张树清，张夫道，刘秀梅，等. 规模化养殖畜禽粪主要有害成分测定分析研究[J]. 植物营养与肥料学报，2005，11(6)：522-829.
[133] 张滨. 猪血发酵饲料加工工艺研究. 粮食与饲料工业，2005(10).

[134] 钟功甫.珠江三角洲的“桑基渔塘”——个水陆相互作用的人工生态系统[J].地理学报，1980,35(3)：200-211.

[135] 钟云平，苏州，黎晶耀，等.猪粪高值化综合利用技术初步研究[J].江西农业学报，2010，22(12)：134-136.

[136] 周颖，尹昌斌，邱建军.我国循环农业发展模式分类研究[J].中国生态农业学报，2008，16(6)：1557-1563.

[137] 周震峰.循环农业的发展模式研究[J].农业现代化研究，2008，29(1)：61-64.

[138] 周淼.鱼蚌混养高效[J].科学养鱼，2006(5)：22-22.

[139] 郑景慧.立体生态循环养殖技术解决污染[J].中国猪业，2012，5：48-49.

[140] 朱江群，钟阿春，傅福根.3种农牧循环新模式的探讨[J].浙江农业科学，2011(6)：1413-1415.

[141] 朱玉芳.黄河下游滩地林鸡复合经营模式经济效益研究[J].中国农学通报，2012，28(7)：70-73.